침묵하는 우주

THE EERIE SILENCE:
Renewing Our Search for Alien Intelligence
by Paul Davies

폴 데이비스

침묵하는 우주

우주에 우리만 있는가?

문홍규 이명현 옮김

The Eerie Silence

Renewing Our Search for Alien Intelligence

가끔 나는 우주에 우리만 있는 게 아닌가 싶다가도,

그 반대가 아닌가 싶을 때도 있다.

어떤 경우든 그것은 내게 충격을 준다.

— 아서 클라크(Arhur C. Clarke)

책을 시작하며

1931년 8월, 미국 뉴저지 주 홈델의 벨 전화 연구소 전파 엔지니어인 칼 잰스키(Karl Jansky)는 우연한 기회에 과학적으로 중대한 발견을 했다. 잰스키는 연구소에서 대서양 횡단 전화 통신을 방해하는 전파 잡음을 조사하는 일을 맡았다. 그는 잡음의 정체를 밝히기 위해 네 개의 자동차 타이어 위에 금속 받침대가 회전하도록 만들어진 간단한 안테나를 세웠다. 그리고 여러 방향에서 날아오는 전파 잡음을 감시하기 시작했다. 이 범상치 않은 장비는 펜과 잉크로 된 기록 장치로 꾸며졌다. 잰스키는 이 장비로 곧, 번개를 검출했다. 하지만 그보다 훨씬 먼 곳에서 오는, 24시간을 주기로 지지직거리는 배경 잡음이 그에게는 골칫거리였다. 호기심에 이끌려 데이터를 자세히 들여다보니, 잡음이 생기는 주기는 23시간 56분이었다. 바로, 천문학자들이 항성시라 부르는, 먼 별들을 기준으로 지구가 한 바퀴 도는 데 걸리는 시간(태양을 중심으로 지구가 자전하는 데 걸리는 시간, 즉 태양일과 구별된다.)이었다. 전파 잡음이 항성일을 주기로 변한다는 것은 전파원이 멀리 있다는 것을 뜻한다. 마침내 그는, 잡음이 우리 은하에서 방출된다는 사실을 밝혀냈다. 그러나 회사는 그가 후속 작업에 착수하기 전에 다른 업무에 배정했다.

세간의 관심 밖으로 밀려난 이 사건은 전파 천문학이라는 신생 분야가 태동하는 직접적인 계기가 됐다. 축하 나팔 소리나 포상도 없이 말이다.[1] 과학사에서 늘 그랬듯 전쟁 중에 일은 진행됐다. 제2차 세계대전 중에 전파 수신기의 출력과 성능이 대폭 향상됐으며, 종전 직후 물리학자들과 천문학자들은 절호의 기회를 잡았다. 그들은 전후에 용도 폐기된 값싼 장비와 대형 안테나를 활용해 제1세대 전파 망원경을 세우기 시작했다. 이즈음, 1950년대의 일부 과학자들은 전파 망원경이 성간 공간을 넘어 통신을 시도할 만큼 출력이 충분하다고 생각했다. 나아가, 다른 행성에 지적 생명체가 있다면 그들이 보낸 전파 신호를 수신할 수 있을 것이라는 데까지 생각이 미쳤다. 1959년 9월 19일, 코넬 대학교 물리학자인 주세페 코코니(Giuseppe Cocconi)와 필립 모리슨(Philip Morrison)은 《네이처(*Nature*)》에 「성간 통신을 찾아서(Searching for interstellar communications)」라는 제목으로 논문을 발표했다. 논문에서 두 사람은 외계 문명이 보낼지도 모르는 전파 메시지를 찾아보자고 전파 천문학자들을 독려했다. 코코니와 모리슨은 이 생각이 추측에 불과하다는 점은 인정했지만, 동시에 타당한 결론을 달았다. 즉 "성공 가능성은 예측하기 힘들지만, 시작하지조차 않는다면 가능성은 0이 될 것"이라고.[2] 그 이듬해, 젊은 천문학자 프랭크 드레이크(Frank Drake)

는 외계 전파 신호를 찾기 위해 웨스트버지니아에 있는 전파 망원경으로 그 도전적인 일에 착수했다. 이즈음 세티(SETI)라는 이름이 붙은, 개척자적인 국제 연구 프로그램이 탄생했다. 세티는 외계 지성체 탐색(Search for Extra-Terrestrial Intelligence)의 영문 머리글자를 딴 것이다. 1960년대부터 지금까지 일단의 영웅적인 천문학자들이 우주에서 우리가 유일하지 않다는 증거를 찾기 위해 온 하늘을 샅샅이 뒤지고 있다. 2020년이면 세티가 공식 착수된 지 60년이 된다. 그동안 어떤 성과가 있었는지 점검할 수 있는 적절한 때다. 나는 이 책을 세티 과학자들의 헌신과 전문성, 그리고 세티에 관한 낙관적 태도와 함께 프랭크 드레이크의 비전과 용기를 기리기 위해 준비했다.

세티는 다른 과학 분야와는 달리, 사유에 의존하는 측면이 크다. 때문에 외계 문명에 관한 논쟁은 신속하게 끝내는 것이 바람직하다. 하지만 세티에 관한 회의적 시각이 있다고 해서, 체계적이고 논리적인 방식의 연구를 시작조차 하지 말아야 할 이유는 없다. 필자는 그런 생각으로 이 책을 썼다. 또한 최상의 과학 지식을 동원해, 이미 증명된 사실과, 어느 정도 확신은 가지만 아직 정립되지 않은 이론은 명확히 구분했다. 마찬가지로 논리적으로 타당한, 그러나 시험되지 않은 추측과, SF 소설에서 아이디어를 얻은, 훨씬 광범위한 상상의 영역은 엄격하게 구별했다.

세티가 처음 시작될 무렵 필자는 고등학생이었다. 세티에 관해서는 그저 막연하게 알고 있었지만, 지구 밖 생명체에 대한 생각과 지식은 전부 SF 소설에서 비롯됐던 것으로 기억한다. 다른 이들과 마찬가지로, 필자는 세티에 대한 지식을, 카리스마 넘치는 칼 에드워드 세이건(Carl Edward Sagan)의 텔레비전 프로그램과, 그가 쓴 소설 『콘택트(*Contact*)』와, 이를 바탕으로 제작된 할리우드 영화를 보면서 흡수했다. 그리고 사람들은 세티가, 그 유례를 찾을 수 없는, 인류의 긴 대장정이라는 사실에 확신을 갖게 됐다. 그리고 세월이 흘러 필자는 그 주역들과 잘 알고 지내고 있다. 그 가운데 많은 사람들은 캘리포니아의 세티 연구소(SETI Institute)에서 일한다. 이 책에 쓴 내용 대부분은 그들과의 오랜, 유익한 만남과 친분을 통해 얻은 결과다. 특히 프랭크 드레이크와 질 타터(Jill Tarter), 세스 쇼스탁(Seth Shostak), 그리고 더글러스 바코치(Douglas Vakoch)의 공이 컸다.

필자는 아무 특징 없는, 게다가 단조로운, 자화자찬하는 책을 쓰고 싶지는 않았다. 대신에, 세티라는 사업 전체를 관통하는 목표와 가정을 하나하나 들춰내 보기로 작정했다. 책을 써 가면서 필자는 뭔가 중요한 것을 놓치는 것은 아닐까 하고 끊임없이 되물었다. 낡아빠진 생각과 습관, 50년 넘게 지속된 프로젝트는 대대적으로 개혁해야 할 필요가 있기 때문이다. 2008년 2월, 필자는 애리조나 주립 대학교에서 "침묵의 소리(The Sound of Silence)"라는 제목이 붙은 워크숍을 열었다. "우주에 우리만 있는가?"라는 빛바랜 질문에 답하는 방식에 근본적인 변화를 주기 위해서였다.

필자가 특별히 감사드리고 싶은 이들이 있다. 누구보다, 필자의 아내이자 과학 저널리스트이며 방송인인 폴린 데이비스(Paulin Davies)를 들고 싶다. 그녀는 사실에 입각한 정확성과 논리성에 관한 한 타협이 불가능한, 비판적이며 단호하고 까다로운 사람이다. 그녀는 필자가 범한 많은 실수를 캐내서 물고 늘어졌을 뿐 아니라, 여러 쟁점들을 명확하게 정리하는 데 도움을 줬다. 그리고 본문에는 특별히 언급하지 않았지만, 그녀 자신만의 아이디어를 제공하기도 했다. 지난 수년간 거듭된, 아내와 필자가 겪은 철저한 토론 과정은 이 분야에 관한 필자의 생각을 새롭게 정립하는 데 크나큰 도움이 됐다. 언론인이었던 캐럴 올리버(Carol Oliver), 그리고 세티 과학자들과 우주 생물학자들은 필자가 '세티 과학자'로 사는 데 든든한 동료이자 지원자 역할을 했다. 그레고리 벤퍼드(Gregory Benford), 제임스 벤퍼드(James Benford), 데이비드 브린(David Brin), 길버트 레빈(Gil Levin), 그리고 찰스 라인위버(Charles Lineweaver)는 이 책의 몇몇 절에 대해 상당히 중요하고 날카로운 비판을 가했다. 필자의 저작권 대리인인 존 브록먼(John Brockman)은 지난 수십 년간 필자의 저작 활동에 용기와 지원을 아끼지 않았다. 편집자인 어맨다 쿡(Amanda Cook)과 윌 굿래드(Will Goodlad)는 인내와 노련한 기량으로 이 프로젝트를 이끌었다. 특히 어맨다는 꼼꼼하게 문장들을 손봐, 원고가 더 나은 책으로 거듭나는 데 크게 기여했다. 마지막으로, 영감을 불러일으키는 그 멋진 강의와 저술로 필자를 이 분야에 뛰어들게 한 프랭크 드레이크에게 깊은 감사를 표한다.

폴 데이비스

Paul Davies

차례

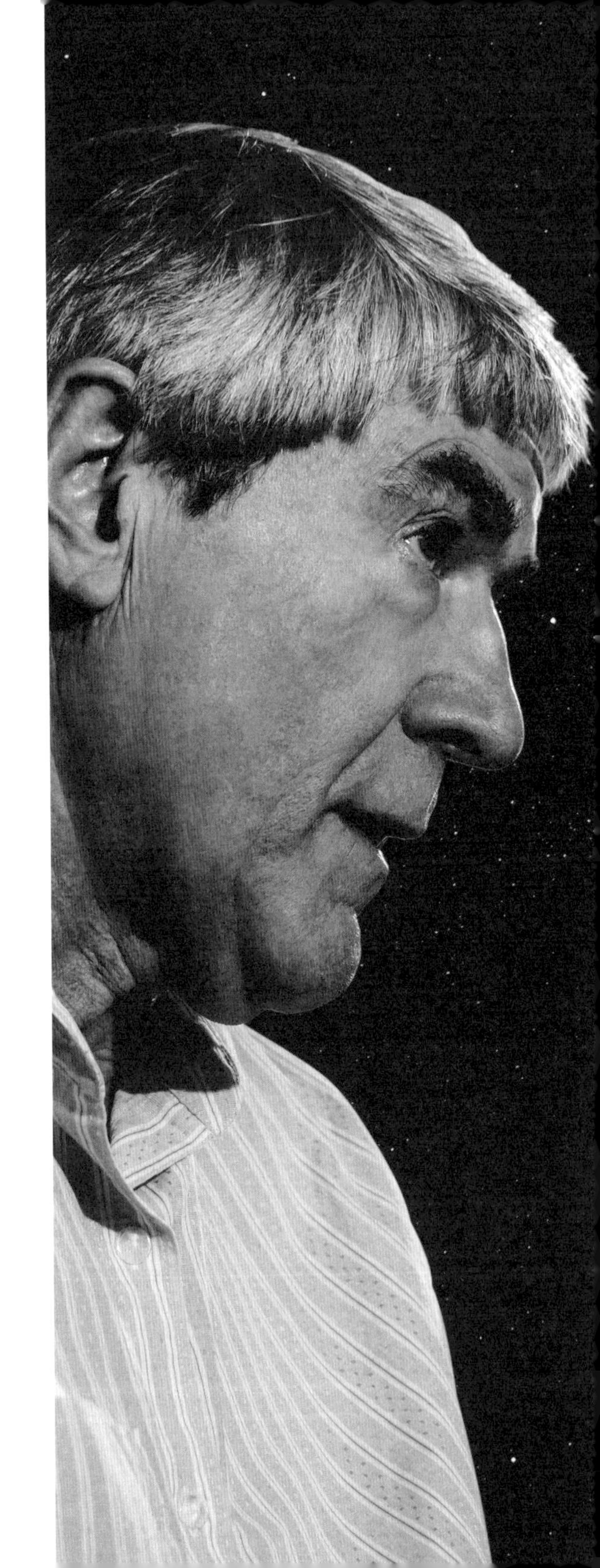

1

거기, 밖에 아무도 없습니까?

어떤 것에 관한 증거가 '없다는' 것은, 그 자체가 '없다는' 사실을 확신시켜 주는 증거는 아니다.

– 도널드 럼스펠드(Donal Rumsfeld), 대량 살상 무기에 대해서

당장 내일 ET가 신호를 보낸다면?

1960년 4월, 어느 추운 안개 낀 날 아침. 젊은 천문학자인 프랭크 드레이크는 평온하게, 웨스트버지니아 주 그린뱅크 미국 국립 전파 천문대 26미터 안테나를 구동하고 있었다. 이 순간이 과학 역사상 커다란 전환점이 되리라 생각했던 이는 몇 사람 안 됐다. 드레이크는 그 거대한 기기를 천천히 움직여 타우 세티(고래자리 타우별)를 향했다. 타우 세티는 지구에서 11광년 떨어진 태양과 비슷한 별이다. 그는 주파수를 1,420메가헤르츠(MHz)에 맞춘 뒤, 자리를 잡고 앉아 기다렸다.[1] 그가 애타게 바랐던 것은, 이 별 주위를 공전하는 행성에 살지 모를 외계인이 지구 쪽으로 전파를 보내고, 본인이 이 강력한 안테나를 이용해 그 신호를 잡아내는 일이었다.

드레이크는 차트 레코더에 달린 펜이, 안테나가 검출한 것을 기록하는 모양을 지켜봤다. 펜은 오디오 장치에서 나오는 고음역의 잡음을 따라 발작적으로 경련을 일으키며 움직였다. 30분이 지난 뒤, 그는 타우 세티로부터 아무런 의미 있는 신호도 발견하지 못했다고 결론 내렸다. 우주 공간에서 날아오는 자연 상태의 잡음과 이따금씩 나타나는 정적 외에는 말이다. 그는 숨을 깊게 들이쉬고는, 조심스럽게 안테나를 두 번째 별인 엡실론 에리다니(에리다누스자리 엡실론별)로 돌렸다. 그런데 갑자기, 극적으로 스피커에서 쿵쿵 하는 소리가 울렸고, 차트 레코더에 달린 펜은 앞뒤로 미친 듯이 춤췄다. 하마터면 그는 의자 뒤로 넘어질 뻔했다. 안테나가 강력한 인공 신호를 잡아낸 것이 틀림없었다. 이 젊은 천문학자는 너무 놀란 나머지 한동안 자리에 얼어붙은 듯 꼼짝 않고 있었다. 마침내 제정신이 돌아온 그는 전파 망원경이 이 천체에서 살짝 벗어나도록 움직였다. 곧 신호가 약해졌다. 하지만 안테나를 원위치에 갖다 놓자 그 신호는 자취를 감췄다! ET가 일시적으로 신호를 보낸 것일까? 드레이크는 두 번째 시도에서도 외계 문명의 신호를 잡을 수 있을 것이라고 기대하는 것 자체가 무리라는 것을 금세 깨달았다. 그가 포착한 것은 분명히 사람이 만들어 낸 신호일 테고, 결국은 극비리에 운영되는 군용 레이더 시설에서 나왔다고 밝혀질 것임에 틀림없다.

전설 속 '오즈의 땅(Land of Oz)'을 갖다 붙인, '오즈마(Ozma)'라는 묘한 이름을 내건, 이 프로젝트의 시작은 이처럼 별 볼일 없었다. 그러나 프랭크 드레이크는 역사상 가장 야심차고 가장 중요한 연구 프로젝트를 개척했다. 세티, 즉 외계 지적 생명체 탐색은 존재에 관한 대명제의 하나인 '우주에 우리만 있는가?'에 대한 답을 구하기 위해 시작됐다. 세티 프로그램은 대부분 드레이크가 처음 만든 개념을 따랐다. 그것은 전파 망원경으로 하늘을 죽 훑어 어느 별에서 보낼지도 모르는 메시지를 찾는 작업이다. 이것은 사실, '이판사판' 식으로 덤비는 일이다. 성공한다면 그야말로 중대한 역사적 사건이 되리라. 인류에게는, 코페르니쿠스와 다윈, 아인슈타인 같은 과학자들의 업적을 모두 합친 것보다 더 큰 엄청난 충격을 안겨 주리라. 하지만 그것은 건초 더미 속에 있는지 없는지도 모르는 바늘 하나를 찾는 것이나 다름없다. 한두 가지 흥미로운 사건(두 번째 일은 훨씬 뒤에 일어난다.)을 제외하면 지금껏 세티와 관련해서 이뤄진 모든 노력은 '섬뜩한 침묵(Eerie Silence)'으로 되돌아왔다. 그것은 무얼 말하는가? 우주에 외계인은 '없을까?' 아니면, 우리가 엉뚱한 시간에, 엉뚱한 것을 찾아, 뚱딴지같은 곳을 뒤진 것일까?

세티 과학자들은 그런 침묵이 놀랄 만한 것은 아니라고 말한다. 다만 시간과 노력이 충분치 않았을 뿐이다. 최근까지 그들이 한 일은 지구에서 100광년 내외에 있는 수천 개의 별을 탐색하는 데 그쳤다. 은하 크기에 비하면 보잘 것 없는 노력이다. 우리 은하만 해도 10만 광년에 걸쳐 4000억 개의 별이 뿌려져 있으니 말이다. 또 그 바깥에는 '조(兆) 단위'의 은하들이 널려 있다. 하지만 무어의 법칙에 따라 우리의 외계 지성체 탐색 능력은 끊임없이 확대되고 있다. 1, 2년 만에 기기 효율과 데이터 처리 속도가 두 배씩 불어나고 있기 때문이다. 앞으로는 캘리포니아 북쪽 햇 크리크에 360개 안테나를 하나로 연결시킨 시설이 건설되면서 탐색 영역이 극적으로 늘어나게 된다. 이제 연구자들은 프로젝트 후원자인 폴 앨런(Paul Allen)의 이름을 딴 앨런 전파 간섭계(Allen Telescope Array)를 가지고 은하의 넓은 지역을 대상으로 외계 신호를 찾는 작업에 착수한다. (화보 1) 이 시설은 캘리포니아 주립 대학교 버클리 캠퍼스와 프랭크 드레이크가 일하는 세티 연구소가 공동으로 운영하게 된다. 이 연구소는 프로젝트의 성공을 낙관하고 있으며, 결국 외계 신호를 검출하게 될 것이라는 기대에 차 있다. (앨런 전파 간섭계는 2007년 10월 정상 가동을 시작했다. — 옮긴이)

이런 낙관이 잘 맞아떨어져 곧 뭔가 발견된다면? 그 광경을 그려 보는 것은 어렵지 않다. 한 천문학자가 제어 장치 앞에 앉아 논문이 어지럽게 흩어진 책상 위에 발을 올려놓고 있다. 그는 무심코 수학 교과서를 뒤적인다. 이 사람뿐만 아니라, 이제껏 세티에 관여한 수십 명의 천문학자들은 수십 년 동안 이렇게 시간을 소일했다. 하지만 오늘은 달랐다. 무료하게 시간을 보내던 그는, 돌연 날카로운 경보음에 화들짝 놀라 몽상에서 깨어난다. 이 소리는 우주에서 끝없이 날아오는 쓸모없는 신호들로부터 '흥미로운' 신호를 찾도록 설계된 알고리듬이 만들어 낸 소리다. 우선 그는, 이 신호가 잘못된 경보일 것이라고 가정한다. 그것은 휴대 전화나 레이더, 혹은 인공 위성에서 나오는 신호를 걸러내는 필터에 잡힌, 그런 인공 신호일게다. 그는 지침에 따라 키보드로 간단한 명령어를 쳐, 망원경이 관측 대상에서 잠깐 벗어나도록 조치한다. 그러자 곧 신호가 사라졌다. 이번에는 망원경을 예전처럼 원위치로 옮겨 놨더니 신호가 다시 잡힌다. 파형을 주의 깊게 살펴본 뒤, 그는 전파원이 어떤 천체로부터 일정 거리만큼 떨어져 있다는 사실을 확인하고는, 재빨리 공동 연구를 수행하는 다른 천문대에 전화를 건다. 동시에, 이메일로 문제의 신호가 발신되는 좌표를 그리로 보낸다.

8,000킬로미터 떨어진 천문대에 근무하는 한 천문학자가 전화벨 소리에 잠이 깼다. 그녀는 졸린 듯 천천히 관측실로 들어가 커피를 한 잔 들이킨다. 그리고는 머리를 흔들어 잠을 쫓은 뒤, 메일을 확인하고 키보드를 두드려 방금 받은 좌표를 입력한다. 1분이 채 못 돼 두 번째 안테나가 자동 추적에 들어가 같은 신호를 잡아낸다. 그것은 아주 크고 또렷한 신호였다. 그녀 가슴은 쿵쾅거린다. 이 경보음은 진짜일까? 수십 년간 세티 과학자들이 아무 보상 없는 노력을 기울인 끝에 이제 그녀가, 외계인이 존재할 뿐 아니라 전파 신호를 보낸다는 것을 최초로 확인하는 행운의 주인공이 된 것일까? 그녀는 결론을 내리기 전에 확인할 게 몇 가지 더 있다는 사실을 잘 알고 있다. 지금, 두 대륙에서 흥분한 채 전화로 떠들어대는 두 천문학자는, 이 신호가 다분히 인공적이지만, 사람이 만든 것은 아니고, 우주 먼 곳으로부터 왔다는 사실을 90퍼센트 이상 확신할 수 있을 때까지 그에 반하는 가능성들을 하나하나 체계적으로 제거하는 지루한 작업을 반복한다. 두 안테나가 표적을 동시에 추적하면서 미세한 신호를 낱낱이 기록하고 있을 때 두 사람은 멍한 채 마치 꿈꾸는 것처럼 행복과 경외감에 휩싸였다. 이제 다음 할 일은? 이 사실을 누구에게 이야기해 주어야 할까? 그리고 과거 데이터로부터 우리가 얻을 것은? '이제 앞으로, 내 앞에 펼쳐질 세계는 이전과는 전혀 다르겠지?'

필자가 지어낸 이 이야기는(부분적으로 문헌을 참고한 것은 사실이지만.[2]) 특별한 상상력을 필요로 하는 것은 아니다. 필자는 조디 포스터(Jodie Foster)가 운 좋은, 당당한 여성 천문학자로 그려진 할리우드 영화 「콘택트」의 내용을 기본 시나리오로 썼다. 하지만 '콘택트', 즉 '접촉'은 그 뒤에 일어날 일에 대해 명확한 답을 주지는 않았다. 외계의 전파 신호를 성공적으로 검출한 뒤에는 어떤 일들이 벌어질까? 과학자들은 대부분 이런 발견이 여러 가지 측면에서 파괴적일 뿐 아니라, 엄청난 변화를 불러올 것이라는 데 동의한다. 난데없이 외계에서 날아온 신호에 대해 의문이 꼬리에 꼬리를 문다. 누가, 어떻게 그런 상황을 평가할 수 있을까? 일반인들은 이 일에 대해 어떻게 생각할까? 우리 사회가 불안과 심리적 공황에 빠지게 되지는 않을까? 정부가 할 일은? 전 세계 지도자들은 어떤 반응을 보일까? 사람들은 이 뉴스에 대해 두려워할까, 아니면 놀라워할까? 장기적으로 그런 사실은 우리 사회와 인간의 정체성, 과학과 기술, 그리고 종교에 어떤 의미를 줄까? 우리가 판단하기 어려운 가장 골치 아픈 문제는, 과연 우리가 그 답으로 메시지를 보내야 하는가, 그것이다. 답을 보낸다면 외계인이 첨단 무기로 무장한 채 우주 함대를 이끌고 우리를 침략하는, 그런 끔찍한 상황이 연출될 것인가, 아니면 전쟁과 질병으로 고통 받는 또 다른 종을 구원하는 일이 될 것인가?

이런 질문에 대해서는 어떤 합의된 해답도 없다. 영화 「콘택트」는 외계 신호를 검출한 뒤, 이미 확립된 과학적 사실과 전혀 상반되는 방향으로 이야기가 진행된다. 이를테면, 상상 속의 웜홀 시간 여행과 같은 극적인 주제에 빠진다. 「콘택트」는 코넬 대학교 천문학자 고(故) 칼 세이건 박사가 풍부한 상상력을 동원해서 쓴 원작 소설을 각색해 만든 과학 영화다. 그러나 현실에서는 우리가 유일한 존재가 아니라는 사실을 알게 된 뒤, 구체적으로 어떤 상황이 벌어질지 모른다. 2001년 국제항공우주 학회(International Academy of Astronautics, IAA)는 "그다음에 무슨 일이 일어날까?"에 관한 답을 찾기 위해 특별 위원회를 설치했다. '세티 검출 후 특별 그룹(SETI Post-Detection Taskgroup)'으로 알려진 이 위원회는 세티 프로젝트가 성공했을 때를 대비해 만들어졌다. 그 이유는, 문제의 신호가 외계로부터 왔다는 사실이 공식화될 경우, 과학계가 그런 사안에 대해 현명하게 판단하기 이전에 모든 일이 빠른 속도로 진행될 것이기 때문이다. 필자는 현재 '세티 검출 후 특별 그룹'의 의장을 맡고 있는데, 이런 특별한 지위 때문인지 세티 전반에 관해, 특히 외계 신호 검출 이후 상황에 대해 많은 생각을 하게 됐다.

'개념의 덫'에 걸린 세티

필자는 여러 측면에서 직업 생활의 대부분을 세티에 관여하면서 보냈고, 이에 필요한 장비를 설계, 제작하는 기술자는 물론, 전파 망원경 자료를 분석하는 천문학자들에 대해 무한한 존경심을 가지고 있다. 필자는, '섬뜩한 침묵'은, 그동안 세티의 탐색 범위가 제한적이었기 때문이라고 믿고 싶다. 그래서 앨런 전파 간섭계를 강력하게 지지하고 있지만, 동시에 당분간은 우리가 외계 메시지를 수신할 수 있는 희망은 거의 없다고 생각한다. 그 이유에 관해서는 뒤에 따로 이야기하겠다. 그래서 필자는 프랭크 드레이크 박사가 착수한 '전통적인 세티'와 함께 외계 지성체의 '일반적' 특징을 탐색하는, 폭넓은 연구 노력이 필요하다고 생각한다. 우주 어디엔가 있을지도 모르는 흔적을 찾기 위해서 말이다. 이런 광범위한 탐색을 벌이기 위해서는 전파 천문학뿐 아니라, 과학 전 분야에 걸쳐 '모든' 자원을 활용해야만 한다. 여기서 한 가지 분명하게 짚고 넘어가야 할 것이 있다. 외계 문명이 지구에서 검출 가능한 전파 메시지를, 우리가 협대역(좁은 주파수 대역)이라고 부르는 주파수대로 보낼 것이라는 틀에 박힌 시나리오에 집중한 나머지 전통적인 세티가 '개념의 덫'에 걸렸다는 점이다. 지난 50년간 이어진 '침묵'을 생각한다면 앞으로 우리가 좀 더 사고를 확대해야 한다는 분명한 사실을 깨달아야 한다. 결정적으로 우리는 초창기부터 이 프로젝트를 방해해 왔던 인간 중심주의의 사슬로부터 세티를 해방시켜야 한다. 필자는 이런 일들을 촉진하기 위해 2008년 2월, 애리조나 주립 대학교 산하 '과학 기본 개념 초월 센터(Beyond Center for Fundamental Concepts in Science)'에서 특별한 세티 워크숍을 열었다. 주류 세티 연구자들과 철학자, SF 작가, 우주론 연구자와 같은 고정 관념을 벗어난, 기발한 생각을 즐기는 이들이 활발하게 생각을 나누는 토론의 장을 마련하기 위해서였다. 그 결과 뒤에 가서 필자가 설명하게 될, '새로운 세티'의 청사진에 관한 엄청난 아이디어들이 쏟아져 나왔다.

세티처럼 대담하고 선구적인 프로젝트가 어떻게 보수적으로 변할 수 있을까? 사람은 본인의 경험을 바탕으로 모든 것을 생각하려는 경향이 있기 때문이다. 그게 주된 이유다. 결국 세티는, 기본적으로 인류가 지적 생명체의 전형에 속하며 외계 문명이 크게 우리와 다르지 않을 것이라고 가정한다. 그래서 또 다른 지구에 사는, 우리와 비슷한, 살과 피로 이뤄진, 생각할 줄 아는 존재가 우리와 교신하고 싶어 할 것이라고 믿는다. 이런 가정을 기본으로 한다면 인간 본성과 인간 사회가 외계 문명의 속성을 가늠하는 모형이 될 것이라고 생각하는 것은 자연스러운 일이다. 달리 다른 방법이 없지 않은가. 세티의 기본 전략이 수립됐던 프로젝트 초기에는 "이 상황에서 우리는 어떤 일을 해야 할까?"와 같은 질문들이 쏟아졌다. 우리가 피할 수 없는 결과는 우리 생각 속에 숨은 인간 중심주의와 편견이었다.

고전적인 예를 들어보겠다. 세티 과학자들은 전파 망원경으로 우주 저편에 메시지를 보낼 수 있다는 사실을 깨달았다. 그리고 세티가 시작됐다. 반대로, 신호는 우리를 향해 날아올 수도 있다. 칼 세이건은 외계인이 협대역 전파 신호에 메시지를 담아 송출하는 모습을 대중화시켰다. 그 내용은 이렇다. 외계인이 보낸 메시지는, 미약하지만 자연적으로 만들어지는 잡음보다 강하고, 출력이 충분한 일정한 주파수 대역의 반송파에 실려 송출된다. (이것은 인간이 만든 라디오 방송국에서 하는 일이다.) 그 주파수에 안테나 수신기를 맞출 경우(그리고 전파 망원경이 안테나를 제대로 지향한다면) 그들이 보낸 신호를 검출하는 것은 그다지 어렵지 않다. 전파 메시지를 암호로 만들어 전송하는 데는 더 다양한 방법이 있으며, 복잡한 수신 및 복호 과정이 필요하다. 그러나 세티 과학자들은 외계 신호에 관한 한 단순한 가정에 바탕을 두고 있다. 즉 주의를 끌기를 원하는 외계 문명이라면 누구나 이해할 수 있는 초보 수준의 전파 기술로 해독할 수 있는 가장 간단한 방법을 택할 것이라는 것.

1960년대, 세티 연구자들은 수십억 개 주파수 가운데 ET가 어떤 대역을 선택할 것인가에 골몰했다. 우주에서 오는 전파는 지구 대기를 통과하면서 효율이 떨어지기 때문에 외계인은 지구형 행성의 대기를 지나더라도 신호의 세기가 떨어지지 않도록 주파수를 선별할 것이라는 데 희망을 걸었다. 연구자들은 이처럼 발신 가능한 주파수의 채널을 대폭 좁혔지만, 경우의 수는 여전히 많았다. 만일 신호를 보낸 별에 안테나를 향했지만 주파수를 엉뚱한 곳에 맞춰 메시지를 받지 못하게 된다면 그것은 아이러니의 극치가 아닐 수 없다. 그래서 연구자들은 이렇게 주장했다. 외계인들은 우리가 가진 딜레마를 미리 예상하고 천문학자라면 누구나 알 수밖에 없는 '자연적인' 주파수를 (우주에서) 선택하리라는 것. 그중 가장 많은 표를 딴 대역은 1,420메가헤르츠, 곧 차가운 중성 수소 기체가 방출하는 주파수다. 전파 천문학자들은 우주를 가득 채운 이 '수소의 찬가(讚歌)'에 친숙하다. 그렇기 때문에 선택은 적절했다. 1960년 프랭크 드레이크는 오즈마 프로젝트에 착수하면서 이 주파수를 사용했다. 어떤 천문학자들은 중성 수소의 주파수에 원주율(π)을 곱하는 방법을 제안했다. 원주율은 기하학은 물론, 기초 물리학 방정식에도 들어가기 때문에 외계 행성의 과학자들도 잘 알고 있을 것임에 틀림없다. 따라서 원주율을 아는 것은 '지성을 증명하는 징표'라고 볼 수 있다. 하지만 원주율 말고도 지수(e), 2의 제곱근처럼 특별한 수는 많다. 게다가, 외계인이 주파수를 결정할 때 그들 자신의 행성과 지구의 상대 운동을 보정하는 계산 방법과 관련된 문제로 논쟁이 불거졌다.[3] 그리고는 곧, 외계인이 보낼 법한 '자연스러운' 주파수 목록을 만들었는데, 그것은 절망적일 만큼 길었다. 하지만 주파수 선택에 관한 논쟁은 곧 잠잠해졌다. 수백만에서 수십억 개의 전파 채널(보통 1~10헤르츠(Hz)의 대역폭을 갖는 채널)을 동시에 감시할 수 있는 기술이 개발됐기 때문이다. 그래서 이제, 세티 과학자 중에는 외계인이 보낼지도 모르는 다른 주파수 채널에 대해 고심하는 사람은 거의 없다. 필자가 강조하고 싶은 것은, 인간은 불과 수십 년의 기술 진보를 통해 외계인과 교신에 쓸 주파수에 관한 생각을 바꿨다는 점이다. 여기서 중요한 교훈을 찾을 수 있다. 이 문제는, 최소 수백만 년, 길게는 수억 년 동안 교신을 시도했을 외계 문명의 눈으로 바라보는 것이 현명하다 하겠다. 그러나 외계인이 (인간에게 유리하도록) 신호 수단으로 전파를 선택했다손 치더라도 지구인의 1950년대 기술 수준과 1980년대 기술 수준을 구분하기는 어려울지도 모른다. 수백만 년이라는 긴 시간과 비교해 수십 년은 과연 어떤 의미가 있을까?

그리고 또 다른 문제가 제기됐다. 1960년대 들어 레이저가 강력한 미래 통신 수단으로 떠오르자 일부 세티 연구자들은 인류보다 앞선 문명을 가진 ET는 낡은 통신 수단인 전파보다 첨단 레이저를 선호할 것임에 틀림없을 것이라고 주장했다. 뒤이어 가시광 세티(optical SETI)가 시작돼(지금도 여전히 각광받고 있다.) 발광 주기가 짧은 신호를 찾고 있다. 이런 신호는 밝은 가시광 펄스로, 적합한 검출 장치를 쓸 경우 훨씬 밝지만 광도가 변하지 않는 모항성과 쉽게 구별할 수 있다. 레이저 통신이 등장한 것은 전파 통신 기술이 개발된 지 불과 1세기도 지나지 않았을 때였다. 다시 묻겠다. 수백만 년 된 문명이라면 고작 1세기가 무슨 의미가 있겠냐고.

세티가 정치와 경제의 영향을 받을 경우, 사고 방식이 편협해질 수밖에 없다. 통신 수단이 발달한 문명이 얼마나 오래 지속될 수 있는가 하는 문제에는 불확실성이 개입된다. ET가 교신을 시도할 수 있는 시간은 얼마나 길까? 수 세기, 수백만 년? 그보다 길까? 가늠하기 어렵다. 냉전 시대에 세티 지지자들은, 첨단 통신 기술이 핵무기와 같은 수준의 기술과 동반해 발전할 것이라고 예상했다. 그즈음, 우리 사회는 핵 위협에 직면했기 때문에 외계 기술 문명이 오래 지속되지 못한다고 말하는 것이 유행에 맞았다. 어쩌면 그들(외계인)도 냉전을 겪은 뒤, 몇 세기 후에 핵전쟁으로 모든 것을 잃게 될지도 모른다. 그리고는 전파 신호를 송출하지 못하게 되리라. (지구에서) 냉전이 종식된 뒤, 사람들의 정치적 관심은 환경 문제로 옮겨 갔다. 예상할 수 있듯 세티에 관한 관심도 환경 쪽으로 편향됐다. 많은 이들은, 이제 가장 중요한 이슈는 핵전쟁이 아니라, 지속 가능성이라고 생각하게 됐다. 은하 저편까지 강력한 전파를 송출하기 위해서는 거대 기술과 엄청난 에너지가 요구된다. 첨단 기술을 보유한 외계 문명은 반드시 환경에 대한 악영향을 최소화하는 방향으로 기술을 발전시킬 것인가? 그럴 수 있다. 이 결론은 1960년대의 정치 분위기였다면 회의적으로 받아들였을지도 모른다. 그리고 환경 문제가 다른 관심사들로 대체될 수백 년 뒤에는 그 가능성이 낮아질 수도 있다. 수백만 년간 이어 내려온 초유의 문명이 '지속 가능성에 관한 문제'를 안고 있을 것이라고 생각하기는 어렵다. 그 문명은 우리가 예상할 수 없거나, 설사 알게 되더라도 납득하기 어려운 다른 난제를 안고 있을 것이다. 본질적으로 세티는 장기 프로젝트이기 때문에 정치적 유행에 맞춰 탐색 전략을 짜는 것은 어리석다. 외계 문명을 논할 때 그들의 정치적 우선 순위에 관해 논쟁을 벌이는 것 역시 무의미한 일이다.

마찬가지로, 외계 문명의 경제 상황을 추측하는 것도 부질없는 일이다. 허버트 조지 웰스(Herbert George Wells)가 쓴 『우주 전쟁(*The War of the Worlds*)』(원제대로 하면 『세계들의 전쟁』이라고 번역해야 했다. — 옮긴이)의 예를 보자. 이 소설은 지구보다 열악한 환경에 사는 화성인이 삶의 터전을 지구로 옮기려 한다는 설정을 담고 있다. 웰스는 기술적으로 인류보다 진일보한 외계인이, 적의와 갈망에 찬 눈으로 지구를 바라보는 오싹한 모습을 그려 냈다. "그들은 동정심이라고는 찾아볼 수 없는 차디찬 지성으로 우리를, 멸종을 앞둔 짐승처럼 생각했다. 그들은 지구를 부러운 눈으로 바라보면서 천천히, 그리고 확고하게 인류를 파멸시키기 위한 계획을 세웠다."[4] 웰스는 대영제국이 강성했던 1890년대에 이 소설을 썼다. 당시에는 토지 면적(에이커 단위)과, 석탄과 철광석의 톤 수, 소의 마릿수로 부와 권력을 가늠하던 때였다. 갑부들은 철도를 건설했고, 거대한 선박을 소유했으며 광산에서 석탄이나 구리, 혹은 금을 캤고, 넓은 목초지를 사들였다. 한마디로, 빅토리아 시대에 '부(富)'는 곧 '물질'을 의미했다. 따라서 외계인들도 비슷한 방식으로 부동산과 광물의 가치를 평가하고, 광물이 고갈됐을 때 더 많은 자원을 찾기 위해 우주 탐사 계획을 수립할 것이라고 생각하는 것은 자연스럽다. 이것이 웰스가 화성인에 대해 생각한 주된 모티프였다. 그러나 채 1세기도 되기 전에 국제 경제는 우리의 인식 범위를 벗어났다. 21세기의 록펠러에 비유되는 빌 게이츠(Bill Gates)는 벌써 1990년대에 '물질'이 아닌, '정보'로 부를 창출했다. 덕분에 마이크로소프트는 웬만한 국가보다 막대한 경제적 영향력을 보유하게 됐다. 정보 시대의 경제는 세티를 시류에 맞게 변모시켰다. 하물며 외계인들이 철광석이나, 금, 다이아몬드를 캐기 위해 은하 끝까지 뒤지는 탐욕에 가득 찬 종족일 리 없다. 진보된 사회는 정보에 높은 가치를 둔다. 정보는 현금이자, 부의 원천이다. 결국, 정보와 지식이라는 고귀한 가치는 사회적으로 중요한 이슈가 될 수밖에 없다. 그들은 정보에 대한 열망 때문에 외계에 탐사선을 보낼지도 모른다. 물질을 얻기 위해서가 아니라, 외계를 탐험하고 관측하고 측정한 뒤, 방대한 데이터베이스를 구축해 『은하 대백과사전(*Encyclopedia Galactica*)』[5]을 편찬할 수도 있다. 하지만 필자는 2090년대 사회에서 정보가 어떤 영향을 미치게 될지 잘 모르겠다. 그때는 지금 존재하지 않는, 그래서 우리가 추측할 수 없는 다른 무엇에 의해 경제가 움직일 것이기 때문이다. 불과 1세기만에 인간 사회에서 중요하다고 꼽는 우선 순위가 그렇게 극적으로 변하게 된다면 100만 년 넘게 경제 성장을 이룩한 문명이 선택할 우선 순위에 대해 우리가 추측할 수 있는 것은 과연 무엇일까? 이쯤 되면 가망이 없어 보인다.

외계 문명의 실체와 사회 구성원의 행동에 관한 이론 연구를 대해 우리는 같은 방식으로 비판할 수 있다. 인류 역사로부터 이에 관한 단서를 얻거나, 지적 생명체에 대한 일반적인 원리를 찾을 수 있을지도 모른다. 문제는, 지적 고등 생명체와 첨단 기술에 대해 우리가 아는 것이라고는 한 가지 샘플밖에 없다는 것. 아직 정립돼 있지조차 않은, 우주의 지성과 생명의 출현에 관한 일반 원리를 기초로 지구만이 갖는 유일한 특성을 가려내는 것은 어려운 일이다. 따라서 우리가 ET의 실체에 대해 추측할 때 인간과 비교하거나 어떤 유사성을 찾으려고 하는 것은 어쩔 수 없는 일이다. 하지만 동시에, 분명히 잘못된 일이다. '우리가' 무엇을 할 것인가는 그다지 중요하지 않다. 세티 초창기부터 있었던 이런 편협한 생각은 프랭크 드레이크에게는 통하지 않았다. 그는 이렇게 썼다. "지금 우리가 쓰는 신호는 40년 전의 그것과 근본적으로 다르다. 우리는 그 신호가 모든 고등 외계 문명이 사용할 만한 완벽한 모형이라고 생각했다." "하지만 틀렸다. 그 짧은 기간 동안 기술이 이만큼 눈부시게 발전한다면 수천, 아니 수백만 년 뒤에는 어떻게 변할까?"[6] 간단하게 요약하면 그렇다. 그러나 세티 창시자가 인정한 이 사실은 현재 진행 중인 연구에 근본적으로 새로운 대안을 제시할 수 있다. 필자는 우리가 외계 문명을 바라보는 태도를 바꿔야 한다고 생각한다. 그들을 인간의 눈으로 바라보지 말라는 것이다. 그렇게 하기 위해서는 생명과 마음, 문명과 기술의 본질은 물론, 공동체의 운명에 관한 우리의 고정 관념을 버려야 한다. 간단히 말하면, 생각할 수 없는 것을 생각하라는 것이다.

멋지다! 하지만 과학이라고 말할 수 있을까?

요즘, 과학자 사회에서는 세티를 대체로 편안하게 생각하고 있다. 하지만 일반인들이 이에 관해 과학적 가치를 평가하는 것은 상당히 어렵다. 그들은 외계인을 찾는 것이 왜 옳은지, 유령을 찾는 것은 아닌지, 별에서 오는 메시지에 대해서는 과학적으로 존중받지만, 왜 죽은 사람의 메시지에 대해서는 그렇지 않은지에 대해 궁금해 한다. 과학과 사이비과학의 경계는 어디에 있는 것일까? 그것은 과학의 핵심을 찌르는 중요한, 그리고 미묘한 문제다. 게다가 이런 구분에 대한 설명 없이 세티를 이해하는 것은 불가능하다. 자, 이제 그럼 이에 관해 알아보자.

칼 세이건은 이렇게 말했다. "비범한 주장에는 비범한 증거가 필요하다."[7] 이것은 UFO에 관해 그가 한 말이지만(UFO에 관해서는 이 장 뒷부분에서 논의하기로 한다.), 더 폭넓게 사용할 수 있다. 그는 보통 베이스의 법칙(Bayes' rule)이라고 알려진 방법을 쉽게 설명하기 위해 이 표현을 썼다. 베이스의 법칙은, 누군가 판단을 할 때 통계적인 방법으로 판단과 관련된 증거를 평가하는 방식을 뜻한다. 토마스 베이스(Thomas Bayes)는 18세기의 영국 성직자로서, 우리가 어떤 증거에 가중치를 부여할 때 그 가중치는 우리가 적용한 가설이 얼마나 타당한가에 달려 있다고 말했다. (이것을 사전 확률(prior probability)이라고 한다.) 일상적인 예를 들어보자. 필자가 현관 앞에 배달된 우유병을 가져오기 위해 아침 6시에 일어났다고 해 보자. 이 행동은 어디에 바탕을 두고 있는가? 두 가지 가설을 생각할 수 있다. 첫째, 필자는 '익스프레스 데이리'라는 업체와 계약을 맺었고 배달원은 늘 일요일을 제외한 매일 아침 우유를 가져다 준다. 그는 보통 7시에 오지만, 오늘은 그보다 일찍 도착했을 수도 있다. 둘째, 남을 생각하는 이웃 존스 부인이 집 문 앞에 우유를 놔두고 갔을 수 있다. 존스 부인 집에는 여분의 우유가 있기 때문에 그랬을지도 모른다. 하지만 두 번째 가설은 가능성이 희박하다. 첫 번째 가설에 비해 '사전 확률'이 훨씬 낮다. 후자에 확신을 갖기 위해서는 '비범한 증거'가 필요하다. 어떤 것이 있을까? 존스 부인이 '유나이티드 데이리'라는 경쟁 업체와 계약했다고 치자. 그 우유병에는 "유나이티드"라는 브랜드 이름이, 익스프레스 데이리의 병에는 "익스프레스"라는 이름이 양각돼 있다. 배달된 우유병에 "유나이티드"라고 씌어져 있다면 필자는 두 번째 가설을 재평가하게 될 것이다. 확인해 보니 병에는 "익스프레스"라고 씌어져 있다. 그렇다면 가설 2를 파기해야 할까? 아니, 완전히 배제할 필요는 없다. 이를테면 그저께 아침, 배달원 실수로 존스 부인 집에 익스프레스 데이리의 우유가 배달됐을 수 있다. 그러나 가설이 부자연스럽고 과장될수록 이를 뒷받침하기 위해 더 강력한 증거가 필요하다. 그러나 두 가지 가설이 동시에 옳을 가능성은 '0'에 가깝다. 더 이상 우유를 병에 담아 배달하는 일이 없기 때문이다. 적어도 필자가 사는 나라에서는 그렇다. 이런 예화는 향수를 불러일으킨다. (관심 있을 만한 독자들을 위해 1960년경 런던에서 볼 수 있던 일을 소개하려고 한다. 필자의 가장 친한 친구 브라이언은 우유 배달부의 아들이었고, 이따금씩 아버지의 일을 돕곤 했다. 그는 성탄절 날 우유를 배달하던 일을 지금도 기억하고 있다. 그런 일은, 그 좋은 옛 시절 드물지 않게 볼 수 있었던 서비스였다. 원래 우유병은 말이 끄는 수레에 실려 고객에게 배달됐고, 말에게는 특별히 성탄 선물로 당근이 주어졌다. 그 후 사람들은 말을 퇴역시켰고, 그 대신 무감각한 전동차가 등장했다. 뒤이어 우유 배달부는 우유병과 함께 사라졌다. 전동차도 자리를 내줬다. 대신에 진저리나는 슈퍼마켓 우유팩이 빈자리를 차지했다. 진보라는 미명 아래 세상에는 이런 일들이 벌어지고 있다.)

베이스의 법칙은 과학과 사이비 과학에도 적용돼 상충하는 주장에 대해 신뢰도를 평가할 수 있도록 해 주었다. 토머스 제퍼슨(Thomas Jefferson)은 하늘에서 운석이 떨어지는 광경을 목격했다는 보고를 받고 유명한 말을 남겼다. "나는 하늘에서 돌이 떨어졌다는 것보다 차라리 양키(남북 전쟁 당시 북군 진영) 교수 두 사람이 거짓말했다는 이야기를 믿겠다."[8] 19세기의 많은 지성인들처럼 제퍼슨도 하늘에서 돌이 낙하했다는 주장에 대해서는 사전 확률이 아주 낮다고 판단해 코웃음을 쳤다. 그 대신, 천박한 교수가 명성을 얻기 위해 일부러 꾸며낸 이야기일 확률은 낮지 않을 것이라고 생각했다. 오늘날 우리는 태양계가, 처음 형성된 뒤 남은 암석들로 가득 차 있다는 사실을 잘 알고 있다. 따라서 우리는 운석이 떨어졌다는 주장에 훨씬 높은 가능성을 부여하리라. 그리고 당연히, 그런 보고를 심각하게 받아들여야 한다. (하지만 아직 주의해야 할 점이 있다. 왜냐하면 지질학자인 내 친구는 운석 낙하를 직접 봤다는 제보를 받았지만, 그가 조사한 목격담은 모두 잘못된 것으로 밝혀졌다.)

직업이 과학자가 아닌 친구들이 필자에게 항상 늘어놓은 불평은 이렇다. 현대 물리학은 다른 차원이나, 아무도 본 적 없는 암흑 물질, 보이지 않는 초끈(super string)과 평행 우주, 증발하는 블랙홀, 웜홀 같은 환상적인 개념들을 홍보하지만, 그런 존재를 입증할 만한 아무런 실험적, 관측적 증거가 없다는 것. 정신 감응(telepathy)과 예지에 대해서는 지금까지 수천만 명이 직접 경험했지만, 과학자들은 이에 대해 난센스라고 당장 일축해 버렸다. 그렇다면 그것은 이중 잣대가 아닐까? "당신은 어떻게 유령의 존재를 부정할 수 있죠?" 필자에게 어떤 사람이 물었다. "귀신보다 더 붙잡기 어려운데다, 직접 아무도 본 적 없는 중성미자의 존재를 받아들이면서 말이죠." (중성미자는 대부분 고체로 구성된 물질을 그대로 통과하기 때문에 검출하기 굉장히 어려운 기본 입자로 알려져 있다.)

이런 불평을 짧게 반격할 근거가 있다면 그것은 '베이스의 법칙'이다. 현대 물리학과 관련해 중요한 사실은 암흑 물질, 중성미자와 같은 실체가, 단지 일회적 추측이 아닌, 방대하고 정교한 이론 체계를 바탕으로 예측된다는 점이다. 즉 일관성 있게 전체를 아우르는 수학 체계를 통해 검증된, 친숙한 물리 법칙으로 설명할 수 있다. 다른 말로 표현하면 그런 물리적 실체는 '확립된 이론적 바탕 위에 서 있다.' 때문에 그 실체에 관한 한 사전 확률이 높다. 실험가들은 이론을 검증한다. 독자들이 어떤 물리량을 정밀 측정하기 위해 실험 시설을 건설한다고 치자. 실험 결과는 이미 정밀하게 예측돼 있다. 이렇듯 결과가 제시된 경우는, 이론적 기초가 없는 상황에서는 우연히 새로운 것을 발견할 때 요구되는 증거의 수준이 높을 수밖에 없다.[9] 아직 과학적으로 설명되지 않는 정신 감응 같은 경우, 분명히 터무니없는 개념은 아니다. 하지만 그것을 믿으려면 필자에게는 충분한 증거가 있어야 한다. 왜냐하면 아직 그것을 체계적으로 설명할 수 있는 이론이 나와 있지 않기 때문이다. 또한 정신 감응이 구체적으로 어떻게 작용하며, 각기 다른 상황에서 얼마나 강력한 힘을 발휘하는지에 관한 수학 모형도 확립돼 있지 않다. 따라서 필자라면 그 존재에 대단히 낮은(그러나 0이 아닌) 사전 확률을 부여하겠다. 하지만 누군가, 기존 물리계와 연결된 수학 모형을 기반으로 정신 감응에 관한 타당한 메커니즘을 제시한다면, 또한 그 이론이 결과를 예측할 수 있다면 이야기가 달라진다. 그것을 '정신 감응력(telepathic power)'이라고 하자. 그리고 '정신 감응력'은, 이를테면 거리가 멀수록 약해지고, 이성보다는 동성 간에 두 배로 강력해진다고 치자. 이렇듯 명확하게 정의된 형태로 여러 현상을 설명할 수 있다면 필자는 그 이론을 찬찬히 들여다보겠다. 또 그 이론이 예측하는 대로 실험 결과가 나온다면 쉽게 실체를 받아들일 수 있으리라. 아아! 그러나 아쉽게도 정신 감응에 관한 그런 이론은 아직 존재하지 않는다! 그래서 이 분야에 대해서 읽은 그 많은 놀라운 일화[10]들에도 불구하고 필자는 상당히 비관적일 수밖에 없다.

다시 세티 문제로 돌아가 보자. 과연 세티는 과학과 비(非)과학 가운데 어디에 속할까? 곧바로 문제의 핵심으로 들어가면, 통신 수단을 가진 외계 문명의 존재에 대해 우리는 사전 확률을 어떻게 부여할 것인가? 아무도 답하기 어렵다. 만일 독자가 ET가 존재한다는 데 대해 믿을 만한 근거와, 신호의 본질에 대해 확실한 생각을 가지고 있다면 다른 사람을 설득할 수 있도록 준비된 셈이다. 하지만 외계 문명의 개념에 대해 스스로 확신이 없다고 생각한다면 더 강력한 증거가 필요하다. 필자는 앞으로 4장에서 발달된 외계 문명이 많은지, 아니면 대단히 드물지에 대해 논하려고 한다. 본질적으로, 아주 흔하지도, 그렇게 드물지도 않을 것이라는 중도적인 가능성은 희박해 보인다.[11] 누군가 외계 문명에 대해 전혀 터무니없을 뿐 아니라, 타당하지 않은 개념이라고 생각한다면 세티를 비과학의 영역에 편입시키려고 할 것이다. 그러나 믿을 만하다고 생각하는 이는 세티가 당연히 과학의 영역에 속한다고 말하리라. 독자 여러분은 이 문제에 대해 마음을 정해야 한다. 그러나 우리는 아직 세티의 방법론이 정말 과학적인가 하는 점에 대해 이야기하지 않았다. 세티는 체계적인 조사, 분석 기법을 이용하는, 잘 훈련된 과학자들이 첨단 기술을 바탕으로 연구하고 있다. 또 그 결과는 전문가들이 참여하는 엄격한 평가 과정을 거친다. 이런 그룹이 과학 연구에 관한 한 훌륭한 자격을 갖추었다는 점에 대해서는 의심할 여지가 없다. 하지만 그들이 불가능한 것을 추구하는 것은 아닐까? 글쎄, 책의 나머지 내용을 읽어 보기 바란다.

외계인에 관한 짧은 역사

사람이 외계인에 대해 처음 생각하기 시작한 것은 전파 망원경 시대 이전이다. 2,500년 전, 예언자 에제키엘(Ezekiel, 에스겔)이 칼데아(Chaldea)라는 땅에서 키바(Chebar) 강변(현재의 하부르 강 주변. — 옮긴이)을 거닐면서 북쪽에서 소용돌이 바람이 빛을 내며 다가오는 것을 바라보았다. 그런데 소용돌이로부터 네 마리의 날개 달린, 겉보기에 "사람처럼 생긴" 동물들이 나왔다. 그 동물은 네 대의 날아가는, 광낸 황동처럼 번쩍거리는 "차"와 함께 나타났다. 차 바깥에는 "눈"들이 달려 있었다. 마침내 그 생물은 네 대의 차와 함께 "대지로부터 하늘 위로 상승해" 멀리 날아가 버렸다.[12]

『성경』에 등장하는 이 유명한 일화는 물론, 만들어 낸 것이다. 아마도 꿈 아니면 상상에 관한 이야기거나, 종교적인 메시지를 표현한 것일 수도 있다. 이것을 역사적 사실로 간주해서는 곤란하며, 아마도 그런 목적으로 만들어지지도 않았을 것이다. 이 이야기는 현대를 사는 우리가 역사의 눈을 통해, 오래전에 사라진 문화가 이야기를 전하는 방식에서 가치를 찾을 수 있다. 당시 이스라엘 사람들은 다른 동시대인들과 함께 인류가 우주의 지각 있는 존재 중의 하나라고 굳게 믿었다. 고대 사회에서는 대부분 신과 천사, 정령과 악마는 실재하는 것으로 생각됐다. 인간과 다른 이런 존재는 대부분 하늘 너머 어딘가에 산다고 여겼다. 천지창조에 관한 전통적인 신화들을 살펴보면 하나, 또는 그 이상의 강력한 신적 존재가 등장한다. 그들은 세상을 창조했으며, 그리고 때때로 세상을 찾아왔다.

인간이 다른 존재와 더불어 우주의 한 부분이라는 생각은 종교와 신화의 산물만은 아니었다. 이런 관념은 기원전 5세기 사람이 논리적으로 이끌어낸 철학적 주제이기도 했다. 고대 그리스의 데모크리토스(Democritos, 기원전 460~370년)는 원자론을 처음 설계한 철학자였는데, 그의 원자론에 따르면 우주는 텅 빈 공간을 움직이는, 더 이상 쪼개질 수 없는 아주 작은 입자(원자)들로 구성돼 있다. 데모크리토스에 따르면 모든 물질은 원자들의 각기 다른 조합으로 이뤄지며, 우주에서 일어나는 모든 변화는 원자가 재배열되는 것일 뿐이다. 데모크리토스는, 우주가 균일하고, 원자들이 특별한 조합을 이뤄 식물과 동물이 사는 땅을 만들어 낼 수 있다면 원자들은 우주 다른 곳에서도 비슷한 방식으로 다른 조합을 이룰 수 있을 것이라고 믿었다. 그는 이렇게 결론지었다.[13]

> 세상에는 크기가 다른 무한히 많은 세계가 있다. 어떤 세상에는 태양도, 달도 없고, 또 다른 세상에는 우리 태양과 달보다 더 크고, 그 밖의 다른 세상에는 태양과 달이 두 개 이상일지도 모른다. 그런 세계는 서로 다른 거리에 떨어져 있으며, 어떤 방향으로는 더 많은 세계가, 또 다른 방향으로는 그보다 적은 세계가 있다. 또 어떤 곳은 번창하고 있지만, 다른 곳에서는 쇠퇴한다. 새롭게 탄생하는 곳이 있는가 하면 서로 충돌을 일으켜 파괴돼 죽는 곳도 있다. 그리고 어떤 곳은 동물도, 식물도, 물도 없는 세계도 있다.

데모크리토스의 주장은 기본적으로 로마 시인인 티투스 루크레티우스(Titus Lucretius, 기원전 99~55년)가 남긴 분위기 있는 시 『자연의 본질에 관하여(*De Rerum Natura*)』에 생생하게 담겨 있다.[14]

> 만일 원자가 고갈되지 않는다면,
> 살아 있는 모든 생명의 위력보다 거대할 것이요,
> 만일 자연의 창조적 능력이 그대로 살아 있다면,
> 원자들을 내던져 지금과 같이 하나로 만들리라,

그렇다면 당신은 왜 이렇게 고백하지 않는가,

또 다른 세계가, 하늘 저편에도 존재한다고

또 다른 인간 종족과 짐승이 사는 그곳이.

외계 생명체에 관한 생각은 이후 기세가 꺾였지만, 천문학이 진정한 과학으로 재탄생하면서 불붙은 것은 사실이다. 중세에 코페르니쿠스의 태양계 모형은 태양을 태양계 중심으로 옮겨 놓았다. 그리고 그는 행성들을, "움직이는 빛나는 점"에서 우리가 사는 세상 밖의 "또 다른 세계"로 설명했다. 이런 사고의 전환은 다른 세계에 살지도 모르는 생명에 관한 공상을 부추겼다. 독일 천문학자 요하네스 케플러(Johannes Kepler)는 『꿈(*Somnium*)』이라는 책에서 한 걸음 더 나아갔다. 그는 달에 사는, 지능이 대단치 않은 파충류를 상상했다. 이 파충류는 달의 앞면과 뒷면 어디에 사는가에 따라 이름이 달리 붙여졌는데, 그것은 "순볼반스(Sunvolvans)"와 "프리볼반스(Privolvans)"라고 불렸다. 케플러는 또한, 달이 "지구에 사는 우리를 위해 존재"하는 것처럼, 목성 주변의 네 개의 달도 목성의 생명체를 위해 존재하는 것임에 틀림없다고 말했다. 이런 논리에 따라 그는, "우리는 높은 확률로 목성에 생명체가 있다고 추측할 수 있다."라고 주장했다.[15] 그런 상상을 즐긴 것은 케플러뿐만이 아니었다. 네덜란드 천문학자 크리스티안 하위헌스(Christiaan Huygens)는 1698년 최종본이 출판된 논저 『코스모테레오스(*Cosmothereos*)』에서 다른 행성에도 생명체가 산다고 독자들을 설득했다.

그 후 300년 동안 천체 관측 기술은 놀라울 만큼 발전했지만, 태양계에 지적 생명체가 살 가능성은 줄어들었다. 20세기에 들어 그 가운데 행성 하나만 후보 목록에 남았다. 바로 화성이다. 필자가 고등학생이었을 때 그 붉은 행성에 외계인이 살 것이라는 믿음은 유행처럼 흔했다. 이 행성은 늘 SF 소설의 단골 주제로 등장했으며, '화성인'이라는 단어는 '외계인'과 동일시됐다. 화성에 생명이 산다는 믿음은 폐기해야 할 대상은 아니다. 화성은 지구보다 작아 중력이 약하며, 태양에서 멀리 떨어져 있다. 그래서 춥다. 하지만 이곳에는 엷은 대기가 있으며, 때때로 표면 온도가 어는점보다 따뜻해진다. 19세기 중반까지 큰 망원경들이 건설돼 그 표면 지형들을 자세히 볼 수 있었다. 천문학자들은 망원경을 통해 극관이 커졌다 줄어드는 모양과, 계절에 따라 표면 색깔이 달라지는 것을 목격했다. 그래서 누군가 경작을 하고 있을 것이라고 생각하기도 했다.

1858년 이탈리아의 예수회 신부 안젤로 세키(Angelo Secchi)는 화성 지도 제작에 착수했고, 희미하게 선처럼 보이는 지형을 "카날리(canali)", 즉 물길이라고 불렀다. 20년 뒤, 그와 동향인 천문학자 조반니 스키아파렐리(Giovanni Schiaparelli)는 그보다 정밀도가 향상된 지도를 만들었는데, 세키의 선례를 따라 그런 지명을 "카날리"라고 표기했다. '카날리'라는 별명은 후에 영어로 자유롭게 '운하(canals)'라고 번역돼 '인공'의 의미가 강조됐다. 화성의 '운하'는 미국의 부유한 작가이자 여행가인 퍼시벌 로웰(Percival Lowell)의 상상력을 사로잡았다. 그는 애리조나 주 플래그스태프에 천문대를 짓고 화성 연구와 생명체의 흔적을 찾는 일에 몰두했다. 1900년, 로웰은 단순한 생명체가 아닌 지적 생명체에 관한 단서를 찾았다고 확신하게 됐다. 그는 수로로 이뤄진 복잡한 네트워크를 정교한 그림으로 그리기 시작했다. 그는 이 수로가, 발달된 문명인이 극관의 얼음 녹은 물을 건조한 적도 지역으로 수송하기 위해 건설한 것이라고 생각했다. (화보 2) 거의 동시대에 H. G. 웰스는 역작『우주 전쟁』을 완성했다.

웰스와 로웰이 저작을 출판할 무렵, 화성이 그런 세계라고 믿는 것은 논리적으로 이상한 일이 아니었다. 그리고 이런 믿음은 우주 시대를 여는 데 일조했다. 1963년, 미국 항공 우주국 나사(NASA)는 근접 비행을 위해 화성에 매리너 탐사선을 보냈다. 매리너가 전송한 사진 속 화성은 척박하고 크레이터(운석 충돌구)로 뒤덮인 행성이었으며, 지구보다 달 표면에 더 가까웠다. 그 후속으로 화성에 간 매리너 탐사선들은 실망스럽게도 대기가 너무 엷다는 사실을 알아냈고 산소의 흔적을 찾는 데는 실패했다. 산소가 없다면 오존층이 있을 수 없고, 따라서 화성 표면은 치명적인 태양 자외선에 노출될 수밖에 없다. 화성은 혹독하게 추울 뿐만 아니라, 엷은 대기에, 게다가 자외선까지 강렬하게 내리쬐는, 생명 활동에 치명적인 요소를 두루 갖춘 곳이다. 그래서 생명체 발견에 대한 희망은 사그라졌다. 무엇보다 중요한 것은, 매리너 탐사선이 그 유명한 운하는커녕, 말라 버린 강바닥에는 촬영하지 못했다는 점이다. 운하는 로웰의 풍부한 상상력이 만들어 낸 허구로 판명됐고, 과학적 데이터가 아닌, 희망이 빚어낸 산물로 기록됐다. 그리고 세티에 관해 반드시 기억해야 할 교훈으로 남았다.

성간 생명체

오늘날, 우리는 태양계 그 어떤 행성에도 지적 생명체가 존재할 가능성이 전혀 없다는 사실을 잘 알고 있다. 그러나 세티 프로젝트는 외계 행성들을 대상으로 삼고 있다. 프랭크 드레이크가 오즈마 프로젝트를 처음 시작했을 때 사람들은 그의 신념이 지나치다고 생각했다. 당시 천문학자들은 태양계 밖에 행성이 있을 것이라는 사실에 확신을 갖지 못했기 때문이다. 실제로 외계 행성이 발견된 것은 비교적 최근이다. 지금까지 우리 은하에서 태양과 가까운 별들 주위를 공전하는 행성은 모두 400여 개가 발견됐다. (2019년 3월 현재 3,900개가 넘는 외계 행성의 존재가 공식 확인됐다. https://exoplanetarchive.ipac.caltech.edu/. — 옮긴이) 이런 행성을 발견하는 데는 크게 두 가지 방법이 사용된다. 첫 번째, 행성이 별(모항성)에 중력적인 영향을 미쳐 별이 아주 미약하게 떨리는 것처럼 나타난다는 점에 착안한 방법이다. 그래서 별빛을 자세히 조사하면 그 움직임이 주기적으로 파장에 변화를 일으키는 것처럼 나타난다. ('도플러 방법'이라고 한다.) 또 다른 방법은, 행성이 별(모항성) 바로 앞을 지나갈 때 밝기에 미세한 변화가 나타나는데, 그 변화를 찾아내는 방법이다. (이것은 '통과 방법(transit method)'이라고 한다.) 지금까지 모항성과 뚜렷하게 구별되는 모습이 사진으로 찍힌 외계 행성은 하나밖에 없다. (2019년 3월 현재 44개의 외계 행성이 직접 촬영 방법으로 발견됐다. — 옮긴이) 이런 영상을 얻기 어려운 이유는, 눈부신 별빛이 어두운 행성을 삼켜 버려 전혀 보이지 않기 때문이다. 이것은 서치라이트 옆에서 반딧불을 찾는 것이나 다름없다. 도플러 방법과 통과 방법 모두 모항성 가까이 공전하는 무거운 행성인 경우 잘 들어맞는다. (언론들은 이런 행성들을 "뜨거운 목성(hot Jupiter)"이라고 부르기도 한다.) 하지만 이렇게 찾은 지구형 행성은 아직 몇 개 되지 않는다. 그러나 아주 최근, '슈퍼 지구(super-Earth)' 몇 개가 목록에 올라갔다. '슈퍼 지구'는 상대적으로 작고 밀도가 높지만, 지구보다는 몇 배 무겁다. 그럼에도 천문학자들은 대부분 지구 크기의 행성이 널려 있으리라는 데에 동의한다. 그래서 앞으로 '또 다른 지구들'을 영상으로 촬영할 수 있는 광학 망원경 시대를 기다리고 있다. 2009년 3월, '케플러(Kepler)'라는 우주 망원경을 발사해 3년 동안 10만 개의 별을 대상으로 통과 현상을 계속 감시하고 있다. (현재 케플러 우주 망원경은 53만 503개의 별들을 감시해 모두 2,662개의 외계 행성을 발견했다. — 옮긴이) 케플러는 영상을 촬영하는 것이 아니라, 지구와 닮은 작은 행성 때문에 별 밝기가 변하는 것을 검출할 수 있는 감도를 갖췄다.

생명이 살 수 있는 환경을 제공한다는 측면에서 행성의 크기가 지구와 비슷한 것만으로는 충분치 않다. '지구와 정말 똑같이' 닮기 위해서는 생물학적으로 필수적인, 다른 요소들을 두루 갖춰야 한다. 이를테면, 충분히 두꺼운 대기가 있어야 하며, 행성 내부가 뜨거워야 할 수도 있다. 그 결과, 자기장이 형성돼 위험한 우주 방사선으로부터 보호받을 수 있으며, 지각판이 움직여(지각 대륙판의 이동) 지표가 화학적으로 순환될 수 있는 여건이 조성된다. 액체 상태의 물이 생명체 서식에 필수불가결한 조건이라는 사실은 의심할 여지가 없다. 우리가 아는 모든 생명체는 물 없이 생존할 수 없기 때문이다. 이런 조건들을 바탕으로 '서식 가능 영역(habitable zone)'이라는 개념이 생겼다. 그것은 항성 주변에 있는 행성 표면의 물이 액상으로 존재하는 영역을 뜻한다. 태양계의 예를 들면 금성 궤도 바깥부터 화성까지의 거리에 해당한다. (금성 표면은 너무 뜨거워 물이 액상으로 존재할 수 없으며, 화성은 온도가 낮아 물이 늘 액체 상태로 있을 수 없다.)

행성이 '거기(서식 가능 영역)'에 있다는 것은 이상적으로는, 지구와 비슷한 행성이 태양과 유사한 별 주변을 지구 궤도와 닮은 궤도를 따라 공전한다는 것을 뜻한다. 하지만 최근 들어 이런 고전적인 생각은 지나치게 편협한 것으로 인식되고 있다. 우리는 다른 흥미로운 가능성들까지 아우를 수 있게끔 개념을 더 확장시킬 필요가 있다. 예를 들면 적색 왜성처럼 온도가 낮은 별은 반지름이 작고, 폭이 좁은 '서식 가능 영역'을 가질 수 있다. 실제로 2007년에는 글리제 581(Gliese 581)이라는 적색 왜성 주변을 도는, 생명이 살 수 있을 것 같은 환경을 갖춘 행성이 발견됐다. 그 행성은 모항성으로부터 고작 1100만 킬로미터 밖을 돌고 있다. (지구는 태양으로부터 1억 5000만 킬로미터 떨어진 궤도를 공전한다.) 이 별은 어둡고 온도가 낮기 때문에 이 정도면 물이 액체 상태로 존재하기에 충분한 거리다. 하지만 불행히도 모항성과 이처럼 가까운 행성은 '위상 동기(phase-locking)' 상태에 놓여 있을 가능성이 높다. 달이 지구에 위상 동기된 것처럼 문제의 행성이 늘 별의 같은 면만을 보게 된다는 뜻이다. (지구에서는 달의 뒷면은 볼 수 없다.) 위상 동기됐다는 뜻은 곧, 행성의 반쪽은 영원한 무더위에 시달리는 반면 다른 한쪽은 영구적으로 얼어붙은 상태이리라는 것이다. 생물학적으로 결코 이상적인 환경은 아니다. 그러나 적어도 이 행성계에 원시 형태의 생물이 살 수 있는 너무 뜨겁지도, 너무 차갑지도 않은 '골디락스(Goldilocks)' 영역이 존재할 가능성은 배제할 수 없다.

서식 가능 영역은 상당히 다양한데, 그 다른 예로 얼음으로 이뤄진 작은 행성이나 위성 내부를 들 수 있다. 우리 태양계 외곽은 몹시 추우며, 그 가운데 목성의 위성인 유로파는 얼음으로 된 지각 아래에 액체로 된 바다가 있다. 유로파의 바다는 목성의 중력 때문에 생기는 조석 마찰에 의해 가열돼 따뜻하다. (화보 3) 그보다 먼 거리에 있는 왜소 행성인 명왕성은 2006년 행성 자격을 박탈당했으며, 얼음으로 이뤄진 태양계 가족 중에 규모가 큰 종족으로 분류됐다. 왜소 행성 가운데는 생명을 잉태할 수 있는 화학 물질이 풍부한 것들이 있다. 그중에 큰 천체들은 형성 당시부터 내부에 충분한 열을 가지고 있었으며, 방사성 붕괴와 화학 작용으로 가열돼 수십억 년 동안 내부가 액체 상태로 남아 있다. 분명히, 외계 행성 가운데서도 이처럼 얼어붙은 표면과 액체 상태로 용융된 내부를 가진 행성이 더러 있으리라 짐작된다. 이렇듯 얼음으로 뒤덮인 천체에서 생명이 태어난다면 미생물 수준에 머무를 수밖에 없다. 거기서 그 미생물이 더 복잡한 생명으로 진화한다손 치더라도 그런 환경에서 생명체가 과연 어떤 모습을 띠게 될지는 아무래도 추측에 의존할 수밖에 없다. 칠흑처럼 어두운 액체와 수백 킬로미터 두께의 고체로 된 '하늘'에 갇힌 상태에서 지각 있는 존재가 출현하기까지는 얼마나 오랜 시간이 걸릴까? 그 생명체가 뚫고 나갈 수 없는 세계의 끝, 그 '하늘' 너머에 광대한 우주가 펼쳐져 있다는 사실을 깨닫는 것은 어쩌면 가망 없는 일일지도 모른다. 생명체가 그 얼음으로 된 감옥을 '부순' 뒤 전파 신호를 보내는 일은, 기대하는 것 자체가 무리다.

그렇다면, UFO에 관한 그 많은 소문들은?

여론 조사에 따르면 미국인 중에 약 4000만 명이 UFO를 목격했다고 한다. UFO란 무슨 뜻인가? 미확인 비행 물체(Unidentified Flying Object)의 영문 약어로 말 그대로, 정체가 알려지지 않은 비행체다. 하지만 언론은 부정(모른다.)의 뜻을 긍정(안다.)으로 바꾸는 재주가 있다. 그들은 '모르는 것'을 '그 밖의 다른 것'으로 탈바꿈시켰다. 그리고 '그 밖의 다른 것'은 대중적 상상력에 힘입어 다른 세계에서 온 우주선이 돼 버렸다. 누군가, 하늘에서 정체를 알 수 없는 뭔가를 봤을 때, 우리는 쉽게 외계 우주선일지도 모른다고 말한다.

말할 필요도 없이, 과학자들에게는 전혀 먹혀들지 않는 이야기다. 우리가 뭔가에 대해 'X'라는 사실을 확인할 수 없다고 해서 그게 'Y'이어야 할 이유는 없다. 'Z'가 될 수도 있다. 수천 건의 UFO 보고 가운데 대부분은 곧바로, 특이한 대기 현상이나, 특별한 상황에서 목격된 항공기, 또는 밝은 행성(금성이나 목성과 같은 태양계 행성. — 옮긴이)이라고 밝혀졌다. 더러 알아내기 어려운 경우도 있지만, UFO 목격 사례를 해결된 것과 그렇지 않은 것으로 구분할 만한 명확한 기준은 없다. UFO 목격담 중에 95퍼센트는 쉽게 설명할 수 있으며, 충분한 정보가 있다면 나머지 5퍼센트에 대해서도 그럴 것이라고 생각하기 쉽다. 그 5퍼센트가 해결하기 더 어렵다기보다는, '95퍼센트'의 사례와 특별히 다르지 않을 것이라고 믿고 싶기 때문이다.

이것이 각국 정부가 UFO 연구를 지원하는 이유다. 영국은 1950년 이후 1만 1000건의 UFO 목격 기록을 가지고 있다. 영국에서는 수년간 UFO에 관한 연구에 대해 대체로 그 중요성을 낮게 평가하는 풍조가 이어지다가 정보 자유법(Freedom of Information Act) 발효 이후 한꺼번에 방대한 양의 UFO 관련 문건을 공개했다. 그러나 영국 정부는, 설명하기 어려운 사례들이 있음에도 불구하고 이런 보고가 외계인과 직접 관련된 것은 아니라고 결론지었다. 국방부 대변인은 "국방부는 하늘에 이상한 비행체가 출현한다는 사실을 부정하지 않는다."라고 인정했다. 하지만 "지구에 외계 우주선이 착륙했다는 증거는 발견하지 못했다."라고도 말했다.[16]

미국은 지난 1950년, UFO가 국가 안보에 위협이 되는지 조사하기 위해 '블루 북 프로젝트(Project Blue Book)'에 착수했다. 그 일환으로 이후 20년간 수천 건의 관련 보고서를 분류했으며, 그중 수백 건에 대해서는 면밀하게 조사했다. 이 거대 프로젝트가 종료될 무렵, 미국의 저명한 핵물리학자인 에드워드 콘던(Edward Condon)은 조사 결과를 평가해 달라는 요청을 받았다. 콘던 보고서는, 그 가운데 90퍼센트의 목격 보고는 일반적인 현상으로 설명, 분류할 수 있지만, 나머지 10퍼센트에 대해서는 과학적 가치를 찾지 못한다고 평가했다. 동시에, '블루 북 프로젝트'를 계속해야 할 당위성을 찾지 못했다고 결론 내렸다.[17] 이 프로젝트는 적법한 절차에 따라 종료됐다. 한편, '블루 북 프로젝트'에서는 자문 과학자로 천문학자를 초빙했는데, 초빙된 사람은 일리노이 주 노스웨스턴 대학교의 앨런 하이네크(Allen Hynek)였다. 필자는 박사 후 연구원 시절, 몇 차례 파이프 담배를 즐기는, 쾌활한 성격의 하이네크 박사를 만날 기회가 있었고, 일리노이 주 자택을 직접 찾아간 적도 있는데, 그 집에는 먼지 묻은 UFO 관련 파일들이 가득 찬 방이 있었다. 1970년의 일이다. 그런 보고 문건을 몇 가지 범주로 분류하는 동시에, 이를테면 "제3의 근접 조우(Close Encounters of the Third Kind)"와 같은 친근한 용어를 만들어 낸 사람이 바로 하이네크 박사다. '제3의 조우'라는 조어는 스티븐 스필버그(Steven Spielberg)가 그 유명한 영화 타이틀로 쓴 뒤 흔히 들을 수 있게 됐다. (하이네크 박사는 그 보답으로, 이 영화에 파이프를 문 채 카메오 역할로 출연했다.) 하이네크는 몇 년 동안 이런 자료를 공들여 조사한 뒤, '뭔가 있다.'는 것을 확신하게 됐다. 물론, 제대로 된, 쓸 만한 증거가 뒷받침된 사례가 극히 적다는 사실은 인정했지만 말이다. 그는 필자에게도 '뭔가 있다.'는 점을 확신시켜 주었다. 필자는 당시, 모든 것을 받아들일 마음의 준비가 돼 있었다. 그러나 이후 몇 년간 이런 미궁의 목격 보고에 대해 생각한 뒤, 사람들이 그런 사건에 관해 얼마나 심각하게, 인간 중심주의적으로 해석하고 있는가에 눈을 뜨게 됐다. 외계인이 아닌, 인류의 편협한 시각으로 문제를 바라보고 있다는 사실에 대해 말이다. 목격자 스스로, 외계인과 몸을 접촉했다고 주장하는, 일부 사건의 경우가 특히 그러했다. 대부분, 그들이 대면한 "UFO 우주인(ufonoid)"은 외형상으로 사람과 거의 비슷했으며(난쟁이거나 거인인 경우도 있다.) 더러 할리우드 영화에서 방금 뛰쳐나온 것 같은 모습을 띠었다. 필자는 뒤에서 외계 여행자가 신체적으로 인간과 비슷할 것이라는 기대가 얼마나 타당성이 있는지에 관해 설명하려고 한다. 또 다른 진실은 외계인에 관한 시시껄렁한 추측거리에서 찾을 수 있다. 이를테면, '그들'이 들판과 목장을 파헤치며 돌아다닌다든지, 따분해진 십대들처럼 소나, 비행기, 아니면 차 뒤꽁무니를 쫓거나, 인간을 유괴해 나치가 자행했던 것과 비슷한 실험에 쓴다는, 그런 케케묵은 일화들. 우주에 대해 어느 정도 알고 있는 사람이라면 그런 부류의 생각에 집착하지는 않으리라.

필자는 시간 나는 대로 그런 사례들을 몇 가지 분석해 봤다. 개중에는 비교적 간단한 경우도 있었다. 동영상의 한 장면. 일출 직전 동쪽 지평선에서 밝은 빛이 솟아오르더니 차츰 빛을 잃어 30분 만에 사라졌다. 아마추어 천문가라면 누구나 금세 금성이라는 사실을 알 수 있다. '새벽별'이라고도 불리는 금성은 태양보다 먼저 떠서 날이 밝으면 보이지 않게 된다. 또 다른 동영상. 구름 낀 하늘을 배경으로 빛 무더기가 나타나 미세하게 흔들리면서 천천히 몇 개로 떨어져 나가는가 싶더니 이내 깜빡거리며 사라졌다. 이 영상은 영국 남부 스톤헨지 야영장 캠프 몇 군데서 찍혔다. 스톤헨지는 고대 문화의 신비로운 분위기가 느껴지는 그런 곳이다. 독자들이 UFO를 보기를 원한다면 그만한 장소가 따로 없다. 이 녹화 화면은 상당히 충격적이었으며, 국영 그라나다 텔레비전에서는 저녁 6시 뉴스에 실황 인터뷰와 함께 내보냈다. 필자는 방송사로부터 인터뷰를 요청받았는데, 문제의 장면을 보자마자 빛의 정체가 무엇인지 알 수 있었다. 군사 임무였다. 필자 자신으로서는 다행스러운 일이었는데, 오래전 비슷한 장면을 목격한 적이 있었기 때문이다. 필자는 방송 기사에게 문제의 장면을 줌인해서 보여 달라고 부탁했다. 그러자 연기가 뿜어져 나온 궤적이 보였다. 그리고 구름 아래서 불이 점화돼 낙하산 위로 모습을 드러낸 뒤, 바람을 따라 움직이다가 구름을 뚫고 하나씩 나타나 다 타버려 없어질 때까지 천천히 하강했다. 빛의 정체가 밝혀졌기 때문에 더 신비로울 게 없었다. 스톤헨지 인근에 영국 육군 훈련장이 있다는 사실은, 아무도 중요하게 생각하지 않았다. 이런 사실을 명확하게 짚고 넘어갔기 때문에 그라나다 텔레비전은 아무렇게나 이야기를 꾸며댈 수 없었다. 실황 방송은 계속됐고, 필자는 목격자들에게 상황을 설명해 보라고 이야기했다. 그들은 동영상을 촬영하기 전, 며칠 동안 하늘의 같은 지역에서 이상한 불빛을 봤다고 말했다. 필자는, 왜 같은 현상이 되풀이되고 있는데 가까이 가 보지 않았는지 궁금해졌다. "그렇게 했죠." "하지만 거기서 훈련 중인 군인들 때문에 다가갈 수 없었어요." 목격자들이 대답했다. 이런 상황에서 독자들은 그 빛이 군사 훈련 중에 나타난 것이라는 필자의 설명이 설득력 있게 받아들여졌을 것이라고 생각하리라. 하지만 어림없는 일이다. 그 장면을 직접 본 부부와 대부분의 목격자들에게 동영상에 나타난 물체는 UFO였다. 그리고 그들은 그 빛이, 마치 군사 훈련과 관계있는 것처럼 보일 수 있다고 말할지도 모른다. 이런 식의 논리라면 어쩔 수 없다.

음모론은 모든 일을 이런 식으로 해석한다. 많은 사람들이 '정부'는

UFO에 관한 '진실'을 알고 있지만, 비도덕적인 이유로 이를 은폐하고 있다고 믿는다. 언뜻 그럴듯해 보인다. 왜냐하면 정부가 늘 그런 식으로 뭔가를 은폐하는 경향이 있는 것은 사실이기 때문이다. 필자는 캘리포니아에 있는 세티 연구소의 세스 쇼스탁에게 이 사건에 대해 어떻게 생각하는지 물어봤다. 세스는 UFO 목격 영상에 대해 자세히 연구한 사람이다. "정부가 이렇게 중대한 사건을 은폐할 수 있을 정도로 그렇게 능수능란할까?" 그는 회의적이었다. "생각해 봐. 체신부를 운영하는 똑같은 정부야." (미국을 포함한 각국 행정부가 UFO 목격 사례를 수십 년간 체계적으로 은폐하고 그럴 듯하게 꾸미기는 어려웠을 것이라는 뜻이다. 특히 미국에서 체신부는 복지부동 관료주의의 상징이다. — 옮긴이) 그는 또한, UFO가 아메리카 합중국의 배타적인 전유물이 아니라는 점도 지적했다. UFO는 전 세계 곳곳에서 보고되고 있기 때문이다. 그렇다고 미국 정부가 수십 년간 그것을 감춘다고 될 일도 아니다. 그렇다면, 예컨대 벨기에나 보츠와나 정부라면 어떨까? 적어도 어느 나라에선가 정부가 그런 사실을 유출시킬 수도 있지 않을까?

지금까지 나온 이야기들 중에 UFO에 관한 '수수께끼'를 한 방에 날려 버릴 '해결책'은 없었다. 필자는 UFO 목격담 중에 일부가, 새로 알려진 것이거나, 잘 알려지지 않은 대기 현상이거나, 또는 심리적 이유에 바탕을 두었다고 하더라도 전혀 놀라지 않으리라. 설명하기 어려운 UFO 목격담 중에 아주 골치 아픈 사례들 이면에는 어떤 거짓이 숨어 있을지도 모른다. 하지만 그런 사건이, 외계인이 비행 접시를 타고 와서 벌이는 일이라고 단정할 만한 이유를 필자는 아직 찾지 못했다. UFO에 관한 화젯거리는 귀신 이야기처럼 읽기는 재미있지만, 외계인이 있다는 결정적인 증거가 되지는 못한다. UFO에 관한 일화들은 인간이 외계인과 그들의 기술에 대해 어떻게 상상하는지 보여 주는 창문 역할을 한다는 점에서 중요하다. 외계인에 대한 이런 이야깃거리 가운데 우리가 주목할 만한 것은, 그 기이하고 초자연적인 외형보다는 재미없는, 사람과 엇비슷한 특징들이다. 우리는 외계인에 대해 최신예 스텔스 폭격기와 같은 첨단 비행체를 조종하는 휴머노이드(homanoid)보다 훨씬 더 특별한 뭔가를 기대하고 있는지도 모른다.

뒤에 가서 살펴보겠지만, 세티는 훨씬 비약적인 상상력을 요구한다. 영국 생물학자인 존 버든 샌더슨 홀데인(John Burdon Sanderson Haldane)은 유명한 말을 남겼다. "우주는 우리가 생각하는 것보다 더 기이할 뿐 아니라, 우리가 생각할 수 있는 것보다 훨씬 더 기이하다."[18] 우리가 외계 지성체와 수백만 년 역사를 이어 온 기계 문명과 관련된 특징에 대해 진지하게 생각하기 위해서는 우리가 익숙하게 생각하는 것들을 버려야 한다. 작은 초록색 인간과 회색 난장이, 둥근 창이 있는 비행 접시와 들판의 커다란 원형 무늬, 눈부신 구형 비행체, 그리고 야밤의 납치 따위는 잊자. 열린 마음으로 세티를 받아들이기 위해서는 UFO와, 신화에 관한 고정 관념, 전통 문화와 픽션, 그리고 SF 소설의 범위를 뛰어넘어야 한다. 프랭크 드레이크가 상상의 세계 오즈에서 이름을 딴 오즈마 프로젝트도 홀데인 식으로 표현하면 "충분히 기이하지 않다." '섬뜩한 침묵'이 갖는 중요성을 완벽하게 이해하기 위해서는 우리가 정말 모르는 미답의 영역으로 여행을 떠나야 한다.

2

생명,
없어도 되는
괴물인가,
아니면 필연적
존재인가?

우리는 별이, 이를테면 1에 0이 스물세 개
붙은 수만큼 많다고 알고 있다. 태양이, 생명을
잉태한 단 하나밖에 없는 별이고, 태양계가
지적 생명이 사는 유일한 곳이라 믿는다면
그것은 얼마나 오만한 생각인가?

— 에드워드 와일러(Edward J. Weiler,
NASA 국장)

생명으로 득실거리는 우주?

사람들은 대부분 생명이 사는 세계가 수도 없이 우주에 흩어져 있을 것이라고 쉽게 생각한다. 그 타당성을 증명해 보라고 하면 흔히, "우주는 굉장히 넓기 때문에 어딘가 생명이 있고, 또 어딘가는 지적 생명체도 있을 것"이라는 단순 논리에 바탕을 둔 대답을 듣게 된다. 안됐지만, 이 상투적인 말에는 필요 조건을 충분 조건과 혼동하는, 초보적인 논리 오류가 숨어 있다. 지구와 비슷한 행성에 생명이 서식할 수 있는 두 가지 기본 요건을 생각해 보자. 첫째, '지구와 비슷한 행성이어야 한다.' 둘째는, '생명이 발생해야 한다.' 우리가 관측할 수 있는 우주에 지구 같은 행성이 수조 개 있다고 치자. (현재 추세대로라면 그럴 가능성이 높다.) 그렇다면 과연, 생명이 서식하는 행성이 수조 개 될 것이라고 보장할 수 있을까? 그렇지 않다. 어떤 행성에 생명이 '살 수 있다.'는 것과 '살고 있다.'는 것은 근본적으로 다르다. '생명이 살고 있다.'는 말은, 지구와 비슷한 행성에 생명이 태어났을 때 비로소 쓸 수 있다. 하지만 무생물 상태에서 생명이 태어나는 일이, 1조 곱하기 1조 개의, 서식 가능한 행성 중에 단 하나에서밖에 일어날 수 없을 만큼 확률이 낮은, 그렇게 드문 일이라면 어떨까? 자연 발생적으로 생명이 태동할 수 있는 가능성이 그만큼 희박하다면 우주가 얼마나 큰가는 그다지 중요한 요소가 아닐지도 모른다.

생명의 기원에 관해 우리는 무엇을 알고 있는가? 관측 가능한 우주에서 생명이 출현하는 것은, 지구에서 단 한 번 우연히 일어난, 요행에 가까운 사건일까? 많은 유명한 과학자들이 그렇게 생각했다. DNA 구조를 공동으로 발견한 프랜시스 크릭(Francis H. C. Crick)은 이렇게 썼다. "지구에 생명이 태어난 것은 현재로서는 기적에 가까운 일로 보인다. 생명을 잉태하기 위해 그렇게 많은 조건들이 충족됐다니."[2] 유전자 암호를 해독한 공로로 노벨상을 수상한 프랑스 생화학자 자크 모노(Jacques L. Monod)도 비슷한 이야기를 했다. "우주는 생명으로 가득 찬 곳도, 인류 같은 지적 생명체를 위한 생물권(biosphere)도 아니다. …… 마침내 인류는 무정하리만큼 광막한 우주에서 고독한 존재라는 사실과, 스스로가 우연의 산물로 태어났다는 사실을 깨닫게 됐다."[3] 이즈음 사람들은, 지적 외계인은 고사하고 외계 생명 존재 자체에 대해 아무런 과학적 근거가 없는 SF 소설이나 형편없는 할리우드 영화의 소재쯤으로 여겼다. 1960년대에 학창 시절을 보낸 필자는 외계 지적 생명체의 존재 가능성에 대해 어떤 환상을 가졌는데, 그 때문에 사람들 사이에 좋지 않은 평판이 돌았고, 그래서 어떤 이들은 필자를 괴짜라고 생각했다. 어쩌면 누군가 요정을 믿는다고 말했을지도 모른다. 특히 세티에 관해서는 아무도 심각하게 생각지 않았다. 하버드 대학교의 유명한 생물학자였던 조지 심프슨(George Simpson) 교수는 외계 지적 생명체 탐색에 대해 "역사상 가장 확률이 낮은 도박"이라고까지 폄하했다.[4]

오늘날 시계추는 그 반대 방향으로 가 있다. 자크 모노처럼 노벨상을 수상한 생물학자인 크리스티앙 드 뒤브(Christian de Duve)는 외계 생명의 존재를 확신한 나머지, 우주에 있는 모든, 지구와 비슷한 행성에서 생명이 탄생할 수 있을 것이라고 믿었다. 그래서 드 뒤브는 "우주의 필연(a cosmic imperative)"이라는 표현을 썼다.[5] 이제는 우주가 생명으로 가득 차 있다고 과학자들과 언론인들이 공공연하게 말하는 상황이 됐다. 일부 언론에서는 외계 행성이 발견될 때마다 인류가 외계 생명과, 심지어 지적 생명체의 발견을 향해 한 걸음을 내디뎠다고 떠들어대기도 한다. 케플러 우주선이 발사되기 직전, 눈 덮인 시카고에서 2009년도 미국 과학 진흥 협회(American Association for the Advancement of Science, AAAS) 회의가 열렸는데, 예전과는 사뭇 색다른 분위기로 진행됐다. 참고로, 케플러 우주선은 지구형 외계 행성을 찾기 위해 발사된 우주 망원경이다. 이 회의에서 지구 밖 생명체에 관한 연구 분야인 우주 생물학을 주제로 몇 개의 세션이 열렸다. 워싱턴 D. C. 소재 카네기 연구소의 앨런 보스(Alan Boss)는 패기만만하게 말했다. "여러분 앞에 생명이 살 수 있는 세계가 있고, 수십억 년 동안 진화하도록 그 세계를 내버려 둔다면 여러분은 어떤 행태로든 생명 탄생을 틀림없이 목격할 수 있을 것입니다. …… 서식 가능한 행성에 생명이 자라지 못하도록 막는 것은 불가능한 일일 것입니다." 이어 보스는 청중의 눈길을 끌 만한 통계 자료를 보여 주었다. "우주에는 1조 곱하기 10억 곱하기 100만큼 많은 지구 같은 행성들이 있습니다. 따라서 외계 생명체의 존재는 필연적인 것입니다."[6] 과학 기자인 리처드 앨린(Richard Alleyne)은 이 사건을 영국 《데일리 텔레그래프(*Daily Telegraph*)》에 이렇게 보도했다. "과거, 생명의 출현은 지구에서 단 한 번 일어난 특별한 현상으로 여겼다. 하지만 과학자들은 이제 우주가 살아 있는 유기체로 가득 차 있다는 결론에 다다랐다."

그렇다면 어떤 생각이 옳은가? 생명의 탄생은 지구에 국한된 '특별한 사건'일까, 아니면 '우주의 필연적 사건'일까? 아니면 생명이 어디서든 태어난 뒤, 우주 전체로 널리 퍼져 나가는 일이 가능할까? 그 해답은, 무생물 상태에서 생명이 태어나는 일이 얼마나 가능성 있는 일인가에 달려 있다. 그렇다면 지구 생명이 어떻게 시작됐는지 알아낸다면 이 문제의 해결에 한 걸음 더 다가갈 수 있지 않을까.

생명은 어떻게 시작됐을까?

찰스 다윈이 그의 대표작인 『종의 기원』을 출판했을 때 그는 장구한 세월 동안 어떻게 미생물로부터 우리가 아는 그렇게 다양하고 복잡한 형태로 생물이 진화했는지 자신 있게 설명했다. 하지만 그는 최초로 생명이 어떻게 시작됐는지에 관해서는 교묘하게 피해 갔다. 생명의 기원에 대해 다윈은 "마찬가지로, 물질의 기원에 관해서 생각해 보는 편이 낫겠다."라고 돌려 말했다. 그리고 2세기가 흘렀지만 우리는 생명의 기원에 대해 여전히, 거의 아무것도 모른다.

생명의 기원에 관한 질문은 세 가지 퍼즐로 이뤄져 있다. 생명이 언제, 어디서, 어떻게 탄생했느냐는 것. '언제'에 대해서는 답이 분명해지고 있다. 이에 관해서는 지난 수십 년간 학자들 사이에 논란이 분분했지만, 생물학자들은 대부분 오스트레일리아 서부 필바라(Pilbara) 언덕에서 발견된 약 35억 년 전의 흔적이 지구 최초의 생명이라는 데 동의하고 있다.[7] 포트 헤들랜드(Port Headland)라는 해안 마을에서 관목 지역을 지나 네 시간을 운전하면 건조하고 황량한 야생 지역이 나오는데, 거기에는 산비탈에 툭 튀어나온 오래된 바위가 눈에 띈다. 바로 여러 나라 과학자들이 치열하게 연구해 온 고대 생명의 흔적이다. 지금까지 발견된 이런 증거들 가운데는 스트로마톨라이트(stromatolite)라 불리는 화석화된 미생물과 함께 바위에 미세한 흔적들이 남아 있으며, 학자들 중에는 이것을 미화석(microfossil)이라고 생각하는 사람들이 많다. 최근에는 같은 지역에서 생태계 전체가 화석화된 흔적이 확인되기도 했다.[8]

그보다 일찍 생명이 출현했을 가능성은 없을까? 이 질문에 답하기 어려운 까닭은 그만큼 나이가 많은 바위가 없기 때문이다. 그린란드에는 38억 5000만 년 된 바위가 몇 개 있다. 하지만 지질학적 시간을 거쳐 그런 바위에 나타난 변화가 생물학적인 것인지, 아닌지를 구분해내기 어렵다는 게 큰 문제다. 그린란드의 바위보다 더 오래된 것도 더러 있지만, 아직 고대 생물의 흔적이 확인된 것은 없다. 필바라에서 발견된 생물이, 완전한 모양새를 갖추고 갑자기 '짠' 하고 나타났을 리는 없다. 그 이전의 진화 단계를 거친 시기가 분명히 있었으리라. 분명하게 말할 수 있는 것은, 지구에 처음 생명이 출현한 시기는 35억 년 전과 40억 년 전 사이라는 점이다. 참고로, 지구 나이는 45억 년이다.

생명은 어디서 시작됐는가? 그것은 풀기 어려운 난제다. 필바라에서 찾은 흔적은 실제 연대 측정을 통해 밝힌, 가장 오래된 유력한 증거임에는 틀림없지만, 거기서 생명이 시작됐다고 단정할 만한 근거는 전혀 없다. 다윈은 바위에서 스며 나온, 화학 물질로 가득한 "따뜻한 작은 연못(warm little pond)"을 상상했다. 과학자들은 그밖에도, 다양한 종류의 "태고의 수프(primordial soup)"를 생각해 냈다. 마른 늪지와 점토 섞인 탁한 웅덩이로부터 넓은 대양에 이르기까지. 다른 연구자들은 심해 열수 분출공으로부터 뿜어져 나온, 아주 뜨거운 액체 주변에서 생명이 탄생했을 것이라고 믿고 싶어 한다. 필자가 선호하는 그 장소는, 해저 밑바닥(아마도 해저 1킬로미터와 2킬로미터 사이)의 바위에 난 구멍에서 고온의 액체가 대류를 일으키며 천천히 흘러드는 그런 곳이다. 이것은 사실, 추측에 지나지 않는다. 실제로 생명이 지구에서 시작됐는지도 확실치 않다. 예컨대 화성에서 처음 출발했을 수도 있다. 지구와 화성은 수십억 년 전 소행성과 혜성의 무차별적인 폭격을 경험했으며, 그 긴 세월을 거치면서 충돌로 튕겨 나간 돌덩이를 맞교환했다. 화성 표면은 그래서 충돌 크레이터로 가득 차 있다. 이렇게 튕겨 나간 물질은 태양 주변 궤도를 돌게 됐으며, 그 일부는 수백만 년, 혹은 그보다 긴 시간이 흐른 뒤, 아마도 지구에 떨어졌을 것이다. 이렇듯 지질학적인 세월이 흐르는 동안 화성에서 떨어져 나온, 1조 톤이 넘는 운석이 지구에 비처럼 내렸다. 하지만 이것은 화성의 원시 생명체가 운석에 묻은 채 지구에 들어온 경위에 약간 상상을 보탠 것에 지나지 않는다.[9] 미생물이 운석 깊숙이 묻혀 있었다면 아마도 저 혹독한 우주 환경으로부터 보호받을 수 있었으리라. 이렇듯 내성이 강한, 마치 포자처럼 일시적으로 휴면 상태에 들어간 미생물은 행성 간 여행에서 살아남을 수 있다. 실제로 암석 속에 든 미생물이 우주 환경을 견딜 수 있다는 사실이 실험을 통해 입증됐다. 뿐만 아니라, 인위적으로 암석을 쏘아 올려 고속으로 지구 대기에 재진입시킨 뒤에도 미생물은 멀쩡하게 살아남았다.[10]

왜 화성인가? 사실, 생명이 거기서 시작됐다는 주장이 압도적인 지지를 받는 것은 아니다. 하지만 그 생각은 적어도, 생명의 기원에 관한 가설 중에서도 덜 도발적인 편에 속한다. 화성은 크기가 작기 때문에 형성 당시에 뜨거웠지만 그 후 빠른 속도로 식어 갔다. 그래서 지구보다는 일찍부터 생명을 잉태하기 좋은 조건을 두루 갖추고 있었다. 7억 년 넘게 두 행성은 작은 바위 크기로부터 500킬로미터급 소행성에 이르기까지 다양한 크기의 충돌체에 의한 맹렬한 폭격을 경험했다. 하지만 화성은 상대적으로 지구보다 중력이 약하기 때문에 그 폭격에 피해를 덜 입었을 것으로 보인다. 따라서 지각은 그 아래에 사는 미생물들에게는 대격변을 피할 수 있는 은신처를 제공했으리라. 화성에 물이 있기는 하지만 많지 않았다. 상대적으로 물이 부족한 상황은 원시 생명이 생존하는 데 오히려 도움이 됐다. 같은 시기에 지구에서는, 대규모 충돌로 방출된 열에너지가 바다를 온통 끓게 했고 엄청나게 뜨거운 수증기와, 암석이 기화돼 증기로 변해 버린, 생명에 치명적인 대기가 온 행성을 휩쓸었다. 오늘날 화성은 행성 전체가 얼어붙은 메마른 사막으로 변했으며, 기껏해야 지구에 사는 일부 미생물이 간신히 생존할 만한 척박한 환경이 됐다. 다시 과거로 시간을 되돌려 보자. 시간이 흐르면서 상황은 달라졌다. 화성은 생명체가 살기에 적합했다. 화성은 개울과 호수는 물론, 지금보다 훨씬 두꺼운 대기와 높은 표면 온도를 유지하고 있었기 때문이다. 물론 이런 조건 덕분에 지구 생명이 화성으로부터 전래됐다고 단정하기에는 무리가 있다. 그러나 과거 화성의 환경은, 생명이 어디에서 출현했는가에 대한 답을 구하는 데 필요한 조건을 좀 더 확대시켜 주었다.

생명의 기원에 관한 가장 까다로운 질문은, 그게 '어떻게' 시작됐는가 하는 것이다. 이 답을 어렵게 만드는 게 무엇인지 이해하는 것은 어렵지 않다. 우리가 아는 가장 단순한 생명은 이미 대단히 복잡한 형태를 띠고 있었기 때문에 우연히, 저절로, 단 한 차례 변형을 거쳐 나타났을 것이라고 단정하기는 어렵다. 영국 천문학자 프레드 호일(Fred Hoyle)은 이에 관해 "회오리바람이 폐품 처리장의 고철들을 날려 올려 저절로 조립해 하늘을 날 수 있는 보잉 747을 만들 것이라고 믿는 셈이다."라는 유명한 비유를 남겼다.[11] 하지만 지금 이야기하려는 것은 보잉 747이 아니라 '우리가 아는' 생명체다. 처음 지구에 출현한 생명체가 세균처럼 복잡했을 것이라고 생각하는 이는 없다. 우리는 그보다 훨씬 단순한 형태의 생물을 가정해야 한다. 이것은 원시 생명체로부터 우리 주변에서 흔히 볼 수 있는 것들에 이르기까지 생물에 대해 포괄적으로 이해하는 데 중요한 발판이 된다. 이런 원시 '벌레'는 지금도 우리의 눈길이 미치지 못하는 곳에서 살고 있을지도 모른다. 그 원시 생명체는 너무 작거나, 특별한 곳에 있기 때문에 미생물학자들이 미처 발견하지 못했을 가능성도 있다. (그래서 훨씬 뒤에 그 정체가 밝혀질지도 모른다.) 아니면, 화성에 남아 있을 수도 있지 않을까? 마찬가지로, 우리에게 친근한 생물의 조상들은 어쩌면, 오래전에 멸종했을 수도 있다. 지능을 가진 더 복잡한 생물이 그 조상뻘 되는 생물을 게걸스럽게 먹어치웠거나, 아니면 발길에 채였거나……. 그래서 아무 흔적도 없이 사라졌을지도 모른다.

(적어도 우리가 아는 한) 생명은 화학적인 특성을 갖는다. 이것은 너무 당연한 말처럼 들릴지도 모르지만 우리는 세티에 관해 아무것도 당연하게 생각해서는 안 된다. 200년 전만 해도 사람은, 생명이 일종의 마법의 물건이며, 신비스러운 힘에 의해 생기와 활력을 얻는다고 상상했다. 그래서 과학자들은 아직도 '유기 화학(organic chemistry)'이라는 용어를 쓰고 있다. 이제는, 분자가 생체 안에 있든, 바깥에 있든 동일한 화학 법칙을 따른다는 사실을 잘 알고 있는데도 말이다. 초기의 학자들은 생명의 기원에 대해 다윈이 상상한 "따뜻한 작은 연못"처럼 명확하게

정의할 수 있는(아마도 긴 시간이 걸릴 뿐 아니라, 우여곡절이 있는) 어떤 화학적 경로가 존재할 것이라고 생각했다. 그 경로의 한쪽 끝에는 아무 형태도 갖추지 못한 화학 물질의 칵테일이 있고, 다른 한쪽 끝에는 살아 있는 최초의 세포가 있다. 그렇다면 생명의 기원은 어쩌면 빵을 굽는 일과 비슷하지 않을까? 거기에는 재료(물질)와, 가열, 건조, 냉각 같은, 무생물을 생물로 만드는 조리 방법이 있을 터. 이것은 매력적인 발상임에 틀림없다. 1952년 시카고 대학교의 스탠리 로이드 밀러(Stanley Lloyd Miller)는 나중에 유명해진 실험을 통해 이런 종류의 발상을 더욱 견고하게 했다. 지구 물리학자인 해럴드 클레이턴 유리(Harold Clayton Urey)는 밀러에게 이 실험을 권유했고, 밀러는 메테인, 물, 암모니아, 그리고 수소처럼 원시 지구 대기를 이루었을 것이라고 생각되는 기체를 플라스크에 채웠다. 그리고 며칠 동안 혼합 기체에 방전을 일으켰다. 밀러는, 플라스크 밑바닥에 고인 침전물로부터 단백질의 구성 성분인 아미노산을 발견하고는 뛸 듯이 기뻐했다. (그림 1)

밀러-유리 실험은 그 이후, 실험실에서 유기물을 합성하는 긴 실험 과정의 첫 단계가 됐으며, 많은 화학자들이 여러 차례 되풀이해 재현했다. 그리고 수십억 년 전 자연 상태에서 발생한 화학적 과정의 본보기라고 생각했다. 하지만 1950년대에 성공적이었다고 생각했던 이 연구는 불행하게도 막다른 골목에 다다랐다. 아미노산이 단백질을 구성하는 중요한 단위체임에는 분명하지만, 마치 벽돌 하나가 엠파이어 스테이트 빌딩 전체가 아닌 것처럼, 아미노산은 최종 결과물인 살아 있는 생명과는 거리가 멀기 때문이다. 게다가 아미노산은 만들기 쉬운

그림 1 시험관 생명이라고 불러야 할까?
스탠리 밀러와 그가 사용한 유명한 유기물 합성 실험 장치.

물질이라, 실제로 운석에서도, 성간 먼지 구름에서도 만들어진다는 사실이 확인됐다. 아미노산은 고사하고 밀러-유리 실험과 같은 방법으로 수프를 방전시켜 (유전자의 기본이 되는) 핵산을 만드는 것은 전혀 불가능하다고 판명됐다. 그래서 과학자들은 만일 생명이, 연속적인 화학 변화를 거쳐 배양된다고 해도 그만큼 간단한 방법은 아니었을 것이라고 생각하게 됐다.

밀러-유리 실험 이후 우리가 이해하게 된 생명의 본질은 가히 혁명적인 변화를 겪었다. 같은 해, 프랜시스 크릭과 제임스 왓슨(James Watson)은 DNA 구조에 관한 논문을 발표했으며, 이후 수십 년 동안 과학자들은 살아 있는 세포가 마법의 물질이라기보다는 슈퍼컴퓨터에 가깝다고 생각하게 됐다. 생명체가 법칙을 만들고 이를 따르기 위해 화학 반응을 이용하는 것만은 분명하지만, 그 작용이 마법처럼 정교하게 일어나는 핵심 원리는 세포 반응과 정보 복제에 있다. 이렇듯 생물이 가진 다양성과 복잡성이 생명의 기원이라는 퍼즐까지 이어지는 이유는 바로 여기에 있다. 더 중요한 이슈는 자연 상태의 물질이 어떻게 물질을 '흉내' 내도록 반응했는가가 아니라, 정보의 저장과 복제가 어떻게 저절로 일어났는가? 바로 그것이다.

여기서 제일 중요한 것은 '복잡성(complexity)'이다. '살아 있다.'는 사실을 정당화하려면 어떤 계(system)가 정보를 복제하는 데 머물러서는 안 된다. (예컨대 소금 결정도 그런 정도는 할 수 있다.) '자주성(autonomy)'을 발휘할 만큼 복잡해야 한다. 그것은 계 스스로, 자신을 지배하는 법칙을 관리할 수 있을 정도로 정보의 양이 방대해야 한다는 뜻이다. 말 그대로, '스스로 생명체라고 부를 수 있어야 한다.' 하지만 이 말은 복잡성이 어느 정도이어야 하는지에 관한 명확한 해답을 제시하지는 못한다. 단지 자연에 존재하는, 우리가 아는 가장 단순한 형태의, '자주적인' 미생물 하나하나가 수백만 비트 이상의 대용량 정보를 저장한다는 사실을 우리는 잘 알고 있다. 또 여기에는 분자 구조의 자가 조립, 일반 복잡성 이론, 정보 이론, 그리고 새로운 연구 분야인 합성 생물학이 관련돼 있다. 합성 생물학이란 실험실에서 그들만의 유기물을 설계하고 만들어 내는 연구 분야를 뜻한다. 이런 연구는 빠른 속도로 발전할 뿐 아니라, 흥미진진하다. 하지만 지금 우리가 생명의 기원에 관해 말할 수 있는 것은, 확실한 규칙에 관한 한 아직 알려진 게 거의 없을 뿐 아니라, 정답에서 멀리 떨어져 있다는 것이다.

생명이 어떻게 시작됐는지에 관해서 우리가 전혀 알 수 없더라도 그보다 훨씬 간단한 수수께끼, 즉 생명의 기원이 우연인지 필연인지에 관한 의문은 어쩌면 풀 수 있을지도 모른다. 세티의 관점에서 우리가 알아야 할 내용은, 실제로 생명의 발생이 쉽게 일어나며, 많은 사람들이 믿듯이 생명이 정말 우주에 널리 퍼져 있는가 하는 문제다.

생명은 기이한 우연의 산물

필자 같은 물리학자들에게 생명이란, 마법 없이는 만들어지기 어려운 실체라고 생각된다. 저 멍텅구리 같은 분자들이 협력해 그렇게 똑똑한 일을 해내다니 말이다! 어떻게 그런 일이 벌어질 수 있을까! 거기에는 감독하는 지휘자도, 안무가도 없으며, 단결이나 소속감 같은 것이 있을 리 만무한데다가, 집단 의지도 없지 않은가. 생각 없는 원자들이 서로 밀고 당기거나 열적 요동에 따라 무작위로 운동할 뿐이다. 하지만 그 최종 결과물은 정교하기 이를 데 없는데다가 최고 수준의 질서를 갖추고 있다. 이 점에 대해서는, 분자가 어떤 형태로 변형될 수 있는지, 그 엄청난 위력에 대해서 누구보다도 잘 아는 화학자들조차 넋을 잃고 만다. 하버드 대학교 화학과 교수인 조지 화이트사이즈(George Whitesides)는 "생명은 얼마나 놀라운가!"라고 썼다. 그 답은 물론, "굉장히."다! 우리 과학자들 가운데 화학 반응의 네트워크를 다루는 사람들도 이 문제만큼은 아는 게 전혀 없다.[12] 화이트사이즈는 그렇게 복잡하고 특별하게 만들어진 시스템이 어떻게 생겨날 수 있었는지 상상조차 하기 어렵다고 힘줘 말했다. "설사 수십억 년의 세월이 흐른다고 해도 화학 물질로 이뤄진 진흙이 어찌해서 장미가 될 수 있을까?[13] …… 우리는(적어도 필자는) 이해할 수 없다. 불가능한 일은 아니겠지만, 아주 극단적으로 일어나기 어려운 사건이라고 생각된다."[14] 그는 문제의 핵심을 건드렸다. '얼마나' 불가능한가 하는 것 말이다. 세티 사업 전체의 운명은 바로 이 답에 달려 있다. 화이트사이즈는 또 이렇게 말했다. "하지만 표면에 액체 상태의 물이 존재하는, 새로 만들어진 행성에서 생명이 탄생할 가능성은 얼마나 될까? 현재로서는 아무런 단서도, 추정할 수 있는 믿을 만한 방법도 없다. 우리가 아는 사실로부터 그 해법을 찾는다면 그것은 '불가능할 만큼 낮은 가능성'과 '필연' 사이 어디엔가 있지 않을까? 우리는 현재, 생명이 발생하기 전 지구에서 세포 생물이 저절로 출현했을 확률을 신뢰할 만한 수준으로 계산하는 방법을 모른다."[15]

어쩌면 화학 물질의 배열이 세포 안에서 전혀 다른 방식으로 일어나, 모종의 패턴이 만들어졌을지도 모른다. 이를테면, 단백질을 구성하는 아미노산 배열에 수학적 규칙성이 나타났고, 그 규칙성이 기본적인 자연 법칙이 됐을 수도 있다. 그러나 실제로 그런 질서가 생겼는지는 분명치 않다. 자크 모노가 내린 절망적인 결론처럼 화학적인 배열은 순전히 우연히 일어난 것으로 보인다. 하지만 아무렇게나 일어난 것은 아니었다. 많은 경우에 배열이 만들어질 때 나타나는 미세한 변화가 판이한 생물학적 기능으로 발현될 수 있다. 따라서 이 배열은 '무질서할 뿐 아니라' 동시에, 결정론적인 물리력으로는 설명할 수 없는 상당히 구체적인 방식, 즉 독특하면서도 유일한 결합으로 만들어질 수 있다.[16] 다른 한편으로, 생명이 우연히 만들어졌다면 분자가 '그런' 배열을 갖췄을 확률은 폐기물 처리장에 불어 닥친 회오리바람만큼 극히 낮다. 이런 시각에서 보면 생명의 탄생은 관측 가능한 우주에서 딱 한 번밖에 일어날 수 없을 것이라고 단언할 만큼, 믿기 힘들 정도로 확률이 낮은, 억세게 운 좋은, 우연한 사건이다. 우리가 그런 기적에 가까운 사건의 목격자라는 사실은, 물론 놀라울 게 못 된다. 생명이 있는 곳에 관찰자가 존재한다는, 필연적인 선택의 결과일 뿐이다.[17]

이 같은 실망스러운 결론에도 불구하고 과학자들 사이에 외계 생명의 존재에 관한 믿음은 광범위하게 퍼져 있다. 그렇다면 크릭과 모노,

그리고 심프슨과 같은 비관론자들이 살던 시대 이후에 바뀐 것은 무엇일까? 흥미롭게도 그 과학적인 내용은 크게 달라진 것이 없다. 우주에 행성이 흔할 것이라고 우리가 확신을 갖게 된 것은 맞지만, 그것은 외계 생명에 대한 회의론이 지배적이던 1960년대에 천문학자들이 예측했던 내용을 다시 확인한 것에 지나지 않는다. 그 이후, 혜성이나 분자 구름 같은 곳에서 기본적인 유기 분자들이 발견됐다. 그러나 필자가 앞서 말한 것처럼 생명의 기본 단위를 만들어 내는 것은 어렵지 않다. 정보를 체계적으로 어떻게 처리하는가는 차치하고, 그 기본 단위가 어떻게 생명의 특성을 갖는 복잡한 조합으로 결합될 수 있는가 하는 문제와는 별 관련이 없다. 이와 관련해 가장 의미 있는 발견은 아마도 미생물이, 우리가 수십 년 전에 생각했던 것보다 훨씬 광범위한 조건을 견뎌낼 수 있다는 사실일 것이다. 따라서 원리적으로 더 많은 행성에 단순한 형태의 생물이 살 수 있을 것이라고 추측할 수 있다. 하지만 이것은 '지구와 닮은' 행성의 범위가 일부 확장된 것에 불과하다. 생명의 기원이 우연한 사건으로부터 비롯됐을 것이라는 관점에서 우리는 아직 한 치도 벗어나지 못한 것이다.

예를 들면, 최근 화성 표면에서는 한때 물이 흘렀던 흔적이 발견돼 일대 소동이 일어났다. 호수나 바다를 찾으면 생물이 거기서 우리를 기다리기라도 하는 양 NASA의 연구자들은 "물을 따라가라!"라는 '주문'을 중얼거린다. 지구에서는 액체 상태의 물이 있는 곳에 생명이 있다고 흔히들 말한다. 알다시피 액상의 물이 생명이 서식하는 데 필수적인 것은 사실이지만, '행성 → 물 → 생물'이라는 식의 논리는 필요

조건과 충분 조건을 혼동하는 논리 오류의 또 다른 예다. 물이 생존에 필요할 수는 있지만, 충분한 것과는 거리가 있다. 그 밖에 생명에 필요한 몇 가지 조건이 있을 수 있다. 우리는 지구의 물이 있는 거의 모든 서식지에서 생명을 찾을 수 있는데, 그것은 생명이 거기서 저절로 발생해서가 아니라, 수권(hydrosphere)이 어떤 형태로든 연결돼 있기 때문이다. 그래서 생물은 이를 통해 널리 퍼져나갈 수 있었으며, 물이 있는 곳은 어디든 자리를 잡았다. 우주 공간에서 물을 찾으려고 하는 것은 잘못된 판단이 아니다. 마치 어둠 속에서 열쇠 잃은 사람이 가로등 아래서 그것을 찾으려 애쓰는 상황에 견줄 수 있다. 열쇠가 거기 떨어져 있을 것이라고 생각해서가 아니라, 다른 곳에서는 찾을 기회조차 없기 때문이다.

지난 반세기 동안 생명의 기원과 관련해 이뤄진 과학적 발견 가운데 우리가 이미 알고 있었던 내용이 통째로 바뀐 적은 없었다. 필자는, 그동안 일어난 정서적인 변화가 발견에 의한 것이라기보다는 유행 때문일 것이라고 믿는다. 물리학자들이 한쪽에서 시간 이외의 차원과, 반중력, 암흑 물질에 관해 자유로운 생각을 펼치고, 우주론 연구자들이 다원 우주(multiverse)와 암흑 에너지에 대해 이야기할 때 외계 생명에 대한 생각은 그저 그렇게 버려진 것처럼 보였다. 그래도 좋다. 생각한다는 것은 신나는 일이고, ET는 저 밖 어딘가 있을 테니까. 아니면 없거나. 그러나 생각뿐인 내용이 과학을 대체하도록 해서는 곤란하다.

이 주제와 관련해 우리가 과학적으로 접근하는 한 가지 방법은 드뒤브가 말한 '우주의 필연성'이 과연 타당한지 조사해 보는 것이다. 자연 법칙이 분자들을 아무렇게나 섞어 놓기보다는 어떤 형태로든 생명 탄생에 유리하도록 작용했을까? 그 대답은 "아니오."다. 앞서 말한 것처럼 단백질을 이루는 아미노산 배열에서는 뚜렷한 패턴이 발견되지 않는다. 마찬가지로 유전 정보에 해당하는 DNA에도 특별한 패턴은 없다. 모두 무작위인 것처럼 보인다. 만일 물리학과 화학 법칙이 물질에서 생명이 탄생하는 기이한 일이 일어나도록 아주 잽싸게 중요한 역할을 했다면 분자 구조가 최종 결과물로 나타나지는 않았으리라. 물리학과 화학 법칙은 DNA 염기쌍이나 아미노산 배열에는 전혀 무관심하며, 특정 분자 배열을 선호하는 방향으로는 작용하지 않는다.[18] 뉴스 해설자들은 이따금 자연 법칙에 생명 현상이 포함됐다고 공개적으로 말하지만, 물리학과 화학의 법칙에 그런 현상이 포함됐다면 이를 뒷받침할 만한 증거가 있어야 한다. 하지만 우리는 그와 같은 어떤 징후도 아직 발견하지 못했다. 필자 같은 물리학자에게 그것은 놀랄 일이 못 된다. 물리 법칙은 보편적이기 때문이다. 물리 법칙은 '랩톱 컴퓨터'나 '로키 산맥'에는 적용되지만, 생명 현상이 물리 법칙에 포함되는 것은 아닌 것 같다. 생명과 컴퓨터, 산맥 모두 물리 법칙을 따르지만, 그법칙이 생명의 존재를 설명하지는 못한다.

생명 탄생의 필연성은 과연 근거 없는 것일까? 꼭 그렇지는 않다. 그럼 기본 물리 법칙은 가능한 모든 원리들을 포함해야 할까? 예를 들면 개미 왕국이나 주식 시장, 인터넷 같은 자기 조직하는 복잡계의 일반적 특징 가운데는 우리가 법칙이라고 부르는 것과 비슷한 규칙성이 있다. 이런 '조직 구성'의 원리는 기본적인 물리 법칙의 범위를 확장시켜 준다. 그러나 조직 구성의 원리는 물리 법칙을 대체하거나 물리 법칙에 우선하지 않는다. 생명은 가장 높은 수준의(아니면 새로운) 법칙에서 나온 것일지도 모른다. 그것은 물리 법칙처럼 보편적이지는 않지만, 아직 우리가 모르는 조건을 만족하는, 특별한(그러나 가능성이 낮지 않은) 계에 적용돼 증가하는 복잡성을 지배한다. 우리에게 필요한 일은, 그런 특별한 계와, 생명을 만들어 낼 수 있는 법칙을 창조하는 것이다. 개인적으로 필자는 오랫동안 그런 높은 차원의, 이를테면 증가하는 복잡성에 관한 법칙이 존재할 것이라는 가능성에 매료돼 왔다. 하지만 아직 이를 뒷받침할 만한 증거가 부족하다는 사실을 기꺼이 받아들이게 됐다.[19] 이 주제는 8장에서 다시 다루도록 하겠다.

생명의 탄생이 필연적이라는 가설을 뒷받침할 만한 또 다른 논리는 다양한 수학 게임에서 찾을 수 있다. 수학 게임은 규칙이 아주 간단한 경우에도 그 안을 자세히 들여다보면 생체와 똑같은 반응을 쉽사리 찾을 수 있다. 그 가운데 '세포 자동자(cellular automata)'라는 게 있는데, 이 게임에서는 장기판을 이루는 사각형 중에 채워진 것과, 그렇지 않은 게 있어서 어떤 패턴을 이룰 수밖에 없다. 이 패턴은 간단한 규칙을 따라 결정론적 방식으로 진화한다. '세포 자동자' 게임 가운데 영국 수학자 존 콘웨이(John H. Conway)가 1970년에 만든 것은 '생명 게임(The Game of Life)'이라는 이름으로 알려져 있다. 이 게임은 스스로 반응하고 움직이는 도형들이 전체적으로 풍성하고 복잡한 생태계를 이루는 모습을 선보였다.[20] 만일, 간단한 처리 과정들이 모여 계의 복잡성을 빠른 속도로 증가시킨다면, 생명의 비밀은 우리가 생각하는 것처럼 그렇게 정교하지 않을지도 모른다. 다른 한편으로, 쥐(mouse)가 미키마우스가 아닌 것처럼, 실제 생명체는 '생명 게임'과는 판이할지도 모른다. 간단한 수학 논리로 만든 게임은 재미는 있지만, 그렇다고 해서 현실과 혼동해서는 안 된다. 가장 낙관적으로 판단할 경우, '세포 자동자' 게임을 통해 우리는 생명이 쉽게 탄생했을 것이라는 쪽으로 조금 기울어졌다고 말할 수 있다.

우리는 물리학과 화학 법칙으로부터 아직 '생명의 원리'라고 부를 만한 규칙은 찾지 못했지만, 생물학자들은 생명의 근본을 이루는 최소한 한 가지 조직 구성 원리가 있다는 데 동의한다. 바로 다윈의 진화론이다. 다양성을 가지고 스스로 복제를 일으키며 자연 선택의 지배를 받는 모든 계는 시간에 따라 진화한다. 이 원리는 뻔한 이야기지만 (스스로 복제하는 존재는, 종족의 개체수를 효율적으로 늘린다는 것을 의미한다.) 생명에 관한 정의로 받아들일 수 있다. 진화는 복잡성을 증가시킬 수는 있지만, 항상 그래야 하는 것은 아니다. 그래서 생명은 이를테면, 복제를 일으키는 작은 분자들의 종족 같은 단순한 형태로 시작됐을 수도 있다. 이 분자들은 아주 간단하기 때문에 다양한 환경에서 쉽게 만들어졌고, 지금도 지구 어딘가에서 만들어지고 있을지도 모른다. 분자들이 처음 자기 복제를 시작한 뒤, 다윈의 진화가 작용했고, 마침내 우리가 아는, 살아 있는 세포와 비슷한 생명이 출현할 때까지 복잡성이 점점 증가했다. 중요한 사실은, 세포 생물이 출현하기 전에 다윈의 진화가 마법을 부리기 시작했다는 것이다. 그것은 분자 수준에도 적용됐다. 이렇게 이야기하는 것은 쉽지만, '최초의 자기 복제 분자가 무엇이었는지 어떻게 확인할 수 있는가?'라는 질문을 포함해 많은 의문의 여지를 남긴다. 정확하게 그 분자들은 어떤 것이었나? 아무도 모른다. 하지만 화학자인 그레이엄 캐언스스미스(Graham Cairns-Smith)는 그 최초 물질이, 유기 분자는 아니었을지도 모른다고 생각하고 있다. 그는 불순물이 섞인 점토 결정을 선호한다.[21]

그러나 생명이 반드시 복제를 일으키는 구조를 갖추고 출발했을 필요는 없다. 중요한 것은 '정보'의 복제다. 물리 구조에 패턴이 나타날 경우, 그것은 곧 정보로 변환된다. 패턴은 구조를 재생산하거나 아무것도 없는 '빈칸'에 단순히 복사하는 방식으로 복제된다. 예를 들면 필자가 메모리스틱에서 컴퓨터 하드드라이브의 빈 영역에 파일을 옮길 때 컴퓨터는 메모리스틱에 들어 있는 파일을 물리적으로 복사하지 않는다. 이동식 저장 장치에 든 정보(전기적 패턴)가 하드디스크에 복제되는 것이다. 복제의 대상은 '소프트웨어'지 '하드웨어'가 아니다. 생명도 단순히 패턴이 복제되는 과정에, 변화와 선택압(selection pressure)이 작용하면서 시작됐을지도 모른다. 그 패턴은 복잡한 형태를 띤 자기적인, 또는 전자적인 모자이크이거나, 외부 에너지원에 따라 스핀이 바뀌는 원자의 배열일 수도 있다.[22]

시험관에서 생명 만들기

과학자들 중에는 실험실에서 곧 생명을 창조해 낼 수 있을 것이라고 믿는 사람이 많다. 제한적이기는 하지만, 실제로 그런 일이 일어났다. 2002년, 미국 스토니브룩 소재 뉴욕 주립 대학교 연구팀은 업체에서 파는 기본 분자 구조를 이용해 소아마비 바이러스를 조립하는 데 성공했다. 하지만 이 바이러스는 완벽하게 자주성을 갖는 유기체라고 보기는 어렵다.(스스로 복제하는 능력이 없기 때문이다.) 하지만 세균은 그런 능력이 있다. 캘리포니아 주 J. 크레이그 벤터 연구소의 해밀턴 스미스(Hamilton Smith)와 동료들은 582,970개의 염기쌍을 이용해 합성 세균 유전체 전체를 조립, 숙주 역할을 하는 세균에 주입하는 데 성공했다. 하지만 필자가 글을 쓰고 있는 지금, 연구팀은 이 맞춤형 유전체를 '작동'시켜 후속 작업을 하는 단계까지 이르지는 못했다. 크레이그 벤터(J. Craig Venter) 자신은 가장 간단한 형태의 자주적인 세포를 창조하기 위해 작은 세균의 유전 물질을 재설계하는 작업을 진행해 왔다. 이런 기술적 진보는 상당히 중요하지만, 여기서 주의해야 할 점이 있다. 이 두 실험은 진정한 의미에서 생명을 '창조'했다고 보기는 어렵다. 그들은 새로운 형태의 생물을 만들기 위해 환상적이리만치 복잡한 계를 창조해 냈음에도 불구하고, 사실은 이미 자연 상태로 있는 유기체를 활용했기 때문이다.

누군가 자연계에 있는 유기체를 갖다 쓰지 않고 처음부터 자주적인 형태의 온전한 미생물을 만들어 내는 데 성공했다고 치자. 그렇다 해도 생명의 필연성 문제는 해결되지 않는다. 본질적으로 생명은 최첨단 실험실에서 매단계마다 환경을 조절하는, 치밀하고 정교한 과정을 거쳐 만들어지는 것이 아니기 때문이다. 게다가 생명은, 크레이그 벤터처럼 지적인 설계자가 특별한 목적을 가지고 하는 일과 관계없이 살아 움직인다. 자연은 생명의 형태와 반응을 통제하는 '운명'을 미리 짜놓지 않고, 자연스럽게 무작위로 일어나는 화학 반응을 시험한다. 그리고 새로 태어난 행성(또는 우리가 모르는 전혀 다른 세계)의 지저분한 환경에서 생명을 만들어 냈다. 실제로 그런 일이 일어났다. 실험실 조건에서 생명을 만드는 것은 분명히 가능한 일이다. 우리는 거기서 제대로 된 분자들을 올바른 방법으로 연결하기만 하면 된다. 기적 같은 일은 일어나지 않는다. 어려운 일이 있다면 그것은 전적으로 기술적인 것이고 충분히 정보를 수집하지 못해 생기는 문제들이다. 시간과 돈, 그리고 충분한 노력을 들인다면 틀림없이 만들어 낼 수 있다. 그러나 이 일이 성공한다 해도 우주에 생명이 얼마나 널리 퍼져 있는가에 대해서는 아무런 실마리를 주지 못한다. 실험실에서 생명을 만드는 방법이 굉장히 많다는 사실이 알려진다면, 그리고 생명을 '작동'시키기 위해 너무 많은 제어 과정과 실험 절차가 필요치 않다고 밝혀진다면, 그것은 생명의 필연성을 뒷받침하는 증거로 쓰일 수 있다. 하지만 누군가 합성 생물을 완벽하게 창조했다손 치더라도 우주 어디에나 생명이 산다는 것을 증명하지는 못한다.

요약하자면 무생물 상태에서 생명이 출현할 가능성은 극히 낮은 확률(모노의 입장)로부터 거의 필연적인 경우(드 뒤브의 입장)에 이르기까지 다양한 스펙트럼을 갖는다. 이렇듯 가장 기본적인 문제가 미해결 상태로 남는 것은 실망스러운 일이다. 그럼에도 우리는 아무런 발전도 기대할 수 없을까? 물론, 할 수 있다. 필연적으로 생명이 존재한다면 이를 확인할 수 있는 직접적이고 분명한 방법이 있다. 또 다른 생명의 샘플을 찾는 일이다.

화성에서 두 번째 기원을 찾다

지구 밖에서 생명을 찾는 데 제일 적합한 곳이 화성이라는 점에 관해서는 모든 이들이 동의한다.[23] 1977년, NASA는 먼지로 된 화성 표면에서 미생물을 찾기 위해 바이킹이라는 이름의 두 대의 탐사선을 보냈다. 바이킹이, 외계 생명 탐색 임무를 띠고 발사된 우주선 가운데 유일하게 성공적이었다는 사실을 인정하는 사람은 많지 않다. 그러나 바이킹이 유일하다. 언론에서는 모든 화성 탐사 임무가 생명을 찾기 위한 프로그램의 일부라고 발표해 왔지만, 그것은 허위다. 일부 화성 탐사선이 물을 찾는 것과 같이 간접적으로 생명의 흔적을 확인하기 위해 발사된 것은 사실이지만, 지난 30년간 NASA가 보낸 화성 탐사 임무에는 생물학 실험이 모두 빠져 있었다. 유럽 우주국(ESA)도 화성의 생명을 찾는 데는 그동안 미온적이었다. 2003년 유럽이 발사한 마스 익스프레스에는 영국이 뒤늦게 계획을 바꿔 제작한 비글 2호 모듈이 포함됐다. 이 작은 모듈은 화성 표면에서 생명의 흔적을 찾기 위해 제작됐는데, 쥐꼬리만한 예산에, 워낙 다급한 개발 일정 때문에 제대로 테스트도 하지 못했다. 게다가 불행하게도 비글은 임무 수행 도중 돌연 사라졌다. 따라서 현재 우리가 의지할 수 있는 것은 바이킹에서 얻은 결과뿐이다.

두 대의 바이킹에는 로봇 팔과 삽이 있었는데, 이 삽으로 화성 표면의 미세한 먼지 티끌을 파내 탐사선의 작은 실험 장치에 넣었다. 이 실험 장치에서는 생명을 검출하기 위한 네 가지 실험이 이뤄졌다.(화보 4) 이 장치는 탄소에 기반을 둔 생명에 대해 수행할 수 있는 가장 일반적인 실험으로 꾸며졌다. 지구의 생물과 화성 생물이 똑같으리라고 생각할 이유가 없기 때문이다. 그 가운데 기체 크로마토그래피 질량 분광기라는 다소 길고 거추장스러운 이름이 붙은 기기는 한때 살아 있던 세포의 분해된 배설물을 검출하기 위해 제작했다. 또 다른 기기는 배양 장치 안에서 유기물이 내뱉거나 흡수하는 몇 가지 특정한 기체를 찾기 위해 설계했다. 세 번째 장치는 광합성의 증거를 찾기 위해 만들었다. 마지막 실험은 먼지에 영양소가 포함된 수프를 섞어 대사가 일어났는지 확인해 탄소 흡수가 일어나는지 검출하기 위해 실었다. 미생물이 수프를 먹어 치우는 양성 반응이 일어날 경우, 이산화탄소나 메테인 같은 탄소가 포함된 기체를 방출한다. 기체가 만들어지는지 감시하기 위해 이를 확인할 수 있는 표식으로, 수프에는 방사성 동위 원소인 탄소 14(^{14}C)를 넣었다. 그래서 이 실험은 '표식 방출(labelled release)', 또는 'LR' 실험이라는 이름으로 불렸다.

바이킹 임무는 아주 성공적으로 끝났으며, NASA가 이룩한 주요 업적으로 우뚝 서 있다. 이 두 대의 탐사선은 지리적으로 아주 멀리 떨어진 위치에 안착했다. 로봇 팔도 제대로 전개됐으며, 카메라와 실험 장치도 아무 문제 없이 작동됐다. 모두 1960년대 기술을 이용한 것이었다. 과학자들이나 일반인들도 함께 가슴 조이며 그 결과를 기다렸다. 탐사선이 착륙했을 때 필자는 옛 유고슬라비아에서 휴가를 즐기고 있었는데, 두브로브니크의 신문 가판대에서 영어로 된 기사 제목을 읽었던 기억이 난다. 지난 1세기 동안 화성의 생명에 대해 사람들이 상상을 펼친 뒤, 마침내 이를 과학적으로 실험할 수 있는 기회가 온 것이다.

불행히도, 바이킹이 전송한 자료는 전체적으로 혼란스러웠다. 질량 분광기는 유기물의 흔적을 찾지 못했다. 그게 이상했다. 왜냐하면, 화성의 흙에 정말 생명이 없다고 할지라도 혜성에 묻어 날아온 미량의 유기물 흔적이 나타났어야 했다. 다른 두 가지 실험 결과도 마찬가지로 애매했으며, 여러 갈래로 해석할 수 있는 여지를 남겼다. 반면에, LR 실험은 강렬한 양성 반응을 보였다. 장치 안에 있던 수프는 대부분 소진됐으며 기대했던 대로 방사성 이산화탄소의 표식이 나타났다. 두 대의 탐사선에서 똑같은 결과가 확인됐다. 혼합물을 섭씨 160도까지 가열하자 강렬하게 일어나던 반응이 돌연 멈췄다. 미생물이 화학 반응을 일으키다가 고온으로 죽었을 때 나타나는 결과였다. 표면적으로는, LR 실험이 생명을 찾아낸 것으로 보였다. 그러나 NASA의 입장은 그렇지 않았다. 나머지 세 가지 실험으로는 뚜렷한 결론을 내릴 수 없었기 때문에 이를 종합해 "화성에서는 생물이 검출되지 않았다."라고 발표했다. 이것은 지금까지 NASA의 공식 입장으로써 유효하며, 워싱턴 D. C.에 있는 항공 우주 박물관의 바이킹 탐사선 복제품 앞에 걸린 현수막에도 그렇게 씌어 있다. LR 실험의 양성 반응에 대해 대부분의 과학자들은 표면의 흙이 척박한 화성의 환경, 특히 자외선 복사 때문에 강한 반응을 보인 결과라고 생각했다.

그러나 LR 실험을 직접 설계한 길버트 레빈은 NASA의 결론에 반기를 들었다. 그는 여전히 화성에서 생명체를 발견했다고 주장한다. 현재 길버트 레빈은 애리조나 주립 대학교 '과학 기본 개념 초월 센터'에서 겸임 교수로, 필자의 동료로 일하고 있다. 1970년대에 그는 LR 실험 결과에 대해 다양한 해석이 가능할 것으로 이미 예상했고 그 문제를 피해 갈 수 있는 계획을 미리 세웠다. 거의 모든 유기 분자는 특정한 회전 방향을 갖는다. 예컨대, DNA는 우측으로 회전하는 나선 형태를 이루지만 거울에 비춰 보면 그 반대가 된다. 이 방향을 뜻하는 전문 용어는 '카이랄성(chirality)'인데, 과학자들은 대부분 '카이랄성'을 생명이 갖는 보편적 특징이라고 믿고 있다. 우리가 아는 생명체는 거의 오른쪽 방향의 당과, 왼쪽 방향의 아미노산을 이용한다. 하지만 화학 법칙은 거울 대칭성을 갖기 때문에 이러한 비대칭성이 특별한 문제를 보이지는 않는다. 그렇기 때문에 생물의 활동과 단순한 화학 반응을 구분하려면 이런 비대칭성이 나타나는지를 확인하면 된다. 즉 카이랄성이 어떤 형태를 띠는지 확인하면 이를 판단할 수 있다. 따라서 화성의 흙이 그 두 가지에 대해 모두 반응을 일으켰다면 많은 과학자들이 지지하는 것처럼 간단한 화학 반응이 원인이 됐을 가능성이 높다. 하지만 생물학적인 활동이 있었다면 두 가지 수프에 대해 전혀 다른 반응이 나타났어야 했다.[24] 하지만 불행하게도 이 방법은 비용 문제로 실험에서 제외됐다. 그 때문에 바이킹 실험은 짜증스럽게도 아직 미스터리로 남아 있다.

우리는 바이킹으로부터 '생명은 검출되지 않았다.'라는 분명한 결론을 얻었음에도 불구하고 최근까지 많은 과학자들은 화성에 생명체가 살지도 모른다고 생각한다. 아니면 적어도, 수십억 년 전에 살았을 것이라고 보고 있다. 이렇게 학자들의 태도가 달라진 것은 한때 화성 표면에 상당한 양의 물이 존재했다는 사실을 입증하는 증거가 늘어나고 있기 때문이다. 탐사선이 찍은 사진에는 고대의 강이 만들어 낸 협곡과 호수 바닥이 보일 뿐 아니라, 지상 실험을 통해 바위 위로 물이 범람했다는 사실이 확인됐다. 오늘날, 화성의 물은 극관과 영구 동토층에 언 채로 남았지만, 이따금 일어나는 국지적, 또는 행성 전체에 걸쳐 일어나는 가열, 즉 기후 변화나 혜성 충돌 결과 화성 표면에 일시적으로 액상의 물이 존재할 수 있다. 행성 내부의 열은 어느점 이상으로 온도를 유지해 주기 때문에 물은 지하 깊숙한 곳에도 존재할 수 있다. 화성에는 국지적으로 열을 만들어 내는 화산과, 열점에 의해 장기간 지속적으로 물을 순환시키는 열수계가 존재한다는 증거가 발견됐다. 지구에서 (예를 들면, 필바라 언덕 같은) 가장 오래된 생명의 흔적들은 고대의 열수계와 관련이 있다. 우주 생물학자 가운데 많은 이들은 바로 이런 환경에서 지구의 생물이 처음 시작됐을 것이라고 생각하고 있다. 앞서 필자가 말한 것처럼, 이런 모든 증거를 바탕으로 추정하면 30억 년 전 또는 40억 년 전, 화성은 아마도 지금보다 훨씬 따뜻하고 습했으며, 게다가 대기는 더 두꺼웠기 때문에 대규모 온실 효과에 따른 온난화가 진행됐을 것이라고 짐작된다. 당시의 환경은 미생물이 살기에 아주 적당했으며, 일부 내성이 강한 세균은 척박한 현재의 화성 환경에도 살아남았을 것이라고 생각된다.

만일 화성이, 좁은 의미에서 오래전의 지구와 비슷했다고 가정하면 우리는 그곳에서 생명의 흔적을 발견할 수 있어야 한다. 지금 화성에 생명체가 존재한다면(혹은 과거에 존재했다면) 말이다. 그 증거는 바이킹과 비슷한 탐사선이나, 화성의 암석 샘플을 수집해 귀환하도록 설계된 무인 또는 유인 탐사를 통해 얻을 수 있으리라. 척박한 화성 표면에 생명이 사는 것은 거의 가망 없는 일이다. 그러나 지표 수백 미터 아래에 있는 지하수에 미생물이 서식하는 것은 분명히 가능할 것으로 보인다. 미생물이 지표 위로 메테인을 내뿜는다면 우리는 그 존재를 확인할 수 있다. 과학자들은 앞으로 30년 안에 오래전, 화성에 미생물이 살았다는 분명한 증거를 발견할지도 모른다.

화성에서 생명체가 발견된다면 사람들은 우주가 생명으로 가득 찼을 것이라고 논리를 비약하기 쉽다. 하지만 그리 간단한 일은 아니다. 필자가 이 장 앞부분에서 말한 것처럼, 지구와 화성은 격리된 공간이 아니다. 두 행성은 운석 형태로 물질을 교환하고 있다. 물론 지구에서 화성으로 날아간 것보다 그 반대의 경우가 훨씬 많지만, 앞으로도 어마어마하게 많은 지구의 표면 물질이 화성에 떨어질 것이다. 그 가운데 적지 않은 운석이 지구 미생물에 오염된 채 화성 표면에 충돌하리라. 그중 대부분은 행성 간 공간의 잔인한 환경을 버티지 못하고 사멸해 버렸겠지만, 그게 다는 아니다. 오래전, 화성이 현재의 지구 환경과 비슷했다면 이 밀입국자들 중 일부는 새로운 땅인 화성에 안착해 번성했을지도 모른다. 반대로 지구 생명이, 지구가 아닌 화성에서 처음 시작됐을 가능성도 충분히 있다. 어쨌든 화성의 생명체를 발견했다고 해서 생명이 우주 어디에나 널리 분포할 것이라는 필연성을 확실하게 입증할 수 있는 것은 아니다. 누군가 아무런 '사전 준비 없이' 화성과 지구에서 독립적으로 생명이 시작됐다는 사실을 증명해 보여야 한다. 지금도 여전히 지구와 화성 사이에는 운석이 교환돼 물질들이 섞이고 있다. 이 일은 문제를 더욱 복잡하게 만든다. 어디서, 어떻게 생명이 시작됐는지 구분하기 힘들 뿐 아니라, 시작이 한 번이었는지, 그 이상인지 분명치 않기 때문이다.

태양계 밖 생명은 어떤가? 지구에서 튕겨 나간 돌이 먼 행성계까지 날아가 지구와 닮은 행성에 떨어질 확률은 극히 낮다. 설사 그런 일이 일어났다손 치더라도 미생물이 그 오랜 세월을 여행한 뒤에 살아남을 가능성은 거의 없다고 봐야 한다. 그렇다. 오염의 문제는 아니다. 외계 행성에서 생명의 흔적을 발견한다면 그것은 지구와 별개의, 독립적인 두 번째 생명의 기원을 뜻하리라. 천문학자들은 우주에 거대한 광학 시스템을 띄워 외계 행성의 산소와 심지어 광합성의 흔적을 찾으려는 야심 찬 계획을 세웠다. 하지만 이를 실행에 옮기기 위해서는 힘든 기술적 도전을 극복해야 하기 때문에 가까운 미래에 해결될 문제로 생각되지는 않는다.

생명이 우연히 출현했는지, 아니면 그 일이 필연적인 사건인지를 확인하기 위해 우주 망원경이나 탐사선을 써야 한다면 앞으로 더 오랜 세월을 기다려야 할지도 모른다. 하지만 큰 비용이 드는 우주 임무 말고도 그 필연성을 시험해 볼 방법이 있는 것은 그나마 다행스러운 일이다. 이 방법은 최근까지 그다지 주목받지 못했다. 우리는 지구를 떠나지 않고 문제를 해결할 수 있을지도 모른다. 지구보다도 더 지구를 닮은 행성은 없다. 그렇다. 지구와 비슷한 환경에서 생명이 태동할 수 있다면(생명의 필연성) 바로 여기서 여러 차례 시작됐어야 한다.

아마 그랬을 것이다.

3

그림자 생물권

경첩도, 열쇠도, 뚜껑도 없지만

금은보석이 든 상자는 은신처다.

— 존 로널드 로얼 톨킨(John Ronald Reuel Tolkien)

지구에서 두 번째 생명의 기원을 찾다

지구에서 한 번 이상 생명이 발생했다면 어쩌면 우리는 우주가 생물로 가득 찬 곳이라고 믿게 될지도 모른다. 지구가 별반 특이한 행성이 아니라면, 지구를 닮은 다른 행성에서 생명이 두 차례에 걸쳐 출현했을 수도 있다. 하지만 그 밖의 또 다른 행성에서 같은 일이 일어날 가능성은 낮다. 깊은 생각에서 비롯된 것은 아니지만, 생물학자들은 일반적으로 최근까지 지구의 모든 생물이 같은 기원에서 출발했을 것이라고 가정했다. 즉 과거에 살았던 지구의 모든 생물이 같은 원시 생물로부터 이어져 내려온 후손일 것이라는 이야기다. 하지만 그 사실 여부를 우리는 어떻게 알 수 있을까? 지구에 기원이 다른 둘, 혹은 그보다 많은 생명이 존재했을 가능성은 없을까? 그것을 실제로 본 사람은 없을까?

생명이 어떻게 여러 차례에 걸쳐 발생할 수 있는지 그럴싸하게 설명하는 시나리오를 하나 소개한다. 2장에서 말한 것처럼 지구는 탄생한 지 7억 년 지났을 때 소행성과 혜성의 무자비한 충돌 세례를 경험했다. 그중 가장 큰 충돌은 지구 전체를 한꺼번에 '소독'했을 수도 있지만, 대규모 충돌 사이사이에는, 환경이 그렇게까지 잔혹하지는 않았으리라. 이런 평온한 시기는 수백만 년 이상 지속됐을 것이다. 우리가 시험하려고 하는, 생명의 기원에 관한 '우주의 필연성'을 뒷받침하는 가설에 따르면 생명이 태어날 만큼 긴 소강 상태가 계속됐을 가능성이 있다. 이때 일시적으로, 원시 미생물이 번창해 널리 퍼졌지만, 그 뒤에 일어난 대규모 충돌 때문에 그 흔적조차 사라졌을지도 모른다. 이내 잠잠한 시기가 찾아와 다시 생명이 시작됐다가 머지않아 전멸됐다. 이렇듯 지구 생성 초기는 생명의 역사가 시작했다가 중단되고, 다시 시작하는 기나긴 '실험'의 연속이었다. 이런 실험을 통해 여러 차례 생명이 발생하는 사건이 일어났으며, 그 결과 눈부시게 다양한 생명이 만들어졌다. 이 생각은 캘리포니아 공과 대학의 지질학자인 케빈 마허(Kevin Maher)와 데이비드 스티븐슨(David Stevenson)이 처음 발표했다.[1] 그 이론은 충분히 설득력 있어 보였지만, 이들은 중요한 필연적 결과를 간과했다. 대규모 충돌이 일어났을 때 막대한 양의 물질이 지구 주변 궤도로 튕겨 나갔을 것이고 당시의 지구 미생물도 거기 포함됐으리라. 그 후 밖으로 날아간 암석의 일부는 결국, 다시 지구로 떨어졌다. 휴면 상태에 들어간 미생물은 암석에 숨어 수백만 년 동안 우주 환경을 견

더 낼 수 있었으며 그 일부가 살아남아 지구에서 다시 둥지를 틀 수 있었을 것이다. 결국 '생명 I'이 우주 밖으로 나간 동안 '생명 II'는 그다음 '소강 상태'에 태어나 새로운 주인으로 자리 잡았다. 지구에 기원이 다른 두 가지 생명이 공존하게 된 것이다. 그리고 이런 사건은 되풀이됐다. 그래서 마침내 '대폭격 시대'가 막을 내렸을 때 지구에는 기원이 다른, 즉 각기 다른 조상을 둔 다양한 생명이 살게 됐을지도 모른다.[2]

앞서 말한 다중 기원 시나리오가 유일한 것은 아니다. 여러 형태의 생명이 각기 다른 지역에서 독립적으로 출현했을 수도 있다. 그래서 지질학적인 시간 동안 고립된 채, 상대적으로 안전한 지역에서 장기간 살아남았을지도 모를 일이다. 지하 깊은 곳에 사는 일부 미생물은 안전한 은신처에 숨어 충돌 당시 발생한 뜨거운 열기를 피했고, 지표에 새로운 생물이 출현한 뒤 지표 위에 모습을 드러냈을 수 있다. 혹은, 생명이 화성에서 여러 차례 발생한 뒤, 수백만 년에 걸쳐 다양한 경로를 통해 지구에 도달했을지도 모른다. 그 밖의 다른 가능성은, 화성과 지구에서 따로 생명이 발생한 뒤에, 충돌로 튕겨 나간 운석들이 각각 상대편 행성으로 떨어졌고 운석에 묻어 간 생명체가 토착 생명체와 섞였을 가능성도 있다. 구체적으로 어떤 시나리오가 맞는지는 중요치 않다. 생명 기원의 필연성을 시험할 때 중요하게 생각해야 할 것은, 생물이 과연 한 번 이상 발생했느냐는 것이다. 만일 그랬다면 어떤 증거가 남았을까?

이를 확인하는 방법은 또 다른 창세 사건(genesis events)에서 출발, 지금까지 이어 내려온 '그림자 생물권(shadow biosphere)'에 속하는 다른 형태의 생물을 발견하는 일일 것이다.[3] 이 생물권은 우리가 속한 생물권과 함께 지구에 공존할지도 모른다. 생명 나무(tree of life)라는 개념을 생각한다면 이 상황을 쉽게 설명할 수 있다. 우리는 생명 나무를 통해 시간이 지나면서 종이 다양하게 분화돼 여러 갈래로 세분화되는 것을 알 수 있다. (그림 2)

현생 생물은 수백만 종으로 구성돼 있지만, 수십억 년의 진화 과정을 되돌리면 이 생물들은 모두 생명 나무의 '줄기'에서 만난다. 예컨대 현생 인류와 침팬지는 700만 년 전과 500만 년 전 사이에 아프리카에 살았던 공통 조상의 후손들이다. 시간을 되돌리면 모든 포유류는 한 점에서 만나며, 그 이전에는 모든 척추동물이 한 점에서 만나고, ……, 30억 년 전, 혹은 40억 년 전의 원시 미생물까지 추적할 수 있다. 리처드 도킨스(Richard C. Dawkins)는 『조상 이야기(*The Ancestor's Tale*)』에서 이런 생물학적인 시간 여행에 관해 쓰고 있다.[4] 필자가 이제 하려고 하는 질문은 간단하다. 지구 상의 모든 생물은 '하나의 나무'에 속할까, 아니면 더 많은 나무가 있을까? 아니면 그것은 숲일까?

지난 몇 년 동안 이런 생각에 사로잡혀 고심하는 동안 의외로, 다중 기원 시나리오의 증거에 관해 제대로 조사해 본 사람이 없다는 데 놀라게 됐다.[5] 우주 생물학자들은 다른 형태를 띤 화성의 생명체를 검출하는 방법을 발견하기 위해 고심했지만, 과학자들은 대부분 바로 우리 문 앞에 있는, 다른 형태의 생명체를 찾는 일에는 소홀했다. 하지만 필자는 2006년 12월 애리조나 주립 대학교에서 개최된 워크숍에서 열린 생각을 가진 과학자들이 많다는 사실을 알게 됐고, 몇 가지 아이

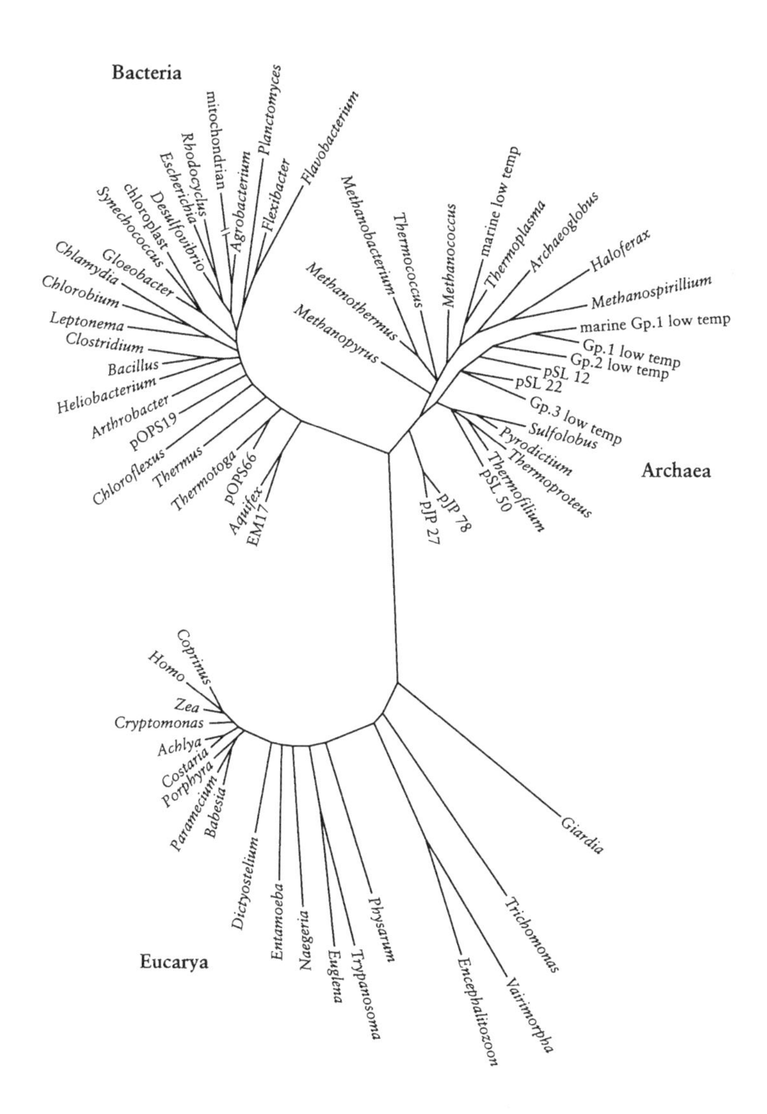

그림 2 생명 나무. 서로 다른 생물들의 유전적 연관성을 보여 준다. 생물 종의 대부분은 (세균(Bacteria)과 고세균류(Archaea)를 포함한) 미생물들이다. 사람(*Homo*)은 진핵생물계(Eucarya)의 끝자락에 속해 있다.

디어를 가지고 브레인스토밍을 했다. 그 결과물은, "새로운 형태의 생명체 탐색"에 관한 전략을 수립하는 연구 논문이었다.[6] 제목은 드라마 「스타 트렉(Star Trek)」의 작전 명령에서 따왔다. 그러나 그것은, 몇 광년 밖에 있는 대상이 아니라 바로 이곳, 지구에 있을지도 모르는 존재에 관한 것이다.

본격적인 설명에 앞서 생물학자들은, 왜 '우리가 아는' 모든 생물이 공통의 기원을 가질 것이라고 생각하는지, 그 이유를 따져보기로 하자. 우리는 그 중요한 근거를 생화학과 분자 생물학에서 찾을 수 있다. 떡갈나무와 고래, 버섯, 그리고 세균은 언뜻 생각하기에는 달라 보인다. 그러나 그 내부에서 일어나는 생화학 작용은 같은 시스템을 중심으로 체계화돼 있다. 이들은 정보 저장을 위해 모두 DNA와 RNA를 이용하며, 단백질을 기본 구조와 효소로 쓴다. 또 에너지를 저장하고 사용하기 위해 ATP라는 분자를 활용한다. 전혀 다른 종들 사이에 같거나, 적어도 상당히 비슷한 유전자들이 발견되는데, 이를테면 사람과 쥐는 같은 유전자를 63퍼센트가량, 쥐와 이스트는 38퍼센트 공유한다. 결정적인 사실은, 유전 암호에서 찾을 수 있다. 유전 암호는 DNA에 포함된 데이터를 해독해 단백질을 만드는 명령어로 변환하는 수학 체계다. DNA는 뉴클레오티드(nucleotide, 핵산의 구성 성분. — 옮긴이)라 불리는, 분자로 된 염기 서열 형태로 정보를 저장한다. 뉴클레오티드에는 네 가지가 있는데, 보통 A, C, G, T로 표시한다. 당신을 '당신답게', 당신의 개를 그 개답게 만드는 것은 전적으로 네 개의 문자 조합으로 이뤄진 염기 서열에 달려 있다. (당신과 당신의 개를 결정짓는 데는 문자 수백만 개의 조합이 필요하다.) 이 글자들은 리보솜이라는 분자로 된, 일종의 '기계 장치'가 아미노산을 순서에 따라 연결하고 단백질을 조합하기 위한 명령어들을 판독하는 일을 맡는다. 우리가 아는 생물들은 그 명령을 수행하기 위해 DNA의 뉴클레오티드를 세 개의 그룹(예를 들면, AGT)으로 나눈다. 즉 21개의 각기 다른 필수 아미노산을 만들기 위한 64개의 가능한 삼중 조합이 있다. 그렇기 때문에 특정한 아미노산을 조합하기 위해서는 특정한 암호를 선택해야만 한다. 조합 가능한 순열의 범위가 넓기 때문에 선택할 수 있는 경우의 수도 엄청나게 많지만, 지구 생물은 모두 똑같은 암호를 쓴다.

일반적으로 리보솜이나 ATP처럼 복잡하고 특이한 분자 구조가 모든 생물에 공통적으로 포함돼 있다는 사실은, 그들이 단일 조상의 후손이라는 가정을 뒷받침해 준다. 즉 이런 독특한 형태와 성질을 갖는 원생 세포가 아니라면 그 사실을 설명하기가 대단히 어렵다. 유전자를 배열해 실제로 공통의 유전자 나무(genetic tree)를 만들어 그로부터 후손들이 어떻게 나왔는지 보여 줄 수 있다. 시간이 지나면서 종들 간의 거리가 점점 멀어져 갔고 공통의 유전자 수는 줄어들었다. 이렇게 되풀이해서 천천히 분기가 일어났기 때문에 우리는, 두 종이 얼마나 오래전에 나뉘었는지 알 수 있다. 이런 유전자 나무는 화석을 통해 확인할 수 있으며, 우리는 이를 바탕으로 유전자의 변화와 종의 분기가 어떻게 지속적으로 일어났는지 추적할 수 있다.

우리가 잘 아는 다세포 생물들이 같은 유전자 나무에 속한다는 사실에 대해서는 아무도 의심하지 않는다. 동물원의 짐승이나, 식물원의 나무와 풀, 하늘을 나는 새와 바다의 물고기는 모두 같은 기원으로 거슬러 올라간다. 하지만 그것은 일부에 불과하다. 종의 대부분은 미생물이기 때문이다. 스티븐 제이 굴드(Stephen Jay Gould)가 실감 나게 설명한 것처럼 "지구는 첫 화석이 만들어진 뒤 내내 '세균의 시대'였다. 세균은 물론, 30억 년 훨씬 이전부터 암석에 파묻혀 있었다. 어떤 기준을 가지고 판단하든지 세균은, 늘 그래 왔던 것처럼 지구에서 가장 지배적인 생물이다."[7] 세균은 현미경으로 보면 거의 똑같은 형태로 나타난다. 작은 점이나 얼룩, 막대 아니면 삐죽 튀어나온 돌기 같은 것으로 이뤄졌다. 눈으로는 뭐가 안쪽에 있고 뭐가 바깥인지조차 구분하기 어렵다. 미생물 내부를 들여다보면 DNA, 단백질, 리보솜처럼 필자나 독자의 몸에 있는 같은 성분들로 구성돼 있다는 사실을 알 수 있다. 적어도 지금까지의 경험으로는 그렇다. 미생물학자들은 아직 미생물 왕국의 껍데기를 긁고 있을 뿐이다. 우리가 사는 세상은 말 그대로 이런 미생물들로 들끓고 있다. 1세제곱센티미터의 흙에는 수백만 마리의 생물이 서식하며, 미생물까지 합치면 수십억 마리에 이른다. 하지만 미생물 대부분은 분석은커녕, 아직 분류조차 이뤄지지 않았다. 그 미생물들이 뭔지 아직 아무도 모른다. 우리가 아는 사실이라고는, 그중 일부는 우리가 아직 모르는 종류일 수도 있다는 점이다.

미생물 종들에 대해 완벽하게 조사하기 위해서는 먼저 실험실에서 그것을 배양한 다음, 유전체를 배열해 생명 나무에서의 위치를 확인하는, 생화학적인 연구를 해야 한다. 이 기술은 중요하기는 하지만 문제점이 있다. 미생물들은 대부분 자연 서식 상태에서 분리되는 것을 싫어할 뿐 아니라, 배양하기도 어렵기 때문이다. 또 어떤 미생물은 유전자를 배열할 때 저항을 보인다. 우리가 아는 것처럼 미생물을 분석하는 화학 방법은 대상에 따라 맞춤형으로 골라 쓰고 있으며, 생물을 대상으로 하기 때문에 생물 이외에 다른 형태에는 적용할 수 없다. 다른 종류의 미생물이 있을까? 그런 가능성은 간과하기 쉬운데, 그 이유는 지금까지 생화학자들이 써 온 방법은 전혀 다른 형태의 미생물에는 반응하지 않을 수 있기 때문이다. 그런 미생물은 실험실 샘플에 섞여 있다가 쓰레기에 쓸려 버려졌을 수 있다. 만약 독자들 가운데 한 사람이 우리가 아는 생명체에 대한 연구를 시작한다면 그가 발견하는 것은 우리가 아는 생물에 관한 것일 수밖에 없다. 따라서 어떤 미생물이 실제로, 다른 기원을 가진 종들의 후손일 가능성이 있는지에 대해서는 답을 할 수 없다.

특이한 극한 생물

그렇다면 우리가 '모르는' 생명체를 상대로 어떻게 확인 작업을 시작할 수 있을까? 생명의 진화 과정에는 거의 무한에 가까운 기회와 가능성이 숨어 있기 때문에 각기 다른 기원을 가진 두 생명체가 같은 생화학적 특성을 갖는 것은 불가능하다고 봐야 한다. 우주 생물학자들은 알려진 생명체들을 가리켜 '표준 생물(standard life)'이라고 부르고, 가상의 생명체는 '특이 생물(weird life)'이라고 부른다. (특이 생물은, '우리가 아닌'이라는 뜻에서는 태양계 밖, 외계 생명체를 뜻할 수도 있지만, 지구 밖, 이를테면 화성에 기원을 둔 것일 수도 있다. 그러나 앞서 언급한 것처럼 이 장에서는 그런 기원을 구별하는 것에는 의미를 두지 않기로 한다.)

특이 생물을 찾을 때 부딪히는 문제 중의 하나는 우리가 정확히 무엇을 찾는지 모른다는 것이다. 한 가지 전략은 눈을 크게 뜨고 아주 특이한 장소에서 살아 있는 모든 것을 찾아내는 것. 그렇다면 얼마나 특이해야 특이하다고 말할 수 있을까? 지난 30여 년 동안 생물학자들은 그 전까지만 해도 치명적이라고 생각했던 극한 환경에서 생물이 살 수 있을 뿐 아니라, 번성한다는 사실을 알고 놀라워했다. 1970년대에는 옐로스톤 국립 공원 같은 온천 지역에 서식하는 미생물들이 발견됐다. 그중 어떤 것은 섭씨 90도를 견뎌 내열성 생물(또는 호열성 생물)이라고 불린다. 이런 사실만으로도 놀랄 만하지만, 그보다 더한 것들도 많다. 과학자들이 심해 잠수정 앨빈(DSV Alvin)을 타고 해저 화도를 탐험한 결과, '열수 분출공' 근처에 존재하는, 캄캄한 암흑 속 생태계 전체가 모습을 드러냈다. 그곳에서는 광물로 이뤄진 해저의 '굴뚝'으로부터 그 온도가 섭씨 350도까지 올라가는 뜨겁고 탁한 액체가 뿜어져 나온다. 그 먹이 사슬의 가장 밑바닥에 사는 1차 생산자는 델 만큼 뜨거운 폐수에 무리를 이뤄 사는 미생물들이었다. 이 미생물들은 섭씨 120도나, 그보다 높은 고온을 견뎌 낸다. 이것은 물의 끓는점보다 높은 온도다. (압력이 아주 높기 때문에 실제로 끓지는 않지만 말이다.) 이렇게 열을 좋아하는 극단적인 미생물을 가리켜 '초고온성 생물'이라고 부른다. 이놈들은 에너지를 만들어 내는 데 빛이 필요 없기 때문에 어둠 속에

서도 잘 살 수 있으며, 지각에서 분출되는 액체에 녹은 기체로부터 에너지를 얻고 대사에 이용한다.[8]

그밖에 다양한 종의 미생물들이 또 다른 극한 환경에서 서식하는 모습이 발견됐다. 예를 들면 저온균(psychrophiles)이라 불리는 놈은 섭씨 -20도의 저온에서도 견디는 것으로 알려졌는데, 그보다 차가워지면 성장을 멈춘다. 또 어떤 놈은 사람의 살갗을 태울 만큼 강한 산에 견딜 수 있는가 하면 알칼리성이 강해 뭐든지 부식시킬 수 있는 극한 조건에서 사는 놈도 있다. 그래서 필자는 '사해(死海)'라는 이름이 적절치 않다고 생각한다. 이 바다에는 염분이 아주 높은 환경에서도 견딜 수 있는 몇 가지 호염성 생물들이 서식하기 때문이다. 하지만 이것은 약소하다. 놀라운 것은 데이노고쿠스 라디오두란스(*Deinococcus radiodurans*)라는 방사선 환경에 까딱없는 미생물이다. (화보 5) 이놈은 강방사성 환경에 버틸 수 있으며, 원자로 폐기물 저수조에서도 서식하는 것으로 확인됐다.

이런 괴짜 미생물들을 일컬어 '극한 생물(extremophiles, 호극성 생물)'이라고 한다. 극한 생물은 그 특이한 성질에도 불구하고 분석 결과 모두 표준 생물의 범주에 속하는 것으로 알려졌다. 극한 생물도 독자나 필자처럼 같은 생명 나무에 속해 있다. 우리는 극한 생물이 존재한다는 사실로부터 표준 생물의 생존 조건이 과거 우리가 생각했던 것보다 훨씬 넓다는 사실을 새로이 알게 됐다. 하지만 여기에도 한계가 있다. 예컨대 모든 표준 생물의 생존에는 물이 필요하며, 이로부터 온도와 압력의 범위를 정할 수 있다.

그림자 생물권이 존재한다면 그 장소는 '초극한 생물'이 사는 곳일지도 모른다. 아직 어느 누구도 그런 극한 상황에서 서식할 수 있는 종을 찾아보려고 생각조차 해 보지 않았다. 따라서 표준 생물이 사는 가장 혹독한 생존 환경의 범위를 벗어나는, 그래서 아직 아무도 본 적이 없는 독특한 형태를 띨 것으로 생각된다. 그런 조건 가운데 하나는 온도다. 일반 초고온성 생물이 살 수 있는 온도의 상한은 섭씨 130도라고 한다. 고온은 생명 유지에 필수적인 분자 기능에 지장을 줄 수 있으며, 심지어 숙주가 이를 보호하고 치유하는 메커니즘을 제공한다 하더라도 섭씨 120도가 넘어가면 DNA와 단백질이 분해되기 시작한다. 우리가 심해저 열수 분출공의 생태계에서 섭씨 130도와 섭씨 170도 범위에서 아무 생명체도 찾지 못했다고 가정하자. 하지만 섭씨 170도와 섭씨 200도 사이에서 잘 자라는 미생물을 발견한다면? 이렇듯 생물이 서식하는 온도 범위의 불연속성에 대해, 우리는 그 범위가 확장된 표준 생물의 범주 밖의 특이 생물을 다루는 유력한 지표로 쓸 수 있을지도 모른다.

또 다른 한계는 깊이다. 1980년대, 코넬 대학교의 개성이 강한 천체 물리학자인 토머스 골드(Thomas Gold)는 스웨덴에서 석유 시추 실험 프로젝트를 주도했다. 그는 수 킬로미터를 파내려간 끝에 밑바닥에서 생물을 발견했다고 주장했으며, 그래서 일대 소동이 일어났다.[9] 많은 사람이 그를 믿지 않았다. 그런데 여러 해가 지난 뒤에 다른 연구자들도 지하 깊은 곳의 암석에 사는 미생물들을 발견하기 시작했다. 그것은 시작에 불과했다. 드릴로 뚫을 수 있는 가장 깊은 곳까지 (약 1킬로미터를) 파내려갔는데 시추공에서 나온 해저 암석에서 1세제곱센티미터당 수백만 마리의 미생물들이 발견됐다. 그리고 곧, 지구 내부에도 미생물이 서식할 수 있는 충분히 넓은 공간이 있다는 사실이 분명해졌다.[10] 생물이 얼마나 깊은 곳까지 살 수 있는지, 얼마나 뜨거운 곳에서 살 수 있는지 아직 아무도 모른다. 골드는, 지구 표면에 사는 것만큼 많은 생물이 지하에도 서식하고 있을 것이라고 생각했다. 우리는 이런 방식으로 고립돼 있거나 거의 고립 상태에 있는 지하의 다양한 생태계를 상상해 볼 수 있다. 우리가 일반적으로 아는 생물권과 전혀 다른, 자급자족하는 또 다른 생태계 말이다.

사실은 얼마전, 우리 생물권으로부터 거의 완전히 격리된 생태계가 발견됐다.[11] 지하 깊은 곳에 있는 아주 특이한 이 미생물 생태계는 수소를 에너지원으로 쓴다. 물이 뜨거운 바위와 접촉하거나 방사능에 의해 분해되면 수소가 만들어진다. 이 미생물은 수소와 분해된 이산화탄소를 결합해 에너지를 얻고 그 폐기물로 메테인을 내뿜는다.[12] 그 상당수는 내열성 생물이거나 초고온성 생물들이다. 지각 안쪽으로 깊이 들어갈수록 점점 더 뜨거워지기 때문이다. 우리가 사는 생태계와는 분리돼 있지만 지하에서 발견된 이 생태계에도 표준 생물들이 사는 것으로 확인됐다. 그러나 지금까지 과학자들이 본 것이 빙산의 일각에 불과하다는 사실만은 분명하다. 과연 지각 깊은 곳에 표준 생물이 아닌 전혀 다른 형태의 생물이 살지 않을까 하는 것은 아주 흥미로운 질문이다. 미래 어느 날, 대륙이나 해저 시추 프로젝트를 통해 특이 생물들이 사는 서식지를 건드리는 일은 일어날 가능성이 높다. 하지만 그런 서식지까지 파내려가는 행운을 잡지 못하더라도 숨어 있는 특이 생물에 대한 간접적인 증거는 얻을 수 있으리라. 예를 들면, 일반 생물은 대부분 아무런 통증이나 증상 없이 바이러스의 먹이가 된다.[13] 바이러스는 식물과 동물, 그리고 미생물을 침략의 대상으로 삼는다. 바이러스는 너무 작기 때문에 미생물 세포에 비해 훨씬 넓은 환경 조건을 통해 다른 곳으로 이동할 수 있다. 바이러스는 어디에나 존재한다. 땅이나 공기, 그리고 바다에도. 바다는 1리터당 최대 100억 개의 바이러스 입자가 있는 '바이러스 수프'의 좋은 예다. 만일 특이 생물이 지하(또는 지구의 다른 어느 곳이든지)에 고립돼 있다면 이런 특이 생물과 잘 반응하도록 적응된 '특이 바이러스'는 그 생물권 전체에 걸쳐 널리 퍼져 있을 가능성이 높다. 아주 낮은 함량일지도 모르지만, 이 특이 바이러스는 일반 바이러스와 함께 바다나 공기에 섞여 서식할 수도 있다. 필자가 아는 한, 아직 아무도 이를 찾아보려는 생각조차 하지 않았다.

환경 조건이 너무 가혹해 표준 생물들이 생존할 수 있는 편안한 곳은 아닐지라도, 그런 특이한 극한 생물들이 살 수 있는 고립된 서식지는 얼마든지 있다. 아타카마 사막 중심부가 바로 그런 지역 가운데 하나다. (화보 7) 이곳은 너무 건조하고 산화가 심해 세균이 대사 작용을 할 수 없다. NASA는 그곳에 관측소를 운영하고 있는데, 지금까지는 특이 생물들이 생산한 탄소와 관련됐을 것이라고 생각되는 화학 반응은 검출되지 않았다. 그런 생명체가 살 가능성이 있는 또 다른 장소로는, 상층 대기나(강력한 자외선 복사로 인해 표준 생물에 지장이 있을 것으로 여겨진다.) 춥고 건조한 고원 지대, 산 정상, 혹은 섭씨 -40도보다 추운 얼음 지역, 생명에 해로운 독성 금속으로 심하게 오염된 호수 같은 곳을 들 수 있다. 이런 모든 것을 한꺼번에 설명하는 기술적인 방법은 온도, 압력, 산성도(pH), 염분, 복사와 같은 여러 변수들을 다차원 '변수 공간'에 표시하는 것이다. 최근 이뤄진 발견 덕분에 '서식 가능 영역'이 놀랄 만큼 확장된 것은 맞지만, 우리가 아는 생명체는 이 다변수 공간의 일부 영역에 국한돼 있다. 그러나 항상 한계는 존재하기 마련이다. 생태학적으로 일반 생물권과 고립된 그림자 생물권은 이 다변수 공간에서 분리된 채 존재할 것으로 생각된다. 온도와 같은 단일 변수만으로 특이 미생물을 탐색하는 일을 제한할 필요는 없다. 이를테면 온도, 산성도와 같이 여러 변수들을 결합하는 방법으로 더 좋은 효과를 볼 수 있기 때문이다.

특이 생물의 개체수가 아주 작다면 이 탐색 작업은 상당히 어려워질 수도 있다. '과학 기본 개념 초월 센터'에서 진행하는 연구 중 하나는 바이킹 화성 탐사에서 길버트 레빈의 실험에 쓰인 'LR 실험'의 변종을 만드는 것이다. 이 실험은 우리가 모르는 생물 다양성(Biodiversity)을 찾기 위해 설계됐다. 그림자 생물이 탄소를 순환시키는 능력이 있을 것이라는, 생명에 대한 가장 일반적인 가정에 기반을 둔 실험이었다. LR 실험의 비밀은, 그 놀랄 만큼 높은 감도에 있다. 앞서 설명했듯이 우리는 방사성 탄소(^{14}C)를 섞은, 영양분이 가득한 수프를 쓰면 된다. 대사에 탄소 순환이 개입됐다면 우리는 배출되는 이산화탄소에 ^{14}C가 포함됐는지 찾으면 된다. LR 실험을 통해 우리는 아주 낮은 수준으로 방출되는 방사성 물질도 쉽게 측정할 수 있다. 고산 지대의 정상이나 아타카마 사막 한가운데, 아니면 그 밖의 다른 곳에 특이한 '벌레'가 있다면(또 그 벌레들이, 실험자들이 고심해서 준비한 영양 수프에 질식해 버리지 않는다면) 레빈의 실험으로 그놈들을 발견할 수 있으리라. 그 첫 단계는, 문제의 벌레가, 우리가 아는 생명 나무에 속한 좀 더 극단적인 극한 생물인지, 아니면 다른 기원에서 유래한 특이 생물의 후손인지 판단하는 일일 것이다.[14]

우리 코앞에 있을지도 모르는 외계 생명

필자는 독자들에게 좀 더 쉽게 설명하기 위해 앞 절에서 표준 생물이 서식할 수 없는 지하 암반에 고립돼 살지 모르는 특이 생물을 예로 들었다. 만일 이놈과 표준 생물이 섞인 채 살아간다면 그것을 찾는 일은 훨씬 더 어려울 수밖에 없다. SF 소설에 단골 메뉴로 등장하는 외계인은 겉모습만으로는 사람과 구별하기 어려우며, 눈에 띄지 않은 채 은밀하게 활동하는 것으로 그려진다. 그 고전적인 예는, 1950년대 BBC 텔레비전으로 방영된 「쿼터매스 2(Quatermass 2)」라는 공포물이다. 이 드라마 주인공은 불행히도 외계 생물에 몸을 점령당한다. 또 다른 예로는, 1960년대에 미국에서 장기 방영된 텔레비전 시리즈물 「침략자들(The Invaders)」을 들 수 있다. 이 드라마에서 외계인은 지구인으로 가장해 인간 사회를 점령한다. 이런 장르가 인기를 얻는 이유 가운데 하나는 재정적인 데 있었다. 외계인 역할을 맡은 배우 중 일부는 분장 비용이 거의 들지 않았다. 그리고 수십 년 동안 이런 종류의 드라마는 동서 냉전과, 사회 깊숙이 잠입한 채 살아가는 공산주의자들에 대한 서방 세계의 두려움을 먹고살았다. 특수 효과와 의상 디자인, 그리고 컴퓨터 그래픽 기술이 발달하자 외계인을 표현하는 데 일대 변혁이 일어났다. 그래서 「스타 워즈」나 「에일리언」과 같은 영화가 개봉될 무렵, 외계인들은 해부학적으로 인간의 모습을 탈피한, 전혀 다른 모습을 띠게 됐다.

SF 소설에도 비슷한 변화가 나타났다. 외계인들이 인간 사회를 점령하고 장악한 채 살아간다는 식의 주제는 어쩌면 사실일지도 모른다. 특이 미생물이 평범한 세균이나, 우리 주변 환경 속에서 함께 살아간다면 우리는 벌써 그놈들을 발견했을 수도 있다. 하지만 그 겉모습이 너무나 판이해 전혀 다른 생명 형태에 속할 것이라는 생각을 우리가 미처 하지 못했을 수도 있다. 어쩌면 우리가 그런 생각에 열광할 기회조차 갖지 못했으리라. 그래서 수많은 미생물들 가운데 아직 그 모습이 드러나지 않았을지도 모른다.[15] 말 그대로, 그 존재를 전혀 인식하지 못하는 사이에 외계 생명체는 우리 바로 코 앞(아니면 우리 코 위에!)에 있을 수도 있다. 골치 아픈 문제는 그것을 어떻게 식별하느냐는 것이다.

그 한 가지는 생화학적인 방법이다. 두 미생물이 비슷한 형태를 띨지라도, 안에서 일어나는 화학 작용은 전혀 다를 수 있다. 어떤 대체 가능한 생화학 반응이 일어날지 미리 알 수만 있다면 우리는 미생물 샘플을 이용해 과연 그런 흔적이 나타나는지 시험해 볼 수 있다. 핵심은 올바른 추측이다. 우리가 찾는 것이 정확히 어떤 것인지 모른다면 그것은 모험일 수밖에 없다. 하지만 우리는 사전 지식을 바탕으로 결과를 추측할 수 있다. 그 좋은 예는 카이랄성, 즉 (그 반대 방향이 아닌) 오른손 방향의 당과 왼손 방향의 아미노산을 선택하는 것이다. (83쪽 참조) 만일 생명이 다시 발생을 시작한다면 그다음에는 카이랄성이 현재와 반대 방향으로 나타날 수도 있다. 이런 '거울상'의 생물은 (예컨대, 우리처럼 핵산과 같은 단백질을 이용하기 때문에) 겉모습이 표준 생물과 비슷하다 하더라도 생화학적으로는 다를 수밖에 없다. 지금 우리에게 필요한 것은 거울상의 생물이 아닌, 표준 생물을 대상으로 하는 화학적인 필터다. 몇 해 전, 필자는 이 문제에 대해 아내와 의논하던 중이었다. 그때 아내에게는 남편이 그 이후 어떤 일을 해야 할지, 아주 좋은 생각이 떠올랐다. 당시 아내는, 거울상의 생물은 속담에 나오는 것처럼, 바로 코앞에서 나타날 것이라고 확신했다. 그 생물들도 표준 생물들이 좋아하는 배양액을 보고 모습을 드러내지만, '거울상의 수프'를 먹을지도 모른다고 말했다. 일반적인 당과 아미노산이 '거울상의 분자'로 대체된 배양액을 말이다. 표준 생물들은 그 '거울상' 배양액을 좋아하지 않을 것이다. 어쩌면 이런 방법으로 양과 염소를 솎아낼 수 있을지도 모른다. 우리는 리처드 후버(Richard Hoover)와 엘레나 픽쿠타(Elena Pikuta)를 설득해 앨라배마 주 헌츠빌에 있는 NASA 마셜 우주 비행 센터에서 거울상 배양액 실험을 해 보기로 했다. 결과는 이상했다. 후버와 픽쿠타는 강알칼리성을 띤 캘리포니아의 한 호수, 즉 맛난 거울상 수프에서 새로운 극한 생물을 발견했다. 두 사람은 이 미생물을 "아에로비르굴라 물티보란스(*Aerovirgula multivorans*, '까다롭지 않은 작은 염소'라는 뜻이다.)"라고 불렀다.[16] 하지만 유감스럽게도 우리가 찾던 거울상 미생물은 아니었다. 일반 미생물이지만 영특하게 거울상 먹이에 적응한 놈들이었다. 표준 생물도 가끔은 거울상 분자(이를테면 세포막에서)들을 섭취하는 경우가 있다. 그리고 또 어떤 표준 미생물들은 특별한 효소를 이용해 '잘못된' 방향을 가진 분자를 잘게 토막 내 유용한 물질로 변환시키는 능력이 있다. 후버에 따르면 '아에로비르굴라 물티보란스'는 아라비노오스(arabinose, $C_5H_{10}O_5$ 분자량 150.13. 펜토오스의 일종. D-아라비노오스는 자연 상태에서 결핵균, 나균의 다당류, 알로에 속(Aloe)의 배당체 외에는 거의 찾아볼 수 없다. — 옮긴이)라는 당의 거울상 분자를 섭취해 자랄 수 있었지만, 일반 아라비노오스로는 성장이 불가능했다고 한다. 참으로 놀라운 일이었다. 카이랄성을 둘러싼 문제는 우리가 당초 예상했던 것보다 당황스러울 만큼 복잡한 양상을 띠었다. 그럼에도, 카이랄성을 이용해 특이 생물의 흔적을 발견하는 작업은 확실하고 쉬운 방법임에 분명했다.

또 다른 단서는, 특이 생물이 이용할지도 모르는 기본 구성 단위에서 찾을 수도 있다. 필자가 말한 것처럼 표준 생물은 단백질을 만들기 위해 21개 종류의 아미노산을 쓰지만, 그 밖에 다양한 형태의 아미노산이 존재할 가능성도 있다. 1969년 오스트레일리아 머친슨 근처의 한 마을에 흔치 않은 운석 하나가 떨어졌다. 탄소질 콘드라이트(carbonaceous chondrite)라 불리는 희귀한 것이었다. (화보 8) 이 운석에는 유기물이 풍부했는데 그 양이 많아 휘발유 냄새가 났다. 게다가 일반 생물들이 사용하지 않는 다른 종류의 아미노산이 포함돼 있었다. 사람들 가운데는, 과거 이 운석에 외계 미생물이 서식했으며 남아 있는

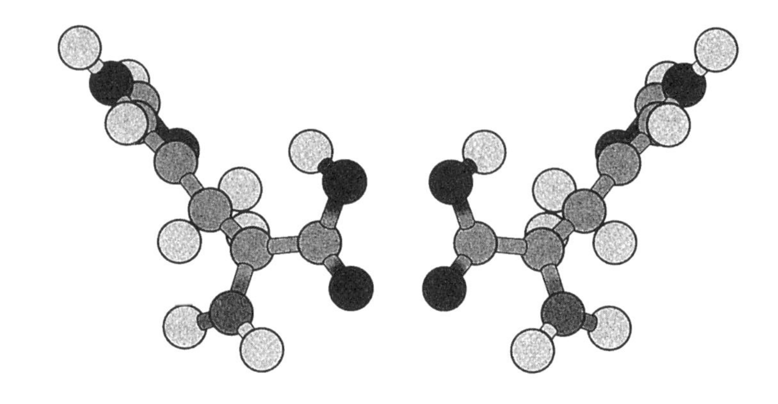

그림 3 아미노산과 '거울상' 아미노산. 표준 생물들이 사용하는 모든 분자가 '거울상' 물질로 대체된다면 그 생물은 '거울상' 먹이가 필요할 것이다.

특이한 아미노산 성분은 미생물이 분해되고 남은 사체라고 단숨에 결론지었다. 하지만 그것은 왜곡된 해석이었다. 이 유기 분자는 우주 다른 곳에서 만들어졌을 가능성이 높다. 2장에서 말한 것처럼, 실험실에서 아미노산을 만드는 일은 어렵지 않다. 그렇기 때문에 자연 상태에서 아미노산이 생성되는 방법 또한 다양할 것이라고 짐작할 수 있다. 원시 지구에서는 흡사 하늘에서 내리는 음식(『성경』에 나오는 만나)처럼 운석과 행성 간 먼지가 땅에 떨어져 지각은 온통 탄소질 물질로 뒤덮였으리라. 이 물질로부터 첫 생명이 출현했을지도 모른다. 이 가설이 맞는다면 처음에 만들어진 세포는 유기물로 이뤄진 칵테일에서 필요한 물질을 선택할 수 있었으리라. 우리의 지식 범위 안에서, 우리가 아는 생물이 선택한 21개 종류의 아미노산이 과연 유일한 선택일까? 전혀 다른 방향으로 사건이 일어났을 수 있다. 생명이 여러 차례 출현했다면 더욱 그렇다.

스티브 베너(Steve Benner)는 합성 생물학 분야에서 세계적인 권위자인 생화학자다. 스티브는 '비자연적인' 성분을 배합해 세포를 만들어내는 방법을 다양하게 알고 있다.[17] 표준 생물에서는 제외됐지만, 그가 생각하기에 합성 생물에 적합한 성분은 2-메틸아미노산이라고 불리는 분자다. 우리가 이 성분을 함유한 생물을 찾는다면 전혀 새로운, 특이 생물이 존재한다는 강력한 단서가 될 수 있다. 사실은, 그 미생물 자체를 반드시 찾아낼 필요는 없다. 카이랄성을 갖는, 2-메틸아미노산이 포함된 유기물을 찾아내기만 하면 된다. 그 미생물이 폐기물로서 내놓을 것이라 예측되는 물질 말이다. 스티브 베너가 제안한 이 방법은 특이 생물을 찾는 일반적인 전략의 일부다. 즉 우리가 아는 생물들이 만들어 내지 않는 유기물 분자 목록을 작성하는 것. 이 분자들은 알려진 생물에 이상이 나타나 생긴 것이 아닌 것은 물론, 무생물적 과정을 거쳐 자연 상태에서 생성된 것이 아니어야 한다. 이제, 밖에 나가서 그런 분자를 찾으면 된다. 하지만 아직 아무도 그런 작업을 시도하지 않았다. 즉 지금까지 특이 생물을 탐사하려는 체계적인 노력은 없었다.

아미노산과 관련된 이슈 중 하나는 유전 암호다. 앞서 말한 것처럼 유전 암호는 일반 생물에 공통된 것이다. 우리는 DNA와 21개의 똑같은 아미노산 집합으로 이뤄졌지만 유전 암호가 다른, 다른 형태의 생물을 상상해 볼 수 있다. 자칫 놓쳐 버릴 수 있는 이런 생화학적 특성을 가진 생물은 우리가 고려 대상으로 삼지 않을 공산이 크지만, 분자생물학자들이 집중적으로 연구한다면 그 존재가 드러나지 않을까. 그보다 가능성 높은 일이 있다. 특이 생물이 표준 생물과 독립적으로 출발했다면 표준 생물과 '다른' 아미노산 집합을 이용했을 가능성이 높다는 것. 그렇다면 다른 유전 암호를 써야 한다. 우리는, A, C, G, T 네 가지 핵산 중 두 가지를 사용하는 생물을 떠올릴 수 있다. 아니면 (네 개의 핵산 대신에 이를테면 여섯 개의 핵산과 같이) 더 많은 핵산을 쓰는 생물을 상상해 보자. 이들은 모두 합성 생물의 후보들이다. 마찬가지로, 특이 생물은 생명 형태가 완전히 다를 가능성이 있다. 기본적으로 그들의 생화학적 특성은 일반 미생물을 검출하는, 표준화된 생화학적 실험에 의미 있는 반응을 일으킬 가능성은 상당히 낮다. 그렇기 때문에 이런 특이 미생물은 잘 눈에 띄지 않은 채 우리 주변에 서식할지도 모른다.

특이 생물이 표준 생물과 근본적으로 다른 형태를 띤다면 표준 생물과는 전혀 다른 원소를 활용할 가능성도 있다. 우리가 아는 생물은 탄소와 관련된 화학 반응을 일으키는 고유한 특성을 보이지만, 수소(H), 질소(N), 산소(O), 인(P), 황(S)과 같은 다른 주요 원소들도 이용한다. 「스타 트렉」 에피소드에 나오는 것처럼, 규소가 탄소를 대체할 수도 있다. 하지만 규소는 탄소처럼 넓은 범위에 걸쳐 복잡한 분자들을 만들어 낼 수 없기 때문에 생화학자들은 아직 본격적으로 이에 관한 실험을 시도하지 않았다. 필자의 공동 연구자 펄리사 울프사이먼(Felisa Wolfe-Simon)은 그보다 더 가능성 있는 후보로, 비소가 인을 대체할 수 있다고 발표했다.[18] 비소는 구조적으로나 에너지 저장 측면에서 인과 똑같은 역할을 할 수 있다. 게다가 에너지원(곧 먹이)을 제공하기 때문에 오히려 인에 비해 더 훌륭한 기능을 발휘한다.[19] 사실은, 비소를 이용하는 미생물이 있지만, 그것을 호흡에 쓰지는 않는다. 즉 이 미생물은 비소 화합물에서 에너지를 빼내는 즉시 비소를 방출한다. 비소가 독성이 있는 정확한 이유는, 우리 몸이 인과 비소를 거의 구별하지 못하기 때문이다. 펄리사는 비소가 생명 유지와 관련해 중요한 역할을 하는, 그래서 인이 독성을 띠는 특이 생물을 찾고 있다.

가지와 뿌리를 어떻게 구분하는가?

우리가 특이 생물을 발견했을 때 제일 먼저 할 일은 그놈이 정말, 일반적인 표준 생물과 다른 생명 나무에 속하는지, 아니면 우리가 아는 나무에서 지금껏 발견하지 못한 가지인지 확인하는 일일 것이다. 이 차이를 그림 4에 나타냈다. 기본적으로 두 가지 다른 형태의 생물이 공존한다고 치자. 이때 그림 4A에 보인 것처럼 그 기원이 독립적이기 때문에(기원이 독립적이라는 것은 무생물에서 생물로의 전환 과정이 다르다는 뜻이다.) 우리는 생명 나무를 분리해 생각하고 싶어하리라. 하지만 좀 더 깊이 조사한 뒤, 그 '땅 아래'에서는 두 나무의 줄기가 만나 같은 뿌리를 공유한다는 사실을 깨닫게 될 수도 있다. (그림 4B) 즉 전혀 다른 형태의 생물이 사실은 동일한 생명 나무에 속한다는 뜻이다 다만, 모든 표준 생물의 공통 조상 이전에 분기가 일어났다.

우리가 아는 생명 나무는 수십억 년 전에 분리된 세 개의 줄기로 이뤄졌다. (그림 2) 그 줄기 중 하나는 세균을, 또 다른 줄기는 고슴도치로부터 사람에 이르는 다세포 생물을 포함한다. 그리고 복잡한 단세포 생물인 아메바도 여기 속해 있다. 이 영역이 '진핵생물계'다. 세 번째 줄기는 미생물들로만 이뤄져 있지만, 우리가 세균과 다른 것처럼, 다른 '줄기'들과 차별화되며 통칭해 '고세균류'라고 부른다. 필자가 지금 하려는 질문은, 아직 발견되지도 않은 '네 번째' 줄기가 실재하지 않는다는 사실을 우리가 어떻게 알 수 있냐는 점이다. 이 줄기는 세균과 진핵생물과 고세균류가 분기되기 훨씬 이전에 떨어져 나가지 않았을까? 우리가 전혀 새로운 형태의 생물을 발견한다고 치자. 그렇다면 두 번째 생명 나무가 존재한다고 결론짓기 전에, 어쩌면 존재했을지도 모르는 '네 번째' 줄기의 존재 가능성을 검토해야 한다.

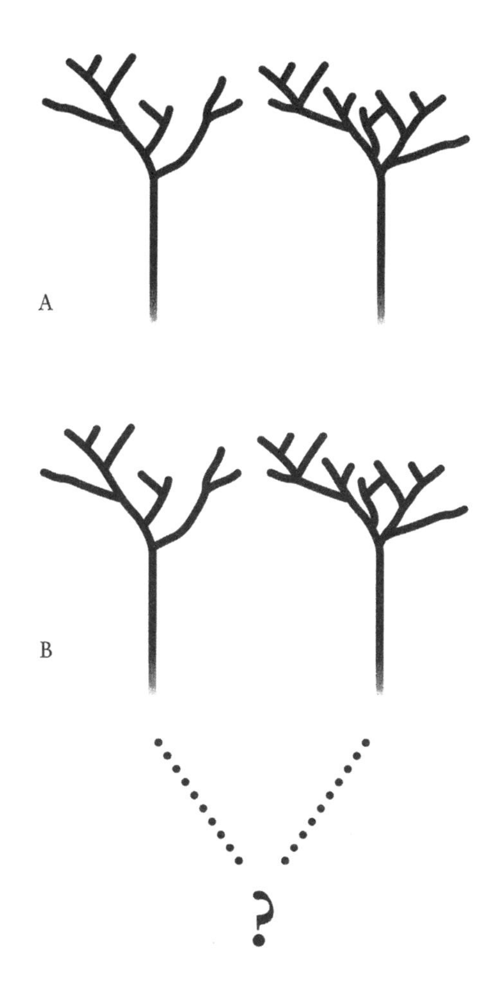

그림 4 숲일까 나무일까? 지구에 두 가지 형태의 생명이 공존한다면 A처럼 서로 독립된 기원을 가진 두 가지 다른 생명 나무로 구분할 수 있는지, 아니면 B처럼 공통의 기원으로부터 출발했지만, 그 이후 떨어져 나간 것인지를 결정하는 것은 중요한 문제가 된다.

그럼, 한 나무에서 갈라져 나온 줄기를 다른 나무와 구분하는 방법은 무엇일까? 그 해답은, 특이 생물이 얼마나 특이한가에 달려 있다. 진부하게 말하면 처음부터 세심하게 따져봐야 한다는 것이다. (카이랄성이 반대인) '거울상 생물'의 예를 검토해 보자. 초기 생명은 화학적으로 비카이랄성(achiral)이라고 가정할 수 있는데, 이것은 거울 대칭성을 가진 분자들로만 이뤄졌다는 뜻이다. 그 이후 생명 나무는 두 개의 가지로 분리됐으며, 그중 하나는 왼손 방향의 당과 오른손 방향의 아미노산으로 이뤄진 생명으로, 또 다른 하나는 그 반대로 이뤄진 생명으로 만들어지게 됐을까? 그럴 가능성은 극히 낮아 보인다. 작고 간단한 분자들은 대체로 거울 대칭성을 갖지만 그보다 복잡한 구조를 갖춘 분자는 양쪽 방향성을 모두 가질 수밖에 없다. 살아 있는 생물처럼 복잡한 계가 간단한 비카이랄성 분자로부터 출현할 수 있다는 것은 믿기 어려운 일이다. 따라서 거울상 생물이 발견된다면 과거 여러 차례에 걸쳐 생물이 출현했다는 강력한 증거로 받아들여야 하지 않을까?

반대로, 특이 생물이 유전 암호만 빼고 다른 것은 모두 일반 표준 생물과 비슷하다면 두 형태의 생물이 동일한 기원과 공통의 암호를 가질 것이라고 주장할 만한 근거가 충분해진다. 생명은 아마도 두 종류의 다른 암호 체계를 가진 두 가지 형태로 진화하게 됐을 것이다. 적어도 이런 두 개의 시나리오 중에 하나는 옳을 것으로 생각된다. 우리 주변 생물들이 사용하는 삼중 암호는 복잡하기 때문에, 일부 생물학자들은 두 개의 핵산(G와 C)과 열 개의 아미노산으로 이뤄진 이중 암호와 같은, 더 간단한 형태에서 복잡한 암호 체계로 진화하지 않았을까 추측하기도 했다. 이렇게 단순한 일반 생명은 3억~4억 년 전에는 훨씬 덜 복잡한 형태를 띠고 있었지만, 당시만 해도 상당히 성공적인 수준이었을지도 모른다. 그 이후, 이 체계는 삼중 암호로 진화했을 것이며, 그 결과 융통성이 생겨나 다양한 환경 조건에서도 널리 전파될 수 있었으리라. 삼중 암호 체계로 바뀐 사건은 한 번 이상 일어났을 것으로 보인다. 그리고 최초로 만들어진 삼중 암호는 그 이후 순차적으로 변종을 만들어 내지 않았을까 추측된다.

그보다 흥미로운 가능성이 있다. 만약 지금까지 '구식을 벗어나지 못한 놈들'이 살아 있다면 G-C 이중 암호를 쓰며 여전히 고대의 생활 방식을 고집하고 있을까? 다시 말하지만, 이런 '살아 있는 화석'은 표준 생물을 탐색하는 생화학 실험을 피해 아직 검출되지 않은 채 어딘가에서 살고 있을 가능성이 높다. 연구자들이 이놈들을 찾으려고 노력했다면 분명히 확인할 수 있었으리라.[20] 같은 맥락에서, 비소를 이용하는 생물이 나타난다면 표준 생물이 처음부터 그런 방식을 선택했는지, 나중에 인을 비소로 대체하게 됐는지 확인할 필요가 있다. 이런 선행 생물을 발견하는 것은 매력적인 일이겠지만, 문제의 핵심은 아니다. 본질은 생명의 다중 기원 가능성에 있다. 특이 생물이 존재한다면 모름지기 두 번째로 일어난 생명의 기원에서 비롯됐을 터. 게다가 그놈들은 공통 조상이 다르기 때문에 표준 생물과 다를 수밖에 없다. 하지만 두 가지 생물권이 겹쳐 있다면, 또 그 사이에 공통적으로 일어나는 화학 반응이 많다면 이것은 정말이지 골치 아픈 일이 아닐 수 없다. 더 어려운 문제는, 두 가지 형태의 생명이 부분적으로 생화학적 결합을 일으키는 경우다. 곧 유전자나 생체 구조를 교환해 혈통이 섞이고 전체 진화 역사가 변질되는 혼란스러운 예가 여기에 속한다. 「쿼터매스」에서처럼, 어떤 생명체가 다른 형태의 생명체를 '점령'하는 경우를 배제하기는 어렵다. 특히, 분리된 두 형태의 생명체가 진화 경로 위 한 점에서 만나는 경우, 한쪽이 숙주를 대상으로 주요 성분을 주입한다고 치자. 이것은 별로 달갑지 않은, 복잡한 문제를 야기한다. 과거 지구에서 여러 차례 생명이 출현했다고 생각해 보자. 그 이후, 뿌리가 다른 생명체들이 서로 섞이고 융합돼 그 뒤엉킨 것을 풀 가망이 없다면 그것은 정말이지 애석하고 고약한 일이 아닐 수 없다.[21] 하지만 필자는 개인적으로 진화 과정에서 '두 나무'가 만나는 사건이 그다지 강력하게 일어나지 않았으리라 믿고 있다. 그 사건으로 인해 전체적으로 비슷한 특징들은 폐기됐겠지만, 그렇다고 해서 특별하게 어떤 생화학적인 방향성을 가지고 진화가 일어났을 가능성 또한 낮아 보인다.

두 가지 형태의 서로 다른 생명이 공존할 때 한쪽이 다른 한쪽의 장점을 취하고 그 밖의 장점은 버릴지에 관해서 과학자들 사이에 이따금 논쟁이 벌어지곤 한다. 필자는 모든 일이 그런 방식으로 일어날 이유는 없다고 생각한다. 양자가 평화롭게 공존할 수 있으며, 상황은 두 가지 방식으로 벌어질 수 있을 것이다. 첫째, 두 형태의 생명이 전혀 달라 서로 무관심하다면 양자는 굳이 힘들게 경쟁할 리 없다. 예를 들면, '거울상' 생물과 표준 생물은 먹이로 삼는 분자가 다르기 때문에 서로 경합 하지 않으리라. 수학적 관점에서 엄격하게 말하면 그 한쪽은 단 한 방향의 분자만을 먹이로 취한다. 그게 어쨌다는 말인가? 미생물학자들은 전체 미생물 종을 놓고 볼 때 일부 희귀종이 상당히 안정된 상태로 존재한다는 사실을 잘 알고 있다. 그리고 전혀 다른 두 종의 미생물이 서로 순응하는 경우, 평화로운 공존이 가능하다. 수백만 종이 속한 두 역(domain)의 미생물이 아무렇지 않게 하나의 서식처에 공존하는 것을 쉽게 발견할 수 있다. 세균과 고세균류의 공존이 그 예다. 독자들은 상황이 이렇게 된 이유가, 두 역의 미생물이 생화학적으로 통합됐기 때문일 것이라고 생각할 수 있다. 경쟁이 아닌 결혼을 택한 것이다. 생물권에서 이런 방식의 유전자 교환은 늘상 일어나며, 특히 미생물계에서 두드러진다. 그러나 사실, 세균과 고세균류는 과거에 특정한 기본 유전자를 사수하려고 노력했던 것으로 보인다. 지금까지 우리가 아는 바로는, 고세균류는 대사를 통해 메테인을 만들어 내는 기능을 세균(또는 진핵생물계)과 공유한 적이 없다. 그럼에도 불구하고 메테인 생성 반응은 고세균류뿐 아니라, 심해저 열수 분출공, 그리고 사람 내장 같은 다양한 곳에서 일어나고 있다. 반대로, 광합성은 세균(또는 진핵생물계)에서 고세균류로 전수된 적이 없는 것으로 보인다.[22] 따라서 전혀 다른 형태의 미생물이 상대를 제거하지 않으면서, 똑같은 먹이를 얻기 위해 동일한 공간에서 경쟁할 수 있다는 사실이 분명해졌다.

각자 기원이 다른 생물의 후손들이 오래전에 멸종했더라도 고대 화석이나 독특한 분자 생물 표지를 통해 지금까지도 그 흔적을 남겨 놓을 수 있다. 예를 들면 스테란(sterane, 네 개의 벤젠 고리를 가진 분자)은 복잡한 분자들로부터 형성되며, 생명 활동과 관련 없이는 만들어지지 않는다고 알려져 있다. 스테란은 27억 년 전의 미화석에서 극미량이 검출됐다. 반대의 카이랄성을 갖는 '거울상' 스테란이 포함된 화석이 발견된다면 고대에 그런 생물이 서식했다는 증거가 될 수 있다. 기본적으로 대체 가능한, 생화학적 진화의 방향성에 따라 만들어진 그 밖의 다른 복잡한 유기 분자들은 암반 속에서 오랜 세월 동안 생존할 수 있다. 과거 멸종된 특이 생물의 흔적을 찾는 간접적인 방법 중 하나는 선광(選鑛), 즉 광물 처리 과정을 통해서다. 철과 구리와 금이 포함된 광상은 유기물에 의해 만들어진 것으로 생각된다. 즉 광물의 퇴적과 집중은 적어도, 부분적으로 금속을 대사에 이용하는 미생물에 의해 이뤄졌을 것이라는 이야기다. 우리가 아는 어떤 생물로도 만들어질 수 없는 광상 가운데서도 생물에 의한 대사의 특징이 분명한 경우가 있다. 이런 증거로부터 우리가 모르는, 또 다른 생화학 작용이 작용하지 않았을까 하고 짐작할 수 있다.

그림자 생물은 이미 발견됐을까?

2001년 7월부터 9월까지 인도 케랄라 주 남쪽 지역에서는 기이하게도 계속해서 붉은 비가 내렸다. 과학자들은 빗물을 모아 인도와 중국 연구소에 보내 분석에 들어갔다. 빗물에서는 세균과 비슷한, 운동성이 있는 세포들이 발견됐다. 얼마 후, 케랄라의 붉은 비에 외계 미생물이 포함됐다는 소문이 떠돌았다. 필자는 인도 연구자들이 보낸 비디오 파일들을 받아 봤는데 세포들이 빠른 속도로 움직이고 있었다.

하지만 그것은 확실치는 않았으며, 사실은 정체가 묘연했다. 과학에서 미스터리가 다 그렇듯 이 연구도 결론이 나지 않은 채 흐지부지 꼬리를 감췄다. 인도 남부에서는 이런 일이 끊임없이 되풀이됐는데, 비에 색깔이 나타나는 물리적 메커니즘에는 몇 가지가 있다. 비를 타고 케랄라에 외계 생명체가 내려왔을 것이라는 주장은 진지하게 고려할 만한 것이 못 됐다. 짐작건대, 자외선에 강한 미생물이 지구 상층 대기에 살고 있다면 가끔 일어나는 기상학적 변화로 인해 낮은 고도까지 이동할 수 있으리라. 그리고 이 미생물은 빙정핵이 돼 지표에 떨어질 수 있다. 흥미롭게도, 대기 중에 살면서 특별한 효소를 분비해 얼음 결정을 만들고 눈송이가 돼 지표에 떨어지는 세균이 발견됐다.[23]

이와 관련해 흥미로운 현상이 또 한 가지 있다. 사막 니스(desert varnish, 사막 광택 또는 사막 껍질이라고도 한다. — 옮긴이)라고 알려진, 지구에서 가장 건조한 지역에서 바위를 덮고 있는 이상한 피막이 그것이다. 다윈이 처음 이 피막에 대해 언급한 뒤 그 기원은 줄곧 풀리지 않는 수수께끼였다. 이 피막에는 분명히 미생물이 포함돼 있지만, 동시에 광물이 특이한 형태로 결합돼 있다. (사실, 이중에는 비소가 함유된 것도 있다.) 피막의 화학 성분은 바위와는 전혀 다르다. 피막, 곧 니스가 생물이 만들어낸 것인지, 아니면 우연히 바위에 생성된 복잡한 광물층인지 아직 분명치 않다. 하지만 문제의 피막은 앞으로 연구 가치가 있는, 그리고 과학자들의 손에 닿는 곳에 있는 '중간 정도로 특이한' 물질이다. 과학 기본 개념 초월 센터에 있는 필자의 동료들은 이에 관해 시험적으로 조사를 시작했지만, 후속 연구는 이뤄지지 않았다. 이제 새로운 샘플을 분석할 준비가 돼 간다.

특이 생물이 이미 발견됐다는 주장이 끝없이 제기되는 주된 이유는 나노세균(nanobacteria)으로 알려진 작은 미생물과 관련 있다. 이놈들은 기껏해야 수백 나노미터 크기(1나노미터는 1미터의 10억분의 1이다.)에 불과하기 때문에 세균과 비슷하지만 리보솜(단백질을 만드는 기계에 해당하는, 우리가 아는 모든 생물의 핵심 요소다.)을 갖기에는 너무 작다. 나노세균은 바위[24]와 유정[25], 그리고 혈액[26]에도 포함돼 있는 것으로 알려졌다. 이놈들은 콩팥 질환에서 알츠하이머에 이르기까지 수많은 질병의 원인으로 확인됐으며, 줄곧 제약 회사들의 주목을 끌어 왔다. 그러나 '세균'이라는 이름처럼 '과연 이 작은 놈들이 살아 있는 유기체인가?' 하는 문제는 큰 논란을 불러일으키고 있다. 만일, 이놈들이 생물이라면 표준 생물이라고 보기에는 상당히 무리가 있다. 나노세균은 새로운 방식으로 단백질을 조립하거나 다른 형태의 효소를 이용하는 특이 생물일 수도 있다. 그게 아니라면, 어쩌면 생물이 아닐지도 모른다. 스티브 베너가 제안한 이론에 따르면 어떤 나노세균은 RNA에 기반을 두고 있으며, 그 RNA는 단백질과 DNA가 하는 일 두 가지를 모두 해낸다. 그래서 리보솜은 단백질을 만들 필요가 없을 것이라는 것이다.[27]

나노세균은 의외의 인물 덕분에 유명세를 타게 됐다. 바로 미국의 빌 클린턴(Bill Clinton)이다. 1996년 8월, 빌 클린턴 당시 미국 대통령은 NASA 과학자들이 화성 생명체의 증거를 발견했다고 발표했다. 그 증거는 1984년 남극에서 발견된 운석에서 현미경으로 보이는 미세한 구조들이었다. 뒤이어 그 운석은 화성에 기원을 둔 것이라고 알려졌다.

(화보 9) 그 모양은, 지구에서 가장 작은 미생물보다 10배가량 작다는 사실을 제외하고는 흡사 화석화된 세균처럼 보였다. 일부 언론에서는 나노세균이 화성에서 온 것이라고 성급하게 결론 내렸다. 과학자들 가운데 많은 사람들은 미생물이 운석 안에 갇힌 채 화성에서 지구로 날아왔을 수도 있다고 믿기 시작했다. 모든 사람이 흥분했다. 그러나 이제 그 소동은 사그라졌다. 그 후에 진행된 광범위한 분석 결과, 이 운석에 화석화된 화성 생명체가 들어 있다는 주장은 빛을 잃었고 극히 일부 과학자들만 믿게 됐다.[28]

화성에서 날아온 운석이 어떤 것이든 관계 없이, 지구에 나노세균이 존재하는가에 대한 의문은 아직 해결되지 않았다. 몇 년 전, 필자는 오스트레일리아 브리즈번에 있는 퀸즐랜드 대학교의 필리파 우윈스(Phillippa Uwins)를 만났다. 필리파는 오스트레일리아 서부 인근 해역에서 석유 시추 프로젝트를 하던 중 샘플에서 아주 작은, 세균처럼 생긴 재미있는 것을 발견했다. 그녀는 당시, 시추 회사를 위해 늘 하던 분석 작업을 하고 있었다. 그녀는 전자 현미경으로 물질의 세부 구조를 조사하다가 이것을 발견하게 됐다. 그리고 여기에 '나노브(nanobe)'라는 어중간한 이름을 붙였다. (화보 10) 나노브도 나노세균과 마찬가지로 일반적인 살아 있는 세포라고 하기에는 너무 작다. 필리파가 그 나노브에서 DNA를 발견했을 때 흥분한 것은 당연한 일이다. 그녀는 필자에게 증거를 보여 줬다. 필리파는 금 콜로이드(gold colloid)라는 화합물을 이용해 DNA와 금이 결합하도록 만든 뒤, 현미경 영상을 통해 DNA가 바깥에 떠돌아다니는 게 아니라, 나노브 안에 있다는 사실을 확인할 수 있었다. 미생물로부터 떨어져 나간 DNA 조각은 광물 표면에 붙어 보존될 수 있기 때문에 이 사실은 중요했다. 필리파는 지금 살아 있는 것은 아니지만, DNA가 포함돼 있다는 사실로부터 이놈이 적어도 과거에는 산 세포였을 것이라고 생각했다. 너무 작아서 단백질을 조립하는 리보솜이 들어갈 자리가 없었지만 말이다. 그러나 필리파는 의미 있는 염기 서열을 얻는 데는 실패했다. 그렇기 때문에 일반 생물과 다른 유전자 암호를 쓰는 특이 DNA에 기반을 둔 생물을 발견한 것이라고 말할 수 있다. 나노브에 대해 보다 쉽게 표현하자면, '기름기 있는 환경에 떠다니는 DNA 찌꺼기 주변의 광물 캡슐'이다.

록펠러 대학교의 존 영(John Young)과 그의 학생인 얀 마르텔(Jan Martel)은 연구 결과, 나노세균이나 나노브는 실제로 살아 있는 것이 아니라고 결론지었다. 영과 마르텔은, 나노세균(및 나노브)는 일반적인 탄산칼슘(석회석)과 유기물이 결합된, 겉보기에 아주 작은 세포를 닮은 무정형 화합물이 아닐까 추정했다.[29] 그럼에도 두 사람은 나노세균이 생명의 기원과 연결돼 있음에 틀림없다고 생각했다. 나노세균은 자연 상태에서 화학적으로 스스로 결합하는 능력을 보여 줬기 때문이다. 나노세균 자체가 살아 있는 것은 아니지만, 적어도 생물로 한 단계 진전하는 예시가 되기 때문이다. 이 두 사람은 일종의 연쇄 반응을 통해 기형적으로 만들어진, 단백질과 비슷한 화학 물질인 프리온과 나노브를 비교했다. 프리온은 쿠루병이나 광우병 같은 질병을 유발한다.

앞서 보인 예시들은 어떤 면에서는 도발적이지만, 분명한 결론에는 이르지 못하고 있다. 그래서 좀 더 정밀하게 조사해야 할 것으로 보인다. 그럼에도 전 세계에 걸쳐 그림자 생물권이나 특이 생물을 찾기 위한 노력은 한 단계 진보하고 있다.

그림자 세계를 찾는 실제 연구들

앞서 필자가 말한 것처럼, 동료인 펄리사 울프사이먼은 어디엔가 비소를 이용하는 특이 미생물이 있을 것이라고 믿고 있다. NASA는 얼마 전부터 이 프로젝트에 연구비를 지원하고 있다. 문제의 호(好)비소 생물(arsenophile)은 어디에 숨은 것일까? 하나마나 한 이야기지만, 비소가 흔한 환경을 찾으면 된다. 실제로 세계 각지에 비소로 오염된, 그래서 인체에 해를 끼칠 수 있는 호수들과 샘들이 있다. 캘리포니아의 모노 레이크가 그 좋은 예다. 이곳은 요세미티 국립 공원에서 가까운 시에라 동쪽에 있는, 생태학적으로 경이로운 곳이다. 게다가 야생 생물들에게는 그림 같은 피난처이며, 이곳에 서식하는 미생물에 대해 말하자면 이보다 더 이국적인 곳은 없다. 이 호수는 극히 예외적일 만큼 비소 함량이 높을 뿐 아니라, 굉장히 특이한 생물들이 많이 사는 곳이다. 여기에 사는 생물들 가운데는 이 호수에 무진장 많은 비소를 이용하는 특이한 놈들도 있다. 모노 레이크에 사는 호비소 생물에 관한 한 가장 권위 있는 전문가는 멘로 파크에 있는 미국 지질 조사국의 론 오렘랜드(Ron Oremland)로, 그가 이 프로젝트를 책임지고 있다. 아직 론이 조사한 미생물 가운데 펄리사가 말한 것처럼, 내장에 비소가 들어 있는, 특이 생물이라고 확실하게 말할 만한 것은 나타나지 않았다. 거기서 발견되는 생물들은 단순히 일반 생물이 비정상적으로 환경에 적응한 것뿐이었다. 그러나 비소 생물에 대한 연구는 이제 막 시작됐고, 론과 펄리사는 시간을 단축할 수 있는 방법을 찾아냈다. 두 사람은 호수 바닥에서 걷어낸 진흙 샘플을 배양과 실험을 위해 실험실로 가져갔다. 그리고 미생물이 든 배양액의 비소 함량을 계속 높여 갔다. 모노 레이크에서는 표준 미생물이 비소를 처리할 수 있도록 적응해 온 것으로 생각된다. 하지만 이들이 견딜 수 있는 한계는 정해져 있기 때문에 세포에 일정 수치 이상 비소가 축적되면 애거서 크리스티(Agatha Christie)의 소설에 등장하는 피해자처럼 비소 중독으로 인해 조용히 죽어 갈 것이다. 하지만 정말 비소를 먹고사는 생물이라면 '칵테일'을 전부 마셔도 아무런 이상 증세도 보이지 않으리라. 단계적인 실험 과정을 통해 배양액의 비소 수치를 높인다면 과연 어떤 일이 벌어질까? 실험자들이 최초에 극미량을 사용했다고 하더라도 비소에 기반을 둔 미생물이라면 일반 미생물보다 개체수가 훨씬 늘어나, 배양액 속의 미생물 세계에서 단연 압도적인 위치를 차지하게 되리라.

비소 생물은 일반 생물과 거의 비슷한 구조를 가졌겠지만, 어쩌면 인을 비소로 대체하는 부분은 변형됐을지도 모른다. 이런 예 중의 하나는, 인이 핵심 역할을 하는 DNA의 기본 요소, 즉 핵산일 것이다. 또 다른 예는, 인이 포함된, 지질이라는 물질로 이뤄진 세포막이다. 이 두 가지 구조는 표준 화학 분석을 이용해 비소의 흔적이 나타나는지 조사할 수 있다. 이 세 번째 실험에는 실험 대상에 비소가 포함돼 있는지 알아보기 위해 방사성이 있는 비소를 추적자로 쓴다. (그러나 이 논문은 발표되고 난 뒤인 2012년, 저자들이 중요한 자료를 잘못 해석했다는 비판이 뒤따랐으며, 지금까지도 많은 논란을 일으키고 있다. — 옮긴이)

우리가 개발하는 또 다른 방법은, 더 넓은 지역을 망라하기 위해 샘플을 바다에서 채취하는 것이다. 인간 유전체의 염기 서열을 푸는 작업을 도왔던 크레이그 벤터는 2004년, 전 세계 과학계를 다시 한번 깜짝 놀라게 했다. 그는 사르가소 해에서 120만 종의 새로운 유전자와, 그 이전에는 보고되지 않았던 1,800종의 미생물을 추출하는 데 성공했다고 발표했다. 참고로, 서인도 제도 북동쪽에 있는 사르가소 해는 겉보기에 척박한 곳이다. 벤터는 이렇게 말했다. "우리는 화성에서 생명체를 찾고 있지만, 실은 지구에도 뭐가 있는지 모른다."[30] 맞는 말이다. 우리가 미생물을 포함한 생물 다양성에 대해 아는 것이라고는 실험실에서 배양할 수 있는 몇 안 되는 미생물에 대한 연구 결과가 전부다. 물론, 그런 편협한 지식으로 모든 것을 다 설명할 수 없다. 현재 표준화된 분자 분석 방법이 연구에 쓰이고 있지만, 엄청나게 많은 희귀 미생물은 대부분 아직 발견되지 않았다고 생각된다. 상대적으로 개체수가 많다 하더라도 이런 표준화된 방법을 쓴다면 특이 미생물을 포함한 생물들이 반응을 일으키지 않을 것이기 때문이다. 벤터는 일명 '산탄총 분석법(shotgun sequencing, 유전체 서열 분석 방법 중 하나. — 옮긴이)'을 이용해 세포 샘플에 포함된 DNA를 작은 크기로 산산이 조각내 무작위로 뿌린 다음, 이를 염기 서열대로 배열했다. 이렇게 하면 과학자들이 배양액에 든 여러 종류의 생물을 일일이 구분해 따로 배양할 필요

없이 한꺼번에 유전자의 다양성을 조사할 수 있다. 이제, 일반 미생물 범위 밖의 그림자 생물권에 속하는 놈들을 골라내기 위해 같은 실험을 확장하는 도전적인 과제가 남았다. 이상적으로는 특이 바이러스나, 거울상 분자로 이뤄진 전혀 새로운 형태의 극소 기생 동물도 포함될 수 있다.

바다에 숨어 있을지도 모르는 특이 생물을 찾기 위해 현재 해양 샘플을 채취하는 프로젝트가 몇 개 진행되고 있으며, 덕분에 이 분야는 중요한 전기를 맞고 있다. 지금은 '타라오션스(Tara-Oceans)'라는 이름의 3개년 국제 프로젝트가 한창 진행 중이나. 과학자들은 1차적으로 이산화탄소의 축적이 대양의 생물 다양성에 어떤 영향을 미치는지 조사하기 위해 전 세계에서 샘플을 채취하는 작업을 벌이고 있다. 과학자들은 이를 통해 심해 생태계를 조사하면서 모든 대양에서 미생물 시료를 채집하고 있다. 이와 함께 프로젝트 연구원들은 그림자 생물권을 감시하는 일을 병행한다. 이들은 특이 생물을 찾기 위해 다양한 방법을 쓰고 있으며, 샘플을 회수해 과학 기본 개념 초월 센터에서 분석할 예정이다. (과학자들은 타라오션스 프로젝트를 통해 210개 해상 관측소로부터 3만 5000개가 넘는 플랑크톤 샘플을 수집, 4000만 종이 넘는 유전자를 검출했다. 그 대부분은 학계에 처음 보고된 것이다. — 옮긴이)

두 번째 기원에서 출발한 전혀 다른 생물이 발견된다면 그것은 생물학 역사상 가장 놀라운 사건으로 기록될 것임에 틀림없다. 더불어 과학 기술 전반에 걸쳐 엄청난 파장을 미치게 되리라. 물론, 우주 생물학 분야는 말할 필요도 없다. 그렇다면 이제, 과학 평론가들이 주장하는 것처럼 우주가 생명으로 가득 차 있다는 사실에 확신을 갖게 되지 않을까? 그러나 세티의 목표는 생명을 찾는 데 그치지 않는다. 그 목표는 지구 밖 지성체를 탐색하는 데 있다. 생물은 비교적 흔할지도 모르지만 지성체는 드물 것이다. 그렇다면 어떤 행성에 생명이 태동하기 시작한 뒤, 원시 생명체가 지성체로 진화할 확률은 얼마나 될까?

4

지구 밖에는 얼마나 많은 지성체가 살고 있을까?

나는 이따금, 우주 어디에나 외계 지성체가
있을 것이라고 생각한다. 그렇게 확신하는
이유는, 아직 그들이 우리와 접촉을 시도하지
않고 있기 때문이다.

— 빌 워터슨(Bill Watterson, 만화가)

독자 가운데 누군가 타임머신을 타고 35억 년 전의 지구에 도착한다면 눈앞에 펼쳐진 저 황량한 대륙과 아무도 살지 않는 대양을 목격하리라. 유일한 생명의 흔적을 찾는다면 그것은, 갯벌 얕은 곳 여기저기에 흩어진, 가죽처럼 거친 표면을 가진 흙더미들뿐이다. 스트로마톨라이트라 불리는 이 돔처럼 생긴 구조물은 수 센티미터에서 수 미터까지 크기가 다양하다. 스트로마톨라이트는 비록 살아 있는 생물은 아니지만 거기에 서식하는 미생물의 작용 때문에 표면에 광물이 축적돼 있다. 우리가 아는 바, 이런 것들 말고는, 35억 년 전 지구는 생물학적으로 특별한 점이 없는 그런 곳이었다.

그랬던 지구가 이제 생명으로 넘실댄다. 날아다니는 놈, 기어 다니는 놈, 땅 파고 다니는 놈, 헤엄치는 놈, 게다가 광합성을 하는 놈들에 이르기까지 수백만 종의 다채로운 생물들이 산다. 이렇듯 다양하고 정교한 생물들은 서로 거미줄처럼 얽혀 진화해 왔다. 스트로마톨라이트가 처음 출현한 이래, 생물들은 수십억 년 동안 꾸준히, 혹은 간헐적으로 진화를 거듭했다. 이런 변화는 '진보'라는 말로 요약된다. 누군가는 '발전'이라고 말하고 싶어 할지도 모른다. 과학자들이 생명의 진화를 연구할 때 압도될 수밖에 없는 것은 그 생물학적 풍부함이다. 생명은 거의 모든 곳에 전파됐으며, 더 잘 적응하기 위해 끊임없이 새로운 실험을 시도할 뿐 아니라, 더 복잡한 체제(body plan, 동물 몸의 기본 형식. — 옮긴이)를 탐색한다. 다윈은 이런 글을 남겼다. "지구가 변하지 않는 중력 법칙을 따라 회전하는 동안, 생명은 가장 단순한 형태에서 출발해 가장 경이로운 존재로 진화해 왔으며, 이런 진화는 지금도 여전히 계속되고 있다."[1]

(다윈을 포함한) 많은 생물학자들은, 막연하게 진화가 곧 발전을 뜻한다는 생각을 지지했다. 그것은 원시적인 것으로부터 지적인 것, 단순한 것으로부터 복잡한 것으로의 점진적 진보를 뜻했다. 진보의 정점에는, 독자들이 짐작하는 것처럼, 인간이 서 있다. 호모 사피엔스는 그 거대한 뇌와 월등한 지성으로 인해 다른 생물들과는 구별된다. 그래서 좀 더 나은, 더 세련된 형태로 거듭나기 위해서 투쟁한, 자연의 표상으로 우뚝 서 있다. 이렇듯 끈질기게 이어진 진보는 분명히 지구에서만 나타난 특별한 현상이 아니라, 자연의 기본 질서이며, 생명이 서식하는 행성이라면 어디에서든 일어날 것이라고 기대해도 좋으리라. 누군가 어느 행성에 생명의 씨앗을 뿌리고 수십억 년이 흐른 뒤 다시 돌아온다면 문화와 언어, 과학과 기술, 운이 좋다면 전파 망원경을 만드는

일까지 기대해도 좋을지 모른다. 즉 지성과 지성으로 대표되는 기술 사회는, 일단 생명이 한 번 태동하면 언젠가 나타날 수밖에 없다는 것. 그런 기술 사회에서는 (모항성이 폭발하는 것 같은) 불의의 재난은 일어나지 않는다. 칼 세이건과 그 이후 세티 연구자들은 대부분 이런 생각을 긍정적으로 받아들였다. 하지만 이 생각이 정말 맞을까?

뇌 진화 연구를 통해서 지성에 관한 낙관적인, 혹은 '진보적인' 생각이 한층 강화됐다. 뇌의 크기는 지성을 가늠하는 척도가 되지 못한다. 뇌의 대부분은 몸을 움직이는 데 쓰이기 때문이다. 그래서 몸집이 커지면 뇌도 커져야 한다. 예컨대, 호두만한 뇌를 가진 고양이는 벵갈 호랑이보다 특별히 더 똑똑하거나, 더 아둔하지도 않다. 대뇌화 지수 (encephalization quotient, EQ. 몸무게와 뇌 무게 사이의 관계를 나타낸 지수. — 옮긴이)는 동물 몸의 크기를 바탕으로 추정한 뇌의 크기와, 실제 뇌의 크기를 비교해 추산한 값이다.[2] EQ의 비굣값은 1이다. 그래서 EQ가 1보다 크면 '뇌가 큰 동물', 1보다 작으면 '뇌가 작은' 동물이라고 말한다. 인간은 EQ 7.5를 자랑하는 한편, (사람과 가장 가까운 친척에 속하는) 침팬지와 돌고래의 EQ는 각각 2.5, 5.3에 해당한다. (관심 있는 독자들을 위해 고양이는 EQ가 그다지 좋지도, 별로 나쁘지도 않은 1이라는 점을 일러 둔다.[3]) 생물학적으로 다른 종에 속하는 '호모 속' 동물로서 우리의 직접적인 조상이 아니라고 생각되는 네안데르탈인의 대뇌화 지수는 5.6이다. 지난 수백만 년간 우리의 혈통을 따라 EQ가 어떻게 진화해 왔는지 그려 본다면 독자들은 이 수치가 가속 성장을 거듭해 왔다는 사실을 깨닫게 된다. 어떤 학자들은 EQ가 지수 함수적으로 성장했다고 말한다.[4] 지성은, 진화를 생각할 때 가장 중요한 요소로 비약했으며, 때로 진화가 지성을 '선호'한다고 주장하는 사람이 나오기도 한다. 더 나아가, 중추 신경계와 비슷한 것을 가진 생물이 서식하는 다른 행성에서도 마찬가지였을 것이라고 누군가 말할지도 모른다.

간단할 경우에는 그게 맞다. 하지만 많은 사람들이 선호하는, 진화가 곧 진보라는 생각은 좋게 보면 지나친 단순화고, 나쁘게 말하면 분명한 오류다. 다윈 진화론의 핵심은, 생명은 '예지 능력'이 없고 단지 변화의 방향을 바람직한 목표나 미래의 기회에 맞춘다는 것이다. 게다가 돌연변이는 무작위로 발생하며, 변이가 나타나는 시기에 어떤 선택이 가장 좋은 결과를 생산하는가에 따라 정해질 뿐이다. 우리는 미래를 예견할 수 있지만 자연에는 그런 능력이 없다. 생명이 미리 정한 목표를 향해 투쟁하거나, 새로운 방법을 개척할 것이라는 생각은 틀렸다. 고(故) 스티븐 제이 굴드는 한 가지 일화를 예로 들었다. 즉 술주정뱅이가 술에 취해 벽에 기대고 섰다가 결국 배수로 위에 누운 채로 발견됐는데, 그렇다면 그 술꾼은 처음부터 거기에 누울 심산이었을까? 그럴 리가 없다. 그는 아무런 생각 없이 비틀거리다가 어쩌다 벽을 만났고, 배수로에서 다른 쪽으로 방향을 바꿀 기회를 놓친다. 그러다 얼마 못가 도로 경계석을 만나 넘어지고 만다. 주정뱅이는 이런 상황에 미리 대비하지 못한데다, 방향 감각을 잃었다. 굴드는, "마찬가지로, 생물은 복잡하게 되려고 하거나 '발전'하겠다는 의지를 가지고 움직이지 않는다."라고 말했다. 생물은 처음에는 (필요에 따라) 아주 단순하게 반응하는데, '위로' 올라가는 것 외에 더 갈 곳이 없기 때문이다.[5] 일반적으로 생물은 시간이 지날수록 복잡해지기 마련이다. 처음부터 방향이 정해져서가 아니라, 다양한 가능성을 모색하다 보니 그렇게 된다. 이런 변화는 대부분, 처음보다 더 복잡한 방향으로 진행되기 마련이다. 굴드는 다윈이 처음 도입한 생명 나무의 비유 때문에 더 큰 오해를 불러일으킨다고 믿었다. 나무가 자라는 방향은 너무나 분명하고(위), 오히려 관목이 더 적절한 비유일 것이기 때문이다. 요약하면, 생명을 그저 "가는 대로 자라게 내버려 두라."라고 누군가 말할 수 있으리라. 지성은 그 변화를 이루는 한 가지 요소일 뿐이다. 우리가 세티에 관해 궁금해 하는 것은, 생물이 (술주정뱅이처럼) 진화 경로에서 아무것도 모르는 채 우연히 지성을 갖게 될 확률이 얼마나 될까 하는 것이다. 그 확률은 낮을까, 높을까? 아니면 전혀 가능성이 없을까?

그 해답 중에 가장 핵심인 것은 진화 경로에서 두 그루의 나무가 만나는 현상, 즉 진화적 수렴(evolutionary convergence)이다.[6] 진화적 수렴은 어떤 생물학적인 문제에 대해 전혀 다른 출발점과 전혀 다른 경로를 가졌지만 동일한 생물학적인 해답이 발견됐을 때 나타난다. 그런 예는 얼마든지 있다. 이를테면, 자연은 날개를 여러 차례 발명해 냈다. 벌레와 새, 포유류와 심지어 물고기까지. 그리고 이런 사건들은 독립적으로 일어났다. 왜냐하면 생물이 어떤 특별한 환경에 처했을 경우, 비행과 활강은 진화 측면에서 탁월한 이점이 있기 때문이다. 그리고 여러 기관(박쥐는 팔, 다리와 몸 사이의 피부를, 물고기는 비늘을 이용했다.)에 적응해 날개를 키우는 것은 비교적 간단한 방법이다. 시각 기관인 눈도 여러 차례에 걸쳐 발달했다. 실제로, 자연계에는 다양한 종류의 눈이 있으며, 시력을 가졌다는 것은 대단히 큰 장점이 된다. 진화를 통해 이런 사건이 각기 독립적으로 여러 차례 되풀이해서 일어난 것은 별로 놀랄 일이 아니다.

생물학에서 아주 흥미로운 논쟁거리 중의 하나는 진화 경로가 수렴할 때 일반적으로 어떤 패턴이나 경향이 나타나는가 하는 것이다. 또 그런 경향에 대해 '적합한 생태적 지위(available niches)'를 따지는 것이 적절한가이다. 예를 들어 보자. 초대륙 곤드와나와 로라시아가 떨어져 나갔을 때 동물의 진화는 이 두 지역에서 다른 방향으로 분기됐다. 지금 오스트레일리아가 된 지역은 약 5000만 년 전, 곤드와나로부터 떨어져 나갔고 유대목 동물이 번성하게 됐다. 반면에, 나머지 대륙에서는 태반이 있는 동물, 즉 포유류가 지배한다. 5만 년 전, 오스트레일리아에 애버리지니(Aborigine, 오스트레일리아 원주민)가 도착했을 때 그들은 '틸라콜레오(Thylacoleo)'라는 사나운 육식 포식자를 발견했다. 틸라콜레오는 애석하게도 그 후 멸종됐다. 인간의 사냥이나 기후 변화가 그 원인으로 생각된다. 이놈들은 처음에는 초식성 유대류였지만, 나중에는 생긴 겉모습이나, 먹는 것, 게다가 행동 방식까지 검 모양 송곳니가 난 북아메리카의 검치호를 닮게 됐다. 검치호는 틸라콜레오와 달리 육식성 포유류의 후손이다. 따라서 틸라콜레오가 어쩌면 오스트레일리아 생태계에서 '검치호가 들어갈 생태적 지위'를 차지했다고 해야 할지도 모른다. 무딘 표현이 될지 모르겠지만 자연에는 '검치호가 들어갈 생태적 지위'가 있다. 마치 '날개가 들어갈 생태적 지위'나 '눈이 들어갈 생태적 지위'가 언젠가 채워지기 기다리는 것처럼.

진화적 수렴은 광범위하고 강력하기 때문에 이런 비유가 맞을 수도 있다. 하지만 우리는 '~가 들어갈 생태적 지위'라는 표현을 쓸 때 주의해야 한다. 우리가 세티에 대해서 궁금해 하는 것은, 과연 인간이 차지한 '지성체가 들어갈 생태적 지위'가 지구에 존재하는가 하는 점이다. 수백만 년 전, 인류는 아프리카에서 출발해 최초로 직립 보행을 했으며, 도구를 썼고 그 후 전파 망원경 개발에 이르기까지 다양한 기술을 발전시켰다. 그렇다면 ET(외계 생명체)도 똑같이 우리에게 '지성체'라는 칭호를 붙여 줄 것이라고 기대해도 좋을까? 이 문제에 관한 합의된 의견은 없다. 오스트레일리아 국립 대학교의 우주 생물학자인 찰스 라인위버는 '지성체가 들어갈 생태적 지위'에 대해 상당히 회의적인 시각을 가지고 있다.[7] 그는 날개와 눈을 코끼리 코에 비유하곤 한다. 아프리카코끼리가 생물학을 이해할 뿐 아니라, 다음과 같이 엉뚱한 말을 했다고 치자. "자연은, 코끼리에게 더 길고, 더 다양한 기능을 갖춘 코를 선물하기 위해 35억 년 동안 생명을 진화시켰다."라고. 한술 더 떠서 자연은 '코끼리가 들어갈 생태적 지위'를 메우기 위해 '록소돈타 아프리카나(*Loxodonta africana*, 아프리카코끼리의 학명)'에게 도움을 청했다고 한껏 목소리를 높일지도 모른다.

같은 비유를 코끼리 코에 적용하면 우스꽝스러운 이야기가 돼 버린다. 하지만 이것을 지성에 적용하면 사람들을 설득하기 쉬울 뿐 아니라, 앞에서 든 예와는 확연히 달라 보인다. 코끼리의 코는 어쨌든, 세상에 미치는 파급이 아주 미미한, 하찮은 부속물일 뿐이다. 그러나 어쨌든, 인간의 지성은 지구의 모습을 바꿔 놓고 있지 않은가. 드높은 지성이 코끼리 코에 비해 심오하지 않으며, 생물학적으로 덜 중요하다고? 라인위버에게 뭐라고 든 쏴붙여야 하지 않을까? 우리가 커다란 뇌에 가치를 두는 것은 그런 뇌를 가졌기 때문이다. 무엇이 더 중요하거나 다른 것보다 '더 숙명적'이라고 말할 수 있는 객관적 이유는 없다. 우리는, 코가 큰 외계인이 더 지성적일 것이라고 기대할 수도 있다. (재미있는 것은, 1985년 래리 니벤(Larry Niven)과 제리 푸르넬(Jerry Pournelle)이 발표한 「발소리(Footfall)」라는 소설에 코끼리를 닮은데다, 높은 지성까지 갖춘 외계인이 등장한다는 것. 하지만 이 코끼리 외계인은 우리만큼 교활하지 못해 인간과의 전쟁에서 지고 만다.) 라인위버는 할리우드 영화 「행성 탈출(Planet of the Apes)」에 대해서 이야기하기를 즐긴다. 찰턴 헤스턴(Charlton Heston)이 출연하는 공포물에 가까운 이 영화는 많은 사람들이 옳다고 믿는 오해를 주제로 삼았다. 그 줄거리는 이렇다. 인간이 핵전쟁으로 멸망하자 호시탐탐 기회를 엿보던 유인원이 갑자기 인간이 비우고 떠난, '지성이 들어갈 생태적 지위'를 차지한다. 그들은 수 세기에 걸쳐 사람이 쓰던 총과 감옥을 발견하는가 하면 승마도 배운다. 그리고 마침내, 호모 사피엔스를 대신해 진화의 사다리에 오른다.

세티의 관점에서 핵심을 정리해 보자. 먼저, 눈이나 날개, 아니면 '검치호다움'과 같은 '~가 들어갈 생태적 지위'에 관한 특성들을 목록화한다. 한편으로는, 공작새의 깃털이나 코끼리 코와 같은 부수적이거나 어딘가 기이한 특성들을 따로 정리한다. 후자는 진화의 우연한 산물일 수도 있고, 자주 일어날 가능성이 희박한 경우다. 우리는 지성이 어디에 속하는지 알 필요가 있다. 그 한 가지 방법은, 자연이 지성을 찾는 데 얼마나 오랜 시간을 보냈는지 밝히는 것이다. 그 답은, 눈이나 날개가 생기는 데 비해 상당히 장구한 세월이 흘렀다는 것. 지성은 최근 3억 년 내에 생긴 것임에 틀림없다. 동물이 나타난 이후, (전파 망원경을 건설할 수 있을 정도로) 상당한 수준으로 발달한 지성은 겨우 수십만 년 전에 출현했다. 실제로 어딘가 '지성이 들어갈 생태적 지위'가 있다면 공룡들이 그것을 차지했을 수도 있다. 그리고 혜성이 충돌해 모든 것을 쓸어 버리기 직전까지 2억 년 동안 성공적으로 '지구를 통치한 뒤', 그 자리를 포유류들에게 넘겨줬으리라. 하지만 공룡은 왜 거대한 두뇌를 발달시키지 못했을까? 왜, 로켓을 만들어 달나라까지 가지 못했을까? 크리스 맥케이(Chris McKay)는 이 문제에 대해 이렇게 말했다. "공룡은 우리가 아는 것처럼 느리게 움직이는 돌대가리가 아니라, 생리학적으로나 행동학적으로 현재의 포유류만큼 정교한 동물이었다."[8] 지성이 그렇게 생존 가치가 크다면 공룡은 왜 그것을 진화시키지 않았는가 말이다. 공룡은 그렇게 할 만큼 충분한 시간이 있었다. 맥케이는 '스테노니코사우루스(Stenonychosaurus, 지금은 트루돈(Troodon)이라고 부른다.)'처럼 작은 공룡은 EQ가 문어(아주 똑똑한 현생 동물이다.)와 비슷했다는 점을 예로 들었다. 스테노니코사우루스는 공룡 멸종 1200만 년 전 지구를 활보했다. 1200만 년이라는 시간은 인간이 비슷한 수준의 EQ로 시작해 지금까지 진화한 세월보다 훨씬 길다.

과학자들은 생명이 발생해 번성한 일 자체가 거대한 실험이었으며, 한 가지 종의 진화만으로는 전혀 설명할 수 없다고 잘라 말한다. 지성을 발달시킬 수 있는 기회는 진화 역사에서 적어도 두 번 일어났다. 그런 종류의 실험은 사실, 지구에서 몇 차례 더 일어났을지도 모른다. 라인위버는, 유대류가 처음 오스트레일리아 대륙에 고립된 이후 5000만 년 동안 지성이 발달하지 못했다는 사실을 꼽았다. 지성체는 북아메리카와 남아메리카, 마다가스카르처럼 넓은 지역에 걸쳐 다양한 종이 사는 곳에서도 출현하지 못했다. 이 지역들이 다른 곳으로부터 고립됐던 긴 세월은 사람의 뇌가 발달하는 데 걸린 것보다 훨씬 길었는데도 말이다. 뇌가 진화해서 그만큼 발달한 일은 지구에서 단 한 번만 일어났을까? 과학자에 따라 두 차례 이상 일어났다는 주장도 있다. 조류와 고래목이 그 예다.[9] 이 주장에 따르면 생물권에서 사람은 일반적인 딘계의 지성으로부터 벗어난 특이한 존재이며, 훌륭한 지적 능력은 수백만 년간 자연적으로 일어난 진화가 증폭된 결과라는 것. 그러나 이런 주장은 논쟁의 불씨가 되고 있다. 사람은 다른 동물에서 스스로 가진 특성을 찾으려 하는, 편향된 시각이 있으며, 스스로 그 중요성을 의인화하기도 한다. 예를 들자면, 새나 고래도 나름의 방식으로 현명한 선택을 하고 있다. 하지만 (지금 우리가 하는) 이 세티 게임(SETI game)에서 유일하게 중요한 것은 '하이테크(hightech)', 즉 첨단 기술을 쓰는 지성이다. '그들이 만든 장비로 너희가 그들을 알 것이기' 때문이다. 그렇지만 새나 고래가 스스로 만든 장치를 써서 아인슈타인의 일반 상대성 이론을 응용하거나 레이저를 발명할 가능성은 거의 없다.

이런 논쟁은 다른 결말로 치닫는다. 자연에는 살아 있는 계를 더 복잡하게 만들어 거대한 뇌와 지성이 출현하게 만드는, 심오한 법칙이 숨어 있을지도 모른다. 하지만 사람들의 기대에도 불구하고 과학은 그런 법칙을 알지 못한다. 또 고등 지능은 생존 가능성을 높여 주기 때문에 진화 경로에서 수렴할 가능성이 높을 수밖에 없으며, 대형 재난을 피해 언젠가 필연적으로 진화할 수밖에 없다고 생각된다. 하지만 인류의 것과 비교할 만한 다른 형태의 생명과 진화 역사는 존재하지 않았기 때문에 이런 종류의 논쟁은 사고의 영역에 머무를 수밖에 없다.

과학은 필연적인 것인가?

우주에 고등 지성체가 흔할 것이라고 우리가 인정했다 치자. 세티 연구자들이 궁금해 할 다음 질문은, 그 생물 종이 과학을 탐구하고, 첨단 기술과 장거리 통신 수단을 갖는 비율이 얼마인가 하는 것이다. "때가 되면 지구의 어느 사회든지 과학 기술을 발달시킬 수밖에 없겠지." 이렇게 말하는 것은 시류에 부합할 뿐 아니라, 정치적으로 옳바르며, 편리한 선택이다. 그것은 우리가 아는 서구 과학 문명의 우수성을 뜻하는 것인지도 모른다. 게다가 어떤 이들에게는 인종주의자나 광신적 애국주의자로 비칠 수도 있다. 필자는 개인적으로 '과학은 필연적인 것'이라는 주장에 회의적이다. 문제는, 과학이 잘 들어맞을 뿐 아니라 일상 깊숙이 침투해 있기 때문에 당연히 여기는 경향이 있다는 점이다. 학생들은 그들이 (대부분 잘못) 배우는 과학적 방법, 즉 실험과 관측, 이론에 대해 철두철미하게, 분명하고 틀림없는 과정이라 인식하고 있다. 세계가, 그리고 우주가 어떻게 작동하는지 알아내는 데에 과학

말고 더 자연스러운 방법이 있을까?

그러나 과학을 역사적인 맥락에서 바라보면 과학이 부실한 기초 위에 서 있다는 것이 분명해진다. 과학은 그리스 철학과 유일신교, 이렇게 두 가지 사상의 영향 아래 르네상스 시대에 유럽에서 태동했다. 그리스 철학자들은, 인간은 이성을 바탕으로 세계를 이해한다고 가르쳤다. 이성은 수학의 정리와 논리 규칙을 따라 사용해야 한다고 설파했다. 그들은 또, 세상이 언뜻 혼란스럽고 복잡하게 보일지 모르지만, 아무렇게나 만들어졌거나 부조리한 곳이 절대 아닐 뿐 아니라, 합리적이며 지성적인 곳이라고 말했다. 하지만 그리스 철학이, 과학적인 방법으로 우리가 세계를 이해하는 현재 상황까지 몰고 오지는 않았다. 지금 우리는 실험과 관찰, 관측과 같은 과학적 방법을 통해 자연으로부터 정보를 얻는다. 그리스 철학자들은 모든 해답을 순수 논리에 따라서만 추론할 수 있다는 굳은 신념을 가졌기 때문이다. 그들이 논리학과 수학에서 이룩한 발전은 유럽이 암흑기를 맞았을 때 이슬람 학자들이 계승했다. 이런 이슬람권의 기여가 없었다면 중세 시대 유럽 문화에 과학과 수학이 과연 뿌리내릴 수 있었을지 의심스럽다. 이슬람 시대의 과학 유산이 메아리처럼 남아 있는 예는 대수(algebra)와 알고리듬(algorithm) 같은 현대 용어뿐 아니라, 시리우스(Sirius), 베텔게우스(Betelgeus) 같은 친숙한 별 이름에서도 찾을 수 있다. 이렇듯 이슬람 시대에 이룩한 과학의 비약적인 발전에도 불구하고 무슨 이유(아마도 정치적이거나 사회적인 이유일게다.)인지 아랍 학자들은 운동 법칙을 수식화하거나 현대적 의미의 실험을 시도하지는 않았다.

유일신 사상은 과학을 꽃 피운 그 시대에 서구의 세계관을 형성하는 데 일조했다. 유대교는 선형적 시간관에 기초한 사건들과 우주 창세의 일화들을 사실로 수용하면서 동시대를 풍미하던 다른 문화들과는 전혀 다른 길을 걸었다. 유대교 교리에 따르면 우주는 신이 시간적으로 유한한 과거에 창조했으며, 그 이후 역사는 한 방향으로 일어난 사건들로 전개된다. (창조와 타락, 시련과 고난, 선과 악의 대결, 구원과 심판, …….) 유대교에는 우주에 관한, 신성한 계획을 다룬 연대기적 이야기가 있다. 그 내용은, 좋은 일과 나쁜 일이 반복해서 일어나며, 문명도 흥망성쇠를 거듭한다는, 요즘 일반적으로 받아들이고 있는, 순환적 우주관과는 전면 배치된다. 지금도 서구 문명의 선형적 시간에 바탕을 둔 단일 방향의 세계관은 오스트레일리아 애버리지니들의 드림타임(dream-time, 몽환시라고도 한다. — 옮긴이)이나 힌두교와 불교 우주관과 같은 다른 문화들과는 철학을 달리하고 있다.[10]

선형적인 시간관과 더불어, 이성적인 존재가 불변의 법칙을 따라 질서정연하게 창조한 우주라는 개념은 기독교는 물론 이슬람교에서도 받아들였으며, 갈릴레오 시대 유럽을 지배했다. 당시 과학자들은 신앙심이 깊었고, 표면에 드러나지 않는 수학적 관계를 밝혀 우주에 관한 신의 계획을 밝혀내는 것을 중요한 책무로 여겼다. 과학자들은 지금 우리가 말하는 물리 법칙을 신의 마음이라고 봤다. 유일하며 전지전능하고 이성적인, 그런 법칙을 만든 존재에 대한 믿음 없이는 그 누구도 자연을 체계적이고 정량적인 방식으로 이해할 수 없을 것이라 생각했다. 아이작 뉴턴(Isaac Newton) 시대만 해도 과학적인 연구 방법은 비밀 결사 조직에서나 쓰는, 주술 행위에 가까운 것이라 여겼다. 암호로 된 부호를 종이에 쓰는가 하면, 특별하게 꾸민 내실 같은 데서 물질을 '이상한' 실험에 쓰는 일은 어떤 기준으로 봐도 불가사의했다. 오늘날 우리는 과학에 대해 자연스럽고 당연하다고 생각하지만, 과학이 처음 확립되던 그 시대만 해도 마술과 별반 다르지 않게 받아들여졌다.

1300년, 파리에 소행성 하나가 충돌해 유럽 문명 전체가 파괴됐다고 치자. 그런 일이 일어났다면 과연 지구에 과학이 나타날 수 있었을까? 필자는 이에 관한 설득력 있는 답을 듣지 못했다. 중세 시대만 해도 중국이 유럽보다 기술적으로 훨씬 진보해 있었다고 말한다. 사실이다. 그렇다면 왜 중국에는 널리 알려진 과학자가 없을까? 그 이유 중 하나는 전통적인 중국 문화에는 초월적 입법자라는, 유일신 개념이 없었기 때문이다.[11] 유일신의 세계 밖에서는 신과 대리자, 그리고 신령스러운 기운 들이 서로 경쟁하고 복잡한 형태로 상호 작용을 일으키며 자연을 지배한다고 믿었다. 중세 시대의 중국에는 윤리 규범과 자연 법칙 사이에 뚜렷한 구분이 없었다. 인간사는 우주와 보이지 않게 통일을 이루며 서로 떼려야 뗄 수 없는 밀접한 관계에 있었다. 형성기의 기독교, 이슬람교와 경쟁 관계에 있던 유럽과 근동 지방의 '이단'들은 합리적 사고보다는 창조자와의 영적 교감을 통해 우주에 관한 신비로운 지식을 얻는다고 생각했다. 그 교감이 과연 과학으로 이어질 수 있을까? 필자는 그렇게 생각지 않는다. 자연 현상에 우리가 이해할 수 있는 (수학적 해석과 분석이 가능한) 질서가 숨어 있을 것이라 '기대'하지 않는다면 그것은 전혀 과학적으로 파헤칠 이유가 없다.

이제 과학의 중요한 분야 가운데 하나인 이론 물리학의 역할에 대해 이야기할 차례다. 우리는 자연을 지배하는 법칙들이 깊이 연결돼 있다는 인식에서 이론 물리학의 위력을 발견할 수 있다. 뉴턴이 떨어지는 사과를 봤을 때 실제로 그가 인식한 것은 사과가 떨어지는 현상이 아니라, 사과와 달의 운동을 연결하는 방정식이 존재할 것이라는 점이었다. '이론 물리학'은 물리 법칙을 '추측'하는 정도의 것이 아니다. 이론 물리학은, 무심코 볼 때에는 서로 연결돼 있을 것이라고 생각하기 어려운 물리적 실체들의 연결된 전체를 다룬다. 그래서 물리 세계를 상호 연결된, 정교한 수식 체계로 재구축한 뒤, 그 관계를 정량적 모형으로 구체화시켜 문제에 적용한다. 다른 어떤 과학 분야도 이론 물리학을 대체하지는 못한다. 그래서 물리학적인 의미에서 '이론 사회학'이나 '이론 생물학', 혹은 '이론 심리학' 같은 것은 존재할 수 없다. 앞서 말한 분야에도 물론, 아이디어와 추측과 간단한 수학 모형, 그리고 이를 한데 통합한 이론이나 패러다임 같은 것이 있지만(적어도, 지금까지는) 법칙에 해당하는 수학 '이론'은 존재하지 않는다. 그동안 물리학이 눈부신 발전을 이룩한 것은 연구자들이 이론과 실험 분야에서 활발하게 아이디어와 연구 결과를 교환하고 공유해 온 덕분이다. 그리스 철학의 문화적 조상들과, 유일신교(또는 이와 비슷한 종교), 그리고 숨겨진 수학 법칙의 체계라는 추상적인 개념이 없었다면 우리가 아는 과학은 세상의 빛을 보지 못했으리라.

만일 자연의 질서에 관한 만고불변의 법칙이 존재한다는 믿음이 없었다면 어떤 일이 벌어졌을까? 아주 오랜 시간 지속된 사회라면 시행착오를 통해 과학을 낳을 수밖에 없었을 것이라고 주장하는 이들이 있다. 그러나 중국 사람들은 지구 내부에서 핵이 어떻게 다이너모(dynamo, 정류자 발전기) 역할을 하며 자기장을 만들어 내는지, 자기장이 어떻게 나침반 바늘에 있는 전자와 상호 작용을 일으키는지 전혀 모르는 채 나침반을 발명했다. 그렇게 정교한 기구를 만들다 보면 마침내 원자력과 우주선, 그리고 전파 통신을 쓰게 됐을지도 모른다. 기술은, '어떻게' 됐는지 모르더라도 '무엇인지'를 알기만 하면 된다. 이론상으로는 물론, 어떤 원인 때문에 어떤 결과가 나타나는지 단계적으로 밝혀낼 수 있다. 그러나 진정한 과학의 위력은, 우리가 사연을 지배하는 '원리'를 이해하고 그 바탕 위에 새로운 기기나 장치를 '설계'할 수 있다는 데 있다. 우리는 시행착오를 통해 다양한 기기와 장치를 기능적으로 개선할 수 있지만, 이에 필요한 탄탄한 이론적 기반이 없었다면 현대 과학의 중요한 주제들을 굳이 찾아 나서야 할 이유가 없었을지도 모른다. 예들 들면 중성미자나 중력파는 거의 상호 작용을 일으키지 않고 지구를 통과하기 때문에 그 효과를 측정하기란 대단히 어렵다. 그럼에도 우리는 왜 그런 입자와 파동이 존재할 것이라고 기대하는 것일까? 암흑 물질과 암흑 에너지를 찾으려는 이유는 어디 있을까? 암흑 물질과 암흑 에너지의 존재는 천문학자들이 우주 망원경 같은 인공 위성과 거대 지상 망원경으로 고도의 정밀 관측을 수행하면서 예측됐다. 하지만 그런 예측은 겹겹이 층을 이룬 수학 이론으로 해석하지 않는다면 아무 의미가 없다. 우리는 왜 입자 가속기를 건설하는가? W나 Z 보손 같은, 아직 알려지지 않았거나 눈에 보이지 않는 입자를 발견할 것이라는 가능성을 우리가 믿지 않는다면 그런 시설을 굳이 세워야 할 이유가 없다. 물론, 과학을 하나도 모르는, 지각 있는 어떤 종이, 우연히 호기심에 전파 망원경이나 입자 가속기를 세울 가능성이 전혀 없는 것은 아니다. 설사 그것으로 무엇을 하려는 구체적인 생각이나, 결과를 얻을 것이라는 예측 없이, 뭔가 발견하게 되더라도 그 실체가 무엇인지 전혀 이해하지 못한 채 말이다. 그렇다, 충분히 가능한 일이다. 하지만 그것은 터무니없는 시나리오라서 심각하게 받아들일 필요는 없다. 마치, 음악에 대한 이해도, 재주도 없는 사람이 어느 날 갑자기, 그리고 우연히 교향곡을 작곡할 것이라고 하는 것처럼 말도 안 되는 일이기 때문이다.

필자는 호기심 있는 어떤 종족의(생물학적으로 호기심이 그 종의 일반적 특성일 경우) 사회 조직에 관해서 우리가 아직 알지 못하는 이론이 있을 수 있다고 생각한다. 그리고 충분한 시간이 지난 뒤에는 필연적으로 과학이 태동하게 될지도 모른다. 어쩌면 인류 역사는, 조직 구성과 복잡성에 관한, 우리가 모르는 미지의 법칙에 따라 새로운 발견과 계몽이 길을 터주는 대로 그렇게 흘러왔는지도 모른다. (필자는 8장에서 이런 생각에 관해 더 자세히 언급하려고 한다.) 하지만 표면적으로 현대 과학의 방법론이 확립된 데에는 다양한 정치, 경제적, 그리고 종교, 사회적 기능이 작용한 것으로 보인다. 역사란 순전히 무작위적이고 예측 불가능한 사건의 연속이며, 어떻게 보면 그리스 철학과 중세 유럽의 유일신 사상이 적절하게 조합된 사건일지도 무르다. 우리가 과학을 아는 외계 문명을 발견한다면 일반 물리 법칙처럼 사회적, 지적 조직 구성에 관한 일반 법칙이 존재한다는 강력한 증거가 될 수 있을지도 모른다. 하지만 그런 법칙을 믿을 만한 이유가 없다면 '과학은 필연적인 것이다.'라는 주장은 근거가 없다고 말할 수밖에 없다.

드레이크 방정식

지금까지 말한 내용을 요약하면 우리 은하에서 통신 수단을 쓸 수 있을 것으로 예측되는 문명이 얼마나 될지 계산하는 데 필요한 요소들을 모아 결합해 보자는 것이다. 이를 수식화한 것이 바로 '드레이크 방정식'이다. 이 식은 1961년 프랭크 드레이크가 처음 사용했는데, 수학적 의미에서 방정식이라기보다는 우리가 얼마나 무지한가를 정량화한 식이라고 보는 게 옳다. (그림 5) 필자는 대중 과학서에 $E=mc^2$ 이외의 다른 수식은 절대 쓰지 말라는, 흔히 알려진 규칙을 무시하려고 한다. 이유야 어쨌든, 드레이크 방정식은 진정한 방정식이 아니기 때문이다. 자, 그 식은 다음과 같다.

$$N = R^* f_p n_e f_l f_i f_c L.$$

이 부호들은 무엇을 뜻할까? 그 정의에 대해 하나씩 알아보자.

R^* : 우리 은하에서 태양과 비슷한 별이 태어나는 비율.

그림 5 프랭크 드레이크와 그의 이름을 딴 방정식.

f_p : 그런 별이 행성을 거느릴 수 있는 확률.

n_e : 그런 행성계에 존재할 수 있는, 지구와 비슷한 행성의 평균 개수.

f_l : 그런 행성에 생명체가 출현할 확률.

f_i : 그런 행성에 지적 생명이 진화할 확률.

f_c : 그런 행성에서 기술 문명과 통신 능력이 발달할 확률.

L : 통신 능력이 있는 문명의 평균 수명.

방정식 왼쪽 변의 N은 우리 은하에서 실제로 '교신(통신)을 시도할' 것으로 예측되는 문명의 개수를 뜻한다. 전통적인 세티 프로젝트는 전파 신호를 찾는 일을 하기 때문에 드레이크 방정식에서 교신을 시도하는 문명이란 단순히 전파 기술을 보유하고 있는 외계 문명을 뜻한다. 우주를 향해 신호를 송출하는 더 나은 방법이 있을 수 있으며, 혹은 전파나 다른 방법에 바탕을 둔 장거리 통신을 별로 선호하지 않는 발달된 외계 문명이 있을 수도 있다. 그런 문명이 실제로 존재한다면 그들을 전파 망원경으로 발견하기란 사실상 어려울 것이다.

방정식 오른쪽 변의 부호들은 우리가 N을 예측(이 경우, '추측'이라는 표현이 더 어울린다.)하는 데 필요한 양들이다. 그럼, 각 항에 대해 알아보자.

첫 번째 항 R^*는 우리 은하에서 1년에 태양과 비슷한 별이 만들어지는 비율을 뜻한다. 왜 우리 은하에만 국한했을까? 은하 밖에서 오는 전파 신호를 수신하는 일이 전혀 불가능한 것은 아니지만, 거리가 멀어 가능성이 낮다고 예상했기 때문이다. 일단 이 제한 조건을 유지하기로 하자. 현재 천문학자들은 (망원경으로 별 개수를 센 다음, 간단한 통계를 바탕으로 계산해) 우리 은하에 태양과 유사한 별이 얼마나 많은지 잘 알고 있다. 그런 별은 100억 개 정도이며, 생명 서식 가능성을 고려해서 실제로 별이 얼마나 '태양과 비슷한가?'를 어떻게 정의하냐에 따라 조금 달라질 수도 있다. 하지만 그 수가 고정된 것은 아니다. 130억 년 전, 우리 은하가 처음 태어난 뒤, 늘 그랬던 것처럼, 별은 태어나고 또 죽기 때문이다. 이를테면 우리 은하에서는 매년 평균 7개의 별이 새로 탄생하고 있지만, 그 개수는 은하 역사를 통해서 조금씩 변해 왔다.[11] 그렇기 때문에 그 세부적인 내용이나 정확한 숫자는 사실 별 의미가 없다. 중요한 것은 R^*에 포함된 오차가 상대적으로 작다는 점이다.

그다음 항인 f_p는 태양과 비슷한 별이 행성을 거느릴 수 있는 비율을 뜻한다. 1961년, 세티 프로젝트가 처음 시작됐을 당시만 해도 이 값은 명확하지 않았다. 왜냐하면 행성이 어떻게 만들어지는지 잘 아는 사람이 거의 없었기 때문이다. 한 이론에 따르면 과거 어떤 별이 태양 가까이를 통과해 지나갔을 때 태양에서 떨어져 나온 물질로부터 태양계가 만들어졌을 것이라고 생각했다. 하지만 이것은 대단히 드물게 일어나는 사건이며, 행성이 이런 사건의 결과로 생기는 것이라면 f_p는 아주 작은 값을 가질 수밖에 없었다. 행성 형성에 관한 또 다른 이론은, 원시 태양 주변을 회전하던 기체와 먼지로 이뤄진 원반 혹은 성운에 물질들이 모여 행성들이 만들어졌다고 말한다. 낙관론자인 드레이크는 후자를 택했으며, $f_p=0.5$, 즉 태양과 같은 별들 가운데 주변에 행성을 거느릴 별의 비율은 2분의 1일 것이라고 추측했다. 지난 수십 년간 외계 행성을 직접 관측하는 것은 어려운 일이었기 때문에 드레이크의 생각은 큰 지지를 받지 못했지만, 천문학자들은 최근 필자가 1장에서 말한 관측 기술을 바탕으로 다른 별들 주위를 공전하는 행성들을 발견할 수 있게 됐다. 천문학자들은 관측 사실로부터 성운 이론이 옳았으며, 거의 모든 별이 행성을 거느리고 있다는 사실을 알게 됐다. 사실, 드레이크는 이 숫자를 약간 과소 평가했던 것 같다.

당초 드레이크 방정식에는 행성의 종류에 관한 언급은 빠져 있었다. 행성의 종류에 대해서는 최근에야 그 중요성이 알려지기 시작했다. 행성 운동을 이론적으로 분석해 보면 이들이 '떼지어' 움직일 때(한 행성과 다른 행성(또는 그 밖의 천체)의 공전 주기의 비가 정수배를 이룰 경우를 말한다. — 옮긴이) 궤도가 불안정해질 수 있으며, 마침내 한꺼번에 그 행성계를 이탈할 수도 있다. 그 결과, 캄캄한 성간 공간을 혼자 떠돌거나 위성들을 거느린 채 이탈해 버린 행성도 있을 수 있다. 우리 태양계도 처음에는, 지금 우리가 보는 8개보다 더 많은 행성들이 있었을 가능성이 높다. 나머지는 과거에 튕겨 나간 것이다. 지금까지 필자의 머릿속에 남아 있는 어린 시절에 관한 기억 중 하나는 1954년 BBC 텔레비전에서 격주로 방송했던 「잃어버린 행성(The Lost Planet)」이라는 제목의 판타지 드라마다. 이 드라마에는 원자력 추진 우주선을 타고, 외계에서 갑자기 태양계 안쪽으로 들어온 '헤시코스(Hesikos)'라는 행성을 탐험하는 이야기가 나온다. 그런데 알고 보니 헤시코스에는 정신 감응 능력을 가진, 사람과 비슷한 외계 생명체가 살고 있었다. 이 드라마는 정말이지, 여덟 살 소년의 머리에 깊이 각인될 만했다. 분명한 설명 없이 어떤 행성이 '길을 잃고' 은하 공간을 떠돌아다닌다는 내용은 어린 소년에게 충격으로 다가왔다. 야, 이것 봐라! 하지만 그것은 아주 바보 같은 이야기는 아닌 것 같았다. 어떤 천문학자들은 우리 은하에 수십억 개의 떠돌이 행성들이 있을 것이라고 추측한다. 그렇다면 이런 천체를 계산에 포함하기 위해서는 드레이크 방정식을 수정해야 한다.[13] 어쨌든, 중력에 구속돼 있다가 자유롭게 떠돌게 된 모든 행성들을 우리가 목록에 포함한다면 1조 개를 헤아리게 될지도 모른다.

생명이 태동하기 위해서는 문제의 행성이 '지구와 비슷해야 한다.' 드레이크 방정식에서 n_e는 행성계에 생명이 살 수 있는 환경을 갖춘 행성(즉 지구와 비슷한 행성. 그래서 지구를 뜻하는 'e'를 첨자로 붙였다.)의 개수를 뜻한다. 드레이크는 처음에는 n_e를 2라고 썼다. 한 행성계에 지구와 닮은 행성이 평균적으로 두 개 있다는 뜻이다. 천문학자들은 관측 결과로부터 어떤 사실을 알아냈을까? 태양계의 경우, 지구와 화성이 이런 행성에 해당한다. 그렇다면 지구와 닮은 외계 행성은? 아직은 발견되지 않았다. 하지만 케플러 망원경이 발사돼 결과가 나오면 상황은 금세 달라질 것이다. (이 책이 출판될 당시에는 지구 닮은 행성이 발견되지 않았지만, 케플러 망원경으로 이런 행성들이 속속 검출됐으며, 그 수가 늘어나고 있다. 2019년 3월 현재 지구와 비슷하다고 생각되는 외계 행성은 모두 5개이며, 케플러-9b, 케플러-10b, 케플러-22b, 케플러-37b, 케플러-47c가 여기에 해당한다. — 옮긴이) 케플러 외에도 외계 행성을 찾기 위해 인공 위성에 망원경을 탑재하는, 여러 야심찬 계획들이 추진되고 있다. 그리고 10년, 20년 내에, 이를테면 50광년 거리에 있는 또 다른 지구의 영상을 얻는 일이 가능할 것으로 보인다. 우리 은하에는 분명히 지구와 닮은 행성이 아주 많을 것이라고 생각된다. 하지만 정확히 몇 개일 것이라고 꼭 집어서 말하기는 어렵다. 필자는, 태양과 유사한 별에 지구와 비슷한 온도와 대기, 압력, 그리고 표면 중력을 가진 행성이 존재할 확률은 1~10퍼센트일 것으로 추측하고 있다. 이 수치는 드레이크가 처음 제시한 것보다는 작지만, 그렇다고 아주 심각하게 차이 나는 것은 아니다. 이 계산에 따르면 우리 은하에 지구와 닮은 행성이 수십억 개쯤 있어야 한다.

그다음이 어렵다. f_l은 지구와 닮은 행성에서 생명이 태동할 확률이다. 필자는 f_l에 대해 정확한 값을 얻으려고 노력했지만, 불확실성이 클 수밖에 없었다. 열렬한 세티 지지자인 프랭크 드레이크나 칼 세이건 같은 사람들은 f_l을 1로 놓았다. 즉 어떤 행성이 지구와 비슷할 경우, 드 뒤브가 말한 우주의 필연성에 의해 당연히 생명이 탄생할 것이라고 가정했다. 하지만 자크 모노 같은 회의론자들은 f_l을 거의 0에 가까운 작은 값으로 선택했다. 만일, 그림자 생물권을 발견한다면 우리는 f_l에 대해 1에 가까운 값으로 합의할 수 있으리라. 그러나 지금 우리는 이에 관해 거의 무지한 상태다.

이 장 첫 부분에서 말한 것처럼, f_i는 생명체가 사는 행성에서 지적 생명체가 진화할 확률을 뜻한다. 칼 세이건은 이 값에 대해 놀라우리만치 낙관적이었고 그래서 1을 택했다. 어떤 행성이건 일단 생명이 탄생하면 언제가 됐든 지성체가 출현하는 것은 필연적이라는 이야기다. 프랭크 드레이크는 원래 f_i에 대해 칼 세이건보다는 보수적이었지만, 여전히 희망적으로 0.01을 선택했다. 그러나 필자가 강조한 것처럼, 이 숫자는 대단히 불확실성이 크다. 지적 생명체가 사는 행성에서 과학과 통신 기술이 발달할 확률을 뜻하는 f_c가 불확실한 것만큼이나.

기술 문명의 수명은?

드레이크 방정식의 마지막 항은 통신 능력이 있는 문명의 평균 수명이다. 이 항이 갖는 중요성을 이해하기 위해 이런 상상을 해 보면 어떨까. 한 마을에 사는 모든 주민이 어느 날 밤, 10초 동안 불을 켰다가 껐다가 하는 것이다. 주민들은 미리 약속하지 않고 무작위로 켰다가 끄는 시점을 선택하는 수밖에 없다. 그렇다면 이 마을에서 동시에 두 집이 불을 켤 가능성은 얼마나 될까? 그 마을에 집이 100채밖에 되지 않는다면 동시에 두 집이 불을 켤 가능성은 거의 없다. 이 집 저 집에서 무작위로 불을 켰다 껐다 하겠지만, 그 일은 동시에 일어나기 어렵다. 일단 불을 켠 다음에 10초가 아니라, 1분 동안 불을 켜둔다면, 혹은 집이 100채가 아니라 1만 채 있다면 동시에 불이 켜질 확률은 분명히 더 높을 것이다. 통신 수단이 있는 문명에 대해 비슷한 생각을 해 볼 수 있다. 문명이 흥했다가 망하는 것을 '불이 켜졌다가 꺼지는 것'으로 표현해 보자. 그렇다. 현재, 인류 문명은 '켜져 있다.' 우리는 지금 우리 은하에서 우리 이외에 누군가가 전파 통신 단계를 거치고 있는지 궁금하다.[14] 과거 우리 은하에 수천 개의 통신 기술을 가진 문명이 생겨나 존재했을 수 있지만, 오래전에 쇠퇴해 전파 송출이 중단됐다면, 혹은 인류 문명이 사라진 뒤 먼 미래에 수천 개의 새로운 문명이 탄생될 것이라는 사실을 안다면 전파로 외계 신호를 탐색하는 일은 별반 도움이 되지 못할지도 모른다. 고전적인 세티 프로젝트의 목표는 우리와 '동시대'를 사는 친구를 찾는 것이다. 그리고 이런 일을 성공으로 이끌 가능성은 전적으로 드레이크 방정식의 L 항에 달려 있다. L은 평균적인 외계 문명이 전파 신호를 송출하는 기간이다. L이 클수록 현재, 또 다른 문명이 전파 신호를 보낼 가능성이 커진다.

1961년, 드레이크는 $L = 10{,}000$년을 선택했다. 인간이 핵전쟁을 일으키거나 환경을 파괴할 만큼 어리석다고 우울해 했던 칼 세이건은 10,000년을 낙관적인 값이라고 생각했다. 스켑틱 협회(Skeptics Society)의 마이클 셔머(Michael Shermer)는 인류 문명은 원래 불안정하기 때문에 수백 년이 지나면 붕괴할 것이라고 추측했다.[15] 어떤 생물학자들은 포유류 종의 평균 생존 기간이 수백만 년이라고 주장했는데, 우리 문명이 지속 가능할 것이라고 생각되는 시간의 상당히 타당한 상한값으로 받아들일 수 있다. 그러나 누구도 단언할 수 없다. 필자는 개인적으로, L 값에 관한 어떤 주장도 적절치 않다고 생각한다. 특히 생물학적으로 추정하는 수치는 더욱 그렇다. 다윈주의적 진화는 농업 혁명과 함께 중단됐으며, 최근에는 현대 의학과 민주적 권리, 그리고 유전 공학과 생명 공학으로 완전히 대체됐다. 인류 문명은 소행성 충돌이나 종의 장벽을 뛰어넘는 무서운 전염병 같은 자연 재난, 혹은 핵전쟁과 같은 인재에 무릎을 꿇을지도 모른다. 하지만 그런 일이 일어날 필연성이 있는 것은 아니다. 우리가 앞으로 한두 세기만 잘 견딘다면 오래도록 아무런 문제가 없을 것이라고 생각하고 있다. 필자는, 고도의 외계 문명이 수백만 년, 수천만 년, 혹은 그보다 오랜 시간 지속되지 못하는 뚜렷한 이유를 찾을 수 없다. 드레이크 방정식에서 필자가 다른 전문가들보다 훨씬 낙관적으로 생각하는 것은, 그래서 이 항이다.

전파를 쓰는 전통적인 세티 프로젝트에 관한 중요한 질문은, 한 문명이 전자기파를 보내고 오랜 세월이 흐른 뒤 과연 어딘가에서 그 신호를 수신할 수 있는가 하는 것이다. 인류가 전파를 송출하기 시작한 지 이미 1세기가 지났다. 우리가 쓰는 전파 기기 중에 가장 높은 출력을 자랑하는 것은 단연 군용 레이더일 것이다. 다음은 텔레비전 방송 시스템이다. 세티 초기에 과학자들은, 부가 늘어나고 기술이 발달함에 따라 단순히 전파 송수신이 끊임없이 늘어날 것이라고 예측했다. 그러나 현실은 정반대였다. 첫째, 지상에서 송출한 신호를 저출력 통신 위성을 이용해 지상에서 다시 수신하는 것보다는 2지점 간 통신이 압도적으로 많이 활용된다. 둘째, 전파 통신은 광섬유 기반 통신으로 대부분 교체됐다. 어디선가 ET가 우리의 전파 통신 트래픽을 감시하고 있다면 20세기 말에 정점을 찍었다가 그 뒤에 줄어들기 시작했다는 것을 잘 알고 있으리라. 그리고 수백 년 뒤에 지구에서 송출되는 전파는 거의 없을지도 모른다. (여전히 레이더는 사용될 것이며, 우주선으로 보내는 명령이 이따금 잡힐 수도 있다.) 어떤 외계 문명이 정책적인 이유로 인해 강력한 전파 신호를 송출하지 않는다면 우리 은하가 설사 지적 생명체로 북적댄다고 해도 인공 전파 신호가 거의 잡히지 않을 것임에 틀림없다. 만일, 우리가 지름 100킬로미터짜리 전파 망원경을 건설한다면 우리는 시리우스까지의 거리만큼 떨어진 방송국에서 오는 신호를 검출할 수 있을 정도로 좋은 감도를 얻을 수 있다. 그렇다면 ET가 일부러 메시지를 보내건, 보내지 않건 간에 상관없다. 하지만 시리우스의 방송국에서 만일 광케이블을 쓴다면 우리는 그 텔레비전 방송을 전혀 들을 수 없다! 외계 문명이 1980년대에 우리가 쓰던 기술을 이용할 것이라 가정하고 우리가 그 신호를 엿듣는다면 그것은 납득하기 어려운 일일 것이다. (필자는 5장에 가서 다시 이 주제로 돌아올 것이다.)

그냥 생각일 뿐이지만, 어쨌든 드레이크가 선택한 $L = 10,000$년과 그가 사용했던 다른 모든 항들을 방정식에 그대로 적용한다면 결과값은 $N = 10,000$이 된다. 이 말은, 바로 지금 우리 은하에서 전파 기술을 이용해 서로(우리를 포함해서) 교신할 수 있는 문명이 1만 개라는 뜻이다. 이것은 아주 흥분되는 일이다. 지금 '방송 중'인 외계 문명이 1만 개라니! 이를 사실로 받아들인다면 세티는 우리가 다른 것보다 시급하게 해야 할 일임에 틀림없다. "그들을 찾읍시다." 사람들은 이렇게 외칠지도 모른다. 필자가 말한 것처럼, 드레이크 방정식의 각 항들에 대해서는 비교적 잘 알려져 있지만, 그 가운데 적어도 하나(L)는 지나치게 낮게 평가되고 있다. 또, 이 방정식은 우리가 거의 알지 못하는 두 항에 따라 크게 좌우된다. 즉 지구와 비슷한 행성에서 생명이 출현할 확률 f_l과, 그런 행성에서 지적 생명체가 진화할 확률 f_i가 그것이다. 필자의 생각으로는 후자보다는 전자의 문제가 훨씬 심각하다. 일단 생명이 출현한다면 지성이 태동할 가능성이 있다. 지성은 결국, '코끼리의 코'보다 오히려 '날개'에 가까울 수 있다. 지성이 발달하는 일은 아주 믿기 힘든 것은 아니다. 하지만 어쩌면, 생명이 태어나는 일이 너무나 비정상적인 사건이라서 단 한 번만 일어났을 수도 있다. 우리가 바로 그 예일지도 모른다. 우리는 지금 그런 입장을 반박할 만한 어떤 과학적인 근거도 없다. 지금까지 '자연은 생명을 선호한다!'는, 그리고 화학 물질로 이뤄진 탁한 수프를, 저 장엄한 생물 다양성으로 변화시킨 '생명의 법칙'을 뒷받침할 만한 증거는 어디에도 없다. 우리는 아직, 실제로 생명이 어떻게 출현했는지에 관한 단서를 찾지 못했다. 우리가 결국, 그림자 생물권이나 외계 행성에 생물이 산다는 유력한 증거를 찾지 못한다면? 우리가 그것을 찾을 때까지는 f_l의 범위에 대해 수치 계산으로 낙관적, 혹은 비관적인 답을 구하는 것조차 불가능하다. 현재 f_l은 0과 1 사이에서 어떤 값도 가질 수 있다.

하나밖에 없는 통계를 쓰는 위험성

우리 은하에는 약 4000억 개의 별이 있다. 그래서 태양과 비슷한 별 주위에 지구를 닮은 행성이 10억 개 있을 것이라고 추측하는 것은 타당하다. 자크 모노가 옳다면 하나의 행성에만 생명이 출현했겠지만, 드 뒤브가 맞다면 틀림없이 대부분의 별에 생명이 살고 있을 것이다. 그렇다면 그 중간은? 이를테면 생물이 사는 우리 은하의 행성이 100만 개가 될 수는 없는 것일까?

이런 중도적 입장을 반박하는 설득력 있는 주장은, 장구한 시간이 흘러도 '또 다른 지구'에 생명이 출현하는 일은 일어나지 않는다는 것이다. 생명의 출현 같은 사건이 일어날 수 있는 기회, 곧 시간은 한정돼 있다. 우리가 아는 생물은 태양처럼 안정한 상태에 있는 별을 필요로 한다. 그 별은 에너지를 공급해 행성에 생명이 서식할 수 있는 조건을 유지시켜 줘야 한다. 하지만 별은 영원히 빛을 내지 않고, 언젠가는 연료가 바닥나 일생을 마친다. 태어난 지 45억 년 된 우리 태양은 핵연료를 상당히 많이 소비해 이미 전체 수명의 반을 넘겼다. 앞으로 10억 년쯤 지나면 연료가 거의 바닥나 덩치가 점점 커진 다음, 지구를 태워 버릴 것이다. (천문학적으로 설명하면 태양은 적색 거성으로 변하기 시작하는데, 그 이후에는 수축해 백색 왜성이 되면서 죽음을 맞는다.) 우리 은하에서는 이와 비슷한 일들이 늘 일어나고 있다. 따라서 태양 비슷한 별 주위를 공전하는 행성에 생명이 출현하려면 별이 태어나 죽기 전까지 50억 년과 100억 년 사이의 시간 동안에 그런 일이 일어나야 한다. 서식 가능한 행성에서 생명이 무작위로 출현한다고 가정하면 이런 사건에는 통계적인 오차가 포함될 수밖에 없다. 혹은, 그런 일이 일어나려면 그만큼 필요한 시간이 흘러야 한다. 그 '평균' 시간에 초점을 맞춰 보자. 평균 시간이 짧다면, 즉 생명이 짧은 시간 안에 쉽게 만들어진다면, 여러 행성에 생명이 출현할 수 있는 기회가 충분히 많을 것이다. (드 뒤브의 견해다.) 반대로, 생명이 출현할 것으로 예측되는 시간이 100억 년보다 훨씬 길 경우, 지구와 비슷한 행성에서는 생명이 시작되지 못하리라. 만일 그런 일이 일어난다면 아주 드문 사건이고, 요행이다. 좀 더 과학적으로 설명하면 이 경우는 통계적으로 발생 가능한 영역을 크게 벗어나는 아주 희귀한 사건에 해당한다. 그렇다면 문제의 사건은 오직 행성 하나에서밖에 일어나지 않았을 가능성이 있다. 그게 바로 지구다. (모노의 견해다.)

우리 은하와 같은 은하계에 속한 행성 100만 개에서 생명이 출현할 것이라는 중간 입장으로 돌아가 보자. 생명이 태어날 것이라고 기대되는 시간은, 한 행성에 생명이 서식할 수 있는 평균 시간과 비교해 지나치게 짧지도, 길지도 않은 기간일 것이다. 이를테면, 10분의 1과 10배 사이라고 생각할 수 있다. 이 정도라면 충분히 타당할까? 그 결과, 어떤 일이 일어날지 생각해 보자. 생물이 서식 가능한 기간은 별이 안정된 상태로 유지되는 시간에 해당한다. (이것을 T1이라고 하자.) 이 기간은 별 중심에서 일어나는 핵융합 반응의 속도, 그리고 열이 별 표면과 질량 전체에 전달되는 효율 같은 다양한 요소에 의존한다. 이번에는, 지구와 비슷한 행성에서 생명이 태동하는 데 걸리는 시간을 따져 보자. (이것을 T2라고 하자.) 필자는 잠깐, 지적 생명체에 관해서는 접어두고, 간단한 미생물에 국한하겠다. 물론, 우리는 T2에 대해서는 잘 모르지만, 100만 개의 행성에 생명이 살 것이라는 중간 입장이 옳다면 생명이 태어나기 위해 필요한 시간은 아마도 수십억 년(T1과 비교할 때 평균적인 별이 안정된 상태로 유지될 수 있는 수명)에 해당할 것이다. 그렇다면 지구와 비슷한 행성에서는 때맞춰 생명이 출현하지 못할 것으로 예상할 수 있다. 또 많은 행성에서는 그 사건이 벌어질 수 있는 기간의 한중간에 그 사건(생명의 발생)이 일어나겠지만, 일부 행성에서는 그 행성이 서식 불가능한 상태로 변하기 직전에 생명이 태동할 수도 있다. 이런 시나리오는 물론 분명 가능하지만, 극히 일어나기 어려운 우연의 일치로 볼 수 있다. 무생물 상태에서 생물이 출현하는 데 필요한 시간은, 표면적으로는 핵융합 반응 속도처럼 별의 수명을 결정하는 요소와 관련 없는 것처럼 보인다. 우리가 아는 한, 생물은 별 내부에서 일어나는 과정과 전혀 다른, 원자 물리학과 분자 물리학, 화학, 그리고 지질학과 관련 있는 물리적 과정의 산물이다. 그럼 T1과 T2가, 서로 인과 관계가 없는데도 불구하고, 100만 개의 행성에서 생명이 탄생하기 위해 거의 '같은' 값을 가져야 하는 이유는 뭘까? 한 숫자가 다른 숫자보다 굉장히 커야 하는 명백한 이유는 없다. 물론, 우연히 두 값이 비슷할 수도 있다. 과학에서 우연의 일치는 허용된다. 하지만 그것은 모두 원인을 설명하고 난 최후의 수단으로 놔둬야 한다.[16] 만일, 그런 우연이 배제된다면 생명이 출현하는 데 필요한 시간이 별의 수명보다 훨씬 짧거나 그보다 아주 길 것이라는 결론에 이를 수밖에 없다.

어떤 것이 맞을까? 이에 관해서 우리가 판단의 근거로 삼을 수 있는 것은 샘플이 단 하나밖에 없는 지구 생명이다. 어떤 사안에 대해 통계를 기초로 논하는 것은 위험할 수 있지만, 그 외에는 다른 도리가 없다. 칼 세이건은 지구에서 생명이 비교적 일찍 시작됐다는 사실을 지적했다. "생명의 탄생은 굉장히 가능성 높은 일임에 틀림없다. 조건이 맞기만 하면 짠 하고 나타날 수 있다!"라고 썼다.[17] 그는 38억 년 전까지 지구 표면은 소행성과 혜성의 끔찍한 폭격을 겪었으며, 화석 기록에 따르면 그로부터 3억 년도 지나기 전에 생물이 안정적으로 자리 잡기 시작했다고 언급했다. (그림 6) 그는, 아직 알려지지 않은 어떤 과정을 따라 생명이 탄생했는지에 관계없이 그 일은 아주 신속하게 진행됐고,

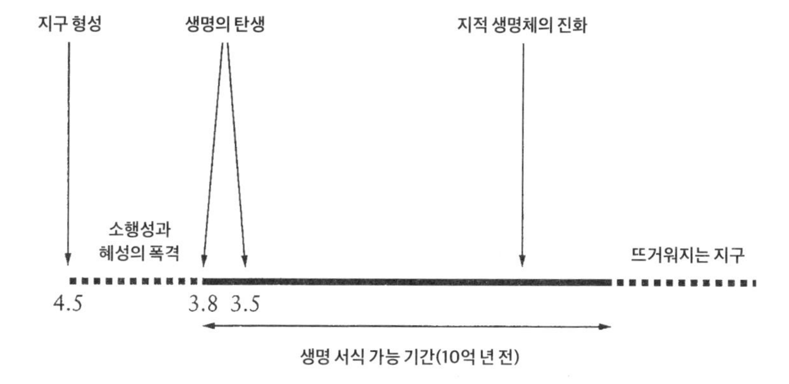

그림 6 모든 조건이 알맞게 되자 지구에서는 짧은 시간에 생명이 탄생했다. 만일 그렇지 않았다면 인간은 서식 가능한 기간이 막을 내리기 8억 년 전에 결코 진화하지 못했으리라.

마찬가지로 지구와 비슷한 행성에서도 비슷한 속도로 그 일이 일어날 것이라고 생각했다.

세이건이 옳을 수도 있지만, 유감스럽게도 앞서 언급한 그 과정은 상당히 복잡하다. 우리가 가진 통계 샘플이 지구 생명에 국한된 이유를 정확히 말하면 우리 스스로가 그 결과물이기 때문이다. 지구에는 단순한 생명체가 아닌, '지적' 생명체가 살고 있다. 어쨌든 생명의 기원에 대해 이러쿵저러쿵 사실을 꾸며댈 만큼 그렇게 똑똑한 생물 말이다. 그런 수준의 지성에 도달하려면 상당히 높은 수준의 복잡성을 가질 만큼 진화해야 한다. 그리고 그 일은, 태양이 안정적으로 연소하는 기간 내에, 즉 생물이 서식 가능한 수십억 년 동안 반드시 일어나야 한다. 이때 거쳐야 할 중요한 단계는 다세포 생물의 출현(그 일이 일어나는 데 20억 년 이상 걸렸다.), 성의 진화, 신경계의 형성, 그리고 거대한 뇌의 진화와 같은 것이다. 그 사이사이에는 무수히 많은 작은 단계들이 있다. 그중 어떤 것은 힘들고 또 어떤 것은 거치기 쉽다. 분명히, 그 모든 단계가 수십억 년 안에 완료되지 못했다면 과학적인 사실들에 대해 고민할 만큼 복잡성을 가진 인간(혹은 비슷한 지성을 가진 다른 동물)으로까지 진화하지 못했을 것이다. 다시 말하면, 지구의 생명은 굉장히 빠른 속도로 진화해야만 했다. 그렇지 않았다면 우리처럼 지성적인 관찰자가, 태양이 적색 거성으로 변하기 전에 세상을 이렇게 뒤흔들어 놓을 만큼 시간이 충분치 못했을 것이다. 따라서 지구에 생명이 굉장히 빨리 나타난 것은 그다지 일반적인 경우는 아닐지도 모른다. 그 과정 자체를 관찰하고 정밀 조사할 수 있는 관찰자를 만들어 낸 것 자체가 아주 이례적인 사건들의 집합일지도 모르겠다.

거대한 필터

1980년 영국 우주론 연구자인 브랜던 카터(Brandon Carter)는 필자가 말한, 주먹구구식 주장을 수학적으로 탄탄한 토대 위에 올려놨다.[18] 이어, 경제학자인 로빈 핸슨(Robin Hanson)은 카터가 한 일을 좀 더 개선했다.[19] 카터와 핸슨은 자연이 지적 생명체를 창조해 낼 기회를 가질 수 있는 일련의 거대한 '실험'을 상상했다. 그리고 두 사람은, 지성이 진화하는 데 필요하다고 기대되는 세월이 보통 별의 수명보다 훨씬 짧다면(예컨대, 겨우 100만 년에 불과하다면) 지구에 생명이 탄생하는 데 왜 수십억 년이 걸렸는지 이해하기 어려울 것이라는 점에 주목했다. 누군가, 지적 생명체는 우주 어디에나 존재하지만 어떤 특별한 이유로 인해 지구에서 지적 생명체가 진화하는 데 유례없이 오랜 시간이 걸렸을지도 모른다고 말할 수 있다. 그럼, 지적 생명체가 진화하는 데 걸리는 시간이 전형적인 별의 수명보다 훨씬 길다고 가정해 보자. 그렇다고 해도, 아주 불리한 가능성에도 불구하고, (지구에서 그랬던 것처럼) 지성체가 진화할 수 있다. 그리고 그 과정이 완료되는 데 걸리는 시간이, 그 과정이 일어날 수 있도록 허용된 총 시간과 비슷할 가능성이 대단히 높다. 물론, 허용된 시간은 문제의 행성에서 생물이 서식 가능한 기간을 말한다. 실제로 이것은 우리가 목격하는 사실과 같다. 지구에서 지적 생명체가 진화하는 데 허용된 약 50억 년의 시간 중에 40억 년이 '소모'됐다. 팽창하는 태양에 의해 지구가 불타기 이전에 말이다. (그림 6)

카터와 핸슨은 이 아이디어를 정확하게 정량화하는 데 성공했다. 여기 그 골자를 소개한다. 그들의 생각은 확률 이론에 쓰이는 방정식을 이용해 간단하게 표현됐는데, 실제로 내용을 확인해 보고 싶은 독자가 있다면 두 사람이 쓴 논문을 읽어 보기를 권한다. 지적 생명체로 진화하기 위해서는 생명이 몇 가지 중요한 단계를 거친다고 가정하자. 그렇다면 그 단계별 사건은 일어날 가능성이 대단히 낮기 때문에 그 기간은 평범한 별의 평균 수명보다 훨씬 길 것으로 생각된다.[20] 핸슨은 이런 장애물들을 가리켜 "거대한 필터(The Great Filter)"라고 불렀다. 지적 생명체로 진화하는 데 N개의 단계가 있다고 치자. 그리고 극히 '낮은 가능성'에도 불구하고 지적 생명체가 실제로 '출현'한다고 가정하자. 우리는 이 방정식을 이용해 다음과 같은 사실을 알 수 있다. 즉 발생 가능성이 극히 낮은 단계별 사건 사이의 시간 간격은 서식 가능한 시간의 N분의 1일 것이며, 서식 가능한 시간이 서식 가능한 시간의 N분의 1만큼 남았을 때 지적 생명체가 출현할 것이다. 이것을 그림 7에 나타냈다. 흥미롭게도, 모든 단계를 통과하기 어려울 경우, 그 간격은 해당 단계가 '얼마나' 어려운가 하는 문제와는 직접 관계가 없다. (직관에 따라 이렇게 생각할 수 있다. 즉 단계 A가 일어날 가능성이 100만분의 1, 단계 B가 일어날 가능성이 10억분의 1일 경우, 그리고 두 단계의 사건이 모두 일어났다면 A는 B보다 1,000배 빠른 속도로 일어날 것이다. 그렇지만 실제로 그렇지 않다.)

카터와 핸슨의 논리를 실제로 지구에 적용할 경우, 숫자 N은 어떻게

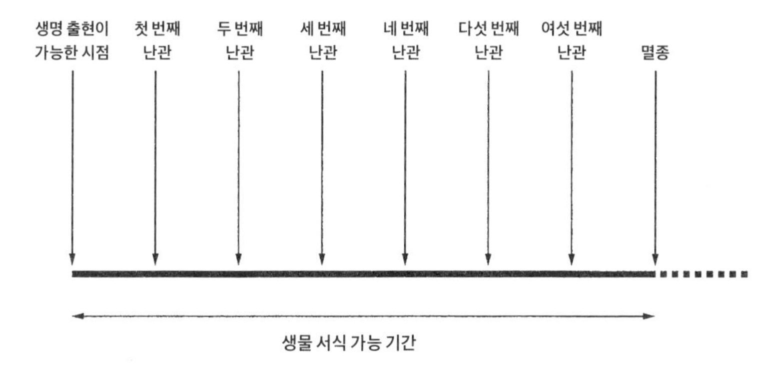

그림 7 카터와 핸슨의 거대한 필터. 생명은 지적 생명체로 진화하는 과정에서 발생 가능성이 극히 낮은 여섯 단계를 거쳐야 한다. 이 개념은 생물이 서식 가능한 수십억 년 동안 생존에 극히 불리한 사건이 발생할 수 있었음에도 불구하고 결국 지적 생명체가 출현했다는 가정에 바탕을 두고 있다. 우리가 확률 이론을 통해 증명할 수 있는 중요한 결과는, 각 단계 사이의 시간뿐 아니라 (서식 가능 시간이 막을 내리는) 멸종까지 남은 시간도 (거의) 같다는 점이다. 지구에서 멸종이 일어나기 전까지 얼마나 긴 시간이 남았는지 안다면 공백 사이사이의 시간을 정하는 것은 물론, 전체적으로 몇 단계가 있는지도 알 수 있다. 앞으로 남은 시간이 8억 년일 경우, 그림에서 보는 것처럼 전체적으로는 모두 6개의 단계로 구성됐다는 사실을 알 수 있다. 매단계마다 생물학적으로 일어나기 어려운 변이가 나타날 수 있다. 또한, 화성에서 첫 사건(1단계)이 일어난 뒤, 거기서 태어난 생물이 지구로 이동했다고 가정할 경우, 이 거대한 필터 개념은 우리가 가진 데이터와 더 잘 맞는다.

해야 할까? 태양의 진화에 관해 우리가 알고 있는 내용이 옳다면, (그리고 최적화된 예측에 따르면) 지구가 뜨거워지기 전까지 지적 생명체가 살 수 있는 시간은 8억 년가량 남았다. 이로부터 N은 약 6이라는 사실을 알 수 있다. (서식 가능 시간인 50억 년을, 남은 시간인 8억 년으로 나눈 값이다.) 다시 말하면, 지구 생물이 지적 생명체로 진화하는 과정에서 6개 정도의 중요한, 하지만 발생 가능성이 극히 낮은, 극복해야 할 난관이 있었다는 의미다. 그럼, 과거의 화석 기록을 확인해 보면 어떨까? 잘 맞는다. 일어날 가능성이 낮은, 주요 사건들이 대략 8억 년을 간격으로 해서 일어났음을 확인할 수 있다. 첫 번째 일어난 사건은, 생명의 출현 그 자체다. 두 번째는, 35억 년 전 세균에서 광합성 반응이 일어난 것이고, 세 번째는 약 25억 년 전에 (핵을 가진, 크고 복잡한 세포 생물인) 진핵생물이 발생한 일이고, 네 번째는 12억 년 전에 유성 생식이 나타난 것이며, 다섯 번째는 6억 년 전에 커다란 다세포 생물이 발생한 것이다. 마지막으로 비교적 최근에 커다란 뇌를 가진 인류의 조상이 나타난 것이다. 첫 번째 생명의 출현이라는 난관을 제외하고는 모두 잘 맞는 것 같다. 지구 어디에도 생명이 지구가 생겨난 지 8억 년 지난 후에 시작됐다는 흔적은 없기 때문에, 아무리 잘 봐 준다 해도 이것은 심각한 불일치라고밖에 말할 수 없다. 칼 세이건이 생각한 것처럼, 생명이 "짠 하고 나타난" 것은 소행성과 혜성이 지구를 대량으로 폭격하던 시기가 끝나고 불과 2억, 3억 년 지나고 나서였다. 이런 불편한 상황 때문에 카터의 주장은 무너질 수밖에 없는 것일까? 꼭 그렇지만은 않다. 카터는 반론을 폈다. 실제로 생명이 지구에서 시작됐는지 확신하기는 어렵다는 것.

생명은 화성에서 시작돼 화성의 암석에 실려 지구로 날아왔을 가능성이 있다는 것이다. 그리고 소행성과 혜성 충돌이 잦아들 무렵, 지구에 생명이 자리 잡기 시작했을 것이라는 이야기다. 그가 옳다면 생명이 서식할 수 있었던 기간은 38억 년 전 또는 40억 년 전, 혹은 그보다 이른 시점까지 확장될 수 있다. 왜냐하면 화성은 생명을 잉태할 수 있는 조건을 지구보다 일찍 갖추고 있었기 때문이다. 그렇다면 그 첫 단계를 포함해 '거대한 필터'의 모든 과정은 이미 예측됐던 약 8억 년의 간격을 두고 배치될 수 있다.[21]

필자는 앞서, 지구에서 생명체가 지적 생명체로 진화하는 과정이 얼마나 넘기 어려운 난관인지 설명했다. 그런데 육상 동물의 뇌가 진화해 인류의 조상이 되기까지는 2억 년보다 긴 시간이 필요했다. 그것은 참 고약한 일이다. 여기서 우리는 카터의 이론으로부터 훨씬 더 비관적인 결론에 도달할 수 있다. 기억을 돌이켜보면 그의 주장은, 지적 생명체가 출현하는 데 필요할 것으로 기대되는, 평균 시간이 아주 길다는 데 바탕을 둔다. 즉 전형적인 별 주변의 행성에서 생명이 서식 가능한 기간인 수십억 년보다 더 오랜 시간이 걸릴 수 있다는 것이다. 따라서 지구에 지적 생명체가 진화하는 데 소요된 2억 년 이상의 세월에 대해 너무 길다고 생각할 수 없고, 이것은 우연이며, 통계적으로 발생 가능한 영역을 벗어난, 아주 짧은 시간에 일어난 억세게 운 좋은 사건이라고 봐야 한다. 이렇게 '운 좋은 지구'라는 결론을 받아들이면 태양과 비슷한 다른 별에서는 그런 행운이 따르지 않을 것이라고 짐작할 수 있다. 그런 별들이 지적 생명체가 사는 행성을 갖기는 어려우리라.

만일 카터가 옳다면 지구는 '아주' 드문 경우이며, 자크 모노가 주장한 것처럼 인간과 같은 지적 존재가 태어난 것은 아주 특별한 사건이라고밖에는 볼 수 없다.[22]

카터가 내세운 주장은 언뜻 세티 신봉자들의 코를 납작하게 만드는 것처럼 보이지만, 필자의 동료들은 그 저변에 깔린 논리를 의심하고 있다. 비교적 많은 사람들이 지지하는 반대 의견은, 우리가 미래(이를테면, 지구가 얼마 후에 뜨겁게 변할 것인지)에 대한 추측을 기반으로 과거를 판단할 수 없다는 것이다. 사실, 이런 반대 논리는 그럴싸해 보인다. 확률을 바탕으로 과거나 미래의 사건을 예측, 판단하기 위해서는 그 밖의 모든 요소가 시간에 따라 변하지 않아야 한다. 그런데 그렇지 않다고 상상해 보자 예를 들어, 은하 전체에 걸친 재난 때문에 수십억 년 동안 지적 생명체가 출현하지 못하다가 상황이 호전됐다고 생각해 보면 어떨까? 우주에서 일어날 수 있는 가장 격렬한 사건 중 하나는 감마선 폭발이다. 감마선 폭발은 아주 무거운 별이 붕괴하면서 블랙홀이 만들어질 때 일어나는 것으로 생각된다. 이때 두 개의 가는 빔이 서로 반대 방향으로 하전 입자를 분출하면서 엄청난 에너지를 내뿜는다. 이 입자들은 강렬한 감마선(고에너지 양성자) 복사를 일으킨다. 그리고 블랙홀이 회전하면서 이 죽음의 광선은 은하에서 원호를 그리며 돈다. 이런 감마선 빔이 행성 하나를 휩쓸고 지나간다면 표면에 붙어사는 모든 생명체를 전멸시킬 수 있다. 감마선 폭발은 '스위프트'라는 이름이 붙은 우주 망원경으로 관측되는데, 이런 일은 1년에 수백 차례 일어난다고 보고됐다. 이 같은 사건은 과거에 더 자주 일어났을 수도 있다. 그리고 수십억 년 동안 우리 은하 어딘가에서 지적 생명체가 태어나 진화하는 것을 방해했을 수도 있다. 만일 그것이 사실이라면 어쨌든 이상적인 조건에서(감마선 폭발로 위협받지 않았다면) 지성체가 출현하는 사건이 전혀 불가능한 일만은 아닐지도 모른다. 지구에서 그런 사건이 일어나는 데 오랜 세월이 걸렸다는 사실 자체가 물리적인 설명이 될 수 있다. (지구는 감마선 폭발의 피해를 입은 적이 있다.) 그리고 수백억 년 후에도 지적 생명체가 나타날 가능성이 낮을 것이라는 카터의 결론은 힘을 얻지 못할 수도 있다. 지성체가 출현하는 데 필요한 모든 요소에 대해 우리가 잘 이해하고 있다면 카터의 논리가 결국 얼마나 심각한 결론에 이르게 될지는 아직 확실히 알 수 없다.

우리는 멸종하게 될까?

다음 주제로 넘어가기 전에 확률과의 싸움에서 우리가 마지막으로 고려해야 할 것이 있다. 섬뜩한 침묵이, 우주에 우리만 있음을 의미하는(우리가 우주에서 유일한 지적 생명체라는) 중요한 증거라면 생명이 지성체로 진화하는 과정은 대단히 확률이 낮은 사건이기 때문에 단 한 번만 일어났을 가능성이 있다.[23] 하지만 그런 침묵을 설명할 수 있는 두 번째 가능성이 있다. 그중 하나에 대해서는 필자가 이미 3장에서 설명했다. 짐작건대 지성체와 기술 문명은 본래 불안정하기 때문에 다른 지성체나 기술 문명과 접촉할 수 있을 만큼 오래 생존하기 어렵다는 것이다. 이 말이 옳다면 우리에게는 불행한 소식이다. 만일 지구가 전형적인 행성이라면, 우리 역시 그들과 같은 길을 밟을 수 있기 때문이다. 우리가 통신 수단을 이용해 외계 문명과 신호를 주고받기도 전에 흔적도 없이 사라지는 운명을 맞이한 우리의 우주 사촌들처럼 말이다. 물론, 핵전쟁이나 전염병, 혜성 충돌, 혹은 사회 경제적 분열과 같이 우리의 문명을 싹 쓸어 버릴 만한 잠재적 재난을 미리 예측하는 것 자체가 어려운 일은 아니다.[24]

섬뜩한 침묵에 관한 두 가지 가설 중에 어떤 게 더 가능성이 있는지 어떻게 알 수 있을까? 앞으로 지구는 좋은 운을 탈까, 아니면 멸종을 맞게 될까? 별다른 증거가 없다면 두 시나리오는 일어날 가능성이 똑같다. 하지만 시간이 흐르면 늘 새로운 사실이 드러나기 마련이다. 단지 운이 없거나 외계 신호를 탐색하는 전략에 문제가 있는 게 아니라면, 침묵이 계속될 때 우리는 두 가지 가능성을 생각할 수 있다. 즉 처음부터 고도의 기술 문명이 태동하는 것을 방해하거나, 그런 문명이 건설된 직후 멸망시키는, 기술 문명의 발전을 여과하는 거대한 필터가 존재하는 경우다. 전자가 맞다면 이를 걸러내는 거대한 필터는 과거부터 존재했어야 하며, 우리는 운 좋게 그 필터를 통과했다고 볼 수 있다. 그러나 후자가 옳다면 필터는 미래에 있다. 그렇다면 불길한 앞날이 우리를 가로막고 있는 셈이다. 따라서 우리는 이를 통과하지 못하고 '여과'될 수 있다. 예컨대 우리가 태양계 어딘가에 사는 미생물이나 혹은 산소가 있는 외계 행성의 대기에서 생명이 산다는 근거를 찾았다고 치자. 무생물로부터 생명의 출현에 이르는, 지적 생명체와 기술 문명으로 가는 첫 단계는 사실, 일어날 가능성이 비현실적으로 낮은 도약이라고 말하기는 어렵게 된다. 따라서 우리는 그 거대한 필터가 첫 단계 '앞에' 있었다는 결론에 다다른다. 이 결론은 거대한 필터를 지적 생명체 발생 이후에서 이전으로 옮겨 주고, 이 경우, 인류 멸망의 재앙이 곧 일어날 가능성은 낮아진다. 우리가 지구 밖에서 원시 생명이 아닌, 보다 복잡한 형태의 생물을 발견한다면 상황은 암울해진다. 왜냐하면 지적 생명체로 진행하는 그다음 단계의 사건들이 일어날 가능성이 반대의 경우보다 높아졌기 때문이다. 그리고 그 거대한 필터가 지적 생명체 탄생 이전, 곧 그보다 과거에 있었을 가능성은 줄어든다. 반면에 지성체가 위험한 미래를 맞게 될 가능성은 높아진다. 즉 우주에서 생명이 필연적인 것이라면 그 침묵은 섬뜩할 수밖에 없다. 그리고 인류의 운명에 관한 한 이것은 불길한 결론일 수밖에 없다. 저 밖 어딘가에 ET가 없다면 차라리 우리는 우리 외에는 생명이 없었으면 좋겠다고 바라는 것이 낫다. 옥스퍼드 대학교 철학자인 닉 보스트롬(Nick Bostrom)은 직설적으로 이렇게 말했다. "화성이 아무도 살 수 없는 척박한 곳이라는 것을 알게 된다면 그것은 좋은 소식이다. 죽은 바위와 생명이 없는 모래는 내 정신을 고양시킬 것이다. …… 이 사실은 인류의 미래를 보장해 줄 것이기 때문이다."[25]

1979년 필자는 배우 더들리 무어(Dudley Moore)를 위해 대본을 하나 써 달라는 부탁을 받았다. 그는 「이제 시간이 됐다(It's About Time)」라는 제목의 BBC 다큐멘터리 프로그램에서 당황한 학생 역할을 연기했다. 이 에피소드는 그리스 철학자 제논의 유명한 역설로부터 시작된다. 제

논의 역설은 다음과 같은 이유 때문에 화살이 표적에 닿지 못한다는 내용을 담고 있다. 즉 화살이 표적에 도달했을 때 표적이 처음 있었던 곳은, 화살이 활시위를 떠난 순간 다음 지점으로 이동해 있다는 것이다. 그리고 화살이 그 지점에 도달하면 표적 역시 그다음 지점으로 이동하고, 이런 일이 무한하게 되풀이된다는 것이다. 텔레비전에서는 더 들리 무어가 활잡이 위치에서 앞으로 달려가다가 등 뒤에 화살을 맞고 넘어지는 장면이 나온다. 바로 이때 해설자가, 비꼬는 말투로 "철학 이야기는 이쯤에서 그만두죠."라고 말한다. 필자는 경우에 따라 이 장에서 재미를 느낄 수도 있는 철학적인 이야기를 끄집어냈지만, 철학은 절대로 과학 데이터를 대신할 수 없다. 그들은 비판적인 논리를 내세워 우주에 관해 거창하게 말했지만, 그것은 논리를 뒷받침하는 가정이 전부 맞을 경우에만 옳다. 지구 밖 생명에 관한 구체적인 과학적 증거가 없는 한 그게 우리가 할 수 있는 일의 전부다. 하지만 세티는 철학이나 통계학이 아니라, 기본적으로 실험과 관측에 바탕을 둔 프로그램이다. 과학적 발견은, 수 세기 동안 철학에서 추측하기만 했던 내용을 단번에 뒤집을 수 있다. 아직 저 섬뜩한 침묵은 계속되고 있지만 그렇다고 우리가 외계 지적 생명에 대한 탐색을 포기해야 할 만한 이유는 없다. 그 침묵은 오히려, 우리가 세티를 확대해야 하는 명분을 더해준다.

5

새로운 세티: 탐색 범위를 확장한다

상상은 남들이 보지 못하는 것을
꿰뚫는 시각 예술이다.
— 조너선 스위프트(Jonathan Swift)

그들은 우리가 여기에 있는지 모른다

전통적으로 세티는 외계 문명이 지구를 향해 협대역 전파 메시지를 보낼 것이라는 믿음에 바탕으로 두고 추진돼 왔다. 하지만 필자는 이 '중심 원리'가 그리 믿을 만하지 못하다고 생각한다. 빛의 속도가 유한한데다가, 다른 신호나 물리 효과도 그보다 빠른 속도로 전달될 수는 없기 때문이다. 이런 속도의 절대 한계는 시공간의 특성을 이루는 기본 물리 법칙에 속한다. 우리가 아는 기본 물리 법칙이 영 엉터리가 아니라면(엉터리일 경우, 세티는 전혀 고려할 가치가 없어진다.), 그 한계를 받아들여야 한다. 이런 내용을 제대로 이해하기 위해서 예컨대, 1,000광년 거리에 외계 문명이 있다고 가정하자. 이 거리는 세티 낙관론자들이 일반적으로 생각하는 외계 문명의 거리보다 가깝다. 거기에 사는 외계인이 지구를 자세히 관측할 수 있을 만큼 훌륭한 기술을 가지고 있다고 치자. 그들은 무엇을 볼까? 우리는 아닐 것이다. 그들이 보는 것은 전파 망원경이나 입자 가속기, 도로와 로켓이 아니다. 그들이 보는 것은 기원후 1010년경의 지구다. 이 시대는 산업 혁명이 일어나기 오래 전이며, 당시 인간이 가진 기술의 최고봉은 시계였다. 외계인들은 이집트 피라미드나 중국의 만리장성을 보고 있을지도 모른다. 그들은 도시와 농업의 흔적을 확인하겠지만, 성간 통신 기술과는 거리가 멀다. 인간이 건물을 짓고 농업 기술을 개발했다는 것은 분명하지만, 그렇다고 1,000년 뒤 전파 망원경을 건설할 것이라고 장담하기는 어려우리라.(어쩌면 5,000년이나 5만 년 뒤에 그런 일이 일어날 수 있다고 생각할 수도 있다.) 따라서 외계인들이 기원후 1010년에 우리에게 전파 신호를 쏘기 시작할 이유는 없다. 그래서 일부러 통신을 시도하기보다는, 우리가 전파를 수신할 만한 수단을 가질 때까지 기다리는 게 현실적으로 나을지도 모른다.

그럼 그 외계인은 우리가 언제 메시지를 받을 준비가 될지 어떻게 알 수 있을까? '우리'가 보낸 신호가 '그들'에게 도달할 때가 아닐까. 인간이 전파 기술을 만들어 낸 지 어느덧 1세기가 지났다. 900년이 지난 후에야 이 상상 속의, 가까운 거리에 있는 문명에 인간이 송출한, 미약한 첫 신호가 도달하리라. 그들이 '아주' 민감한 기기로 우리를 계속 감시하고 있었다면, 게다가 상황 대처가 아주 빨랐다면 그들이 보낼 첫 메시지를, 우리는 50세기가 시작되기 전에는 받아 볼 수 있다. 이런 일이 전혀 지체없이 이뤄졌을 경우에 그렇다는 이야기다. '그들'의 우주(외계인의 입장에서 이처럼 시간 지연이 일어나는 우주)에서는 직업이 전파 천문학자인 지구인이 아직 세상에 존재하지 않는다. 그들이 미래를 내다보는 일이 불가능하다면 지구에는 외계인들이 신호를 송출해야 할 대상, 즉 기술 문명이 '없다.' 앞으로 900년 동안 마찬가지다. 게다가 외계 문명이 1만 광년 밖에 있다면 기다려야 하는 세월은 그만큼 길어진다. 외계 신호를 찾기 위해 전파 망원경으로 하늘을 탐색하는 전통적인 세티의 결말은, 좋은 아이디어였지만, 우리가 수십 세기나 앞서 지나치게 빨리 시도한 것이 될지도 모른다. 이런 걱정을 빠져 나갈 만한 구멍은, 그런 외계인이 훨씬 가까이 있는 경우다. 이를테면 50광년쯤? 놀랄 만한 일이지만, 누가 알겠는가? 세티 연구자들은 그런 범위에 들어오는 항성계 후보들을 벌써 샅샅이 조사했지만 아무런 결과도 얻지 못했다.

이런 결론이 우리를 우울하게 만드는 것은 사실이다. 그러나 세티의 탐색 범위를 확장하는 전략에 잘 부합하며, 아주 먼 곳에 있는 외계 문명이 일부러 인간에게 메시지를 보낼 것이라는 생각에 반하는 고전적 세티 무용론에 힘을 실어 준다. 전파 신호 탐색으로 외계인이 보낼지도 모르는 메시지를 발견할 수도 있다. 그 메시지는 어쩌면 우리와 같은 시선 방향에 있는 다른 누군가에게 외계인이 보낸 신호를 우연히 우리가 청취한 것일 수도 있다. 아주 오래전에 송출된 신호가 태양 주변 별들과 행성들을 가로질러 지금에서야 우리에게 도달한 것이다. 이것은 물론, 전혀 사실과 거리가 먼 희망 사항일 뿐이다. 가능성이 낮은 또 다른 시나리오는, 어떤 외계 문명이 모든 방향으로 똑같이 신호를 보내는 경우다. BBC 국제 방송처럼 은하 전체를 대상으로 하는 서비스에 비유할 수 있을지도 모르겠다. 이 일을 성사시키기 위해서는 어마어마하게 강력한 송신 장치가 있어야 한다. 또, 그렇게 기대한다고 꼭 되리란 보장은 없지만, 이 일을 성취하려면 비범한 결단력과 이타심이 필요하다.

세티 연구자들이 지지하는, 별로 승산 없는 가능성 중 하나는 우리가 다른 행성에서 흘러나오는 정규 방송을 엿듣는 것이다. 라디오와 텔레비전 방송에는 보통 세티보다 훨씬 낮은, 50~400메가헤르츠(MHz) 주파수대를 이용한다. (세티의 주파수 대역은 1~2기가헤르츠(GHz) 대이다.) 하지만 새로 매장에 선보이는 전파 기기들은 좋은 감도로, 메가헤르츠 대역까지 들을 수 있게끔 만들어진다. 유럽에서는 지금, 저주파 전파 간섭계(Low Frequency Array), 즉 로파(LOFAR) 건설을 마무리하느라 한창이다. 로파는 2만 5000개의 금속 막대 안테나로 이뤄진 간섭계로, 여러 나라에 건설되며, 서로 네트워크로 연결돼 디지털 데이터가 한곳으로 모인다. 로파는 다른 전파 망원경들처럼 그때 그때 대상을 옮겨 관측하지 않고 한 번에 여러 달 동안 하늘의 넓은 영역을 동시에 감시할 수 있다. 따라서 한 전파원에서 계속 방출되는 약한 신호를 발견할 가능성이 높다. 로파의 1차 목적은 우주 탄생 직후 암흑 시대 말기에 과연 어떤 일들이 일어났는지 조사하는 것이다. 암흑 시대는 우주 진화의 역사에서 1세대 별들이 태어나기 직전을 말한다. 이때(약 130억 년 전)부터 우주는 빠른 속도로 급팽창하기 시작했으며, 이때 방출된 전자기파는 다양한, 흥미로운 전파원들부터 나왔는데, 파장이 늘어나 지구의 관측자가 볼 때는 주파수가 메가헤르츠 영역까지 이동해 수신된다. 로파 외에도 비슷한 프로젝트들이 현재 진행되고 있다. 로파와 비슷한 목적과 개념을 바탕으로 건설되는 더 야심찬 시스템인 제곱킬로미터 전파 간섭계(Square Kilometer Array)인 스카(SKA)가 그것이다. 이 시설은 방해 전파의 영향이 거의 없는 오스트레일리아 서부나 아프리카 남서쪽에 건설될 예정이다. 이름이 뜻하는 것처럼, 간섭계가 완공됐을 때 전체를 구성하는 안테나들이 이루는 총 면적이 무려 1제곱킬로미터에 이른다. 이런 고감도 시설들이 정상 가동돼 관측에 쓰일 때, 세티 연구자들은 1차 목적인 천문학 연구를 방해하지 않고 그 데이터를 세티에 활용할 수 있다.

이런 차세대 연구 시설이 세티에 쓰일 수 있다는 사실은 환영할 만한 일이다. 하지만 억세게 운 좋은 경우가 아니라면, 외계인의 신호를 엿듣는 데 전용 장비로 로파나 스카가 이용될 리는 없다. 이 두 연구 시설은 거대한 규모를 자랑하지만, 설령 제일 가까운 별 주위를 도는 행성에서 지구 텔레비전 방송국 수준의 전파를 송출한다고 해도 우리는 이를 수신할 수 없다. 하지만 한 가지 희망은 있다. 하버드 대학교의 에이브러햄 로엡(Abraham Loeb)은, 수 광년 떨어진 거리일 경우 스카를 이용해 지구 텔레비전 방송국 수준의 송출 장치로 보낸 신호를 잡을 수 있을 것이라고 예측했다. 그가 제시한 조건은, 같은 신호를 한 달간 계속해 검출하는 것은 물론, 같은 주파수대에서 잡힌 지구의 간섭 전파들을 완벽하게 제거할 수 있는 경우에 한정된다.[1] 그 범위는 별들 간의 거리에 해당하지만 천문학적으로는 우리 태양 주변의 이웃 별들에 국한된다. 예컨대, 1,000광년 밖에 있는 텔레비전 방송국 신호를 수신할 희망은 거의 없다. 하지만 지구의 방송국 출력에 비해 어마어마하게 강력한 전파를 쏜다면 이야기는 전혀 달라진다.[2] 하지만 그보다 더 큰 문제가 있다. 이 문제는 필자가 4장에서 이미 언급했다. 우리 인간의 경험에 비춰 강력한 출력의 전파를 쓰는 것은 일시적인 유행일 가능성이 높다. 지구에서는 거의 모든 텔레비전 채널이 광섬유를 통해 서비스된다. 수십 년 안에 지구는 전파 대역에서 거의 완벽하게 조용한 행성이 돼 우주 공간으로 아무런 신호도 보내지 않게 되리라. 하지만 아주 오래된 외계 문명이라면 방송을 계속해야 할 나름의 중요한 이유가 있을지도 모른다. 그렇다면 우리는 로파나 스카를 써서 외계 신호를 탐색할 만한 충분한 이유가 있다.

광자만 있는 게 아니다

전파와 레이저 신호는 둘 다 전자기파이며, 메시지를 전달하는 데 광자가 이용된다. 원리적으로는 임의의 위치, 즉 A 지점에서 B 지점까지 신호를 암호화해 전송할 수 있는데, 우리가 세티의 전략을 확장하려면 외계 신호가 다른 방식으로도 전달될 수 있다는 점을 생각해야 한다. 우리가 신호를 암호화할 때 맞닥트리는 기술적 문제는 A와 B가 수 광년 떨어져 있을 때 그 사이에 기체나 먼지처럼 신호를 방해하는 물질이 있다는 점이다. 우리 은하의 경우 은하면에는 특히 먼지가 은하수를 따라 뚜렷하게 어두운 띠 모양으로 분포한다. 전파와 레이저는 모두 특정한 파장 대역에서 먼지에 대해서는 상대적으로 투명하다는 이점이 있다. 그러나 광자보다 투과 능력이 뛰어난 수단이 있다면 성간 통신 수단으로는 훨씬 유리하지 않을까. 그 가능성 중의 하나는, 물질을 투과하는 놀라운 특성이 있는 중성미자다. 곤란한 점이 있다면 그것은 수신기마저 뚫고 지나간다는 것이다. 만약 ET가 메시지를 보내는 데 중성미자 빔을 쓰고 있다면 우리는 그것을 탐지하기 위해 완전히 새로운 방법을 고안해 내야 한다

과거 중성미자는 순수하게 이론적으로만 예측됐다. 중성미자를 검출, 기록할 수 있는 민감한 장치가 없었기 때문이다. 그러나 1950년대, 마침내 핵반응로에서 나오는 강력한 중성미자를 검출하면서 상황은 반전됐다. 중성미자가 물질과 일으키는 반응은 극히 미약하지만, 가끔 원자핵을 때려 탐지할 수 있는 변화를 일으키기도 한다. 그러나 이런 확률은 극히 낮다. 1조 개의 중성미자가 쓸고 지나갈 때 그중 고작 하나가 기록될 정도니 말이다. 오늘날, 중성미자 물리학은 상당히 발전했다. 예컨대, 중성미자 빔은 입자 가속기 연구소에서 만들어져 지구를 관통한 다음 수천 킬로미터 떨어진 곳에서 검출하는 실험에 쓰인다. 현재 킬로미터 단위의 폭을 가진, 엄청난 부피의 순수한 물(또는 얼음)이 담긴 거대한 중성미자 검출 시설들이 여기저기에 건설되고 있다. 이런 시설에서 중성미자가 원자핵을 때리면 고속 하전 입자를 만들어 내며, 이때 번쩍 하고 섬광이 일어난다. 이런 섬광은 증폭돼 고감도 장치에 기록된다. 물리학자들은 '중성미자의 눈'으로 우주를 연구하기 위해 이런 중성미자 실험 시설을 남극과 지중해 해저, 그리고 시

베리아의 바이칼 호수 등지에 짓고 있다. 고에너지 중성미자는 초신성과 블랙홀, 그리고 짐작건대 암흑 물질에서 일어나는 여러 물리 과정을 통해 만들어질 것으로 기대된다. 따라서 우리는, 여러 난관에도 불구하고, 원리적으로는 외계인이 중성미자 빔으로 암호화해 발신할지도 모르는 메시지를 검출할 수 있는 시설을 이미 갖추고 있는 셈이다.

중성미자를 신호화하는 방법은 샌터바버라 소재 캘리포니아 주립대학교 카블리 이론 물리학 연구소(Kavli Institute of Theoretical Physics)의 앤서니 지(Anthony Zee)와 그의 동료들이 연구해 왔다.[3] 앤서니 지는 외계인들이, 태양과 별에서 생성되는 것보다 훨씬 에너지가 높은 중성미자를 선택할 것이라고 제안했다. 우주 공간을 날아다니는 중성미자 가운데 높은 에너지를 가진 것은 극히 드물기 때문에 우리 몸을 통과하는 고에너지 중성미자라면 눈에 더 잘 띌 수밖에 없다. 이것은 고에너지 전파와는 좋은 대조를 이룬다. 고에너지 전파는 다양한 밀집 천체에서 방출되기 때문에 전파를 쓰려면 ET는 '우주와' 경쟁해야 한다. 앤서니 지는, 외계인들이 입자 가속기로 전자와 그 반입자(양전자)를 충돌, 소멸시켜 일정한 방향으로 지향 가능한, 좁은 중성미자 빔을 만들 수 있을 것이라고 생각하고 있다. 지구의 물리학자들이 시도해 성공한 방법이기는 하지만, 외계인들은 더 높은 에너지를 이용할 수 있을 것이라는 이야기다. 에너지가 높을수록 중성미자는 검출하기 쉬워진다. 이 방법을 쓸 때 가장 큰 장점은 고에너지를 활용할 경우, 중성미자가 원자핵과 특히 강렬하게 반응해 물리학자들이 W 보손이라고 부르는 입자들이 스프레이처럼 뿌려져 나온다는 것이다. (기술적으로 관심 있는 독자들을 위해 설명하면 그 에너지는 6.3페타전자볼트(PeV)다.) 우리가 만일, W 보손이 이런 방법으로 만들어지는 것을 목격한다면 분명히 관심을 기울일 것이다. ET들은 메시지를 신호로 만들기 위해 대체로 모스 부호와 비슷한 형태의 암호를 쓰리라. 어쩌면 그 데이터 전송 속도는 한심한 지경일지도 모른다. 앞으로 설명하겠지만, 그것은 그리 중요한 문제가 아닐 수도 있다.

우주의 등대

모든 사람이 컴퓨터에 꽤 익숙해 있지만, 그것을 누가 만들었는지 아는 사람은 드물다. 놀랍게도, 처음 일반 계산기에 관한 기초 설계를 한 사람은 19세기 중반 영국의 괴짜 천재였던 찰스 배비지(Charles Babbage)로 거슬러 올라간다. 안타깝게도 그의 기계식 계산 기관(Mechanical Calculating Engine), 또는 해석 기관(Analytical Engine)은 완성되지 못했다. 하지만 1991년 런던 과학관에서는 배비지 탄생 200주년을 맞아 그 원형이 된 차분 기관(Differential Engine)의 복제품을 실제로 제작, 가동했다.

배비지가 만든 발명품 가운데는 우리가 잘 아는 등대의 신호 장치가 있다. 원리는 단순 그 자체다. 수평면을 따라 광선 빔을 천천히 돌려 비춘다. 어떤 한 지점에서 바라볼 때 광선 빔이 한 바퀴 돌 때마다 한 차례 또는 두 차례 섬광이 일어난다. 이 신호는 특정한 곳을 향하지는 않지만, 일정한 거리 안에 있는 배의 선원들이 볼 수 있다. 등대에서 보내는 신호는 "위험: 조심해서 항해하시오!"가 될 수도 있고, 아니면 "여기 사람 있습니다!"로 해석할 수도 있다. 즉 최소 정보에 해당하지만 적어도 선원들에게는 아주 중요한 내용을 담고 있다.[4] 발달된 문명을 가진 외계인들도 과연 이와 비슷한 등대, 즉 '비콘(beacon)'을 만들어 은하에 있는 다른 별들에나 신호를 보낼까?

역사적으로 비콘을 행성 간 통신에 적용하자는 생각은 적어도 1세기 전, 전파 세티에 관한 아이디어가 처음 나왔을 때로 거슬러 올라간다. 1802년, 수학 천재 카를 프리드리히 가우스(Karl Friedrich Gauss)는 시베리아 숲에 거대한 형태의 구조물을 만들고 화성인들의 주의를 끌어, 우리의 지적 능력을 보여 주자고 제안했다. 그 생각은, 숲의 일부를 제거한 뒤, 그 안쪽에 밀을 심어 피타고라스의 정리를 상징하는 형태를 만들자는 것이었다. 그 이후, 퍼시벌 로웰이 비슷한 꿈을 꿨다. 즉 사하라 사막에 운하를 판 뒤, 기름을 채우고 밤에 불을 붙여 화성에서 볼 수 있도록 하자는 것이다. 발명가이자 망원경 제작자인 로버트 우드(Robert Wood)는 '거대 구조물'에서 벗어나, 조금 다른 생각을 했다. 그는《뉴욕 타임스》기고문에서 이렇게 제안했다. 즉 작은 천 조각을 이어 거대한 검은 점을 만든다. 그래서 그 거대한 천을 주기적으로 말았다 폈다 하면 화성에 살지도 모를 이웃이 볼 때 그 점이 깜빡거리는 것처럼 보일 것이라는 것이다! 이렇듯 초기의 제안들은 배율을 고려하지 않았거나, 아니면 태양계의 범위를 벗어나지 못했다. 하지만 고출력 전파와 레이저가 개발되면서 행성 간 공간을 벗어나, 성간 공간을

가로질러 신호를 전송할 수 있는 비콘을 쓰는 길이 열렸다.[5]

캘리포니아의 쌍둥이 물리학자인 그레고리 벤퍼드와 제임스 벤퍼드는 오래전, 외계 문명이 강력한 전파 비콘을 사용했거나, 인간이 그런 신호를 검출하는 수단을 갖게 될 가능성에 대해 자세히 연구했다. 그레고리는 천체 물리학자인 동시에 SF 소설 수상 경력이 있는 작가인 반면, 제임스는 고강도 극초단파 빔 기술 전문가였다. 벤퍼드 형제는 고대 문명이 비콘을 쓸 만한 이유가 충분히 있다고 생각했다. 이를테면, 사라진 지 이미 오래된 어떤 고대 문명에서 비콘은, 한창 영화를 누리던 당시만 해도 어쩌면 첨단 기술을 뜻하는 기념비적인 상징이었을지도 모른다. 비콘은 외계인들의 주의를 끌어 첫 교신을 유도할 수 있는 좋은 방법이기도 하다. 누군가 신호를 검출한다면 그 이후에 세티에 투자되는 노력은 배가될 수밖에 없다. 세티는 예술적인 동시에 문화적이며, 종교적 상징이 될 수 있을 뿐 아니라, 어찌 보면 우주에 낙서를 그리는 일이다. 아니면 도움을 청하는 절규일 수도 있고, 변변치 않은 등대, 아니면 경고일 수도 있다.

벤퍼드 형제는 짧은 펄스를 갖는 강한 극초단파(가시광 대역이 아니다.) 비콘에 필요한 출력 요구 조건을 계산했다. 연속적인 메시지보다는 간헐적인 신호를 전송하는 데 훨씬 낮은 출력이 필요한 것은 분명하다. 펄스는 검출하기 쉽지 않지만, 전송하는 것은 전혀 어렵지 않다. (물론, 은하 밖으로 전파 신호를 보내는 일은 현재 인간의 기술 범위를 넘어선다.) 벤퍼드 형제가 도입한 첫 번째 가정은, 신호를 전송하는 데 드는 비용은 기본적인 물리 지식을 바탕으로 계산할 수 있다는 것. 이것은 외계인이라 할지라도 우리와 비슷한 조건에서 살 것이라는 가정에 바탕을 둔다. 그리고 최고의 문명을 가진 외계인이라 할지라도 자원을 말도 안 될 만큼 낭비해 가며 그런 일을 벌이지는 않을 것이다.[6] 그래서 벤퍼드 형제는 이 문제를 "돈을 지불하는 사람들이라는 측면에서" 비콘을 지향하거나, 펄스 특성에 대한 계획을 세우거나, 안테나 건설비와 시설 운영비를 고려하는 경우에 대해 분석했다.[7] 효율을 생각한다면 고주파가 유리하기 때문에 그들은 기가헤르츠 대역이 최적일 것이라고 제안했다. 이보다 주파수를 높이면 은하의 전파 배경 복사가 간섭을 일으킨다. 지금까지 세티 관측은 대부분 그보다 낮은 1~2기가헤르츠의 주파수대에 집중됐다. 교신 지속 시간과 교신 사이의 간격은 상반되는 관계에 있다. 좋은 절충안이 있다면, 그것은 1초간 지속되는 신호를 1년에 한 번 정도 전송하는 것이다.

고전적인 세티와는 달리, 특정 주파수에서 연속적인 협대역 신호를 송출하는 방법을 택할 수 있다. 이렇게 하면 넓은 주파수 대역에 걸쳐 짧게 깜빡이는 형태의 비콘을 만들 수 있기 때문이다. 혹은 좀 더 주의를 끌 수 있도록 두 차례 깜빡거리는 비콘을 선택할 수도 있다. 공교롭게도 세티가 시작된 이후 여러 차례 이런 형태로 깜빡거리는 신호가 기록됐지만, 후속 관측으로 이어진 경우는 드물었다. 여기에는 그럴 만한 이유가 있다. 1장에서 말한 것처럼, 전파 망원경에 일단 이상한 신호가 잡히면 다음과 같은 과정을 따른다. 즉 안테나가 관측 대상을 벗어나도록 움직여 신호가 사라졌다는 사실을 확인한 뒤(이렇게 하면 기기에 이상이 생겼을 경우, 그 효과를 배제할 수 있다.), 다시 원위치로 돌아온다.

그 결과, 신호가 다시 잡힌다면 가능한 한 거리가 멀리 떨어진, 최초 발견자와 협력 관계에 있는 다른 전파 망원경을 이용해 문제의 신호가(예를 들면, 이동 통신과 같은 인위적인 신호가 아닌) 천문학적인 전파원으로부터 왔다는 사실을 확인할 수 있다. 이 과정은, 연구자들이 이와 같은 확인 절차를 밟는 동안에 신호가 몇 시간 동안 계속 관측된다는 가정에 바탕을 둔다. 하지만 전파 망원경이 한순간 깜빡하는 신호를 발견했다면, 하지만 그 이후 아무런 신호도 잡히지 않았다면 최초 검출 후에 이런 과정을 밟는 것은 불가능하다.[8]

1977년 8월 15일, 오하이오 주립 대학교의 큰 귀 전파 망원경(Big Ear radio telescope)으로 관측하던 제리 이만(Jerry Ehman)은 이상한 펄스 신호를 발견했고, 이 신호는 그 내용에 꼭 맞게 "와우!"라는 이름이 붙었다. 이 펄스는 72초(펄스치고는 상당히 긴 편에 속한다.)나 지속됐으며, 그 뒤에는 다시 검출되지 않았다. 이만은 안테나가 검출한 신호를 인쇄하던 중에 펄스를 발견했고, 너무나 흥분한 나머지 인쇄 용지 여백에 "와우!"라고 썼다. (그림 8) 그 이후 이 신호에 대해 여러 가지 분석이 나왔지만, 인공적인 것인지, 아니면 자연적인 현상에 원인을 둔 것인지에 관해서는 만족할 만한 답을 얻지 못했다. 그 이후 논란이 됐던 또 다른 예는, 오스트레일리아 팍스 전파 망원경(화보 11)으로 소마젤란 은하 근처에서 검출된 신호다. 이것은 0.5밀리초(1밀리초는 1,000분의 1초다.) 동안 지속됐으며, '로리머의 펄스(Lorimer's pulse)'라고 불린다. 이 신호는 웨스트 버지니아 대학교 데이비드 로리머(David Lorimer)의 학부 학생이었던 데이비드 나크비치(David Narkevic)가 발견했다. 로리머가 찾던 것

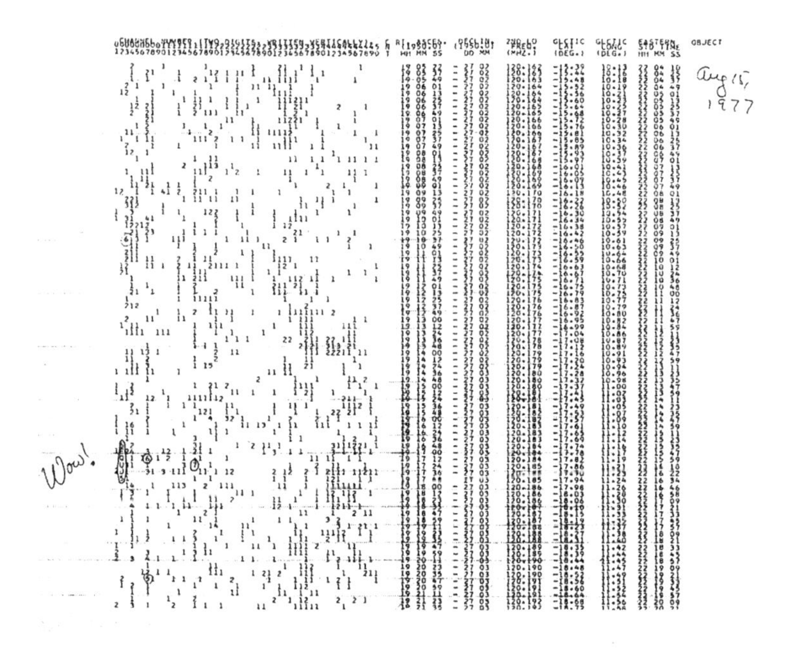

그림 8 '와우!' 신호가 기록된 인쇄 용지.

은 ET가 아니었고 펄서라는 천체였다. 이 수수께끼 같은 신호는 데이터에 묻혀 있다가 실제로는 검출이 이뤄진 훨씬 뒤에야 발견됐다. 같은 영역에 대해 재관측을 시도했지만 그 후에는 비슷한 신호가 나오지 않았다. 전파원의 정체에 대해서는, 우리 은하 밖, 아주 먼 곳에서 온 것 같다는 것 외에는 제대로 의견의 일치를 보지 못했다. 천문학자들이 추측하는 가장 그럴듯한 원인은, 블랙홀 주변에서 일어난 격렬한 현상일 것이라는 것밖에 없다.

펄스의 원인으로 짐작되는 후보 가운데 하나는 블랙홀이 폭발하는 경우다. 1975년, 스티븐 호킹(Stephen Hawking)은 블랙홀이 검지 않으며, 열을 복사하는데다가 에너지를 잃고 크기도 줄어들어 결국 완전히 증발해 버린다고 결론지었다. 블랙홀은 크기가 줄어들면서 내부 온도가 올라가 급격한 폭발을 일으키며, 이때 이온화된 고에너지 입자가 방출된다. 이런 최후의 폭발이 은하 자기장과 같은 자기장 내부에서 일어날 경우, 이온들은 짧지만 아주 강력한 전자기 펄스를 만들어 낸다.[9] 그러나 전파 망원경으로 블랙홀 폭발을 발견하려는 천문학자들의 노력은 아직 빛을 보지 못하고 있다.

세티가 풀어야 할 숙제 가운데 하나는 인공 신호와 자연 신호를 분리해 내는 것이다. 외계 문명이 만일, 펄스를 이용해 주의를 끌고 싶다면 지성을 상징하는 내용을 담으려고 하지 않을까? 이를테면 특정한 몇 개 주파수를 중심으로 수학적인 패턴이 나타나도록 채널을 선택한 뒤, 신호를 동시에 송출하는 방법을 쓸 수 있다. 기존의 세티 시스템은 하드웨어나 자료 분석 장치가 연속적인 협대역 신호를 관측하도록 설계됐으며, 그 이외에 다른 신호 처리를 할 수 있도록 만들어지지는 않았다. 하지만 기본적으로 펄스를 탐색하는 데는 아무 문제가 없다. 문제의 본질은 자원이다. 일시적으로 나타나는 사건을 찾기 위해서는 어떤 기간, 예컨대 1년 동안, 하늘의 특정 영역을 지속적으로 감시해야 한다. 왜냐하면, 설령 앞으로 우리가 하늘의 '어떤 영역'에서 비콘이 방출될지 안다고 해도 그게 정확하게 '언제' 일어날지는 예측할 수 없기 때문이다. 현재 캘리포니아 주립 대학교 버클리 캠퍼스에서는 '파리의 눈(Fly's Eye)'이라는 시스템과 앨런 전파 간섭계로 밀리초 펄스 신호를 찾기 위한 시험 관측을 진행하고 있다. 현재 운영 중인 총 42개의 안테나는 하나씩 하늘의 다른 영역을 지향하도록 해 한꺼번에 넓은 하늘을 탐색한다. 유감스럽게도 안테나 지름은 고작 6미터에 불과해 전파 감도는 아주 제한적일 수밖에 없다. 아스트로펄스(Astropulse)라는 이름의 전용 프로젝트에서는 세계 최대인, 푸에르토리코 소재 아레시보 전파 망원경을 쓴다. 이 망원경은 오랫동안 세티 전용 관측 시설로 쓰여 왔으며 영화 「콘택트」와 「골든 아이(GoldenEye)」로 유명해졌다. (화보 12) 이 시설은 감도가 훨씬 뛰어나지만, 시야가 아주 좁다는 게 흠이다. 이 두 개의 프로젝트는 이제 막 시작됐지만, 외계의 비콘 신호를 탐색하는 일은 아직 기획 단계에 머물러 있다.

탐색 범위를 좁혀 줄 단서들

필자는 이 장 초반부터 외계 지성체의 탐색 범위를 넓혀야 한다고 말했다. 하지만 이 방법은 목적이 불분명하기 때문에 '건초더미에서 바늘 찾기'에 비유되는 세티의 특성을 고려할 때 성공하기 어려울 것으로 보인다. 그러나 비콘을 대상으로 할 경우, 많은 별들이 모여 있는 은하면에 집중한다면 어느 정도 어려움을 극복할 수 있다. 우리 은하는 납작한 원반에 나선팔이 뻗은 구조를 가지고 있으며, 그 나선팔 중의 하나에 우리 태양계가 있다. 은하 외곽에는 별과 기체가 드문드문 분포해 있으며, 생명의 기본이 되는 탄소 같은 무거운 원소들은 아주 함량이 낮다. 별은 대부분 은하 안쪽에 모여 있고, 거기에는 늙은 별들이 많은데, 바로 이 별들 주변에 고대 문명이 존재할 가능성이 높다고 생각된다. 그렇기 때문에 비콘을 찾기 위해서는 은하 중심이 있는 궁수자리 방향으로 탐색을 시도하는 것이 가장 가능성이 높다.[10]

그러나 비콘을 탐색하는 방향은 문제의 일부일 뿐이다. 은하면 거리, 즉 별이 은하면에서 '위'나 '아래'로 떨어진 거리에 따라 생명체의 서식 가능성이 어떻게 달라질까? 별은 공전하면서 은하면을 가로질러 위, 또는 아래로 운동하면서 복잡한 문제를 일으킨다. 예컨대, 태양은 6200만 년에 한 번씩 이처럼 규칙적으로 운동하며, 그 결과 은하면을 기준으로 약 230광년까지 벗어나게 된다. 최근 캘리포니아 주립대학교 버클리 캠퍼스 소속 물리학자 두 사람, 곧 리처드 멀러(Richard Muller)와 로버트 로드(Robert Rohde)는, 4억 4200만 년 전 바다 생물의 화석을 이용해 깜짝 놀랄 만한 발견을 이룩했다.[11] 잘 알려진 것처럼, 지구에서는 갑작스러운 멸종으로 인한 생물 다양성의 급격한 변화를 볼 수 있다. 이런 소름 끼치는 절멸에 대해서는 충돌이나 초신성, 혹은 화산 폭발에 원인이 있다는 여러 이론들이 발표됐다. 멀러와 로드가 알아낸 것은, 바다 동물의 멸종과 관련된 패턴이 뚜렷하게 6200만 년의 주기성을 갖는다는 것이다. 즉 태양이 은하면 북쪽으로 최대 거리에 도달했을 때 멸종으로 인한 치사율이 최대에 달했으며, 남쪽으로 최대 거리에 도달했을 때에는 최솟값을 보였다. 분석 결과, 은하 북쪽에 뭔가 있다는 사실을 알 수 있다. 그게 뭔지는 모르지만, 왜 남쪽에서는 발견되지 않고 북쪽에서만 발견되는 것일까? (남북 양쪽에서 발견된다면 멸종의 주기는 6200만 년이 아니라, 3100만 년일 것이다.)

캔자스 주립 대학교의 천체 물리학자인 미하일 메드베데프(Mikhail Medvedev)와 에이드리언 멜롯(Adrian Melott)은 이 문제에 관해 아주 재미있는 설명을 달았다.[12] 우리 은하 원반에서 빛을 내는 발광(發光) 영역은 남북으로 대칭을 이루지만 은하 헤일로에서는 그렇지 않다는 것이다. 은하는 양성자와 그 밖의 하전 입자 형태로 입자의 '바람'을 방출하는데, 그 결과 은하 간 공간에서 모든 방향으로 넓게 확장된 엷은 기체 구름을 만들어 낸다. 그런데 이 기체 구름은 남쪽으로 치우친 모양을 갖게 됐다. 왜일까? 우리 은하는 이웃 은하들과 마찬가지로, 처녀자리 방향에 있는 무거운 은하단(처녀자리 은하단을 말한다. — 옮긴이)을 향해 초속 200킬로미터의 속도로 달려가고 있다. 이 은하단은 우리 은하를 기준으로 북쪽에 있다. 이때 (대부분 이온화된 수소 기체로 이뤄진) 엷은 은하 간 물질이 점성을 띤 장애물 역할을 하며, 그 결과 헤일로가 남쪽으로 밀려나 비대칭 형태를 이룬다. 그리고 헤일로 기체가 은하 간 물질과 만나 활 모양의 충격파면이 만들어진다. 이후 시간이 지나면서 충격파면에서 발생한 에너지가 은하 간 물질과 헤일로로부터 전자기적 과정을 통해 변환된다. 그 결과, 이 에너지는 양성자를 높은 에너지로 가속시킨다. 이 양성자들(그리고 헤일로 외곽에서 이와 비슷한 방식으로 가속되는 다른 입자들)은 지구에 부딪히는 고에너지 우주선 입자의 상당 부분을 차지한다. 지구는 자체 자기장은 물론, 은하 자기장 덕분에 우주선 입자들로부터 부분적으로 보호받고 있다. 메드베데프와 멜롯은 지구에서 검출되는 우주선의 복사 강도가 은하면을 기준으로 한 태양계의 위치에 따라 놀라우리만치 민감하게 변한다는 결론을 내렸다. 태양계가 은하면을 기준으로 '북쪽으로' 상승해 충격파면 가까이 도달할 경우, '남쪽으로' 내려갈 때보다 우주선 선속이 다섯 배가량 상승한다.

우주선 입자는 오랫동안 생물의 멸종과 관련이 있다고 알려졌다. 고에너지 우주선 선속이 지구 상층 대기를 때리면 화학 변화로 인해 구름의 양이 늘어나며, 그 결과 지구가 급격하게 냉각될 가능성이 있다. 또 우주선 입자 때문에 물질이 뮤온과 같은 유해한 기본 입자들로 붕괴할 가능성이 있는데, 뮤온은 심해저까지 뚫고 내려가 바다 생물을 위협할 수도 있다. 그런가 하면 뮤온 입자들이 오존층을 공격해 대기권이 생명에 치명적인 태양 자외선을 차단하지 못하게 될지도 모른다. 이런 여러 효과들이 은하면 북쪽 지역에서 중첩돼 누적되면, 그 결과 그곳에서 지적 생명체가 멸종에 처할 수도 있다. 고도의 기술 문명이 꼭 은하면 북쪽에 있는 지구형 행성에서 진화하리라는 법은 없다. 기술 문명이 발달한 행성에 사는 외계인이라면 자신이 속한 행성계가 정해진 궤도를 따라 은하면 북쪽으로 올라가기 전에 미리 '위기 대처' 능력을 갖출지도 모른다. 그것은 우주선 폭풍에 대항해 수백만 년 넘는 견디기 힘든 세월을 극복하는 노하우일 수도 있다.[13] 그러나 장기간 지속된 문명은, 그들이 속한 행성계가 주변 별들을 기준으로 은하면 위아래로 좁은 폭 안에서 진동했을 가능성이 있으며, 은하면에서 가까운 지역에 머물렀을 수도 있다. 비콘을 쓰는 외계 문명은 모든 방향으로 무분별하게 전파 신호를 송출하기보다는 '생명이 서식할 만한 영역'에 집중해 비용을 대폭 절감할 가능성이 높다. 그렇기 때문에 어디선가 비콘 신호가 나온다면 그것은 은하면에 집중돼 발견될 가능성이 높다.

외계 문명은 자연 상태에서 나오는 비콘을 표지로 쓸 수도 있다. 다른 외계 행성에 전파 천문학자들이 산다고 가정한다면 그들도 외계의 천체들을 대상으로 (또 다른 외계 문명의) 신호를 찾을 것이고, 신호에 뭔가 이상한 게 잡힌다면 쉽게 눈치 챌 것이기 때문이다. 특별히 그런 천체에 초점을 맞춘다면 탐색 범위를 좁힐 수도 있다. 천문학자 입장에서 펄서는 친숙하고 강력한 전파원이며, 인공 신호를 실어 주의를 끌기에 적당하다. 펄서란 빠른 속도로 자전하면서 하전 입자들을 분사, 좁은 빔 형태로 강력한 전파를 방출하는 중성자별이다.[14] 별이 자전하면 흡사 등대처럼 빔이 회전을 일으킨다. 그리고 지구에서는 아주 규칙적인 전파 펄스가 계속 나오는 것을 관측할 수 있다. 중성자별 가운데 아주 빠른 속도로 자전하는 경우에는 펄스 간격이 수 밀리초밖에 되지 않는 것도 있다. 천문학자들은 이런 천체에 특히 관심을 가지고 있으며, 그동안 많은 연구가 이뤄졌다. 영국 버밍엄 대학교의 윌리엄 에드먼슨(William Edmonson)과 이언 스티븐스(Ian Stevens)는 다음과 같은 예측을 내놨다. 즉 외계 문명은 그들 입장에서 펄서와 같은 시선 방향에 있는, 서식 가능한 외계 행성을 향해 인공 신호를 송출할 수 있으며, 그 신호는 펄서와 같은 주기를 가질 것이라는 것.[15] 만일 지구가 그 표적 중의 하나였다면 우리는 펄서의 '정반대 방향'에서 독특한 형태의 신호를 포착하게 되리라. 실제로 이런 펄스가 검출됐다면 지성체가 쏜 인공 신호라는 결정적인 증거가 될지도 모른다. 에드먼슨과 스티븐스는 아주 안정적으로 빠르게 자전하는 펄서를 가지고 생명이 살 만한 별 수십 개를 확인했다. 이들은 펄서를 기준으로 했을 때 지구 반대 방향으로 1도의 원뿔 안에 들어가는 별들을 후보로 해서 골랐다. 또 두 사람은 그 반대 방향, 즉 펄서와 같은 시선 방향에 있는 서식 가능한 별들을 목록으로 만들었다. 그 펄스는 우리가 아는 (펄서의) 주기에 규칙적인 비트가 포함됐기 때문에 오랜 시간 동안 관측할 경우, 배경 전파 잡음에 둘러싸인 약한 신호라 해도 신호가 축적돼 잡아낼 수 있다. 기술의 실용성을 중요시하는 문명이라면 자연적으로 발생하는 펄서의 펄스에 자신들의 신호를 동조시켜 메시지를 전달하려고 시도할지도 모른다. 펄서는 워낙 강력하기 때문에 출력 문제를 말끔히 해결할 수 있다. 동시에 은하의 어느 방향에서 오더라도 별로 크지 않은 전파 망원경으로도 신호를 잡아낼 수 있다. 그 신호는 주파수나 전파의 세기 또는 편광에 어떤 패턴을 띠고 있을 것으로 보인다.

순간적인 펄스는 그 특성상 많은 양의 정보를 담을 수 없기 때문에 그 가치가 제한적일 수밖에 없지만, 방대한 데이터베이스의 자물쇠를 여는 열쇠로서 역할을 할 수도 있다. 즉 비콘을 이용해서 외계 생명과 문명 들의 비밀을 담은 『은하 대백과사전』을 다운로드받을 수 있는 방법을 알아낼 수 있을지도 모른다. 그런 일이 가능한 제일 가까운 영역은 어디일까? 은하 저편 중간 지점? 그럴 수도 있다. 하지만 그것은 우리 태양계 바로 근방일지도 모른다.

우리 집 앞에 숨겨진 메시지

전통적인 세티의 가장 큰 단점은 신호가 오는 데 장구한 시간이 필요하다는 것. 1,000광년 밖에 있는 문명이 발견될 경우, 우리가 보낸 메시지에 대해 답신을 얻으려면 최소한 2,000년이 걸린다. 칼 세이건이 말한 것처럼, 짧은 대화가 전혀 불가능한 상황이다. 지질학적, 혹은 진화론적 시간 척도로 볼 때 2,000년은 눈 깜짝할 사이에 지나가지만, 우리 인간에게는 허망하리만큼 긴 세월이다. 그런데 또 다른 재미있는 가능성이 있다. 외계 지적 생명체가 태양계에 탐사선을 보냈다면 그들과 준(準)실시간으로 대화를 나눌 수 있다는 것이다. 그 장점은, 신호가 지구에 도달하는 데 수분에서 수 시간밖에 걸리지 않는다는 것이다.[16] 로널드 브레이스웰(Ronald Bracewell)은 세티가 처음 시작됐을 때 이런 가능성을 처음 언급했고, 그 이후 이 주제는 여러 차례 되풀이해서 논의됐다.[17]

외계인의 관점에서 멀리 탐사선을 파견하는 일은, 일단 일을 벌인 뒤에 잊고 지낼 수 있다는 면에서 이점이 있다. 미리 임무를 잘 설계해 놓는다면 탐사선을 보낸 문명이 사라진 뒤에라도 살아남을 가능성이 있다. 만일 자신이 출발한 행성의 본부에 보고할 필요가 없다면 굳이 거대한 안테나를 설치할 이유가 없다. 과거에 전파 망원경을 이용해 (몇 년 전 마지막으로 통신이 이뤄지기 전까지) 태양계 외곽을 비행하던 파이오니어 10호의 위치를 찾는 데 전혀 문제가 없었다. 이제 파이오니어에 실린 송신기는 크리스마스트리에 달린 전구보다 훨씬 출력이 약해졌지만 말이다. 외계 탐사선은 아주 작은 칩에 방대한 정보를 저장할 수 있으며, 우리와 대화가 될 경우, 슈퍼컴퓨터를 써서 교육과 문화에 관한 엄청난 양의 자료를 교환할 수 있을지도 모른다. 탐사선은 이론상 어떤 크기라도 가능하지만, 지금 필자가 생각하는 규모는 지구인이 만든 통신 위성 크기 정도다.

외계 탐사선이 바로 우리 주변까지 왔었다면 그것을 어떻게 알 수 있을까? 또 어디를 찾아야 할까? 우리가 생각할 수 있는 제일 간단한 방법은 지구 저궤도에 탐사선을 갖다 놓는 것이다. 하지만 이 가능성은 배제해야 한다. 저궤도에는 이미 우주 쓰레기를 포함해 사람이 쏘아 올린 수많은 물체들이 공전하고 있고, 대부분이 이미 목록화됐기 때문이다. 그래서 우리 머리 위에는 (크기가 10센티미터보다 더 작은 물체를 제외하고는 — 옮긴이) 우리가 모르는 것이 거의 없다. 그보다 더 먼 곳은? 정지 궤도 위성[18](저궤도 위성들보다 더 높은 궤도를 돈다.)이나 달 궤도 탐사선은 벌써 우리의 관심 밖으로 밀려났는지도 모른다. 뉴턴 역학에 따르면 장기간 안정적인 궤도를 유지하기는 어려우며, 자주 궤도 조정을 하지 않으려면 궤도를 잘 선택해야 한다. 다행히 우주 공간에는 태양과 지구의 중력이 균형을 이뤄 역학적으로 안정한 곳이 두 군데 있다. 이 두 지점은 지구가 태양 주위를 공전할 때 함께 도는데 각각 L4와 L5 라그랑주 점(Lagrangian point)이라고 부른다. 세티 과학자들은 L4와 L5에 대해 잘 알고 있다. 지금까지 라그랑주 점을 대상으로 몇 차례 탐색을 했지만 아직 특별한 점은 발견되지 않았다.[19] 필자가 아는 한 지구에서 L4와 L5를 향해 강력한 전파 신호를 쏜 적은 없다. 전파를 쏜다면 거기에 정지한 채 휴면 상태에 들어갔을지도 모를 외계 탐사선을 '깨울' 수 있을지도 모른다.

태양계는 굉장히 넓기 때문에 우리가 작은 탐사선 하나를 찾기 위해서 그 드넓은 공간을 체계적으로 탐색하는 것은 비현실적이라고 생각된다. 다양한 크기와 모양을 가진 암석 잔해들로 이뤄진 소행성대에서 그런 인공 물체를 찾는 작업 역시 승산 없기는 마찬가지다. 인공 물체가 소행성에 정박한 경우라면 더욱 그렇다. 정확하게 구형 혹은 원뿔 모양이거나, 여러 개의 물체가 지지대로 서로 연결돼 있다면 우리의 눈에 쉽게 띄겠지만, 외계인이 의도적으로 탐사선을 숨기려고 한다면 쉽게 그렇게 할 수 있으리라. 어쩌면 태양계에 상당히 많은 외계 탐사선이 벌써 와 있는지도 모른다. 하지만 그들이 아무 신호도 보내지 않는 한 그 존재를 까맣게 모르고 있을 수밖에 없다.

외계 탐사선이 최근 태양계에 도착했을 만한 특별한 이유는 없다. 수백만 년 전, 어떤 외계 문명이 관측을 통해 지구에 생명이 있다는 사실을 알아내고 탐사선을 파견하기로 결정했을지도 모른다. 그 탐사선은 소극적으로 조용히, 지구를 감시하며 언젠가 기술 문명이 출현하기를 기다렸을 수도 있다. 그리고 탐사선에 실린 주컴퓨터가, 지금이 적당한 시점이라고 판단하고는 접촉을 시도할 수도 있다. 그 접촉은 어떤 방식일까? 가장 쉬운 것은 전파 신호다. 발신자가 우리와 전혀 다른 존재라는 사실을 우리가 확신할 수 있으려면 신호에 담긴 내용이 충분히 주의를 끌어야만 한다. 그 구체적인 방법 중 하나는 (세이건이 영화 「콘택트」에서 사용한 것처럼) 아주 오래된 텔레비전 방송이나 라디오 방송을 송출하는 것이다. 우리가 전파 망원경으로 찾은 먼 우주의 신호에서 「나는 루시를 사랑해(I Love Lucy)」 같은 옛날 방송을 볼 수 있다면 얼마나 충격적인 일일까? (이 방송의 첫 에피소드는 1951년 10월 15일에 방영됐다.) 하지만 이런 텔레비전 쇼가 국내 방송을 타고 방영된다면 시청자들은 뭔가 잘못됐다고 생각지 않고, 재방송일 것이라고 무시해 버릴 수도 있다.[20]

탐사선이 인간과 교신하기 위해 인터넷을 쓰는 파격적인 가능성을 생각해 볼 수 있다. 탐사선에 실린 컴퓨터는 네트워크에 접속해 지구의 기술 수준을 파악한 뒤, 인류 앞에 그 정체를 드러낼지 말지를 결정하기 위해 인간 사회의 일반 특성을 파악하도록 프로그래밍돼 있을지도 모른다. 인류의 특성을 이해하기 위한 목적으로 웹사이트와 이메일, 대화방, 유튜브 등을 감시할 수도 있다. 이런 방법은 정부의 정보 기관에서 하는 일들과 하나도 다를 바 없다. 기회가 되면 탐사선은 초단파 중계 회선을 써서 특정 웹사이트에 접속, 자신들의 존재를 공개적으로 알릴 수도 있으리라.

앨런 터프(Allen Tough)가 주도하는 캐나다의 한 세티 지지자 그룹은 이런 생각에 골몰한 나머지 ET를 초청하는 전용 웹사이트를 구축, 운영하고 있다. (http://www.leti.org/) 이 사이트에 들어가는 수고를 아끼지 않는 독자라면 좀 유별나지만 상상력을 불러일으키는, 이 유쾌한 프로젝트의 지지자 명단에서 필자의 이름을 찾을 수 있을 것이다. 이해는 가지만, 이 웹사이트는 똑똑한 사람들을 속여 꾸준히 끌어들이고 있다. 하지만 적어도 지금까지는 외계 탐사선에 대한 내용은 찾지 못했다. 이런 웹사이트가 있다는 사실 자체만으로, 접촉을 시도하는 실체가 외계인인지, 누군가 장난을 치는 것인지 생각해 볼 일이다. ET가 접촉을 시도했는데도 불구하고 우리가 "말도 안 되는 소리 하지 마!"라는 반응을 보였다면 끔찍한 일이 아닐 수 없다. 몇 년 전, 앨런은 필자에게 전화를 걸었다. 앨런은, 자신과 경쟁 관계에 있는 어떤 재미있는 사람이 인터넷에서 거짓말로 남들을 현혹하는 이들을 가려낼 수 있는 방법을 완성했다고 말했다. 그리고 이 방법은 그런 기본 테스트 몇 가지를 신속하게 통과했다는 것이다. 그리고 앨런은 가짜를 가려낼 수 있는 확실한 방법을 하나 제안했다. 필자는 앨런에게 두 소수(素數)의 곱으로 이뤄진 100자리 수를 보낸 다음, 그 경쟁자에게 그 두 수가 무엇인지 물어보라고 했다. 문제의 핵심은, 곱하는 것은 쉽지만,

인수 분해는 그보다 훨씬 어렵다는 점이다. 실례로, 사람들은 대부분 141×79=11139를 푸는 데 1분이 걸리지 않을 것이다. 하지만 반대로 11139가 곱이 되는 두 소수를 찾으라고 한다면 더 긴 시간이 필요하리라. 실제로, 여러분은 모든 가능성을 하나씩 시험하면서 정답이 나올 때까지 오답을 지워 가는 과정을 되풀이할 수밖에 없다. 컴퓨터도 같은 어려움을 겪는다. 심지어, 세상에서 가장 빠른 슈퍼컴퓨터도 단위가 큰 수를 연산할 때에는 시간이 걸린다. 이 때문에 암호화 기술에는 대부분 소수의 곱이 기본으로 쓰인다. 앨런은 심드렁하게 몇 개의 수를 만들어 냈는데, 놀랍게도 그 경쟁자는 즉각 정답을 보내왔다. 그래서 우리는 다시, 200자리 수를 보냈다. (당시만 해도) 이런 수는 세상에서 가장 속도가 빠른 슈퍼컴퓨터의 연산 능력을 넘는 것이었다. 영국 버밍엄에서 뭔가 재미있는 게 없을까 하고 따분해하던 이 컴퓨터 운영자는 이쯤 되자, 패배를 인정했다. 하지만 곧 완성될 양자 컴퓨터는 이 소수 시험을 간단하게 통과하리라 기대된다. (8장 참조) 지금까지 수백만 달러의 연구비가 투입됐지만 양자 컴퓨터 개발은 아직 초기 단계에 머물러 있다. 하지만 언젠가 인류가 그 기기를 완성해 가동하는 날, 외계의 발달된 기술 문명을 가려낼 수 있는 가장 확실한 판단 기준을 잃는 셈이다.

사람들이 선호하는 또 다른 아이디어는, 외계인들이 이미 지구에 그들이 만든 물건을 가져다 놨을 것이라는 것. 그게 사실이라면 우리가 찾아냈을 수 있지 않을까? 지구에는 그런 물건이 아직 발견되지 않은 채 숨어 있을 만한 장소가 널려 있다. 예를 들면 심해저나 그린란드

빙하 깊숙한 곳이 그런 곳이다. 또 지표 아래에 묻혀 있을 수도 있다. 이런 생각은 오래전부터 SF 소설의 소재로 이용됐지만, 왜 의도적으로 외계인이 뭔가를 숨겨야 하는지는 명확하지 않았다.

지구가 어떤 곳인지 모르는 상태에서, 또는 지구에 언젠가 기술 문명이 출현할 가능성이 있다고 판단한 뒤 외계인들이 탐사선을 특파했다면, 이미 오래전, 1000만 년 혹은 그 이전에 그네들이 왔을 가능성도 있다. 탐사선을 보낸 그들이 당면했을 문제는, 그렇게 오랫동안 접촉이 이뤄지지 않은 채 작동할 수 있는 물건을 어떻게 만드느냐 하는 것이다. (현재 우리가 가진 기술로는 수십 년밖에 기기를 작동시킬 수 없다.) 내구성에 관한 한 지구 표면은 그다지 좋은 장소가 못 된다. 빙하에 의한 침식이나 혜성 충돌, 화산 분출, 그리고 지진 같은 지질학적 격변이 일어날 수 있기 때문이다. 작은 운석 충돌을 피하기 위해 탐사선을 지표 깊숙이 묻는 것보다는 그보다 지질학적 활동이 적은 달에 하는 게 낫다. 스탠리 큐브릭(Stanley Kubrick) 감독이 아서 클라크 원작을 바탕으로 만든, 유명한 영화 「2001 스페이스 오디세이(2001: Space Odyssey)」에 이런 시나리오가 나와 있다. 이 영화에서 외계인이 만든 구조물은 거대한 첨탑(오벨리스크)으로 묘사돼 있다. 지금까지 달 표면은 상당히 완벽하게 지도로 만들어져 있지만, 탐사선이 아주 작거나, 땅속에 묻혀 있다면 우리는 그 존재를 모를 수밖에 없다.

나노 탐사선, 바이러스성 메신저, 그리고 조작된 유전체

외계에 전파 신호를 보내는 대신에, 누군가 초고속 탐사선에 탑승해 '전 우주로 뻗어 나가는' 일에 반대할 만한 이유가 있다면 그것은 비용이다. 예컨대, 1톤짜리 우주선을 타고 광속의 10분의 1 속도로 여행하려면 발사하는 데 10억 곱하기 10억 줄(J)의 에너지가 필요하다. 이것은 지구 전체에서 서너 시간 동안 소비되는 에너지 총량에 맞먹는다. 하지만 이 계산에는 탐사선이 착륙할 때 속도를 줄여야 한다는 가정은 빠져 있다! 탐사선이 감속하려면 발사 때와 똑같은, 혹은 그보다 더 높은 에너지가 필요한 데도 말이다. 이타주의나 단순한 호기심이 아니라면(그리고 지구 종말과 같은 대재난으로부터 벗어나야 하는 그런 절망적인 상황이 아니라면) 이런 프로젝트에 착수해야만 하는 좀 더 강력한 동기가 있어야 한다. 더군다나, 은하 전체를 망라할 만한 대규모 함대를 파견하는 경우라면 더욱 그렇다.

다행히도, 에너지 소비를 극적으로 절감할 수 있는 방법은 있다. 어디를 가든지 자가 보수는 물론, 자기 복제가 가능하도록 똑똑한 탐사선을 만드는 것이다. 그러면 ET 입장에서는 서식 가능할 것이라고 예상되는 모든 행성계에 탐사선을 보내기보다는 탐사선이 도착한 다음, 거기 남아 스스로 증식할 수 있을 테니까 말이다. 자기 복제하는 기계에 관한 개념의 창시자는 헝가리 출신의 수리 물리학자인 존 폰 노이만(John von Neumann)과, 영국 수학자이자 제2차 세계 대전 당시 암호 해독자로 활약한 앨런 튜링(Alan M. Turing)이다. 두 사람은 현대식 전자 컴퓨터를 창시했다. (19세기에 배비지가 창안한 개념을 현실로 구현한 사람들이다.) 컴퓨터는, 계산할 수 있는 모든 문제를 풀도록 프로그래밍된 기기라는 측면에서 범용 기계(universal machine)라고 할 수 있다. 한편 일반 컴퓨터라는 개념은 범용 제작자(universal constructor), 즉 내부 프로그램에 따라 다른 기계들을 만들어 내는 기계라는 개념으로 자연스럽게 발전했다. 잘 만들어진 프로그램이 입력돼 있기만 한다면 폰 노이만 기계는 (복제 명령어를 포함해) '스스로' 자신과 똑같은 것을 복제할 수 있다. 한마디로, 자기 복제 능력이 있는 기계라고 말할 수 있다.[21]

은하 탐사를 위해 폰 노이만 우주선을 파견하는 앞선 문명을 상상하는 것은 어렵지 않다. 우주선이 어떤 행성계에 도착하면 그 기계는 복제를 위해 소행성이나 혜성에서 원자재를 채굴하고, 복제품을 만든 뒤, 하나는 다른 행성 탐사를 위해 떠나고 남은 다른 복제품들, 즉 그 자손들은 그 행성계의 행성들을 연구하기 시작할지도 모른다. 어쩌면 지성체와 접촉을 시도해 스스로 얻은 정보를 고향 행성으로 전송할 수도 있다. 어쩌면 이들은, 다른 복제품들이 다음 행선지로 여행을 떠난 뒤, 선점한 행성계에 무기한 정착해 동료들에게 신호를 보내거나 아니면 조용히 기다릴지도 모른다. 이런 과정은 무한히 계속될 수 있으며, 복제품의 개체수도 지수 함수적으로 늘어날 수 있다. 우주선을 파견한 문명은 이런 방식으로 추가 비용 없이 탐사 프로그램의 예산을 절약할 수 있다.

복잡한 기기나 전파 송신기 없이, 탐사선 소형화를 통해 제작비를 더 극적으로 줄일 수 있다. 탐사 임무가, 단순한 메시지 전달이나 우주선을 파견한 존재에 관한 기본 정보를 전달하는 것이라면 그보다 훨씬 손쉬운 방법이 있다. 나노 기술을 쓰는 것이다. 1959년, 코코니와 모리슨이 세티에 관한 예언자적인 논문을 발표할 당시, 리처드 파인만(Richard P. Feynman)도 그에 뒤지지 않은, 예지가 번득이는 강연을 선보였다. 파인만은 당대의 걸출한, 창의적인 이론 물리학자였다. 그의 강연 제목은 "바닥에는 빈 방이 많다."였는데, 그는 지금처럼 나노 기술이 꽃피우기 이미 수십 년 전, 분자 크기를 다루는 기술을 예견했다. 현재 나노 기술은 하루가 다르게 빠른 속도로 발전하고 있다. 초기에는 마이크로칩 크기가 놀랄 만큼 작아졌으며, 그 이후에는 원자 하나하나를 제어해 움직일 수 있는 주사형 터널 현미경과, 뒤이어 탄소 나노 튜브와 양자점(quantum dot)이 선보였다. 나노 기술은 정보 저장에 엄청난 영향을 미친 것으로 보인다. 2000년 1월, 빌 클린턴 당시 미국 대통령은 과학 기술에 관한 연설에서 아메리카 합중국의 국가 나노 기술 계획(National Nanotechnology Initiative)을 발표하면서 "미국 의회 도서관에 보관된 모든 정보를 각설탕 크기의 저장 매체에 집적시키는" 것과 같은 몇 가지 가능성을 언급했다.[22] 실제로 웬만한 백과 사전에 수록된 정보는 미래에 세균보다 작은 부피에 담을 수 있으리라 예측된다. 불안을 조장하는 일부 인사들은, 나노 기술이 너무 빠른 속도로 발전하기 때문에 장차 나노 기계들이 지구를 덮어 결국 "나노 기계로 인한 종말"을 맞게 될지도 모른다고 예측하기도 한다.[23] (나노 로봇이 자가 증식을 계속해 통제 불능 상태가 되며, 지구 상의 모든 생물들을 먹어치울 것이라는 시나리오다. — 옮긴이) 엄밀하게 말하면 '나노'는 1미터의 10억분의 1을 뜻하지만, 실제로는 그 의미를 확장해 초소형 물질을 다루는 기술을 가리킨다.

이 기술은 머지않은 미래, 인간이 놀라우리만큼 방대한 정보를 저장할 수 있는 마이크로 장치, 아니면 나노 장치를 만들 수 있게 됐을 때 비로소 우주 탐사선에 적용될 수 있으리라. 이렇게 만든 탐사선은 극도로 작을 것이기 때문에 적은 비용을 투자해 엄청난 속도로(예컨대 광속의 0.01퍼센트까지) 가속시킬 수도 있다. 그것은 로켓 없이 가능할지도 모른다. 이런 방식을 쓴다 해도 목적지인 어느 별까지 수백만 년이 걸리겠지만, 필자가 생각하는 시나리오는 시간은 별로 문제가 되지는 않는다. 좀 더 상상력을 보태 보자. 발달된 문명을 가진 외계인이라면 나노 크기의 초소형 캡슐에 데이터베이스를 담아 그것을 사방으로 뿌리면서 은하를 여행할 수 있지 않을까?

나노 탐사선은 누군가의 주의를 끌기 위한 목적으로 전파 신호를 보내지는 못한다. 그리고 앞서 필자가 언급했던 브레이스웰 방식의 우주선과는 다르다. 그렇다면 어떤 효과가 있을까? 이 시점에서 폰 노이만의 아이디어가 진가를 발휘한다. 나노 탐사선이 폰 노이만이 상상한 자가 증식하는 장치라면 나노 탐사선은 도착과 동시에, 미친 듯이 빠른 속도로 증식을 시작해 이내 거품 같은 것을 만들어 낸다. 마침내 그 거품은 한 과학자의 눈에 띄어 고성능 현미경의 시료가 돼 분석에 들어간다. 하지만 더 고상한 방법이 있다. 자연은 벌써 그 많은 데이터를 훨씬 깔끔하게 집적해 놓은 나노 기계를 발명했다. 우리는 이것을 '바이러스'라고 부른다.[24] 바이러스는 보통 수천 비트에 달하는 정보를 저장하며 그 정보는 바이러스의 RNA나 DNA에 암호화돼 있다. 이만하면 웬만한 양의 메시지도 너끈히 담을 수 있다. 그렇다면 수조 개의 바이러스를 콩알만 한 마이크로 탐사선에 실어 은하 곳곳을 누비며 사방팔방에 뿌리도록 만들지 않을 이유가 있을까? 게다가 바이러스 하나하나에는 최종 목적지인 행성에 살지도 모를 미래의 지적 생명체에게 보내는 메시지를 실을 수 있을 것이다.[25] 이것은, 예전에 병에 편지를 담아 물에 띄운 것처럼, 우주 시대에 메시지를 전송하는 방법일지도 모른다. 이 방법은, 마이크로 탐사선이 목적지의 생명체와 접촉하기만 하면, DNA에 기반을 둔 세포를 '감염'시키는 편리한 프로그램이 입력돼 있기 때문에 메시지를 무한 복제할 수 있다는 데 그 아름다움이 있다. 이 바이러스는 숙주 생식 세포의 유전 물질에 메시지를 주입하며(바로 내생적 RNA 종양 바이러스라고 불리는 바이러스가 살아가는 방식이다.), 그 결과 그 세포는 이를 복제해 후손 세대에 전할 수밖에 없다. 바이러스는 이런 방식으로 숙주 생태계에 들불처럼 번져 나간다. 마침내 미래의 크레이그 벤터가 유전체 염기 서열을 풀어 메시지를 해독할 때까지 수백만 년 동안 그 정보를 고이 보존하는 것이다. 이렇게 DNA가 살아있는 세포에 침투하는 것은 틀림없는 사실이다. 인간 DNA는 과거 우리 조상들을 감염시킨 고대 바이러스의 유전적 잔재라고 할 수 있다.

지금까지 필자가 언급한 내용이 간단하게 들릴지는 몰라도 여기에는 중대한 기술적 장벽이 있다. 그 장애 가운데 가장 확실한 것은 DNA는 생물학적 정보를 암호화하는 다양한 방법 중 하나일 뿐이라는 것. 그리고 외계인 입장에서는 어떤 생명체가 DNA를 사용할지 미리 알기는 어렵다. 두 번째 문제는 물리학과 관련 있다. 성간 공간은 생명체에게는 위험한 환경이다. 특히 고속으로 이동하는 입자인 우주선은 나노 구조물에 치명적인 손상을 입힐 수 있으며, 게다가 즉시 분자 메시지를 파괴할 수 있다. 차폐를 통해 이 문제를 개선할 수는 있지만, 결과적으로 탐사선이 무거워질 수밖에 없다. 게다가 탐사선이 목적지인 행성에 도착하기 직전, 대기권에 진입할 때 몽땅 타버리지 않기 위해서는 속도를 늦춰야만 한다. 감속시키기 위한 연료를 실을 경우, 탑재체 무게가 심각하게 늘어난다. 이런 방식으로 필요한 것을 하나씩 늘려 가다 보면 마이크로 탐사선을 작게, 빠르게, 그리고 싸게 만든다는 철학은 좌절될 수밖에 없다. 하지만 어쩌면 추가로 무게를 많이 늘리지 않고 기술적인 문제를 해결할 수 있을지도 모른다. 예컨대, 감속을 위해 공기 브레이크 방식을 생각할 수 있지만, 이렇게 해결할 수 있다 해도 이 가공의 바이러스는 도착 직후 생물학적으로 심각한 문제가 생길 수 있다. 바이러스는 결국 숙주에 적응하도록 고도화된다. 여러분이 (대부분) 병에 걸리지 않고, 저 바이러스의 수프인 바다에서 수영할 수 있는 이유가 무엇인지 생각해 보라! ET가, 숙주로 쓰일 유전체에 대해 잘 모르지만 DNA에 기반을 둔 생명이 지구에 가득할 것이라 단정한다고 치자. 그렇다손 치더라도, 바이러스가 어떤 방식으로 믿을 만하게 작동하도록 설계할 수 있는지는 명확하지 않다. 어쩌면 넓은 범위의 생명체를 죽이지 않고 감염시키는 바이러스를 만들어 낼 수 있을지도 모른다.

두 번째 문제는 돌연변이와 관련 있다. 일단 메시지를 주입하고 나면 나중에 운 좋게 발견될 때까지 그 특성이 변하지 말아야 한다. 그러나 DNA의 복제 과정에서는 늘 자연적 돌연변이가 일어나기 마련이다. 돌연변이가 발생한 메시지는 제대로 해독하지 않으면 읽을 수 없다. 의미가 전혀 통하지 않는 암호가 돼 버린다. 자연 선택은, 선택압이 작용할 때 유전 암호를 안정화시키는 데 쓰인다. 즉 돌연변이가 생명체의 생존에 해롭게 작용하면 해당 유전자는 유전자 공급원에서 제거된다. 하지만 주입된 메시지가 생물학적으로 비활성일 경우(즉 DNA에 얹혀 있는 것이 유일한 기능이라면), 자연 선택이 이를 보존하기 위해 어떤 방식으로 작용할지는 알기 어렵다. DNA의 상당 부분은 '쓰레기'라고 생각된다. 왜냐하면 아무 일도 하지 않고, 또 아무 피해도 주지 않으면서 선택받지 못한 채 돌연변이를 통해 유전되기 때문이다. 숙주가 바이러스성 DNA를 쓰레기 취급한다면 그 메시지는 수천 세대에 걸쳐 돌연변이를 경험하며 해독할 수 없는 내용으로 변해 버리는 위험을 감수해야 한다. 그러나 최근, 이런 단순한 해석에 반론이 제기됐다. 언뜻 쓰레기 DNA와 똑같은 염기 서열을 갖는 것처럼 보이는 유전자의 상당 부분이 사람과 쥐의 유전체에서 발견됐다. 따라서 쥐와 인간이 출현하기 전인 4000만 년경부터 두 가지 유전체가 분리됐을 것이라고 짐작할 수 있다. 이 유전자는 우리가 현재 모르는, 중요한 역할을 수행할 수 있지만, 확실치 않다. 이 유전자가 쥐의 유전체에서 제거된다면 어쩌면 쥐는 완전한 행복을 느끼게 될지도 모른다. 쓰레기 유전자의 일부가 강력한 선택압에 의해, 예컨대, 주요 유전자에 화학적인 방법으로 올라타 정교하게 복제된 뒤 수백만 년간 보존될 가능성도 있다. 어쨌든,

외계의 바이러스가 숙주의 유전체에 올라타는 방식으로 침투한다면 그 메시지는 수천만 년 동안 아무런 문제 없이 살아남아 있을 수도 있다.[26]

바이러스를 쓸 때 나타나는 문제들을 전혀 걱정할 필요가 없는, 생물학적 메시지를 전달하는 또 다른 방법이 있다. 외계인들은 토착 생물을 장악하기보다는 '처음부터' 인공적인 그림자 생물권을 만드는 방법을 선택할 수도 있다. 수천만 광년 밖에 있는 외계 문명이 멀리서 지구의 지질과 대기와 화학 조성에 대해 충분히 알고 우리가 서식하는 생물학적, 환경적 조건을 추측할 수 있을지도 모른다. 그들은 이런 정보를 바탕으로 토착 생물과 평화롭게 공존하는 새로운 미생물이 지구 환경에서 번성할 수 있게끔 맞춤형으로 설계할 수도 있다. 이런 합성 세포는 DNA나 단백질이 필요 없으며, 지구 생물이 도저히 생존할 수 없는 극한 환경에서도 살아남을 수 있도록, 그래서 지구 생물과 직접 경쟁할 필요가 없도록 만들 수 있다. DNA보다 강한 결합력을 가진 분자 구조를 활용한다면 방사선 피해를 덜 입을 수 있다. 중요한 메시지는 돌연변이가 느린 속도로 일어나도록 세심하게 씌어지며, 지구 생물에 나타나는, 유사시에 대비한 중복 기능과 오류 수정 메커니즘을 갖출 수 있다. 이들은 미래 어느 시점엔가 지적 생명체로 진화하리라 기대되는 미생물 덩어리를, 지구 혹은 그 밖의 다른 행성에 보낼지도 모른다. 미생물은 도착 직후 서식처를 발견한 뒤, 변화하는 환경에 잘 적응하면서 행성 전체에 후손들을 퍼뜨린다. 그리고는 수천만 년이 지난 뒤 누군가에게 발견되기를 기다리면서 긴 세월을 보낼 수도 있다.

그림자 생물권을 발견하려면 우리가 아는 생물들의 유전체보다는 외계 메시지가 발견될 만한 장소를 찾는 편이 나을 것이다.

미생물 세포를 성간 통신에 이용하는 데 대한 실현 가능성은 메시지 전달의 효율성에 달렸다. 뉴질랜드의 화학자인 마이클 마우트너(Michael Mautner)는 '범종설 학회(Panspermia Society)'라는 모임을 운영한다. 그는 이런 세포에 어떤 종류가 있는지 발견하기 위해서 계산을 시도했다. 마우트너는 이런 노력이 결실을 맺을 것이라고 믿는다. 그는 사실, 예측 가능한 기술을 이용해서 그런 일을 할 수 있다고 생각하고 있다. 그 해결책은 탐사선의 탑재체를 소형화시키는 것이다. 마우트너는 작은 알갱이들로 채워진 센티미터 크기의 세포막을 상상했다. 미생물은 영양분과 함께 그 알갱이 속에 들어간다. 이 세포막은 태양풍과 태양광을 반사하기 때문에 작지만 지속적인 추진력을 얻는다. 몇 년이 지나면 이렇게 쌓인 추력이 서서히 가속을 일으켜 캡슐은 광속의 0.01퍼센트의 속도로 움직일 수 있다. 이 작은 우주선이 일단 순항 속도에 도달하면 태양 돛이 분리되거나, 아니면 알갱이 주변에 접히게 되는데, 그 결과 우주선 입자에 대한 보호 효과가 커진다. 캡슐이 여행하는 동안 별다른 일은 일어나지 않는다. 미생물은 단순하게 휴면 상태가 되며, 알갱이 온도는 절대 온도 0도보다 조금 높은 채로 냉각된다. 그리고 조용히 눈에 띄지 않은 채 성간 공간을 날아가다가 목표하는 항성계 가까이 접근하면 알갱이가 쪼개져 산탄처럼 빠른 속도로 퍼져나간다. 계산 결과, 마우트너는 60마이크로미터 크기의 작은 입자가 대기권에 진입하면 마찰로 타지 않고 속도를 줄일 수 있다는 사실을 확인했다.

외계인이 그렇게 할 것으로 짐작되는 또 다른 방법은 혜성을 운반 수단으로 쓰는 것이다. 중력을 써서 여러 차례 혜성 궤도를 변경하면 자신들의 행성계를 벗어나 우리를 향해 보낼 수 있다. 미생물이나 바이러스가 혜성 내부에서 휴면 상태에 들어가 수백만 년 동안 생존할 수 있다는 증거들이 발견됐다. 이것은 혜성의 전형적인 탈출 속도로 수 광년 거리를 횡단할 만큼 충분히 긴 시간이다. 그러다가 태양 가까이에 접근하면 증발이 일어나 꼬리가 발달하기 시작하며, 기체와 물, 그리고 미세한 입자가 분출된다. 혜성에 인공적인 세균이 포함돼 있다면 바이러스나 다른 미생물을 뿌려 감염성 물질이 있는, 넓게 퍼진 긴 구름을 만들어 낸다. 지구가 그런 구름을 통과한다면 우리는 독자적으로 생존 가능한 생물학 작용제 속을 뚫고 들어가는 셈이다.[27]

그러나 '유전체 세티(genomic SETI)'에 관한 이런 아이디어와 관련해 어쩌면 우리는 조작된 유전체를 찾는 것이 옳을지도 모른다. 조작된 유전체는 1979년 일본 교린 대학교의 하치오지 의과 대학 요코오 히로미쓰(横尾廣光)와 오시마 다이로(大島泰郎)가 했던 일과 정확히 같다. 그들은 파지라고 알려진 세균에 감염된 바이러스인 ΦX174의 DNA에 뭔가 수상쩍은 게 포함돼 있는지 찾아봤다.[28] 조사 결과, 아무것도 나타나지 않았지만, 어쨌든 그것은 생물 정보학 초창기의 일이다. 오늘날, 유전체를 서열화하는 작업은 주요 산업이 됐으며, 미생물로부터 인간에 이르기까지 다양한 생물의 DNA가 해독돼 인터넷에 공개돼 있다. 그 결과 생물 정보학은 우리가 관심을 기울일 만한 특이한 유전체를 찾기 위해 체계적인 탐색을 벌일 만큼 원숙한 단계에 이르렀다. 어쨌든 지금도 이런 염기 서열 분석 작업이 진행되고 있으며, 의심할 만한 패턴이 있는지를 확인하기 위해 컴퓨터로 데이터를 검색하는 일은 이제 돈이 거의 들지 않게 됐다. 사실은, 그동안 상당히 성공적으로 이뤄진 세티@홈(SETI@home)을 그대로 모방해 유전체@홈(genome@home) 프로젝트가 진행되고 있지만, 아쉽게도 정작 세티@홈은 일시적으로 중단돼 있다. 이 두 가지를 단순하게 합칠 수도 있지 않을까. 어떤 결과가 나올지 누가 알겠는가? 이 프로젝트를 드라마 「엑스 파일(X Files)」 스타일로 선전하기 위해 이목을 끌 만한 슬로건을 만든다면 뭐, 이렇게 되지 않을까. "진실은 그 안에 있다."

6

은하 대이동의 증거

불가능한 것을 모두 제거하고 난 뒤에
남는 것이 믿을 수 없다 해도 그것은
진실일 수밖에 없다.

— 셜록 홈스[1]

모두 어디 있을까?

1950년 여름, 이탈리아 출신 물리학자 엔리코 페르미(Enrico Fermi)는 제2차 세계 대전 당시 원자 폭탄을 설계한 미국 뉴멕시코 주 로스앨러모스 국립 연구소에서 일하고 있었다. 그는 맨해튼 프로젝트에서 핵심적인 역할을 한 것은 물론, 양자 역학과 입자 물리학, 천체 물리학 분야의 여러 난제를 해결한 이론 물리학계의 전설적 인물이었다. 사람들은 그를 전형적인 천재라고 생각했다. (그림 9) 어느 날, 페르미는 동료들과 함께 점심 식사를 하러 가기 위해 걷고 있었다. 일행 가운데는 수소 폭탄의 아버지라 불리는 에드워드 텔러(Edward Teller)와 (필자가 앞 장에서 자가 증식 기계와 관련해 언급한) 존 폰 노이만도 있었다. 이들의 대화는 동시에 여러 개를 봤다는 목격담이 언론에 자주 오르내리던 UFO, 일명 '비행 접시'로 화제가 옮겨 갔다. 자연스럽게 그 대화는 외계 생명체가 존재할 확률과, 비행 접시가 실제로 외계 우주선일 가능성에 관한 논쟁이 돼 불이 붙었다. 토론이 한창 무르익을 무렵 페르미는 불현듯 "그들은 모두 어디 있을까?"라고 반문했다. 여기서 "그들"은 물론, 가상의 외계인을 가리킨다. 그는, 우리 은하가 생명체로 정말 넘쳐난다면 지구는 벌써 오래전, 식민지가 됐어야 할 것이라고 말했다. 그 외계의 존재는 오랫동안 여기서 우리와 공존해 왔고, 우리도 이를 잘 알고 있어야 했다.

페르미의 논리는 간단했다. 지구에 생물이 등장해 지능과 기술을 가진 존재로 진화하는 데 30억, 40억 년이 지났다. 지구와 동시대에, 예컨대 X라는 또 다른 행성에 생물이 출현했다면 어떻게 됐을까? 진화를 통해 그 생물이 과거나, 앞으로 다가올 수천 년 내에 인간과 똑같은 수준으로 기술을 발전시킬 확률은 0에 가깝다. 6500만 년 전 공룡들을 멸종으로 몰아넣은 충돌 같은, 수십억 년간 생명이 진화하면서 일어날 수 있는 여러 사건들을 생각해 보라. 거의 같은 시기에 유사한 충돌이 일어나 행성 X를 이처럼 변화시켰을 가능성은 얼마나 될까? 아마 무시할 정도로 작을 것이다. 행성 X에서 지구와 다른 진화 경로로 지능과 기술이 발전해 우리와 비슷한 수준에 도달하는 데는 수천만 년, 아니면 수억 년 더 빠르거나, 늦을 수도 있다. 만일 지구가 생명이 사는 전형적인 행성이고 행성 X가 저 우주에 널려 있다면 그중 일부는 지적 생명체가 진화하는 데 더 오래 걸릴지도 모른다. 그래서 어쩌면 장구한 세월이 흘러도, 심지어 1억 년 뒤에도 그런 기술 수준에

그림 9 이탈리아의 천재 물리학자 엔리코 페르미.

다다르지 못할 수도 있다. 반면에, 그밖의 다른 행성에서는 지능과 기술의 진보가 훨씬 빠른 속도로 진행돼 보다 오래전, 이를테면 이미 1억 년 전쯤 우리와 같은 수준에 도달했는지도 모른다. 이번에는, 우리 태양계가 존재하기 훨씬 전부터 지구와 닮은 행성들이 있었다고 가정해 보자. 그리고 지구보다 훨씬 유리한 조건에서 출발했다 치자. 이런 내용을 종합하면 결론은 분명해진다. 생명이 우주에 널리 분포해 있고, 지구가 생명이 서식하는 전형적인 행성이라면 아주 오래전부터 고도의 기술 문명이 발달한 행성들이 존재해 왔을 것임에 틀림없다. 그렇다면 외계인들은 벌써 여기에 와 있지 않을까? 이 질문은 후에 '페르미의 역설'이라고 불리게 됐다. 엄밀하게 철학적 관점에서 역설은 아니지만, 이를테면 논리적 가정에 바탕을 둔, 불가피한 결론이라고 요약할 수 있다. 그렇다면 그 대답은?

지구에 외계인이 없다는 것에 대한 가장 분명한 설명은, 외계인은 존재하지 않는다, 즉 우주에 우리만 있다는 것이다. 어쩌면 그게 페르미의 입장이었을지도 모른다. 모름지기 그 질문의 핵심은 비행 접시 운운하는 이야기에 콧방귀를 뀌는 것이었을게다. 그게 옳다면 세티는 시간 낭비요, 돈 낭비일 수밖에 없다. 하지만 그렇게까지 서둘러 비관적인 결론을 내릴 필요는 없다. 문명이 지구 밖에 있어야 하는 이유는 몇 가지 있을 수 있겠지만, 꼭 여기에 있어야 할 이유는 없다. 스티븐 웹(Stephen Webb)은 그의 책에 ET가 존재하지 않는 50가지 넘는 분명한 이유를 나열해 놓았다.[2] 그는 (우리가 누군가에게 관찰되고 있지만, 아직 직접 접촉은 이뤄지지 않고 있다는) '동물원 가설'로부터 (외계인이 우리를 괴롭히기 위해

1 세티 연구소에서 캘리포니아 북쪽에 설치한 앨런 전파 간섭계의 일부. 네트워크로 연결된 간섭계 중에 2기의 안테나가 보인다. (세티 연구소 제공)

2 퍼시벌 로웰이 생각한 화성의 운하. (퍼시벌 로웰의 『화성과 그 운하(*Mars and its Canals*)』(1906년)에서 인용했다.)

3 목성의 위성 유로파. 표면을 덮은 얼음과 단층 때문에 갈라진 지형이 줄무늬처럼 나타났다. 얼음층 아래에는 액체로 된 바다가 있다. (NASA 제공)

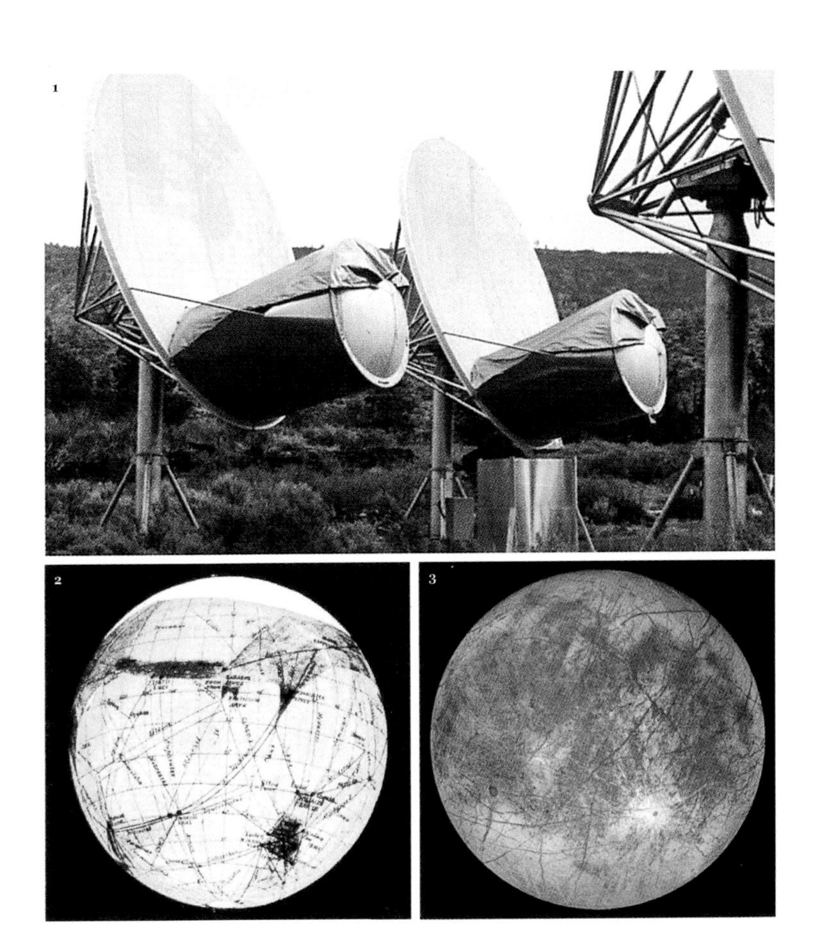

4 바이킹 탐사선. 생물학적 분석을 위해 화성 표면의 먼지를 수집하는 데 쓰인 로봇 팔이 보인다. (NASA 제공)

5 방사능에 잘 견디는 네 개의 세포로 이뤄진 미생물 '데이노코쿠스 라디오두란스.' (마이클 댈리(Michael J. Daly) 제공)

6 태평양 북동쪽의 '후안 데 푸카' 해저 산맥에 위치한 해저 화산. '검은 연기'는 황화철로 이뤄진, 난류를 일으키는 입자들이다. (워싱턴 대학교 존 델러니(John Delaney)와 데보라 켈리(Deborah Kelley) 제공)

7 아타카마 사막의 건조한 중심 지역. 이곳에서는 척박한 환경에 잘 견디는 미생물조차 서서히 죽는다. 이 지역에는 특이 생물이 살 수도 있다.

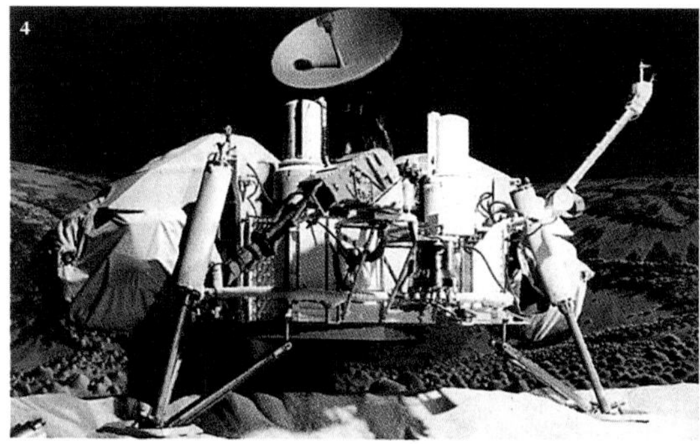

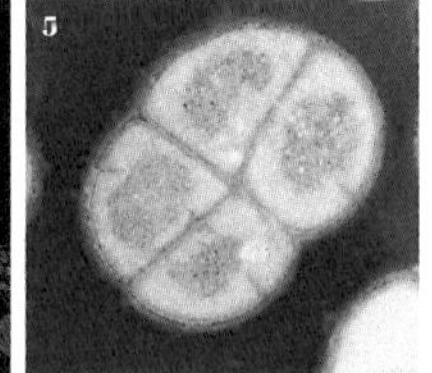

8 머치슨 운석 조각. 이 운석에는 단백질을 구성하는 기본 물질인 아미노산이 포함돼 있다. (로런스 가비(Lawrence Garvie) 제공)

10 발견자인 필리파 우윈스가 '나노브'라고 명명한 극소 구조들. 필리파 우윈스는 논란이 있었음에도 불구하고, 이것을 특이 생물의 한 형태일 것이라고 생각하고 있다. 일반 미생물이라고 보기에는 너무 작다. (약 100 나노미터)

9 1984년 남극에서 발견된 화성 운석. 나노세균처럼 보이는 미세한 특징들이 나타나 있다. (작은 사진 참조) (NASA 제공)

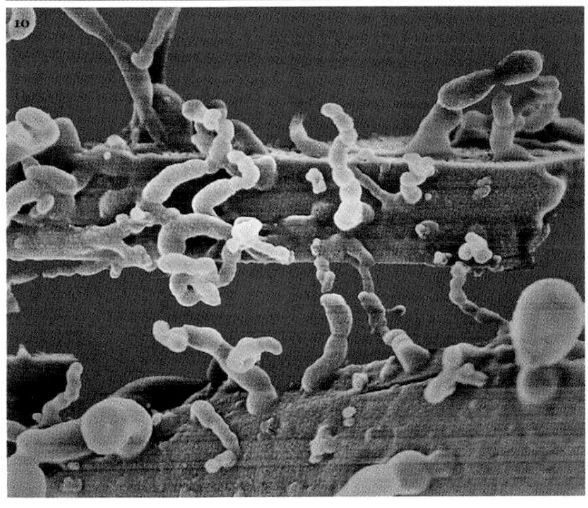

11 세계에서 가장 큰 전파 망원경. 이 시설은 거의 움직일 수 없으며, 이 때문에 하늘의 일부밖에는 관측할 수 없다. 몇 년 동안 단속적으로 세티 연구에 이용됐다. (세스 쇼스탁 제공)

12 오스트레일리아 뉴사우스웨일스 주 파크스에 건설된 전파 망원경. 세티 연구의 최전선에 있는 연구 시설이다. 세계에서 가장 강력한 전파 망원경 중의 하나이며, 1969년 달 착륙 생중계에도 이용됐다. 이것은 영화 「접시 안테나(The Dish)」로 유명해졌다. (캐럴 올리버 제공)

13 마트료슈카의 뇌. 진정한 ET는 이런 모습일까?

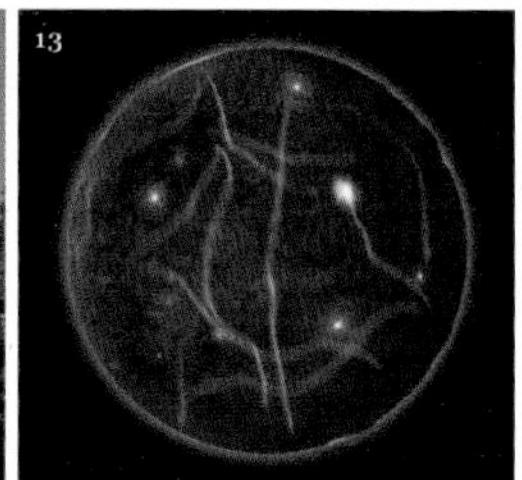

다른 우주를 탐험하는 일을 지나치게 즐긴다는) '평행 우주론'에 이르기까지 다양한 예를 들었다. 독자들이 그 이유를 골라 보라.

예를 들어 이런 생각을 해 보면 어떨까? 우리 은하에 문명화된 세계가 상당수 존재할 뿐 아니라, 외계인들이 오래전부터 정보 교환을 위해 네트워크를 세웠다고 가정하자. 이 아이디어는 1974년, 스탠퍼드 대학교 천문학자 로널드 브레이스웰까지 거슬러 올라간다. 그는 일종의 우주 인터넷을 통해 뉴스와 정보는 물론, 가십거리까지 공유하고 데이터를 주고받는 "은하 클럽(Galactic Club)"이라는 가상의 문명군을 상상했다.[3] 이 클럽은 어쩌면 태양계가 태어나기 전인 45억 년 이전에 만들어졌을지도 모른다. (우리 은하는 120억 년 전에 형성됐다.) 클럽 회원 중에는 문명 자체가 쇠퇴했거나 대규모 재난으로 파괴되는 바람에 탈퇴한 경우도 있고, 전파 기술을 새로 터득해 가입한 예도 있으리라. 모름지기 신규로 가입한 문명은 정보 교환이 가능한 은하 규모의 네트워크가 운영되고 있다는 사실을 처음 알게 됐으리라. 브레이스웰은 인류가 현재 은하 클럽에 가입하기 직전 단계에 이르렀다고 생각했다. 회원으로 등록되면 실로 엄청난 특혜가 주어지지만, 동시에 성간 여행을 포기해야 할지도 모른다. 여행의 이유가 호기심과 정보 수집에 있다면 GWW(Galactic Wide Web)에 접속해 공짜로 정보를 캐는 것이 더 쉬울 테니까. 어쨌든 성간 공간을 가로질러 전파를 보내는 방법은, 금속으로 된 거대한 기계에 타는 것보다 훨씬 빠르고 저렴한 수단이 되리라. 만일 최종 목적지에 누군가 있다면 굳이 여행을 마다할 이유가 있을까? 그 목적이 탐험이라면 그들은 인간에게 최신 다큐멘터리 DVD를 보내 줄 수도 있으리라. 그러나 여행 목적이 정복에 있다면 대상 행성이 고도의 문명 세계라는 점 때문에 어떠면 고강도 제지를 받게 될지도 모른다. 처음 클럽에 가입한 문명은 차라리 조용히 기다리는 편이 나을 수도 있다. 그러므로 우주 여행을 하면서, 우리 지구를 지나간 존재가 없다고 해서, 외계인이 없다고 할 수는 없다. 페르미의 역설은 우주에 아무도 없다는 뜻이 아니라, 은하 문명을 유지하는 데 있어 우주 여행이 꼭 필요한 일은 아니라는 뜻이다. 필자는 이 말에 설득력이 있다고 생각하지만, 고유 기술 문명을 가진 행성이 우주에 상당히 많을 경우에 한해서다. 여러 (외계) 행성에 누군가 둘러볼 만한 비납의 부동산이 아직 남아 있다면 어떤 문명은 '클럽'에 남은 채 그런 행성들을 점령하려고 달려들지도 모른다. 물론, 인간 중심주의에 대해 우리는 늘 경계를 늦추지 말아야 한다. 인류는 호기심이나 물질적 이득, 혹은 정복을 위해 이주를 열망해 왔다. 그러나 외계 문명이 우주로 세력을 확장하는 데는 다양한 목적이 있을 수 있다. 그중 몇 가지는 우리에게 그다지 중요치 않을지도 모른다.

여기서 별로 중요치 않는 것은 별 사이의 거리다. 인간의 관점으로는 굉장히 빠른 우주선이라 할지라도 한 별에서 또 다른 별로 여행하는 데 장구한 시간이 걸리는 게 사실이다. 그러나 광속의 10분의 1의 속도를 낼 수 있다면 은하를 횡단하는 데는 100만 년이면 충분하다. 과거 10억 년 동안 유지됐던 외계 문명이 은하 어디엔가 있었다고 치자. 그렇다면 100만 년이라는 여행 기간은 10억 년의 긴 시간에 포함된다. 물론, 그들은 단번에 여러 단계를 뛰어넘는 무리한 여행은 시도하지 않으리라. 대신에, 가까운 행성을 먼저 답사한 뒤, 여러 세대에 걸쳐 더 먼 여행을 시도할 가능성이 높다. 새로운 행성을 탐험할 때마다 또 새로운 터전을 개척하겠지. 마침내 그들이 선택한 행성은 상당히 고도화된 문명을 일으켜 그다음, 그리고 그 이후에 올 원정을 준비하기 위한 식민지로 쓰이게 된다. 이런 방식으로 서서히 식민지들이 형성되는데, 이 과정은 원정의 대상이 될 다음 행성을 정하는 것보다 천천히 일어난다. 식민지가 성숙한 단계로 성장하는 데 평균 1,000년이 걸리고 건설에 적합한 행성이 평균 1,000광년 거리를 두고 떨어져 있다고 치자. 그러면 은하 안쪽에서 지구까지 이동하는 총 시간 이외에, 개별 행성에 체류하는 시간을 전부 더할 경우, 300만 년밖에 걸리지 않는다. 참고로, 은하 중심에는 늙은 별들이 많으며, 따라서 가장 진보한 문명들이 존재할 것으로 생각된다. 결국, 거기까지 가는 데 걸리는 시간은 모두 합해 기껏 400만 년 이하다. 물론, 서식 가능한 행성들이 많아서 외계 문명이 목적지를 선택할 수 있는 폭이 넓은 상황이라면 서둘러 지구로 직행하지는 않을 수도 있다. 그 선두에 선 문명은 가능성 있는 데라면 어디든 식민지를 개척한 뒤, 은하 전체를 지배하려 들지도 모른다. 이런 방식으로 문명이 확산되는 데는 오랜 세월이 걸릴 수 있지만, 은하 전체의 역사에 비하면 극히 짧은 시간에 불과하다. 우주 기술을 보유한 문명이 전부 대제국 형태로 식민지를 건설하는 방식을 취하지는 않을 것으로 보인다. 그렇게 된다면 충돌이 불가피하기 때문이다. 하지만 페르미가 말한 외계 문명이 하나쯤은 홀연히 우리 앞에 나타나지 않을까?

페르미가 처음 그 '역설'에 대해 언급했을 때 그는 사람과 비슷한 외계인이 지구에 오는 모습을 상상했다. 하지만 폰 노이만 기계처럼 스스로 증식하고 후손을 퍼뜨리는, 외계인이 제작한 인공물에도 똑같은 논리를 적용할 수 있다. 자가 증식하는 기계는 우주를 탐험하고 식민지를 개척할 때 비용이나 내구성, 생존 가능성 측면에서 살아 숨 쉬는, 생체로 만들어진 개척자들에 비해 많은 이점이 있다. 실제로 우주에 문명이 흔하다면 우리 은하는 틀림없이 폰 노이만 기계로 가득 차 있으리라. 왜냐하면 이놈들은 태양계의 나이보다도 훨씬 짧은 시간에 은하 전체를 잠식해 식민지로 만들 수 있기 때문이다. 우리 태양 주변에 폰 노이만 기계가 있다는 증거가 아직까지는 발견되지 않았기 때문에 외계 문명이 어디에나 있을 것이라는 가설보다는, 없다는 쪽에 무게가 실리고 있다.

물리학자인 프랭크 티플러(Frank Tipler)는 태양계에서 아직 폰 노이만 기계가 발견되지 않은 것은 우주에 우리만 있음을 증명하는 분명한 증거라고 강력하게 주장했다. 그는 외계 문명이 우리 은하 전역에 그런 장치를 배치하는 데 고작 3억 년밖에 걸리지 않을 것이라고 예측하면서, 폰 노이만 기계로 은하 전체를 접수하기에 충분한 시간이 지났다고 말했다. 그는 경제적 측면과 실행 계획을 모두 따졌을 때 폰 노이만 기계가 성간 공간을 이동하는 데 상당히 효율적인 수단이라고 판단했다. 그는 그런 기계가 없다는 사실 자체가 페르미의 역설을 뒷받침하는 강력한 증거라고 생각했다. 살아 있는 생명체가 왜 성간 여행을 피하려고 하는지, 그 이유를 아는 것은 어렵지 않다. (어쨌든 워낙 멀기 때문이다.) 하지만 저 외계의 폰 노이만 탐사선이 왜 성간 여행을 하지 않는지 이해하는 것은 그보다 어렵다.

티플러가 주장한 내용은, 폰 노이만 기계가 우리 태양계에 없다는 전제를 받아들이는 경우에 한해서 맞다. 하지만 그렇게 확신할 수 있을까? 우리는 외계의 폰 노이만 기계가 태양계를 가득 채울 때까지 증식을 거듭할 것이라는 시나리오는 배제할 수 있다. 하지만 보다 덜 공격적인 전략에 대해서는 확신하기 어렵다. 필자가 앞서 5장에서 설명한 것처럼, 우리가 모르는 사이에 작은 기계가 몰래 숨어 휴면 상태로 지낼 수 있는 장소는 수없이 많다. 만일 그 기계가, 거기에 정착해 살아온 지적 생명체와 접촉하겠다는 목적이 없다면 대체 무슨 계획을 가졌는지 파악하기 어렵다. 그렇다면 왜 섬뜩한 침묵이 계속되는가?

시간 여행자들은 모두 어디 갔나?

스티븐 호킹이 남긴 유명한 일화가 있다. 1992년, 누군가 "미래에서 온 시간 여행자들은 모두 어디에 있을까요?"[4]라고 물었을 때, 호킹은 또 다른 버전의 페르미의 역설로 화답했다. 즉 여기에 외계인들이 없는 것은 미래에서 과거로 가는 여행이 불가능하기 때문이라고. 시간 여행이 불가능하다는 사실은 아직 입증되지 않은, 지금껏 이루지 못한 안타까운 꿈이다. 동시에, 과학적 사실과 SF 소설의 경계선에 있는 주제라는 점은 인정해야 한다. 우리가 시간의 특성에 관해 아주 잘 이해하는 기본 바탕은 알베르트 아인슈타인(Albert Einstein)의 일반 상대성 이론이다. 일반 상대성 이론은 과거와 미래로의 여행을 모두 허용하는 것처럼 보인다. 사실, 미래로의 여행에 대해서는 이야기가 끝난 것이나 다름없다. 미래로 가는 시간 여행은 시간 지연 효과라는 이름으로 불리는데, 그것은 정밀한 시계를 통해 입증됐다. 만일 여러분이 가까운 미래로 가고 싶다면 굉장히 빠른 속도로 움직이면 된다. 예컨대, 지금 광속의 99퍼센트의 속도로 달리기 시작한다면 앞으로 13년 안에 2100년대의 지구에 도착할 수 있다. 하지만 지금까지 만들어진 가장 성능 좋은 로켓은 기껏해야 광속의 0.002퍼센트에 불과하기 때문에 인간이 할 수 있는 시간 여행은 가련한 수준으로 제한될 수밖에 없다.(기껏해야 마이크로초만큼 미래로 갈 수 있다.)

미래에서 과거로 가는 일은 그보다 훨씬 힘든 도전이다. 일반 상대성 이론이 과거로의 여행을 엄격하게 금지하고 있는 것은 아니지만, 시간을 거슬러 가는 것은(만일 기술적으로 가능하다면 — 옮긴이) 웜홀을 만드는 것과 같은 고도로 발달된 기술과 관련 있다. 웜홀은 중력을 이용해 시간을(실제로는 시공간을 — 옮긴이) 휘게 만든다는 측면에서 블랙홀과 비슷하지만, 다음과 같은 차이가 있다. 즉 블랙홀은 일방 통행인 반면에, 웜홀은 입구와 출구가 따로 있다. 그래서 여행자가 한쪽으로 들어가 다른쪽으로 나오는 일이 허용된다. 참고로, 블랙홀은 실제로 존재하는 물리적 실체지만, 웜홀에 관해서는 아무런 증거가 없다는 사실을 일러둔다.[5]

웜홀을 타임머신으로 변환시키기 위해서는 두 개의 웜홀 구멍 사이의 시간차를 측정해야 하는데, 여기에는 까다로운 조작이 필요하다. 문제는, 시간차를 측정하는 데 걸리는 시간이 실제 시간차보다 더 크다는 점이다. 예를 들면, 100년 전 과거로 돌아갈 수 있는 타임머신을 만드는 데 100년 이상이 걸린다는 이야기다. 그렇다면 여러분이 웜홀을 통해 시간 여행을 한다고 해도 타임머신을 완성하는 날 이전의 과거로 돌아갈 수는 없다는 뜻이다. 이 점에서 '실제' 타임머신은 H. G. 웰스의 소설에 나오는 기계와는 전혀 다르다. 2010년 어느 날, 미래의 지구에서 온 시간 여행자가 존재하지 않는다는 사실은 어쩌면 놀랄 일이 아닐지도 모른다. 하지만 그보다 훨씬 진보된 기술을 가진 외계인이 타임머신을 가지고 있다면? 그 후손들이 미래로부터 (현재의) 우리를 방문했을 수도 있다. 혹은, 그들이 미래의 지구인들에게 타임머신을 빌려 준 뒤, '실제 상황의 역사' 여행을 허락했을지도 모른다. 시간 여행자가 존재하지 않는다는 사실이 정말 고도의 문명을 가진 외계인이 없음을 뜻하는 것일까? 아니면 과거로의 시간 여행이 불가능하다는 것을 의미할까? 이론적으로는 가능한 일일까? 아니면 시도할 엄두도 내지 못할 만큼 엄청난 비용이 들거나, 아니면 굉장한 위험한 일일까? 시간 여행의 가능성이 페르미의 역설을 더 악화시킨다는 사실은 분명하다. 왜냐하면 시간 여행은, 동시대를 사는 외계인은 물론, 그들(혹은 우리)의 후손이 지구를 방문(혹은 침략)할 가능성을 활짝 열어놓기 때문이다. 시간 여행과 관련해 별들 사이를 오가는 데 필요한 긴 시간은 아무런 문제가 되지 않는다. ET는 출발하기 '전에' 지구에 도착할 수 있다! 독자들 가운데 시간 여행에 관해서 더 알고 싶은 사람이 있다면 필자가 쓴 얇은 책 『폴 데이비스의 타임머신(*How to Build a Time Machine*)』을 읽어 보기를 권한다. 이 주제는 아주 매력적이지만, 이 책에서는 더 자세히는 언급하지 않으려 한다. 공간 여행만 해도 충분히 어려운 주제이기 때문이다.

우주 여행의 발자취

공간 여행, 즉 우주 여행의 향후 전망에 관해서 이야기할 때 미래 학자들은 두 진영으로 나뉜다. 한편에서는, 새로운 추진 시스템과 규모의 경제가 우주를 향한 우리의 도전에 활기를 불어넣을 것이라고 장밋빛 미래를 꿈꾼다. 달과 화성, 그리고 일부 소행성에 식민지가 건설될 뿐 아니라, 거기서 상업적 이익을 창출하는 새로운 산업이 꽃을 피운다.[6] 다음 세기에는 인류가 우주를 향한 야망을 달성하기 위해 태양계는 물론, 그보다 먼 곳까지 진출할 것이다.

반면에 비관론자들은 이런 미래를 인정하지 않는다. 그들은 우주 탐험이 냉전 시대의 정치 논리에 바탕을 둔 특이한 일시적 현상일 뿐 아니라, '진출 가능한 우주'를 장악해야 한다고 세상 사람을 선동하고 있다고 생각했다. 발사 비용은 엄청난 반면에, 그 상업적 보상은 형편없기 때문에 납세자들은 돈을 대다가 지쳐 버릴 것이 불 보듯 뻔하다. 그래서 우주 프로그램은 전체 규모가 줄어들어 결국 막을 내릴지도 모른다. 과학적 보상과는 무관하게, 만일 군사적 이득이 없었다면 미국의 우주 개발 프로그램이 벌써 오래전에 형편없이 축소됐을 것이라는 이야기는 이제 공공연한 비밀이 됐다. 우리는 1세기, 혹은 2세기 안에 인류가 우주 공간에 설치한 군사 장비와 시설을 모두 철폐할 '새로운 세계 질서'를 기대할 수 있을지도 모른다. 그 일이 현실화된다면 유인 우주 임무는 불가피하게 인류 평화의 희생양이 될 수 있다. NASA와 다른 우주국의 예산은 늘 제자리걸음이며, 이제 우주 개발에 관한 관심이 한물갔다는 사실을 쉽게 확인할 수 있다. 앞으로 10년, 20년 안에 대규모 유인 우주 계획이 추진되지 못할 것이라는 전망은 이미 분명해졌다.

필자는 이 두 가지 시나리오, 즉 낙관론과 비관론 사이에서 선택을 미루려고 한다. 양쪽 다 일리가 있다. 그러나 페르미의 역설에 관한 한 문제의 핵심은 여기에 있다. 페르미는 우주 시대 초기에 살았으며, 당시만 해도 우주 탐사는 탐험 정신을 우주로 확대하는 일인 동시에, 과학과 기술, 지구촌 경제와 함께 지수 함수적으로 성장할 것이라고 믿는 것은 자연스러운 일이었다. 어쨌든, 페르미와 그의 동료들은 최초의 원자 폭탄 제조를 막 끝낸 상황이었다. 원자력 추진 로켓은 바로 지척에 있는 것처럼 보였다.[7] 당시 신문 만화에 영웅으로 등장했던 플레시 고든은 우주를 지배하는 주인공으로 묘사됐다. 마지막 달 착륙 이후 50여 년이 지난 지금, 우주 여행이 필연적인 것으로 생각되지는 않는다. 지난 수십 년간 인류가 추진한 우주 프로그램에 근거해, 진보된 문명을 가진 외계인이라면 우주 개발에 필연적으로 뛰어들 수밖에 없을 것이라고 생각하는 것은 경솔한 생각이 아닐까? 마찬가지로, 모든 외계 문명이 우주로 진출하지 않을 것이라고 단정하는 것 역시 경솔한 일일지도 모른다. 우리가 모르는 외계 기술 문명의 잠재력을 생각할 때 온 인류 역사를 포함한 저 긴 시간을 바라보는 전망을 가져야 한다고 믿는다.

지난 50여 년간 세티는, 고등 외계 문명이 전파를 송출해 스스로 그 존재를 드러낼 것이라는 희망 속에 추진돼 왔다. 하지만 이후 섬뜩한 침묵이 이어졌고, 우리는 이를 재평가해야 했으며, 외계 지성체가 우리가 다른 방법으로 확인할 수 있는 흔적을 남기지 않았을까 다시 생각해 보게 됐다. 법의학자들은 대부분, 지성적인 사람들은 은연중에 다양한 방식으로 간접적이고 교묘하게 스스로를 드러낸다는 것을 잘 알고 있다. 설사, 자신의 행동을 의도적으로 숨기려고 할 경우에도 말이다. 우주는 아주 풍성하고 복잡한 곳이다. 그 결과, 외계 지성체의 흔적은 자연 현상에서 오는 방대한 데이터에 묻혀 버리기 십상이다. 때문에 누군가 기발한 방법으로 면밀히 조사한 뒤에야 비로소 그 진실이 밝혀진다. 외계 문명이 의도적으로 보낸 신호나 비콘을 검출하지 못한다고 해도 우주에 우리만 있는 게 아니라는 사실을 우리 스스로 확신할 수 있을 만큼 충분한 정황 증거들을 앞으로 계속 모을 수 있을 것으로 생각한다.

전통적인 세티에 안주하지 않고 이를 발전시키기 위해서는 이에 적합한 전략을 세우는 것이 중요하다. 세스 쇼스탁이 말한 것처럼,[8] 세티 연구자들은, "우리가 지금 하는 실험은 아직 퍼시벌 로웰이 생각한 외계인 탐색 수준에 머물러 있다."는 데 동의한다. 외계 기술을 찾기 위해 세티 과학자들은 지금 포괄적인 노력을 벌이고 있지만, 이제는 전파 망원경 이상의 수준을 생각해야 한다. 이를테면, 입자 물리학과 미생물학으로부터 천체 물리학에 이르는 현대 과학 전 분야를 망라하는 시도가 필요할 것으로 보인다. 넓은 의미에서 외계 기술이라면 훨씬 색다른 방식으로 스스로 그 존재를 드러내지 않을까? 어딘가 미심쩍은 데가 있거나, 제자리가 아닌 곳에 있거나, 전후 관계에서 벗어난 방식으로 말이다. 그것은 너무나 작은, 미세한 변화라서 쉽게 간과할 수도 있겠지만, 뚜렷하게 달라서 뭔가 부자연스럽게 보일 수도 있다. 그게 정확하게 어떤 것인지 아직은 잘 모르지만, 우리가 마음을 열고 상상의 눈으로 바라본다면 눈에 띌 수도 있다.

설령 앞으로 무엇을 탐색해야 할지 모른다고 해도 우리는 과거의 경험을 통해 '어디서' 외계 기술의 흔적을 찾아야 할지 추측할 수 있다. 페르미는, 외계인이 고향 행성을 떠나 은하 전체에 걸쳐 고루 진출했을 것이라는 단순한 이주 모형을 바탕으로 외계인의 존재 가능성을 배제했다. 지성체의 성간 이주에 관한 보다 현실적인 그림은, 수십억 년에 걸쳐 무작위로 은하 곳곳에 기술 문명이 생겨나고, 일부는 쇠퇴하는가 하면 또 다른 문명은 오래 지속되고, 또 일부는 넓게 확장되기를 되풀이하는 것이다. 그럼 어떤 패턴으로 나타날까? 이민자들은 얼마나 빠른 속도로 우리 은하를 가득 채우게 될까? 서로 이웃하는 문명은 얼마나 자주 충돌하고 또 합병될까? 페르미는 인류의 이주 습성으로부터 그의 역설을 유추해 냈다. 현생 인류는 10만여 년 전에 고향인 아프리카를 떠났고, 급속하게 행성 전체로 퍼져나가 태즈메이니아, 티에라

델 푸에고, 태평양 군도들과 심지어는 극지방 불모지까지 진출해 정착했다. 첫 단계는 미답의 영토를 식민화하는 일이었다. 이어, 합병이 뒤따랐고 식민지를 근거로 아무도 정착하지 않은 새로운 땅을 향한 이주가 시작됐다. 이렇게 한 단계 한 단계 사람의 발자취가 닿을 수 있는 모든 지역에 정착할 때까지 이동은 쉬지 않고 계속됐다. 성공적으로 이주한 이들이 살아남아 유전자를 퍼뜨렸기 때문에 다윈주의적 신화는 유전자 공급원에 방랑벽에 관한 습관을 고정시켰다. 그래서 인류는(적어도 우리 가운데 일부는) 여전히 산에 오르고 싶어 안달이고, 달에 가고 싶어 하며, 화성에 식민지를 개척하려는 충동에 사로잡히곤 한다. 이젠 사람들이 생존을 위해 이주해야 할 필요를 전혀 느끼지 못하게 됐는데도 불구하고 말이다. SF 소설 작가 중에 많은 이들은 자기 작품에 인류 역사를 투영시켜, 이를테면 후손들이 성간 공간을 여행하고 은하 저편에 다다라 강력한 제국을 건설하는 모습을 그린다. 고대로부터 시작된 방랑벽이 유전자 속에 남아 발현한 것이거나, 어쩌면 "언덕 저편의 풀이 더 푸르다."라는 식의 묵시적 강박의 결과인지도 모른다.

그러나 인간의 과거 경험은 외계인들이 은하를 여행하는 것과 관련 없을 수도 있다. 우리는 지성적인 문명이 이주해야 하는 이유를 이해하기 어려울지도 모른다. 그들이 근거지를 확장하는 이유가 무엇이든, 원시적인 충동이 장기간 살아남아 지배할 만큼 가치 있게 보이지는 않는다. 필자는 이와 관련 있는 유전자라면 벌써 오래전 변형을 거쳐 유전자 공급원에서 제외됐을 것이라고 믿고 있다. 기계 지성(machine intelligence)에 관해 말하면 우리는 거의 아는 게 없다. 외계인이 폰 노이만 탐사선의 프로그램을 어떻게 만들지 누가 어떻게 추측할 수 있을까? 더구나 스스로 자기 복제하는 그 기계가 자율성을 가지고 있다면 어떤 방식으로 그 생존 전략이 진화하게 될지 어찌 알 수 있겠는가? 이런 요소들 때문에 외계 문명이 과연 어떤 환경에서 우주로 진출하게 됐을지, 진출했다면 어떤 방식으로, 얼마나 멀리 갔을지 전혀 알 도리가 없다. 이런 대이동이 생물학적 충동에 의해 일어나지 않았다고 해도('우리는 여기서 나가야만 해!') 아마도 이성적 바탕 위에서 결정됐을 수도 있을 것이라고 생각된다. ('행성 X에 정착하는 것은 우리 사회를 더욱 우리답게 만들 것이야.') 우리가 외계인의 이주 모형을 만들려면 어딘가는 출발점으로 삼아야 한다. 이럴 때 꼭 맞는 격언은 "뭔가 좋은 게 있다면, 더 많은 게 좋다."이리라. 어떤 문명이 자신들의 고향인 행성에 문화나 기술적인 대성공, 혹은 원대한 비전 같은, 뭔가 가치 있는 것을 창조해 냈다면, 구체적으로 그게 무엇인지는 중요치 않다. 그 사회는 그것을 복제해 다른 곳으로 확산시키려 들 것이다. 우리는 이런 정도의 가정을 기초로 수학적 모형을 통해 놀랄 만한 사실을 끌어낼 수 있다.

우주 개척의 물결

변변찮은 커피 삼출기(coffee percolator. 커피 끓이는 기구. 끓는 물이 그 중심에 있는 관을 통해 위로 올라간 뒤, 원두 성분과 섞이면서 액체(커피)가 밖으로 스며 나온다. — 옮긴이)가 뜻밖에 자연 과학과 공학 전 분야에 걸쳐 영감을 불러일으킬 수 있다는 사실을 의심할 사람은 없으리라. 물이 원두를 통과하는 방식에서 이름을 따온 삼출(滲出, percolation) 이론은 수문학(水文學), 역학(疫學) 그리고 재료 과학 같은 현실 세계의 다양한 문제에 적용된다. 그뿐 아니라 외계인의 이동을 설명하는 데도 응용됐다. 우주 항공학자인 제프리 랜디스(Geoffrey Landis)는 외계 문명이 어떤 방식으로 은하에 확산될 수 있는지를 정량적으로 예측한 삼출 모형을 처음 발표한 사람 중 하나다.[9] 랜디스는 (지적 생명체나 로봇, 사이보그 중에 무엇이든 상관없이) 성간 여행은 힘들고 비용이 많이 들며, 점유되지 않은 행성들 가운데 식민지화하기에 적합한 것은 많지 않을 것이라는, 합리적인 가정을 세웠다. 그는 중앙 집권적 은하 제국은 존재할 수 없는 개념이라고 말하면서 그 가능성을 배제했다. 신호가 은하를 가로지르는 데에만 10만 년이 걸리기 때문에, 혹시 SF 소설 마니아들이라면 몰라도, 통일된 문화라는 개념은 적어도 은하 규모에서는 터무니없는 것일 수밖에 없다. 보다 더 현실에 가까운 패턴은, 헝겊을 조각조각 이어 붙인 누비이불처럼, 식민지화가 진행돼 국지적으로 다양한 문화가 출현하는 양상일 것이다. 식민지 가운데 일부는 스스로 통합을 받아들이는가 하면, 어떤 이들은 빠르게 세력을 팽창시킨다. 그들에게는 저마다, 우리가 전혀 모르는 현안과 우선 순위가 있으리라. 랜디스는 「스타 워즈」에 나오는 격렬한 무력 충돌이나 침략이 실제로 일어날 가능성은 낮을 것이라고 생각했다. 그의 생각은 물론, 논란의 여지가 있다. 과거 유럽 인들이 아메리카와 오스트레일리아의 원주민들을 몰아낸 것처럼, 기술적으로 우월한 사회는 그보다 열등한 집단을 쫓아내면서 전혀 가책을 느끼지 못할 수 있다. 별들 사이를 누비는 칭기즈 칸이 출현할 가능성을 배제하면(그렇지 않으면 페르미의 역설로 인해 공격받을 수 있다.), 랜디스의 계산에서는 몇 가지 재미있는 결과가 나온다. 즉 은하에서 문명이 확산되는 패턴은 팽창 의지가 얼마나 강력한지에 따라 민감하게 반응한다. 만일, 그런 동기(의지)가 일정 수준에 미치지 못하면 확산 패턴은 불안정해지기 시작해 동력을 잃고 만다. 그 패턴의 최종 형태는 이렇다. 즉 식민지들이 빽빽하게 떼지어 모이고, 주변은 아직 점령되지 않은 넓은 지역이 둘러싸고 있다. 하지만 일단 임곗값을 넘게 되면 대리석 무늬처럼 생긴 이런 패턴에 전체적으로 변화가 일어난다. 팽창은 은하 전체가 식민지로 가득 찰 때까지 계속되지만, 어떤 지역은 결국 끝까지 영향권에 들지 않은 채로 남게 된다. 마침내 그 의지가 임곗값에 도달하면 확산 패턴은 마침내 프랙탈(fractal) 구조라고 불리는 모습을 띤다. 이 시점에 이르면 모든 규모에서 식민지화가 진행된 지역과 그대로 남은 지역이 뚜렷하게 대비를 이루게 된다. (그림 10)

랜디스의 분석에는 한 가지 비현실적인 측면이 있는데, 바로 경쟁적인 요소가 전혀 없다는 점이다. 최근에 로빈 핸슨은 은하 식민지화 동역학(galactic colonization dynamics)에 관한 문제에 경제학 모형을 접목해 그 단점을 보완했다. 핸슨 모형은 경쟁으로 인해 필연적으로 성장 패턴이 나타난다는 사실에 바탕을 두고 있다. 그는 스스로 세력을 확장하는 원인(동기)과 무관하게 항상 "가장 빠른" 물결(파동)이 존재한다는 사실에 주목했다. 파동은 이동 속도와 식민지 체류 기간은 물론, 세력 확장에 따르는 보상책의 우선 순위나 수준과는 관계없다. 하나의 행

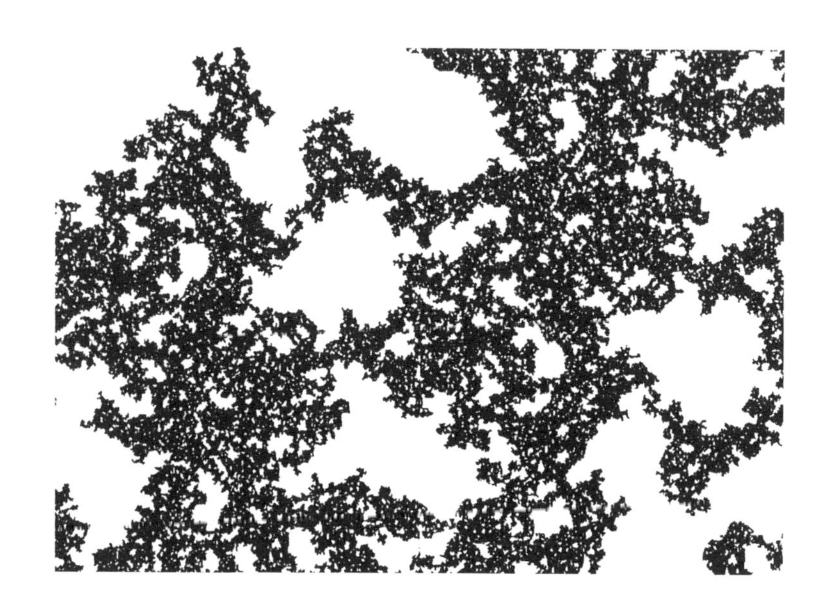

그림 10 삼출 이론을 바탕으로 컴퓨터가 만들어 낸 프랙탈 구조. 검은색으로 칠한 부분은 식민지화가 진행된 지역을 뜻한다. 모든 규모에서 아무것도 없는 지역(점령당하지 않은 영토)이 존재한다는 사실에 주의할 것.

성을 배경으로 풍성하고 다양한 문화가 경쟁하는 경우, 가장 선두에 선 물결은 경쟁과 선택에 따라 결정될 수밖에 없다. 물결은 진원지로부터 퍼져나가 (그보다 뒤진, 팽창 속도가 늦은 다른 문명이 선점한) 주변 지역을 점령, 확장해 나간다. 물결은 이렇게 계속된다. 개인이나 사회는 그 뒤에 남을 수 있지만, 첫 번째보다 속도가 느린 두 번째 파동이 뒤를 따르고 그 경계면이 빠르게 팽창한다. 이동의 물결은 동물들이 떼거리로 몰려다니는 것보다는 유행의 물결에 더 가깝다. 외계 문명이 팽창 위주의 프로젝트에 착수하기로 결정하면, 또 그럴 만한 기술과 자원을 가졌다면 이를 막을 만한 현실적 대안은 없다. 식민 개척자들이 같은 입장에 처한 주변 문명과 만나는 것은 별개 문제로 치더라도 말이다. 은하 규모에서는 그런 팽창을 막을 만한 뾰족한 수단이 없다. 가장 고속으로 진행하는 파동의 경계면은 물론, 광속보다 느릴 수밖에 없다. 하지만 (기술적 한계와 달리) 과학적으로는 광속에 접근하는 데 아무런 장애가 없다.

핸슨은 그의 수학 모형을 기초로 개척 시대의 미국 서부처럼 변경 지역의 생물은 삶이 고달플 수밖에 없다는 사실을 발견했다. 식민지 '오아시스'의 빠른 성장은 도처에서 일어나는 안식처의 종말과 같은 속도로 진행된다. 평균적으로 한 '종자'에서 성장, 확산된 안식처 가운데 오직 하나만 살아남아 후손을 남긴다. 이 '종자'는 식민 개척자들이 탄 방주일 수도 있고, 폰 노이만의 기계, 혹은 도착과 동시에 세포를 배양하는 작은 탐사선일 수도 있다. 그 실체와 관계없이 핸슨은 냉혹한 결론을 내렸다. 즉 모든 것은 세력 주변에 모인다는 것이다. 핸슨은 "1조 개의 보통 종자는 두 배의 속도로 증식하는 100만 개의 종자와 맞먹는다."라고 말했다.[10] 종자의 증식 속도와 생존 능력은 상반 관계에 있다. 예컨대 고속으로 이동하는 종자는 우주 먼지와 충돌해 피해를 입기 십상이지만, 그보다 느린 경쟁자들은 덜 위험하다. 재미있는 사실은, 고속으로 성장하는 식민지에서 그다음 종자를 내보내기까지 오랜 시간이 소요될 경우 좋은 결과가 나타난다는 점이다. 반면에, 경제적으로 침체된 식민지에서는 이주에 대한 압력이 점차 가중된다. 왜냐하면 이때 가장 높은 수익이 창출되기 때문이다. (핸슨 모형의 장점은 수익의 내용에 관계없이 적용할 수 있다는 것이다.) 파동(물결) 뒤에 남는 낙오자는 우리가 직관적으로 생각하는 것보다 훨씬 적다. 이렇듯 파동은 성간을 빠르게 이동하기 때문에 잠재적으로 안식처가 될 가능성이 있는 일부 지역은 그대로 통과할 수 있다. 이것은 랜디스의 분석 결과와 잘 맞지만, 지구의 식민지화 과정에서 우리가 경험한 것보다 더 심각하다. 어쩌면 우리 태양계도 과거에 누군가 그렇게 지나간 안식처일지도 모른다. 이것은 어쩌면 페르미의 역설을 피해 가는 해결책일 수도 있다.

외계 이민자들이 기계가 아닌 생물이었다면 그 선택에서 지구가 제외된 분명한 이유가 있으리라. 지구는 아주 오래전부터 생물이 서식하고 있었기 때문에 잠시 ET가 들렀다면 그때는 이미 미생물뿐 아니라, 어쩌면 더 큰 생물들로 들끓고 있었을지도 모른다. SF 소설에서는 우주선을 탄 인간이 초록색으로 뒤덮인, 숲이 울창한 행성에 내려, 지구에서 살던 것처럼 삶을 이어 가는 것으로 단순화시키고는 한다. 터무니없는 내용이다. 외계 생명체가 지구 환경과 생태계에 꼭 맞아 떨어져 적응할 가능성은 극히 낮다. DNA가 유전 정보를 가진, 유일하게 독자 생존할 수 있는 분자라 할지라도 비슷한 조합을 가진 아미노산이 모든 생물에 효소로 작용할 타당한 이유는 없다. 외계 생명과 지구 생명은 형태가 다르다. 서로 이가 맞지 않는다. 그래서 외계 생물은 지구 식물과 동물을 먹을 수 없다. (우리를 음식으로 원하는 외계인이 등장하는 저속한 SF 소설 이야기라면 이쯤에서 그만두자.) 반대로, (H. G. 웰스의 소설 『우주전쟁』에 나온 것처럼) 외계인이 지구의 세균에 굴복할 가능성도 낮아 보인다. 지구 생물권은, (식물이) 대기 중에 산소를 내뿜는 것은 고사하고, 침략자들에게 이롭기보다 더 불편할 가능성이 높다. 외계 문명이 성공적으로 지구에 식민지를 건설하기 위해서는 비용이 많이 드는 대규모 인공 서식지를 건설해야 할지도 모른다. 혹은 지구 고유의 생물권을 파괴한 뒤 그들을 위한 생물권으로 바꾸는 일, 즉 지구를 '테라포밍(terraforming, 지구화)'할 수도 있다. 따라서 우리가 흔히 아는 것과 달리, ET가 여기에 '없는' 이유는, 지구 생물이 다양하고 확고하게 잘 자리잡고 있기 때문이다.[11]

핸슨의 계산에서 빠진 것은 이보다 덜 재미있는 시나리오다. 예를 들면, 비협조적인 식민 거주자들을 강제로, 은하에서 가장 고약한 지역으로 추방하거나, 그들의 의지와 관계없이 유배시키는 식의 처벌을 내리는 일이 여기에 속한다. 이렇게 유배된 개체들은 '해적'처럼 은하를 떠돌거나 낙후된 지역에서 몰래 숨어 지내는 운명에 처할 수도 있다. 심한 경우, 돌연변이를 일으켜 제멋대로 파괴와 살상을 일삼거나, 착란을 일으켜 우주를 떠돌면서 혼란을 일으킬지도 모른다. SF 소설

마니아들은 이런 존재를 가리켜 “광전사(berserker)”라고 부른다. (SF 영화 「알리타: 배틀엔젤」에도 ‘광전사’라는 표현이 등장한다. — 옮긴이) 은하를 배경으로 ‘좋은 사람과 나쁜 놈’이 경쟁하는 내용에 게임 이론을 적용하면 단순한 삼출 이론에 다양한 변화를 줄 수 있을지도 모른다.

은하 문명의 개척자들이 벌써 지구를 지나간 것은 아닐까?

어느 외계 문명이 일으킨 식민 정복(또는 탐험)이 파면이 아주 오래전 우리 태양계를 휩쓸고 지나갔다면 과연 흔적을 남겼을까? 팽창하는 파동이 있었다면 (그 구성원이 생물, 기계, 하이브리드, 혼합체, 혹은 전혀 다른 존재일 수도 있는) 외계 문명은 말 그대로 뭔가 성취하려 들 것이다. 하지만 그게 정확히 무엇인지 우리는 전혀 알 길이 없다. 설령 그게 무엇이라 할지라도 유한한 개수로 존재한다면(그래야만 한다. 그렇지 않다면 외계인들은 고향 행성에서 원하는 모든 것을 가질 수 있을 것이기 때문이다.) 그들이 원하는 그것은 언젠가 바닥나고 말 것이다. 분명히 그 시점부터 식민지는 버려진다. 그다음, 파면이 멀리까지 앞서 나갈 것이다. 언제 파동이 지나갔는지 우리는 알 수 없다. 그 시기는 태양계 형성 시점인 45억 년 전일 수도 있다. 이런 문제를 생각할 때 우리는 인간의 시간 척도가 아닌 천문학적 시간 척도를 써야 한다. 이를테면 1000만 년이나 1억 년 단위의 시간 말이다. 왜? 기술적으로 말하면, 외계인이 지구를 방문한 시기를 시간에 관한 함수로 표시할 때 우리는 그 확률 분포에 대해 모르기 때문이다. 따라서 1차적으로는, 그 분포가 일정할 것이라고 가정하는 게 맞다. 이런 전문적인 표현이 뜻하는 것은, 그 반대의 경우를 입증할 만한 아무런 명백한 이유가 없을 때 현재 시점이 특별히 중요성을 갖지 못한다는 사실이다. 따라서 외계인이 1,000년 후에 태양계를 지나갈 확률은 수십억 년 은하 역사를 통틀어 또 다른 1,000년의 기간 동안 그런 일이 일어날 확률과 같다는 것이다.[12] 따라서 과거 외계인이 우리를 방문했다면 그것은 '아주' 오래전이었을 개연성이 크다. 따라서 그들이 수천 년 전, 지구에 와서 음료수병과 전깃줄과 플라스틱 컵을 남기고 갔을 가능성이 아주 낮다는 것만은 분명하다.

그럼에도 불구하고 오래전, 상대적으로 느린 파동이 우리 태양계를 휩쓸고 지나갔다고 치자. 이 파동은 지금 은하 저편, 수천 광년 밖 어딘가를 통과하고 있을지도 모른다. 지구에서 우리가 파면의 끝을 볼 수 있을까? 그럴 수도 있겠지. 하지만 무엇을 봐야 할까? 명확하지 않다. 이상 현상? 혹은 벽처럼 생긴 물리적 불연속면 같은 게 후보일 수도 있겠다. 단순하고 유치한 예가 하나 있다. 즉 파면 선두에 선 식민 개척자들이 핵분열로 에너지를 얻고, (아주 효과적으로) 자신들의 태양에 핵폐기물을 내다 버린다는 가정이다. 이때 파면 근방에 있는 별에서는 반감기가 짧은 방사성 동위 원소가 발견될 수 있다. 이와 함께 파동 진행 방향으로 가장 앞단 파면에서 동위 원소 세기가 급격하게 치솟았다가 (반감기가 짧은 방사성 원자핵의 특성에 따라) 뚝 떨어지는 모양을 보이리라. 이런 일이 실제로 일어난다면 은하의 해당 지역에 있는 별들의 스펙트럼에 뚜렷한 패턴이 나타날 수 있다. (마찬가지로, 비록 사고 실험에 불과하지만)

또 다른 가능성은, 질량이 높은 별들이 폭발하기 직전 외계인들이 그 별들로부터 물질을 밖으로 빼내 종말을 막을지도 모른다. 그 결과, 어떤 곳은 정상이지만, 그 밖의 다른 지역에서는 특별한 이유 없이 초신성이 터지지 않는 양상을 보일 수 있다. 즉 은하 전체에 걸쳐 초신성 분포가 일정하지 않게 나타나는 것이다. 이런 패턴과 함께 파면 근처에서 별들의 스펙트럼이 어딘가 이상하다면 외계 문명이 뭔가를 저질렀다는 증거가 될 수 있다. 애석하게도, 초신성은 아주 드물게 나타나기 때문에 통계적으로 의미 있는 자료를 얻으려면 수천 년의 긴 시간을 기다려야 할 수도 있다.[13]

이번에는, 파면 끝보다는, 과거 언젠가 태양계를 지나갔거나, 그 주변을 통과한 파동의 흔적을 찾을 수 있을지도 모른다. 외계인은 어쩌면 여기에 있어야 하는 어떤 것을 가져갔을 수도 있고, 여기에 뭔가 다른 것을 남겼을 수도 있다. 직설적으로, '그들이 X라는 물건을 약탈해 갔고 Y를 놔두고 갔다.'고 치자. 사람들이 원래 있던 것은 가져가고 오염된 산업 부지나 버려진 땅을 남기는 것처럼 말이다. 우리도 외계인이 남긴 것과 가져간 것, 즉 X와 Y를 알아낼 수 있을까?

지구에는 고대 산업 활동의 뚜렷한 흔적은 없다. 1000만 년 된 광산이나 채석장, 혹은 폐품 처리장 따위는 찾아볼 수 없다. 물론, 우리 행성에는 산업의 흔적이 오래 남지 못한다.[14] 그래서 그런 증거가 얼마나 눈에 띌지, 인공적 특성이 얼마나 뚜렷하게 나타날지 명확하게 알 수 없다. 예컨대, 우리가 지표 아래 묻힌, 삼각형 모양의 분화구(소행성 혹은 혜성이 충돌해 지표에 남은 구덩이는 특별히 '충돌구'라고 부른다. — 옮긴이)를 찾아냈다면 그것은 인공적으로 만들어진 것이라는, 의심할 바 없는 증거가 될 수 있다. 지질학자들은 지표나 지각 아래에서 수백 개의 분화구를 찾았지만 지금까지 발견된 것은 거의 둥근 모양을 띤다. 분화구 모양이 둥근 것은 충돌에 의한 것이든, 화산 분출에 의한 것이든 자연스러운 결과다. 아프리카 가봉 공화국에는 지질학적으로 특이한 지역이 있다. 이곳은 오클로 자연 원자로(Oklo natural nuclear reactor)라고 불린다. 이 지역은 거대한 암반으로 이뤄져 있으며, 20억 년 전 이미 우라늄 함량이 임곗값을 벗어나 상당히 많이 매장돼 있다. 그 결과 저절로 연쇄반응이 일어나 엄청난 열과 복사가 우리가 검출할 수 있을 정도로 지금도 나온다. 외계 문명이 거기서 원자력 기술을 썼다고 하면 진실을 왜곡하는 억지일 수 있지만, 특이한 지질 지역임에는 틀림없다. 그러나 바로 여기, 우리가 주의 깊게 찾아봐야 할 것이 있다. 플루토늄이다.

플루토늄이라면 확실히 인공적인 흔적일 가능성이 더 높다. 방사성 동위 원소인 플루토늄은 핵반응 결과 만들어지며, 원자력 발전소의 핵폐기물과 핵폭발로 생긴 낙진에서 발견된다. 게다가 수백만 년 동안 남아 있으며 시간이 지나면서 양이 줄어든다. 만일 우리가 (지구나 태양계 어딘가에서) 고대 플루토늄이 축적된 곳을 발견한다면 그것은 외계 문명이 핵기술을 사용했다는 강력한 증거가 된다.[15] 우리는 방사성 연대측정을 통해 원자력 기술이 언제 사용됐는지 알아낼 수 있다. 지질학적 흔적과 관련해 의심할 만한 곳이 있다면, 크기, 형태, 위치나 성분이 특이해 우리가 고대 광물 폐기장으로 추정할 수 있는 장소다. 게다가 지하에 매장된 형태가 어딘가 '부자연스럽다면' 의혹은 더 불거질 수밖에 없다. 이 모든 설정에는 물론, 다소 극단적인 데가 있다. 하지만 필자가 말하고 싶은 것은 (필자가 알기로는) 아직 외계 문명이 '건드리고' 간 뒤에 나타난 흔적일 가능성이 있는 지질 기록을 아직 아무도 체계적으로 조사한 적이 없다는 사실이다.

지구를 벗어나면 그 가능성은 더욱 높아진다. 달과 혜성, 소행성은 외계인 입장에서는 가공되지 않은 자원이 풍부할 뿐 아니라, 중력이 약하다는 매력이 있다. 거기에 정밀하게 만들어진 터널이나 다리가 있다면 좀 더 결정적인 증거가 될 수 있으리라. 그보다 조금 덜 극적인 것은 광물을 채취했던 흔적이다. 버려진 광물 더미나 이상한 모양으로 생긴 분화구가 그 예일 수 있다. 놀랍게도, 초기에 탐사가 진행된 소행성 에로스에는 사각형 모양의 충돌구가 있다! 지난 2000년, 니어 슈메이커(NEAR Shoemaker) 탐사선이 이 소행성을 사진으로 찍었다. 그러나 이 충돌구에 대해서는 자연스러운 설명이 가능하다. 직선으로 된 단층선은 흔히 발견되는 지질 특성이다. 이 경우, 두 개의 단층선이 직각으로 만날 수 있는데, 이때 사각형 모양의 함몰 지역이 나타날 수 있다. 내기를 걸 만한 또 다른 지형 후보는 나선형으로 생긴 분화구다. 운송수단이 주변을 돌아 나가도록 만든 노천굴 광산이라면 그런 형태가 있을 수 있다. 지구에서는 침식 작용 때문에 나선형 분화구가 원형으로 변할 수 있지만, 달이나 소행성 표면에서는 그보다 훨씬 오랜 시간 동안 변하지 않은 채 남아 있을 수 있다.

과거에 광물을 캐거나 자원을 채굴했다면 뭔가 화학적 성질이나 모양이 다른 흔적을 발견할 수 있다. 예컨대, 소행성을 조각내기 위해 핵폭탄을 사용했다면 필자가 가지고 있는 트리니타이트(Trinitite) 조각처럼 표면이 눈에 띄게 녹았던 흔적을 찾을 수 있다. 이 유리질 광물은 뉴멕시코 주 앨라모고도에서 이뤄진 첫 원자 폭탄 시험(트리니티 실험. — 옮긴이) 이후 수거된 것이다. 만일, 운석에서 특이한 방사성 동위원소가 검출됐다면 과거 핵폭발로 쪼개져 나간 암석 흔적이라고 의심할 수도 있다.

행성 파괴자들

필자는 이제 시나리오 X, 즉 뭔가 수상쩍은 결핍이 생긴 상황을 짚고 넘어가려고 한다. 이렇게 생각하면 어떨까? 오래전, 외계인이 태양계를 통과해 지나가면서 혜성에서 물과 유기물을 채취했다고. 이것은 사실, 미래학자들이 우주 개발의 미래상을 꿈꾸면서 생각한, 충분히 가능성 있는 전략이다. 혜성에 있는 물을 전기 분해한 다음, 수소는 핵융합 연료로 쓸 수 있다. 게다가 혜성에는 무거운 수소인 중수소가 보너스로 포함돼 있는데, 특히 중수소는 핵융합 연료로 아주 좋다. 그리고 '지저분한 눈덩어리'(먼지와 얼음이 주성분을 이루는 혜성을 가리키는 말이다. — 옮긴이)의 먼지의 일부를 이루는 탄화수소는 여러 종류의 합성 물질은 물론, 음식을 만드는 데 쓸 수 있다. 혜성의 대부분은 오르트 구름(Oort cloud, 이 구름의 존재를 제안한 천문학자 얀 오르트(Jan Oort)의 이름에서 땄다.)에서 오는 것으로 알려졌다. 오르트 구름(이 구름의 실체에 대해서는 얀 오르트에 앞서 에스토니아 천문학자 에른스트 율리우스 외픽(Ernst Julius Öpik)이 처음 창안했다. 그래서 '외픽-오르트 구름'으로 불러야 한다고 주장하는 천문학자들도 있지만 널리 힘을 얻지 못하고 있다. — 옮긴이)은 약 1조 개의 작은 얼음덩이로 이뤄졌으며, 태양으로부터 약 1광년 거리에 분포한다. 태양 이외에 다른 별들도 비슷한 거리에 이처럼 혜성 핵의 구름이 있을 것으로 생각된다. 이렇듯 멀리 떨어진 '휴면 상태'의 혜성 핵들은 모항성으로부터 중력적으로 느슨하게 구속돼 있기 때문에 성간 여행이 가능한 물질의 원천이 된다. 따라서 여행하는 우주선 입장에서는 한 차례 중력 포텐셜의 바닥까지 내려갔다가 고갯마루를 넘어야 할 필요가 없다. (혜성 핵들은 중력이 세지 않기 때문에 접근이나 착륙이 상대적으로 쉽다는 뜻이다. — 옮긴이)

때때로 혜성 핵은 중력 영향을 받아 오르트 구름을 탈출, 긴 타원을 그리며 태양계 안쪽으로 들어와 밤하늘의 아름다운 장관을 연출한다. 반대로, 중력 요동으로 인해 반대 방향으로 튕겨 나갈 수도 있다. 성간 공간으로 탈출하는 것이다. 태양계가 전형적인 행성계라면 다른 별에도 혜성 핵의 구름이 있어야 하며, 거기서 온 혜성이 이따금 튕겨 나와 태양계 안쪽으로 들어올 수도 있다. 만일, 태양계 밖에서 기원한 어떤 외계 혜성(extra-solar comet)이 우리 쪽으로 온다면, 타원 아닌 쌍곡선 궤도를 그리며 접근하는 광경을 볼 수 있으리라. 그놈은 오르트 구름에서 출발한 것이라고 보기에는 훨씬 빠른 속도로 태양계에 진입할 것임에 틀림없다. 아직까지는 그런 혜성이 발견되지 않았다. (2017년 10월, 태양계 밖에서 온 것으로 생각되는 첫 번째 천체인 '오우무아무아(1I/Oumuamua)'가 발견됐다. 이것은 외계 혜성인 것으로 추정되며 포물선 궤도를 따라 태양에 접근했다가 다시 빠른 속도로 멀어져 갔다. — 옮긴이) 그래서 좀 헷갈린다. 무슨 이유인지 모르지만 우리 이웃 별들에는 혜성이 별로 없는 모양이다. ET가 혜성들을 전부 훔쳐갔을까? 미래 천문학자들이 광범위한 탐색을 벌인 결과, 다른 별들과 달리 한 별에 혜성이 유독 거의 없다는 게 발견된다면 외계 문명이 혜성을 활용했을 것이라고 의심할 수도 있다. 마찬가지로, (스펙트럼 측정 결과) 특정 종족 혜성의 중수소 함량이 비정상적으로 낮다면 핵연료로 쓰기 위해 누군가 채굴해 갔을 것이라고 추측할 수 있다.

기술 문명을 가진 외계인이 원료를 구하려고 행성 전체를 점령해 해체하는 일이 과연 가능할까? 태양계 천체들은 얼음으로 된 미행성체로부터 명왕성 같은 왜소 행성과 타이탄 같은 위성, 지구형 행성과 거대 기체 행성에 이르기까지 다양한 질량을 갖는다. 만일 ET가 혜성을 공중 납치할 수 있다면 그보다 큰 천체를 그렇게 하지 못할 이유가 있을까? 프린스턴 대학교의 물리학자이자 미래학자인 프리먼 다이슨(Freeman J. Dyson)은 '다이슨 구(Dyson's spheres)'라는 개념을 통해 그 가능성을 상상했다. (이후 다이슨은 이 개념을 더 확장했다.) 하지만 어떻게 행성을 분해할 수 있을까? 결코 쉬운 일은 아니다. 예컨대, 지구를 산산조각내는 데 필요한 에너지는 며칠 동안 태양에서 나오는 에너지의 총량과 맞먹는다. 다른 행성과 충돌하는 것 가지고는 안 된다. 실은 45억 년 전, 화성만 한 천체가 원시 지구에 충돌하는 사건이 일어났다. 충돌 후 바깥층은 모두 떨어져 나갔고(달이 됐다.) 나머지 물질은 다시 뭉쳐 '더 큰' 행성이 됐다. 행성을 해체한다는 아이디어는 그레그 베어(Greg Bear)라는 작가가 종말론적 SF 소설인 『신의 용광로(*The Forge of God*)』

에 처음 소개했다.[16] 베어는 그 소설에서 스스로 복제하는 폰 노이만 기계를 만들어 은하를 누비며 살상을 일삼는 외계 문명을 그렸다. 이 기계들은 결국, 행성들을 해체하고 만다. 소설에서 그 살벌한 약탈자들이 쓴 기발한 방법은 어마어마하게 무거운 "뉴트로늄(neutronium, 원자핵의 밀도를 갖는, 중성자로 이뤄진 가상의 구)" 탄환을 지구로 떨어뜨린 뒤, 다시 같은 질량을 가진 "반뉴트로늄(antineutronium, 뉴트로늄의 반물질)"과 충돌시킨다는 이야기다. 두 개의 탄환은 지구 핵으로 소용돌이치면서 떨어진 뒤, 결국 소멸되고 만다. 이때 방출된 엄청난 에너지로 인해 행성은 산산조각 나고 서식하던 모든 것은 우주로 날아가 버린다.

이 소설은 필자를 공상 속으로 끊임없이 빠져들게 만든다. 그 이야기처럼 화성과 목성 사이에 있는 소행성대도 어쩌면 과거에 어떤 행성이 폭발한 뒤에 만들어진 잔해들일지도 모른다. 그 지역에는 원래 행성이 하나 있어야 했다. 하지만 소행성대에 속한 소행성들의 질량을 모두 합쳐도 행성 하나에 못 미친다. 이 자리에 있던 잔해물은 대부분 목성의 강력한 중력으로 인해 태양계 외곽으로 밀려났으며, 그 결과 행성이 만들어지지 못했다는 가설이 널리 받아들여지고 있다. 하지만 어쩌면, 고대 초기술 문명이 행성 하나를 해체했을지도 모른다. 그들은 필요한 것을 취해 떠났고 결국 깨진 자갈들이 뭉쳐 소행성대를 이뤘을지도 모른다는 이야기다.

정복욕으로 가득한 외계 문명은 행성을 부숴 문제를 일으키기보다는 행성이 만들어지기 전 필요한 물질을 캔 뒤, 찌꺼기만 남기고 떠나는 방식을 취하지 않을까? 누군가 선택적으로 물질을 채취한 행성계라면 물리적 특성과 화학 조성이 정상적인 범위를 벗어나 있을 것임에 틀림없다. 그런 특이한 징후를 알아내기에는 천문학자들은 아직 행성계의 형성 과정을 속속들이 이해하지 못하는 단계에 머물러 있다. 그러나 외계 행성들에 대한 자료가 계속 늘어나고 있기 때문에 앞으로는 이 문제가 보완될 것으로 믿는다. 일부 항성계에서는 현재 행성계가 만들어지고 있으며, 초대형 공학 프로젝트를 통해 외계 기술 문명이 원하는 대로 이를 변형시켰는지 확인할 수 있을지도 모른다.

원리적으로 초기술 문명은 혼돈 상태에 있는 행성 궤도를 인위적으로 조작, 온전한 행성 하나를 말끔히 제거할 수 있다. 방법은 이렇다. 먼저, 핵폭발로 작은 소행성의 궤도를 변경시킨 뒤, 인위적으로 더 큰 행성에 충돌시킨다. 그리고 정밀 제어를 기반으로 서서히 행성의 궤도를 바꾸면 오랜 시간에 걸쳐 중력 효과가 축적, 증폭된다. 마침내 행성은 점차 궤도가 불안정해져 자신이 속한 행성계 밖으로 튕겨 나간다. 이후 문제의 행성이 다른 별들과 가까운 거리를 두고 연쇄적으로 통과할 경우, 추가로 중력적인 도움을 받아 추력을 얻게 되며 속도가 빨라진다. 이렇게 공중 납치된 행성은 편리하게도, 은하를 횡단하는 여행에 쓰이는 방주 역할을 할 수 있다. 이 아이디어는 1937년 올라프 스테이플던(Olaf Stapledon)이 쓴 SF 소설의 고전 『스타 메이커(*The Star Maker*)』에 처음 등장했다.[17]

외계 문명의 숨겨진 범죄를 찾아서

사라질 수 있는 것은 행성만이 아니다. 어찌 보면 이론 물리학자들은 현실 세계에 어떤 게 존재할 수 있는지, 또 존재할 수 없는지 예측하는 달인들이다. 이론 물리학자들은 뉴트랄리노(neutralino, 가상의 입자로 초대칭성을 바탕으로 그 존재가 예측됐으며, 중성미자와 관련이 있다.), 그림자 물질(shadow matter), 그리고 액시온(axion, 가상의 입자로 전기적으로 중성을 띠며, 강한 상호 작용을 설명하기 위해 만들어졌다.) 같은 기발한 이름을 가진 특이한 기본 입자들의 존재를 예측하고 있다. 이 입자들은 아직 실험실에서 발견되지 않았지만, 이론가들의 어록을 빛나게 하는 그런 우아한 이름들이다. 이론 물리학자들은 가벼운 것만 다루지는 않는다. 그들이 예측하는 훨씬 무거운 실체를 몇 가지 꼽아 보면 소형 블랙홀, 쿼크 별(quark star), 그리고 우주 전체의 구조를 뜻하는 코스믹 텍스처(cosmic texture) 같은 것들이 있다. ET가 이런 것들을 훔쳐 달아났을까? 여기서 잠깐. 외계 문명이 저지를 수 있는 죄에 대해서 이야기할 때 우리가 아주 조심해야 할 것이 있다. 베이스의 법칙을 생각해 보자. 뭔가 주변에 없을 때 그 원인을 외계인에게 돌리기 위해서는 우선, 초기술 문명에 대한 사전 확률이 어느 정도는 돼야 한다. 하지만 그 확률은 아주 낮을지도 모른다. 반대로, A 교수가 말하는 '그렇고 그런' 입자 이론이나, B 박사가 말하는 '이러저러한' 천체에 대한 예측과 관련해 사전 확률이 전혀 틀렸을 가능성이 훨씬 높을 수 있다.

아직 존재가 입증되지 않은 '미지'의 입자 가운데 일부는 언젠가 나타날지도 모른다. 예컨대, 우주를 채우고 있을 것이라고 예상되는 암흑 물질은 지금껏 발견되지 않았지만, 앞서 말한 그런 입자들로 이뤄졌을 수 있다. 아니면 이론 물리학자들이 이런 부류의 생각에 너무 탐닉하는 것인지도 모른다. 한편, 아직 검증되지 않은 가설들 중에도 상당히 믿을 만한 게 더러 있다. 그 좋은 예는 자기 단극자(magnetic monopole)라는 것인데, 좀 더 자세한 설명이 필요하다. 우리가 잘 아는 자석은 쌍극자(dipole) 형태를 띤다. 즉 한쪽은 자기 북극, 다른 한쪽은 남극을 가리킨다. 만일 자기 단극자가 있다면 N, S 가운데 극성을 하나만 갖는다. 우리가 막대자석을 반으로 쪼갠다고 해서 자기 단극자가 만들어지지는 않는다. 자석을 반으로 나누면 잘려나간 한쪽 끝이 N, 다른쪽 끝이 S인 두 개의 쌍극자가 생긴다. 하지만 자기 단극자는 적어도 수학적으로 다른 한쪽을 채워 줄 수 있다. 어쨌든 전하는 단극(양(+)과 음(-))으로 나타나며, 그렇지 않았다면 전기와 자기는 완벽하게 대칭을 이뤘을 것이다. 영국 물리학자인 폴 디랙(Paul A. M. Dirac)은 1930년대에 자기 단극자에 관한 이론을 세웠으며, 자기를 띤 '전하'가 어떤 것이어야 하는지에 대해 이해하게 됐다. 그리고 1970년대에 이론 물리학자들은 전자기력과 두 가지 핵력을 통합해 수식으로 표현하려고 노력하던 중에 자기 단극자라는 개념을 재발견했다. 이런 모든 물리 현상을 아우르는 이론을 가리켜 간결하게 약어로 GUTs(Grand Unified Theories, 대통일 이론)라고 부른다. 그리고 몇 년 동안 물리학자들은 자기 단극자를 찾으려 애썼다. 그래서 철광상과 해저를 샅샅이 뒤졌고, 우주선 입자와 심지어 월석까지 조사했지만 모두 허사였다.

1982년, 기억에 남을 만한 허위 보고가 있었다. 스탠퍼드 대학교 물리학자인 블라스 카브레라(Blas Cabrera)가 기발한 방법으로 단극자를 발견했다고 생각한 것이다. 카브레라는 철심으로 고리를 만든 뒤, 절대영도까지 냉각시켜 초전도체의 성질을 띠도록 장치를 만들었다. 이때 우연히 자기 단극자가 고리를 통과해 지나간다면 순간 전류가 흐를 것이다. 그는 디랙의 이론에 따라 전류가 얼마만큼 흘러야 하는지 정확히 알고 있었다. 카브레라는 딱 그만큼의 전류가 만들어진 것을 봤다고 주장했다. 하지만 아아! 그의 실험은 재현되지 못했다. 결국 그 실험장치에 작은 결함이 일어났던 것으로 결론 났고, 이내 사람들의 기억 속에서 잊혀졌다.

GUT 자기 단극자의 가장 중요한 특징은 질량이다. 얼마나 무겁냐 하면 이론 물리학자들이 예측하기를, 양성자 질량의 1000조 배. 이것은 세균보다 더 무겁다. 그렇기 때문에 실험실에서 만들어 낼 수 없었던 것은 당연하다. 그것을 만들려면 엄청난 에너지가 있어야 한다. 하지만 137억 년 전에 일어난 대폭발(big bang) 때는 어땠을까? 당시에는 여분의 에너지가 충분했을 것이다. 1970년대 후반, 우주론 연구자들은 분명히, 대폭발 직후 눈 깜짝할 사이 초고온으로 인해 만들어진 원시 자기 단극자로 우주가 가득 차 있었을 것이라고 생각하기 시작했다. 자기 단극자가 반드시 존재해야 함에도 불구하고 발견되지 않자 메사추세츠 공과 대학의 앨런 구스(Alan Guth)는 과감한 해법을 내놨다. 구스는, 아마도 자기 단극자가 만들어지자마자 우주가 갑자기 커지기 시작해 1조 곱하기 1조 배만큼 늘어났고, 그 결과 밀도가 관측 불가능할 정도로 낮아졌을 것이라고 말했다. 그는 이 현상을 (우주 급팽창과 구별하기 위해) 사라진 자기 단극자 급팽창(missing monopoles inflation)이라고 불렀다. 이어, 물리학자들은 급팽창 덕분에 우리가 그동안 풀지 못했던 미스터리들을 설명할 수 있다는 사실을 알게 됐으며, 오늘날 초기 우주를 설명하는 표준 모형의 일부가 됐다. 그러나 일부 우주론 연구자들은 급팽창에 대해 반대 이론을 폈다. 물론, 급팽창을 지지하는 많은 관측적 증거들이 있지만, 아직 안전하다고 말하기에는 이르다. 아직 사라진 자기 단극자의 미스터리는 풀리지 않았다.

우리는 자기 단극자의 결핍이 우주 전체에 보편적으로 일어나는 현상인지 아직 확실하게 모른다. 어쩌면 태양계 부근에서만 유효할 수도 있다. 그럼, 그 원인은 외계인들이 제공했을까? 그렇다면 그들에게 자기 단극자가 필요한 이유가 있을까? 발달된 초기술 문명이라면 자기 단극자를 주요 에너지원으로 활용할 수 있을 것이다. 왜냐하면 N과 S는 엄밀하게 말해 반대 전하가 아니기 때문이다. N과 S는 서로에게 반입자이며, 융합이 일어날 경우 자성이 중성으로 변하는 동시에 쌍소멸이 일어나 질량을 에너지 형태로 방출한다. ($E=mc^2$) 독자의 실험실 한편에 N으로 이뤄진 주전자가 있고, 다른 한편에는 S로 이뤄진 주전자가 있다고 치자. 이제 실험 준비가 완료되면 두 개를 섞는다. …… 그리고 쾅! 이 폭발은 (수소 폭탄의) 열핵융합 반응 에너지와 비교하면 1그램당 1조 곱하기 1조 배만큼 높은 에너지가 방출된다.[18]

만일 자기 단극자의 결핍 원인이 (급팽창이 아니라) 외계인에 의한 강제 관리에 있다면 앞서 말한 '쾅' 하는 폭발을 목격하거나, 최소한 그 증거라도 봤어야 하지 않을까? 물론, 그럴 수 있다. 그 에너지는 가벼운 원자의 구성 입자들, 이를테면 전자와 그 반입자인 같은 개수의 양전자 형태로 방출됐을 것이다. 최근, 남극 37킬로미터 상공에 기구를 띄워 거기에 입자를 검출하는 장치를 달았는데, 그 결과 우주에서 날아온 고에너지 전자와 양전자를 발견하는 데 성공했다.[19] 그 입자들의 기원을 두고 친체 물리학자들은 고심에 고심을 거듭했다. 어쩌면 우리가 몰랐던 펄서나, 그보다 우리가 더 모르는, 이를테면 암흑 물질의 쌍소멸 때문에 만들어졌을지도 모른다. 아직은 자기 단극자로 가동되는 외계 문명의 공장일 것이라는 생각은 아무도 안 했지만.

오랫동안 이론적으로 예측돼 왔지만 아직 입증되지 않은 또 다른 가능성은 우주 끈(cosmic string)이다. 이것은 에너지로 꽉 찬, 아주 가는 튜브다. 그 밀도가 얼마나 높은가 하면 1킬로미터만큼을 저울에 달면 달보다 더 무거울 것으로 예측된다. 자기 단극자와 마찬가지로 이놈도 대폭발 당시에 만들어졌을 가능성이 높다. 너무 무겁기 때문에 먼 은하에서 오는 빛을 휘게 만들 수 있다. 이때 두 개의 뚜렷한 상이 만들어진다. 가끔 천문학자들이 우주 끈을 발견했다고 주장하지만, 곧 아니라고 밝혀진다. 그 존재가 참인지 거짓인지는 아직 미해결 문제로 남아 있지만 말이다. 우주 끈은 한 쌍의 자기 단극자에 비해 속이 더 꽉 차 있다. 그 결과, 이 나노 튜브는 대폭발 이후 1조 곱하기 1조 곱하기 1조분의 1초 이후에 만들어진 엄청난 양의 우주 초기 에너지를 가둬두고 있다. 만일 이 에너지를 통제 아래 추출할 수 있다면, 예컨대 닫힌 고리 형태로 된 우주 끈을 줄어들게 해서 그 크기를 0으로 만들면 외계인들은 아주 오랫동안 전기료에 대해 걱정하지 않아도 되리라. 그동안 많은 물리학자들과 우주론 연구자들은 우주 끈에 대해 심각하게 생각했으며,[20] 다양한 시도에도 불구하고 결국 찾아내지 못해 당황하거나 실망에 빠진 사람들이 많았다. (두 가지 모두 같은 개념에 바탕을 두고 있지만) 자기 단극자는 우주 끈에 비해 이론적으로 훨씬 잘 확립돼 있기 때문에 현재의 상황을 설명하기가 더 어렵다.

필자는 이 장 내용을 은하 탐험과 식민지를 개척하는 일에 국한했다. 하지만 기술적으로 월등하게 진보된 문명의 경우, 이웃 은하나 궁극적으로 관측 가능한 우주 전체로 진출할 가능성이 있다는 점을 언급했다. 현재 우리가 관측하는 우주가 하나 또는 그 이상의 초기술 문명에 의해 점령당하지 않았다 할지라도 미래에 그런 사건이 일어날 여지는 얼마든지 있다. 누가 알겠는가. 우리 후손들이 저 장엄한 대장정에 참여하는 주인공이 될지.

7

외계의 마법

고등 기술은 마술과

구별하기 어려울 수도 있다.

— 아서 클라크

멀리 있는 초기술 문명의 흔적

월등하게 앞선 외계 기술 문명과 우연히 마주칠 경우, 우리는 그 실체를 인식할 수 있을까? 단 한 번도 외부 세계와 접촉한 적 없이 밀림에 사는 부족의 눈에 레이저나 라디오가 어떻게 비칠지 생각해 보라. 이번에는 '100만 년', 혹은 그보다 앞선 기술 문명을 상상해 보자. 우리에게는 그 문명이 기적이나 마술처럼 보일지도 모른다. 이것은 세티 프로젝트가 안고 있는 심각한 문제다. 어떻게 생겼는지 아무것도 모르는 상황에서 과연 외계 기술의 흔적을 찾을 수 있을까? 필자는 앞 장에서 은하 전체로 세력을 확장하는 발달된 외계 문명의 활동이 어떤 흔적을 남길지에 대해 설명했다. 하지만 필자가 든 모든 예는 인류가 아는 21세기의 물리학에 바탕을 두었기 때문에 대체로 인간 중심주의에 오염됐을 수밖에 없다. 그렇다면 외계 기술이, 우리가 아는 가장 뛰어난 과학자들의 지식과 이해의 범위를 넘어선 원리에 기반을 두었다고 가정한다면?

이 문제를 해결하는 방법 중 하나는, 외계 문명이 설사 '마법' 같은 기술을 쓴다 하더라도 여기에 우리가 아는 일반적인 물리 효과를 적용하는 것이다. 1964년 러시아 천문학자 니콜라이 카르다셰프(Nikolai Kardashev)는 단순하게 에너지 소비에 기반을 둔 외계 기술을 정량적으로 측정하는 방법을 제시했다. (구)소련 시대, 중공업 분야에서 쓰던 이런 평가 기준은 세티의 편협함을 드러내는 또 다른 예다. 우리는 지금 메가와트보다는 테라바이트라는 단위를 더 중요하게 생각한다. 그렇다면 과연, 누가 미래를 예측할 수 있겠는가? 하지만 지구에서 아주 멀리 있는 외계 기술을 생각한다면 카르다셰프의 분류 방식을 택하는 것이 낫다. 우리가 가진 장비의 한계를 고려할 때 그런 흔적이 발견되는 것은 외계 산업이 엄청난 에너지를 만들어 낼 경우에 한해서일 것이다.

카르다셰프는, 자신들의 고향(행성)에 매장된 에너지원을 모두 산업에 활용하는 문명을 '유형 I'로 정의했다. '유형 II'는 모항성에서 나오는 모든 에너지를 필요로 하는 반면, '유형 III'은 자신들을 위해 은하 전체를 이용한다. 우리는 여기에 유형 'IV'를 더할 수 있는데, 이것은 우주 전체를 기반으로 생존하는 문명이다. 유형 I은 눈에 잘 띄지도 않겠지만, 지금까지 카르다셰프의 주장을 뒷받침할 만한 아무런 증거도 발견되지 않았다. 유형 II는 흥미 있는 예로, 별에서 나오는 총 에너지를 활용하려면 — 실로, 눈부신 기술이 아닐 수 없다. — 도저히 숨길 수 없는 흔적을 남기기 마련이다. 1959년 프리먼 다이슨은 어떤 문명이 그런 어마어마한 일을 해낼 수 있는 방법을 제안했다.[1] 다이슨은 스테이플던의 소설 『스타 메이커』에서 영감을 얻어 별 주변에 분포하는 행성 궤도의 크기와 비슷한, 구형의 껍질을 상상했다. 이 껍질은 밀도가 높은 입자들로 이뤄져 별이 방출하는 빛과 열을 모으도록 설계됐다. 이 엄청난 에너지를, 지구에서 받는, 태양 에너지의 1조분의 1이라는 쥐꼬리만 한 양과 비교해 보라! 이 껍질을 이루는 물질은 행성과 소행성에서 채굴해 낸 것이다. 이 공사는 물론, 엄청난 프로젝트가 아닐 수 없다. 하지만 분명한 것은, 이론적으로 가능하다는 사실이다. 별은 '다이슨 구'에 둘러싸여 스펙트럼이 극적으로 달라진다. 그래서 특히, 적외선에서 눈에 띄게 많은 에너지를 방출할 수밖에 없으며, 은하 반대편에 있더라도 천문학자들의 끈질긴 조사 끝에 그 존재가 밝혀질 수 있다. 실제로 다이슨 구를 찾으려는 시도가 있었다. 천문학자들은 적외선 천문 위성(Infrared Astronomical Satellite, IRAS)의 데이터베이스를 분석했지만, 결국 기대했던 결과는 얻지 못했다.[2]

유형 II, 즉 행성계의 환경을 의도대로 변경하는 문명은 매력적인 연구 대상이다. 그 가능성은 '블랙홀'이라는 용어를 처음 쓴 물리학자인 존 휠러(John A. Wheeler)가 처음 생각해 냈다. 휠러는 자전하는 블랙홀 주변에 물질로 이뤄진 거대한 구를 만드는 것을 상상했다. 다이슨 구로부터 얻을 수 있는 분명한 장점을 잘 활용한 전략이었다. 첫 번째, 블랙홀은 절대로 수십억 년 뒤, 에너지를 다 써 버려 우리를 성가시게 만들지 않는다. (실제로 블랙홀은 연료를 이미 다 태워 버린 별의 무덤이다.) 두 번째, 블랙홀은 원치 않는 쓰레기를 내다 버릴 수 있는 가장 완벽한 오물 처리장이다. 무엇이든 떨어지면 그 안으로 빨려 들어가 영원히 없어진다. 세 번째, 우리는 블랙홀을 이용해 광속에 가까운 속도로 우주선을 발사할 수 있다. 마지막으로, 블랙홀은 별이 핵융합을 통해 방출하는 것보다 훨씬 막대한 에너지를 생산할 수 있다. 블랙홀이 만들어 내는 이런 어마어마한 위력의 비밀은 자전에 있다. 모든 별들은 자전한다. 그리고 에너지 보존 법칙에 따라 별의 핵이 수축해 블랙홀이 되면 자전 속도가 극적으로 빨라진다. 블랙홀이 될 뻔하다가 만 젊은 중성자별은 1초에 수백 번 자전하는 것으로 관측됐다. 회전하는 천체는 가만히 있는 것보다 높은 에너지를 갖는다. 에너지와 질량은 변환되기 때문에 물체의 회전 에너지가 총 질량의 일부라고 해도 맞다. 블랙홀의 경우에 총질량의 29퍼센트까지 회전 에너지로 바뀔 수 있으며, 이론적으로 그만큼은 뽑아내서 쓸 수 있다. 전형적인 별 하나가 평생, 즉 수십억 년 동안 방출하는 열과 에너지를 전부 합쳐 봤자 고작 별의 총 질량의 1퍼센트에 지나지 않는다. 이 1퍼센트를 29퍼센트와 비교해 보라! 회전하는 블랙홀은 그야말로 에너지의 보고다. 진정한 에너지의 원천을 찾는다면 그것은 블랙홀일 것이다!

로저 펜로즈(Roger Penrose)에 따르면 휠러는 그림 11에 나타낸 것과 같은 재미있는 시나리오를 꿈꿨다. 그는 머릿속에 산업 폐기물을 잔뜩 실은 우주 트럭이 회전하는 블랙홀을 향해 정확히 계산된 궤도를 따라 폐기물을 버리는 그림을 그렸다. 그 폐기물이 블랙홀 표면 근처

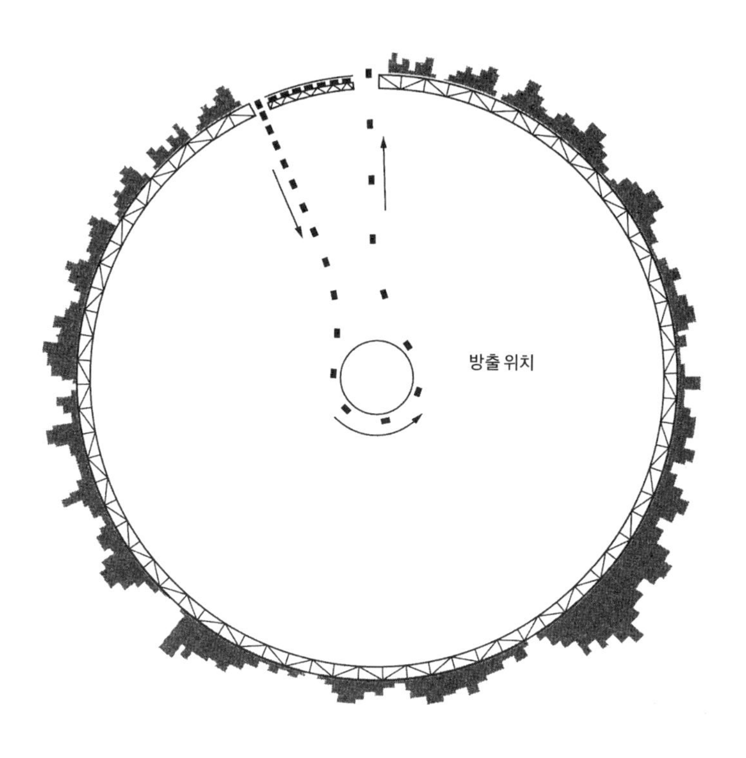

그림 11 자전하는 블랙홀에서 에너지를 뽑아낸다는 기발한 아이디어를 보여 주는 그림.

의 영역(이렇게 블랙홀을 둘러싼 가상의 영역을 전문 용어로는 '작용권(ergosphere)'이라고 한다.)에 진입하면 놀라운 변신이 가능해진다. 트럭이 폐기물을 쏟아부으면 블랙홀은 그것을 집어삼킬 듯 빨아들인다. 쓰레기를 다 쏟아부은 텅 빈 트럭은 다시 작용권에서 추진력을 얻어 궤도를 따라 빠른 속도로 블랙홀에서 멀어진다. 짐을 잔뜩 실은 트럭이 아래로 떨어지던 것과 반대로 더 많은 질량-에너지를 얻어 도망치듯이 멀어지는 것이다. 궁극적으로 어디선가 추가로 에너지가 공급돼야 한다. 그 공급원은 사실, 블랙홀의 자전 에너지다. 이렇듯 쓰레기를 실은 트럭이 오르락내리락할 때마다 블랙홀이 가속도는 조금씩 떨어진다. 좋은 시간은 영원히 계속되지 않는다. 마침내 블랙홀의 회전 에너지는 모두 소진되고 이제 외계 문명은 다른 곳을 찾아 떠나야만 한다. 지금 당장, 우리 인류가 에너지를 소비하는 수준과 비교해 본다면, 블랙홀 하나만 가지고도 1조 곱하기 1조 년 동안 써먹을 수 있다. 필자가 아는 바로는, 블랙홀에 초점을 맞춘 세티 탐색은 아직 없었다. 무엇보다도 찾기 어렵기 때문일 것이다.

기술은 '자연-플러스'

지금까지는 에너지나 자원의 소비 패턴 같은, 우리가 외계 기술 문명을 어렴풋이 가늠할 수 있는 판단 기준에 관해 생각해 봤다. 하지만 주변의 경험 세계로 되돌아오려는 유혹은 사실 뿌리치기 어렵다. 주변에 쉽게 비교할 수 있는 기준을 찾는다면 어떤 게 있을까? SF 소설이나 SF 영화마저도 외계 기술 문명을 인간 세계와 상당히 비슷하게 그리고 있다. 1980년 만들어진 영화 「18번 격납고(Hangar 18)」의 한 장면을 예로 들면, 비행 접시를 조사하는 데 몇 개의 단추를 눌러 무슨 일이 일어나는지를 확인하는, 너무나 편리한 방법을 써먹었다. 영화 「인디펜던스 데이(Independence Day)」에 등장하는 거대한 우주선은 우리보다 수백만 년 앞선 기술을 자랑하는 운반 수단임에도 불구하고 1990년대의 컴퓨터 화면이 그대로 배치됐고, 아무런 방화벽도 쓰지 않는 것처럼 묘사됐다. 아주 세심하게 기획된 영화에서조차 외계 물건은 21세기의 눈으로 이해해도 그저 보통 '기계'로밖에 보이지 않는다. 평범한 기하학적 형태에, 재질은 금속이나 그보다 조금 나은 대체 물질로 이뤄져 있는데, 보통 때에는 가만히 있다가 금속 막대를 대면 반응을 보인다. 하지만 크기는 우리가 늘 일상에서 보는 정도다. 발달된 외계 기술 문명이라면 달라야 하지 않을까? 사실, 고도의 지능을 가진 지적 생명체를 떠올리려면 머릿속을 비우고 모든 선입견을 버려야 한다. 자, 그럼 아래와 같은 가상의 외계 기술의 세계를 생각해 보자.

- 물질로 이뤄지지 않았다.
- 일정한 크기나 모양이 없다.
- 경계가 정의되지 않으며, 위상 공간에서 형태가 없다.
- 시공산의 모든 규모에서 동적이다.
- 또는 반대로, 우리가 인식할 수 있는 어떤 움직임도 없는 것처럼 나타

난다.

- 별개의, 구분되는 것으로 이뤄지지 않는다. 그 대신, 하나의 시스템이거나, 혹은 감지하기 어렵지만, 높은 수준에서 서로 연결된 시스템이다.

우리는 기계에 관한 고정 관념에 집착한 나머지 예컨대, 단추와 손잡이 달린 금속 덩어리나 (소프트웨어를 통해) 처리되는 정보 같은 것을 생각한다. 때문에 앞서 말한 것보다 높은 수준의 기술을 개념화하는 데 어려움을 느낀다. 그것은 무엇을 뜻하는가? 자동차 같은, 우리가 흔히 아는 기계는 잘 정의된 방식으로 사람과 물건을 실어 나른다. 다른 한편, 정보 기술도 잘 정의된 방식으로 '정보'를 유통시킨다. 또 필자의 컴퓨터에 있는 포토샵을 쓰면 이미지를 회전시킬 수 있다. 이런 일이 일어날 때 물질도 움직인다. 컴퓨터 회로 안에서 전자들이라도 움직인다. 하지만 우리가 전자를 관찰한다고 해서 그 기술을 인식할 수 있는 것은 아니다. 이미지를 봐야 그 사실을 알 수 있다. 우리는 정보를 물질보다 '높은 수준'의 개념으로 생각할 수 있다. 높은 수준의 개념은 그보다 하위 개념을 바탕으로 하지만, 그것을 초월한다. 소프트웨어라는 추상적 개념은 그것을 지원하는 하드웨어가 있어야 한다. 마치 컴퓨터 하드디스크 안에 든 정보나, 뇌의 감각 데이터에 스위치나 뉴런이 필요한 것처럼 말이다. 그렇다면, 묻겠다. 물질과 정보, 이 두 가지 개념이 전부인가? 500년 전에는 아무도 '정보나 소프트웨어를 조작하는 장치'라는 개념을 이해하지 못했으리라. 전자를 이용해 정보를 처리하는 것과 똑같은 방식으로, 인간의 경험을 벗어난, '높은' 수준의 개념이 과연 존재할 수 있을까? 그럼 이 '세 번째 수준'은 물질은 물론, 정보 수준에서도 드러나지 않을 것이다. 이 세 번째 수준을 설명할 수 있는 단어는 존재하지 않지만, 그렇다고 해서 그게 없다는 것을 뜻하지 않는다. 나아가 우리는 외계 문명이 세 번째나 네 번째, 아니면 그보다 높은 수준에서 운영될 가능성을 열어 놓을 필요가 있다.

이에 대해 좀 더 창의적으로 생각하려면 우리는 '제어'한다거나 '조작'한다, 또는 '설계'한다 같은 개념은 버려야 한다. 그것은 인간의 영역에 속한, 오래 가지 못하는 것이기 때문이다. 임의로 대상을 '자연적', 혹은 '인공적'이라고 나누는 방식을 우리는 당연하게 여긴다. 하지만 필자가 다음 장에서 말하려고 하는 것처럼 이런 구분은 순전히 문화적인 것일 뿐이다. 넓게 보면 기술은, 마음이나 지능, 또는 자연을 용도에 맞게 융합하는 것이다. 또 한 가지 중요한 것은 사람이 만든 장치는 절대로 자연을 지배하거나 통제하지 못하며, 물리 법칙을 따를 뿐이라는 사실이다. 기술은 물리 법칙을 '활용'하지만, 그것에 우선하지 못한다. 따라서 달에서 전파나 레이저가 나온다거나, 첨탑이 서 있는 것이 '자연스럽지 못하다.'는 것은 그게 자연의 일부가 아니라는 뜻이 아니다. 필자는 차라리, 이렇게 말하겠다. 기술은 '자연에 뭔가를 가미한 것(nature-plus)'이라고. (예술 역시 자연에 뭔가를 더한 것이다.) 기술을 통해 가치가 높아지는 것은 특별한 목적을 이루기 위해 구체적으로 제약과 자유를 혼합하는 것이라고 할 수 있다. 세탁기는 빵을 구울 수는 없지만, 자연 상태에서는 할 수 없는, 즉 빨래를 빨고 헹구고 탈수시키는 일을 한다. 그게 세탁기를 만든 목적이다. 컴퓨터는 날 수 없지만, 4색 정리를 증명할 수 있다. 그러나 필자가 아는 한 이 정리는 자연의 원리와는 전혀 상관없다. 그런데도 필자가 꼭 짚고 넘어가려고 하는 것은 '그런' 우리의 기술은 '자연에 뭔가를 가미하는' 방식 중 '하나'일 뿐이라는 점이다. 그래서 모르긴 몰라도, 훨씬 정교한 형태를 갖춘, '뭔가 자연에 가미한 것'의 중요성을 우리가 전혀 인식하지 못하고 있을지도 모른다. 그게 바로 우리의 코앞에 있더라도.

기계는 부분과 전체라는 특별한 관계로 규정된다. 기계는 개별 부품이 체계적으로 협조해 전체 기능을 수행한다. 윌리엄 페일리(William Paley)는 생체와 시계가, 가각 협조적인 요소들로 이뤄져 전체적으로 일관된 기능을 수행한다는 면에서 상당히 비슷하다고 말했다.[3] 다윈주의적 진화론에서는 요즘 이것을 '유사성(concordance)'으로 설명한다. 그러나 생체와 기계는 부분과 전체가 특별한 방식으로 연결된 예 중 하나에 불과하다. 우리는 사실, 양자계도 마찬가지라는 점을 알고 있다. 양자 역학은 20세기 물리학이 이룩한 금자탑이라 말할 수 있으며, 입자 물리학과 핵물리학으로부터 우주론에 이르기까지 다양한 스펙트럼을 망라하는 자연 현상을 훌륭하게 설명하고 예측한다. 양자 역학의 원리는 레이저, 트랜지스터, 초전도 자석은 물론, 인류가 이룩한 다양한 기술의 기초를 이룬다. 그래서 대폭발로부터 원자력과 화학, 전기에 이르는 거의 모든 것을 설명해 준다. 그렇기 때문에 양자 역학으로 예측할 수 있는 결과에 대해 우리는 심각하게 생각해 봐야 한다.

양자 역학에서 부분은 전체와의 관계 속에서 정의되며, 전체는 더 커다란 전체의 일부다. 이런 선문답(禪問答) 같은 설명을 이해하기 위해 좀 더 구체적인 예를 들어야겠다. 원자는 입자와 파동이라는 두 가지 특성을 동시에 갖는 것처럼 행동한다. 고립된 상태의 원자는 두 가지 성질 가운데 어느 것도 드러내지 않기 때문에 그 상태를 결정할 수 없다. 하지만 더 큰 계에서는 이런 애매한 상황이 해결될 수 있다. 방법은 이렇다. 우리는 특정한 원자 A의 위치를 결정하기 위해 일종의 현미경을 만들 수 있다. 현미경으로 측정한 A는 '어떤 위치에 있는 원자'다. 마찬가지로, 원자의 파동적 특성을 보여 주는 장치를 만든다. 이때 A는 '어떤 속도를 갖는 원자'다. (여기서 원자가 특정 운동량을 갖는 양자적 파동으로 기술된다.) 여기서 중요한 것은, 양자 이론에 따르면, 우리는 A의 '정확한 위치'와 '정확한 속도'를 '동시에' 알 수 없다. 입자와 파동의 이중성 가운데 어떤 쪽이 더 우세한가에 따라 둘 중에 어느 장치가 A와 반응을 일으킬 것인가가 결정된다. 즉 주변 상황에 따라 A의 특성이 결정된다는 뜻이다. 이제 '원자 A와 어떤 장치'라는 계 자체가 원자의 결합이며, 모든 원자의 상태는 개별 원자 A의 성질을 결정짓는다. 일반적으로, 더 큰 계와 반응하는 모든 원자는 부분적으로 원자들 전체에 의해 정의된다. 이때 전체는 그런 부분들의 합이다. 많은 이들이 양자계의 '이랬다 저랬다 하는', 부분과 전체의 의존성에 대해 제대로 알기 위해 노력했다. 닐스 보어(Niels Bohr)는 이것을 음양(陰陽)의 원리에 비유했다. 데이비드 봄(David Bohm)은 이것을 "접힌 질서(implicate order)"로 설명했다.[4] 최근에는 이것을 "양자적 기이성(quantum weirdness)"이라는 별명으로 부르기도 한다.

'양자적 기이성', 살아 있는 생물, 마음, 그리고 기계는 부분과 전체가 각기 다른 방식으로 연결된 예들이다. 그 예는 단지 일부에 불과하다. 우리가 경험에 비춰 볼 때 부분과 전체가 다른 방식으로 연결된 예는 얼마든지 있을 것이다. 어쨌든, 원자가 그런 방식으로 행동할 것이라고 100년 전에 누가 생각이나 했을까. 정말로 고도의 기술을 가진 외계 문명이라면 부분과 전체의 관계를 생각할 때 전혀 다른 형태로 모습을 드러낼지도 모른다. 양자적 기이성을 보려면 특별한 장치가 필요한 것처럼, 이를테면 우리는 보스-아인슈타인 응축 빔 분할 간섭계(Bose-Einstein condensate beam-splitting interferometer) 같은 특수한 장치가 없기 때문에 외계 기술을 직접 보거나 의심조차 하지 못한 채 그냥 지나쳐 버릴 수 있다.

환상적인 초과학

우리는 창조력을 발휘해 외계 기술에 대한 상상의 나래를 펼칠 수 있지만, 동시에 정통 과학과 SF 소설 사이의 경계를 흐트러뜨리지 않도록 조심해야 한다. 세티가 나가야 할 방향을 생각할 때 이런 두 가지 가능성 사이에서 적당하게 타협하는 것은 적절치 않다. 일반적으로 SF 작가들은 물리 법칙을 비교적 쉽게 생각할 뿐 아니라, 과학과 과학으로부터 나온 추측과, 환상을 한데 뒤섞기를 좋아한다. 좋다! 어쨌거나 작가들은 문학적으로 전혀 구애받지 않고 쓸 수 있으니까. 하지만 세티에 관한 과학적 평가는 그보다 더 나아져야 할 필요가 있다.

광속이 유한하다는 사실은 오래전부터 SF 드라마의 골칫거리로 등장해 왔다. 앞서 말한 것처럼 아인슈타인의 일반 상대성 이론은 광속의 벽을 깨는 것을 금지한다. 우리가 물리 법칙을 제대로 이해하고 있다면 우주선이든 메시지든 빛보다 빨리 날아갈 수 없다. 별들 사이의 거리는 광년(光年, 빛이 1년 동안 가는 거리) 단위로 측정하는데, 우리가 광속에 접근할 수 없다면 성간 여행은 비현실적인 이야기가 되고 만다. 우리의 수명은 유한하기 때문이다. 하지만 빛에 가까운 속도로 비행할 수 있다 하더라도 문제가 남는다. 예컨대, 광속의 2분의 1까지 도달했다 치자. 우주선은 여러 가지 위험에 빠질 수 있다. 예를 들면 표면에 미소 운석만 충돌해도 우주선은 폭탄처럼 터지고 말 것이다. 이렇듯 초고속 성간 여행은 수많은 난관이 기다리고 있기 때문에 실제로는 불가능할 것으로 생각된다. 그러나 고도로 발달된 기술 문명이라면 이런 현실적인 문제를 해결할 수도 있다. 예컨대, 다가오는 미소 운석을 발견해 충돌 전에 레이저로 미리 해치울 수 있다. 빛에 가까운 속도로 여행하는 것은 기본 물리 법칙과 모순되지 않기 때문에 현실적이든, 그렇지 않든 고려할 수 있는 문제다. 하지만 광속보다 빨리 여행하는 것은 물리 법칙과 상충된다.

순간 이동은 우주 공간을 고속으로 주파하는, SF에서 사랑받는 방법이다. 순간 이동을 시키려면 사람과 같은 대상을 스캔한 다음, 정보를 목적지까지 '빔'으로 전송한다. 그러면 스캔된 정보는 목적하는 장소에서 다시 복원된다. 이 마술 같은 일은 영화 「스타 트렉」에서 우주인을 우주선에서 행성 표면까지, 행성 표면에서 다시 우주선까지 보내는 가장 저렴한 방법으로 그려졌다. (덕분에 극중 사건 전개에 속도감이 더해졌다.) 순간 이동은 과학적으로 검증된 일일까? 그것은 보는 관점에 따라 다르다. 전송이 광속보다 빠르게 일어나지 않는다면 일부 정보를 보내는 일은 가능할 수 있다. 사실, 제한적이기는 하지만, 물리학자들은 야외 실험 시설에서 레이저로 기본 입자의 양자 상태에 관한 정보를 주고받는 실험에 이미 성공했다. 하지만 로런스 크라우스(Lawrence Krauss)가 『스타 트렉의 물리학(*The Physics of Star Trek*)』에 쓴 것처럼 독자들의 몸속에 있는 모든 원자들을 스캔해 다른 곳에서 재조립하는 데는 어마어마한 기술적 난관이 기다리고 있다.[5] 여기에는 근본적인 이유가 있다. 우선, 신체를 스캔해서 나온 모든 정보를 디스크에 저장한다면 그 양이 엄청나게 많아 한 줄로 늘어놓을 경우, 지구에서 우리 은하 중심까지 거리의 3분의 1에 달한다. 물리적으로 전혀 불가능한 일은 아니지만, 어쩌면 은하 초문명을 건설했을지도 모르는 외계인들에게조차 지나치게 값비싼 선택이 될지도 모른다. 유감이지만, 어쩔 수 없지 않나? 스코티!

칼 세이건은 영화 「콘택트」에서 주인공을 순식간에 다른 공간으로 옮기는 방법으로 웜홀을 제시했다. 웜홀과 비슷한 개념인 스타게이트도 대중에게 널리 알려진 시공간 여행 방법이다. 이 방법들은 지금까지 알려진 물리 법칙에 위배되지 않는 것처럼 보이지만, 웜홀의 경우 우주에 극히 적은 양이 존재하는 것으로 알려진 희소한 물질이 엄청나게 많아야만 가능하다고 알려졌다.[6] 이런 물질이 존재할 만한 새로운 원천을 찾지 못한다면 물질이 통과해 지나갈 수 있는 거대한 웜홀

은 영원히 허구로 남을 수밖에 없다.[7]

필자가 SF 마니아들의 흥을 깨는 사람이라고 생각하는 독자가 있을 수도 있다. 그렇다고 해서 상상의 묘미를 모르지는 않는다. 우리가 비록 일반적으로 인정하는 물리 법칙에 속박돼 있다 하더라도 그 법칙을 단 하나도 위배하지 않고 환상적이라고 할 만큼 다양하고 흥미진진한 문명과 기술을 상상하는 것은 얼마든 가능하다. 이를테면 가운데가 움푹 파인 세상이나 링 모양으로 생긴 튜브 안에 사는, 발달된 기술을 가진 외계 엔지니어라면 어떨까? 아니면, 성간 공간에 자성을 띤 선들이 복잡한 플라스마 패턴을 이루는, 벌집 형태의 사회에 지어진, 이온화된 기체로 된 우주 흰개미의 집은? 혹은, 시공간을 변환해 기괴한 형태로 만드는, 순수한 중력 에너지로 된 존재는 어떤가? 외계의 존재가 만들어 낼 법한 이런 기술들은 물리 법칙과 배치되지 '않는' 것처럼 보인다. (무엇이든 확실하게 안다는 것은 어렵기 마련이다. 잘 뜯어 보면, 물리 법칙과 충돌을 일으키는, 숨겨진 가정이 있을 수 있기 때문이다.) 그렇다고 해서 이 같은 상상이 현실화될 것이라는 뜻은 아니다. 외계인들은 어쩌면 이런 야심 찬 계획에 관심 없을지도 모른다. 혹은 정치, 경제적인 혹은 윤리적 판단에 따라 그런 일을 벌이지 않을 수도 있다. 하지만 우리는 그런 환상적인 테크놀로지를 상상할 수 있으며, 또 그런 일이, 우리가 찾는 외계 문명의 징후로 봐도 되는지 의문을 가질 수 있다.

어떤-문명도-물리-법칙을-위배할-수는-없다는-법칙

앞 절에 든 예들은 겉보기에는 우리가 알고 있는 과학 법칙들을 위배하지 않는 것처럼 보인다. 이 과학 법칙들을 바탕으로 한, 최고의 상상력의 산물인 이런 것들을 막상 현실에서 실행하려다 보면, 우리가 상상도 할 수 없는 가공할 만한 어려움에 직면할 수 있다. 우리가 아는 물리학이 아무리 그럴듯하다고 해도, 그 물리학의 경계를 확장하려 하는 것은 반드시, 21세기 인류가 가진 과학이 믿을 만한 것인지, 그리고 그 과학을 인류보다 월등히 앞선 외계 문명에 그대로 적용하는 게 타당한가 하는 문제를 마주하게 된다. 가령 우리가 아는 물리 법칙에 문제가 있다면? 예컨대, 우리는 광속이라는 속도 제한에 대해 '완벽하게' 확신할 수 있을까?

법칙은 있다. 그렇다. 법칙이 있는 것은 사실이다. 중·고등학교의 학생들이 배우는 전기에 관한 옴의 법칙에 따르면 저항을 통과하는 전류는 전압에 비례해 늘어난다. 하지만 그것은 기본 법칙이 아니다. 사실, 게오르크 옴(Georg S. Ohm)이 그 법칙에 맞지 않을 것이라고 예상치 못했던 물질들이 있다. 반면에, '어떤-물질도-빛보다-빠를-수-없다는-법칙'은 기본적인 일반 법칙이다. 그것은 영원히 타협의 대상이 되지 않을지도 모른다. 문제는, 어느 시대나 과학자들은 물리 법칙에 대해 '현재 아는 한 최선의 법칙'이라고 말할 수밖에 없다는 데 있다. 미래 언젠가 우리는 학문적으로 진보해 있을 테고, 과거 소중하게 여겼던 물리 법칙이 (특정 상황에서) 틀리지 않을 것이라고 누가 장담할 수 있겠는가? 과학에서 '최후의 말'이란 없다. 늘 새로운 증거가 나오면 수정될 뿐이다. 누군가 자신 있게 말할 게 있다면, 그것은 물리 법칙 중의 일부는 다른 것보다 견고하다는 것이다.

여기에 들어맞는 예가 열역학 제2법칙이다. 열역학 제2법칙은 어쩌면 우주의 가장 기본적인 법칙일지도 모른다. 세상 만물에 예외 없이 적용되기 때문이다. 간단히 말하면, "닫힌 계에서 총 엔트로피(즉 무질서도)는 절대로 줄어들지 않는다."로 요약된다. 예를 들어 열역학 제2법칙은, 열이 자발적으로 (추가로 에너지가 쓰이지 않은 상태에서) 차가운 물체에서 뜨거운 물체로 흐르는 것을 금지한다. 영국의 천체 물리학자인 아서 에딩턴(Arthur Eddington)은 극적으로, 이 법칙의 신성 불가침성에 대해 이렇게 말했다.[8] "만일 당신이 세운 이론이 열역학 제2법칙에 위배된다면 나는 그 이론에 가망이 없다고 말할 수밖에 없소. 비참하게 망신당하는 것 외엔 달리 도리가 없기 때문이오." 열역학 제2법칙은 외계 초문명을 생각할 때에도 반드시 통과해야 하는 마지막 관문이다.

이번에는 또 다른 생각이 '쿵' 하고 머리를 때린다. 즉 '양자 진공'에서 에너지를 추출해 우주선의 에너지로 활용한다는 대중적인 아이디어다. 내용은 이렇다. 양자 역학을 전자기장에 적용하면 빛이 물질과 어떻게 반응하는가에 대한 설명은 물론, 깜짝 놀랄 만한 결과가 나온다. 물질과 빛이 존재하지 않는 특수한 공간을 생각해 보자. 그렇다. 모든 종류의 입자들이 없어진다. 그럼에도 불구하고 그 공간에는 일부 에너지가 남는다. 이렇듯 빈 공간에 남는, 더 이상 줄일 수 없는 에너지를 '양자 진공 에너지'라고 부른다. 이것은 실제로 존재한다. 여러분은 금속판 사이에 나타나는 아주 미약한 인력으로 이를 검출할 수 있다. 천문학자들은 우주 규모에서 이와 똑같은 현상을 측정했다. 천문학자들은 거기에 '암흑 에너지'라는, 불가사의해 보이는 이름을 붙였지만 말이다. 우주가 지금 가속 팽창하는 원인은 '암흑 에너지'에 있다.[9] 그렇다. 저 밖에 진공/암흑 에너지가 있으며, 그 밀도는 1세제곱킬로미터당 1줄보다 조금 낮다. 그러면 이 에너지를 '모아' 우주선의 추력으로 쓸 수 있을까? 이를테면 커다란 뜰채로 진공/암흑 에너지를 건진 다음, 전기로 변환해 플라스마 추력으로 쓸 수 있겠는가 말이다. 그렇게 할 수 있다면 더 이상 로켓 연료가 필요치 않게 되리라. 우주에는 어디에나 그런 진공이 존재하니까.

19세기, 애당초 영구 기관이 만들어질 수 없었던 것과 같은 이유로, 양자 진공 추진 엔진 역시 불행히도 실현 가능성이 전혀 없다. 둘 다 열역학 제2법칙을 위배하기 때문이다. 1800년대에 발명가들은 바다의 열을 이용해 배의 추진력을 얻으려고 고심했다. 어쨌든, 해수에는 1리터당 50만 줄보다 많은 열이 포함돼 있는데, 해수는 절대 영도 기준으로 수백 도에 달하기 때문이다. 그렇다면 터빈을 돌릴 만한 열에너지로 충분하지 않을까? 대답은 "예."지만, 그것은 어디까지나 열이 열원보다 온도가 낮은 곳으로 이동하는 경우에 한해서다. 열펌프는 뜨거운 곳에서 찬 곳으로 열이 이동하는 과정에서 에너지를 얻는다. 핵심은, 어딘가에 온도차가 있어야 한다는 것. 양자 진공도 마찬가지다. 암흑 에너지를 이용할 수 있게 해 줄 저에너지 상태의 진공이 존재한다면 독자들은 성간 여행용 엔진 제조 사업에 뛰어들게 될지도 모른다. 하지만 우리가 아는 한 저에너지 상태의 진공은 없다. 실망스러운 결론이지만, 한때 저에너지 진공이 존재했었다 해도 자연은 벌써 오래전에 그것을 소모해 버렸으리라.[10] 결론: 저에너지 (진공) 상태가 아니라면, 당신은 양자 진공을 우주선 에너지원으로 쓸 수 없다.

공중 부양은 SF 소설에 등장하는 대중적인 소재 가운데 하나다. H. G. 웰스의 「달에 처음 간 사람들」에 나오는 카보어(Cavor) 박사의 휴대용 중력 차단 물질인 '카보라이트(cavorite)'는 줄곧 필자의 상상력을 자극했다. 시끄러운데다가 공해 물질까지 내뿜는 로켓일랑은 전부 버리고, 단추만 누르면 공중에 떠서 유유히 별들까지 데려다 주는 우주선을 만든다면 얼마나 멋진 일일까! 애석하게도 가망 없는 일이다. 카보라이트는, 모든 형태의 물질과 에너지가 같은 속도와 같은 방향으로 (위가 아닌 아래로) 떨어진다는, 중력의 기본 원리에 위배되기 때문이다. 갈릴레오는 이런 중력 법칙을 처음 발견했으며, 아인슈타인은 이것을 기본 원리로 일반 상대성 이론에 포함시켰다. 중력 법칙이 없었다면 시공간과, 천체 물리학, 그리고 우주론에 대한 우리의 지식은 한낱 사상누각에 불과했으리라. 그 때문에 과학자들은 이를 쉽게 포기하려 들지 않는다. 이론적으로는 필자가 말한 양자 진공으로 공중 부양을 일으킬 수 있지만, 그 에너지는 극히 미량으로밖에 존재할 수 없기 때문에 실제로는 물질 간에 작용하는 훨씬 강한 힘인 중력은 극복하지 못한다.[11]

우리가 초과학(super-science)을 연구하고 초기술(super-technology)을 활용하는 외계 초문명을 상상하는 것은 분명히 즐거운 일이지만, 여기에는 반드시 건전한 비판이 뒤따라야 한다. 21세기의 과학은 여전히 불완전하며 아직 진행형이라는 데 의심의 여지가 없다. 하지만 동시에, 지난 수 세기 동안 과학자들이 철저하고 면밀한 연구를 바탕으로 얻은 숱한 지식과 경험이 축적된, 가장 신뢰할 만한 성과라는 사실도 결코 잊어서는 안 된다. 외계 지성체를 탐색하기 위해서는 실용적인 선방과 함께 현재의 과학이 예측하는 내용이 최선일 것이라고 생각하는 것이 바람직하다. 과학은 늘 길잡이 역할을 해 왔지만, 앞으로 우리를 당황케 할 가능성이 늘 열려 있기 때문이다. 다가올 미래에는 우리가 아는 기초 과학의 일부가 틀렸다는 결론에 도달할 수도 있다. 그러나 우리가 외계 기술 문명을 상상할 때 무엇이든 허용하는 태도를 취한다면 결국 아무 쓸모없는, 난삽한 추측만 난무하게 될지도 모른다. 외계인은 광속보다 빨리 여행할 수도 있고, 우주 공간을 가로질러 신호를 주고받을지도 모르며, 공중 부양을 하거나 (비록 가능성이 없어 보이기는 하지만) 열을 거꾸로, 찬 곳에서 뜨거운 곳으로 흐르게 할 수 있을 수도 있다. 만일 그게 사실이라면 우리는 환상의 나라에 살고 있는 것일 테고, 그렇기 때문에 세티에 대한 생각은 아예 포기하는 편이 나을지도 모른다.

8

생물 이후의 지성

기계는 우리보다 더 강력해지고 있으며,
우리는 하루하루 거기에 더 얽매여
스스로 그 자리를 내주고 있다.
— 새뮤얼 버틀러(Samuel Butler), 1863년[1]

정부가 로봇의 제반 권리를 허용한다면
소득과 주택, 낡은 것을 고치고
교체하는 데 필요한, 건강 관리 등
모든 사회적 혜택을 지원하게 될지도 모른다.
— 「로봇의 권리」, 영국 무역 산업부 보고서에서[2]

외계 생명과의 우스꽝스러운 근접 조우

필자가 10대 소년이던 50년 전, 세티에 관해서는 아는 게 아무것도 없었다. 당시 외계인에 대한 이미지는 주로 메콘(Mekon)이라는, 소설 속 외계인의 영향을 받았던 것 같다. 메콘은 지구 동맹의 용모 단정한 영웅 댄 데어(Dan Dare)와 적대 관계에 있던, 금성 북반구 지역에 사는 트린 족(Treens) 지도자의 이름이다. 댄 데어의 이야기가 실린 만화 잡지《이글(*The Eagle*)》에 등장하는 다른 외계인들도 얼추 비슷한 모습으로 그려졌다. 어린 필자는, 비행 접시에 관한 이야기들이 사실이라면 비행체를 탄 것은 메콘처럼 커다란 머리(따라서 커다란 두뇌)와 보기 싫게 퇴화한(그래서 더 이상 중요하시 않은) 몸을 가진 휴머노이드일 것이라고 생각했다. 이런 생각을 한 것은 필자만은 아니었다. 왜냐하면 UFO를 탄 외계인은 판에 박은 것처럼 예외 없이, 머리카락 없는 큰 머리에, 노려보는 듯한 큰 눈을 가진 난쟁이로 묘사됐기 때문이다. (그림 12) 스티븐 스필버그는 영화 「미지와의 조우」와 「ET」에서 머리가 큰 어린아이를 닮은 외계인의 모습을 더 강하게 화석화시켰다.

어처구니없는 일이다. 대중적으로 알려진 외계인의 겉모습에는 허점이 많다. 때문에 그들과 직접 만났다는 경험담을 적은 보고서의 신뢰성을 떨어뜨리기도 한다. 그 첫 번째 이유는, 외계 행성에서 일어난 진화가 지구와 너무나 흡사해 '그들'이 우리와 비슷하게 생겼을 것이라 단정하기 때문이다. 그들은 고래나 문어, 혹은 큰 새처럼 생겼거나, 전혀 다른 형태를 띨지도 모른다. 지구에 없는, 너무나 기이한 모습이라 어쩌면 그것을 본 우리는 경기를 일으키게 될지도 모른다. 또 다른 오류는, 다윈의 진화론을 잘못 적용하는 것인데, 말하자면 이런 식이다. "외계 지적 생명체에게 지능이 가장 중요하다면 몸의 다른 부분은 거추장스러울 것이다. 그래서 자연은 메콘이나 ET의 형태를 선택하는 방향으로 작용할 수밖에 없다." 하지만 여기에는 논리적 허점이 있다. 누가 생존하고, 생존할 수 없는지를 선택할 수 있을 만큼 그 사회의 기술이 진보됐다면 순수한 의미에서 자연 선택은 제대로 작동할 수 없게 된다. 인공적인 유전자 변형이 가능해지면 그 이후 진화는 설계에 따라 조작될 수 있다. 어떤 외계의 생물 종이 큰 머리와 작은 몸을 만들기 위해 유전자 개량을 선택하고 말고는 또 다른 문제다. 그들은 윤리나 그 밖의 다른 이유로 인해 유전자 조작 같은 일을 중단할 수도 있다. 지구에서는 유전자 변형 곡물과 같은, 사람을 대상으로 한 유전자

그림 12 대중적인 외계인의 모습.

조작에 대한 반대 여론이 드세다. 각국에서는 인간을 대상으로 한 유전자 실험이 강한 저항에 부딪히고 있으며, 일부 국가에서는 불법으로 간주된다. 이렇듯 인간에 영향을 주는 유전자 변형은 특정한 시대, 특정한 상황에서 문화적으로 금기시된다. 외계인들에게도 이 같은 문제가 유사한 방식으로 적용될 것이라고 생각하는 것은 금물이다. 우리는 인간 중심주의적인 사고를 버려야 한다.

어떤 종이 유전자 변형을 촉진하는 기술을 도입한다면 상당히 빠른 속도로 그 종에 변화가 일어날 수 있다. 유전자 조작에 대한 문화적 금기가 사라진다면 앞으로 어떤 일이 닥치게 될지, 그 가능성을 엿볼 수 있다.[3] 미래학자 가운데 많은 이들은 유전자 개량, 인공 장기, 수명 연장, 신경 촉진과 같은 기술이 결합된, 인간 개량(transhumanism)이 곧 도입될 것이라 예측한다. 사실은, 이미 상당 부분 시작됐다. 기본적인 공중 위생과 의술이 발달한 결과, 지난 1세기 동안 인간의 평균 기대 수명은 매년 3개월씩 증가해 왔다. 놀랄 만한 수치다. 이제 곧, 인공 장기는 질적으로 자연물과 가깝거나, 어쩌면 이를 능가하게 될지도 모른다. 예를 들어 인공 팔과 다리, 그다음에는 인공 눈이 뇌에 직접 연결될 것으로 보인다. 신체에 내장된 마이크로칩은 주변 전자 기기들을 조작하게 되리라. 줄기 세포로 배양된 인체 기관을 기반으로 이런 장치들은 그 성능이 향상된다. 어떤 경우에는 생체 기관의 기능을 증강시키기 위해 생체 기술이 적용되기도 한다. 앞으로는 '자연과 인공', 그리고 '생체와 기계'를 결합한 '하이브리드(hybrid)' 시스템이 개발돼 생물학적 영역에서 벗어난, 확장된 가능성이 열리게 될 것으로 보인다.

그리고 마침내, 공상의 영역에 속했던 개념들이 곧 현실로 나타나게 된다. 또한 생명 공학 기술과 나노 기술, 정보 기술을 갖춘 지적 생명체가 스스로 신체적 능력과 지성을 증강시킬 것이라고 예상하는 것은 논리적으로 맞다. 따라서 사람들이 병에 걸리거나 요절하거나, 기억 상실과 논리적 결함을 겪는 것과 같은 불편함이 없는, 컴퓨터로 설계한 최상의 생물학적 기능을 갖춘 존재로 사는 유토피아가 실현될지도 모른다. 수 세기 동안 이룩한 과학 기술의 발전을 바탕으로 이렇듯 안락한 생활을 즐기는 사회에 도달한 외계 문명을 상상하는 것은 어렵지 않다.[4]

이처럼 외계 생명체의 기능이 인공적으로 증강됐다 하더라도 생체가 가진 본래의 특질은 어렵잖게 알아챌 수 있으리라. 필자는 그래서 메콘처럼 생긴 외계인이나 '피와 살'로 이뤄진 생물을 떠올리는 오류를 또 범하게 된다. 외계 문명이 앞서 말한 기술적 진보를 이루려면 어쩌면 수 세기가 훨씬 넘는 긴 시간이 필요할지도 모른다. 그렇게 긴 시간이라면 기술 문명에 좀 더 근본적인 변화가 나타날 가능성을 기대할 수 있다. 지구에서 '지성'이라는 말은 보통 사람에 국한해서 쓰이며, 한정적으로 자동차나 개, 돌고래, 고래, 두족류, 혹은 새와 관련해서 쓰이기도 한다. 하지만 지능이 관여하는 의사 결정과 행동을 동물이 독점할 이유는 없다. 지성이 비단 생물에만 국한돼야 하는 근거는 전혀 없는 것이다.

인공 지능

1950년, 앨런 튜링은 《마인드(*Mind*)》라는 학술지에 "기계가 생각할 수 있을까?"라는 다소 도발적인 제목의 획기적인 논문을 발표했다.[5] 그는, 이제 막 성장하기 시작한 컴퓨터 산업과 자신의 경험을 바탕으로, 사람이 만든 전자 장치가 의식이 있다고 착각할 만큼 사람의 행동을 똑같이 모방하는 시대를 상상했다. 몇 년이 흐른 뒤, 아이작 아시모프는 「아이, 로봇(I, Robot)」이라는 고전적인 소설을 통해 이를 한 단계 발전시켰다. 1960년대까지 인공 지능(Artificial Intelligence), 즉 AI라는 주제는 산업과 대학에서 연구 현안으로 떠올랐으며, 이윽고 대중 문화로 침투하기 시작했다. 스탠리 큐브릭의 「스페이스 오디세이 2001」에서 할(HAL)이라는 이름의 슈퍼컴퓨터는 사람과 경쟁하는 지성적 존재로 그려진다. 「스타 워즈」가 상영될 무렵, 일반 대중은 사람과 동등하거나 그보다 우월한, 싸우고 일하는 인공 지능 로봇에 어느덧 익숙하게 됐다. 그리고 오늘날, 우리는 컴퓨터가 사람에 비해 다양한 종류의 정신 노동을 훌륭하게 잘 처리한다는 생각을 어렵지 않게 받아들이게 됐다. 앞으로 수십 년이 흐른 뒤, 로봇이 '모든' 방면에서 사람보다 훨씬 똑똑해질 것이라고 믿는 데에 엄청난 상상이 필요하지 않게 됐다. 이제 곧 인공 지능 기계와 컴퓨터, 그리고 로봇은 지금 사람이 하는 일들을 하나씩 대체하게 되리라. 이런 상황은 외계의 지적 생명체에 대해서도 똑같이 적용되지 않을까.

이런 일이 실제로 외계 행성에 어떻게 적용될지를 상상하기 위해 우리는 지구에서 벌어지는 인공 지능의 발전상을 참고할 필요가 있다. 어른의 뇌에는 약 1000억 개의 뉴런이 있고 이들은 네트워크로 빽빽하게 연결돼, 뉴런 1개는 1,000개 혹은 그보다 많은 시냅스로 접속된다. 뉴런은 보통 1초에 500회 작동하는데, 만일 우리 뇌가 전력을 다해 기능한다면 (필자는 순전히 상상의 관점에서 이야기하는 것이다.) 회색질 1세제곱센티미터 부피 안에 있는 뉴런은 1초 동안 40조 회 작동할 것이라 말할 수 있다. 이것을 컴퓨터 용어로 말하면 40테라플롭(teraflop)에 해당한다. 그러면 컴퓨터는 어느 정도일까? 우연의 일치지만, 요즘 슈퍼컴퓨터도 한꺼번에 모든 스위치가 동시에 작동하는 경우, 1세제곱센티미터당 40테라플롭만큼 연산할 수 있다. 둘 사이에 큰 차이가 있다면, 컴퓨터가 이런 일을 하려면 수 메가와트의 전력을 소비해야 하지만, 사람은 하루 세끼만 해결하면 된다. 뇌는 전체적으로 초당 1경 회 연산한다. (이 숫자는 엄밀한 의미에서 정확하지는 않다.) 현재 가장 빠른 슈퍼컴퓨터의 연산 속도는 360조 회니까 아직은 자연이 앞선 셈이다. 하지만 이 상황은 그리 오래 가지는 못하리라. 무어의 법칙이 유효하다면 2020년까지 엑사플롭(exaflop, 1초당 100경 회)을, 그 10년 뒤에는 제타플롭(zetaflop, 10해 플롭)을 달성할 것으로 예측된다. 컴퓨터의 처리 능력이 앞으로 어떻게 발전할지 대충 예상해 보면 초고성능 컴퓨터가 사람의 뇌를 앞지를 날이 그리 멀지 않았다. 이렇게 넘어야 할 산을 통과하면, 원리적으로 인공 지능은 인간 지능을 압도할 수 있다. 하지만 주의해야 할 게 있다. 우선, 뇌의 신경 구조는 컴퓨터의 배선과는 전혀 다르다. 게다가 정신없이 돌아가는 모든 연산을 관리하는 소프트웨어는 사람과 비슷한 수준으로 지능을 흉내 내지만, 사람의 지능과 지각 정보에 관해서는 아직 모든 게 밝혀지지 않았다.

아무 준비 없이 똑똑하게 잘 프로그래밍된, 규소로 된 뇌를 만들어 인공 지능을 구현하는 것보다 더 나은 방법이 있다. 뇌 자체의 엄청난 연산 능력을 활용해 '시뮬레이션'해 보는 것이다. 이 두 가지 방법 간의 차이는 상당히 중요하다. 뇌를 '흉내' 내기 위해 컴퓨터를 쓰기보다는 처음부터 아예 '진짜' 뇌의 내부에서 일어나는 일들을 프로그램으로 구현하는 것이다. 이렇게 하면 컴퓨터가 (뇌의 인공적인 경쟁자라기보다는) 가상의 뇌가 되는 것이다. 이것은 성공을 바로 눈앞에 둔 것처럼 보이지만 현실화는 쉽지 않을 것이다.

가까운 미래에 사람의 뇌 전체를 슈퍼컴퓨터로 모형화하는 일이 과연 가능할까? 스위스 로잔에서 블루 브레인 프로젝트(Blue Brain Project)를 주도하는 뇌 신경 전산학자인 헨리 마크람(Henry Markram)에 따르면 답은 "그렇다."이다. 야심 차게도 그는, 뉴런 하나하나를 최대 500개의 변수를 갖는 방정식으로 기술해 전기 화학적 자극을 줄 때 뉴런의 반응을 정확하게 예측하는 수학 모형을 구현했다. 가짜 뉴런에는 실제 신경 구조를 적용한 가상의 '배선 네트워크'를 설계 도면으로 썼으며, 그 결과 '규소'로 이뤄진 신경망이 창조됐다. 이 작업이 실현될 경우, 컴퓨터 시뮬레이션에서 가상의 신경망 사이를 흐르며 나타나는 패턴이 실제 사람의 뇌에서 일어나는 패턴을 정확하게 반영하게 된다. 그 사전 연구로 그는 포유류의 대뇌피질을 모형화하기 위해 1만 개의 디지털 뉴런을 연결했고, 결과는 성공적이었다. 마크람은 이런 자신감에 힘입어 쥐의 뇌 전체로까지 규모를 확대해 실험했으며, 이것은 인간의 뇌를 시뮬레이션하는 작업의 첫 단계에 해당했다. 그가 세운 목표는 컴퓨터 시뮬레이션을 통해 100조 개의 시냅스 연결을 구현하는 것이다. 지금은 현존하는 컴퓨터의 성능을 넘어서는 프로젝트지만, 앞으로 컴퓨터의 연산 능력이 지속적으로 향상될 것이라는 점을 감안할 때 마크람의 꿈은 이번 세기 중반이나, 어쩌면 그 이전에도 달성될 수 있을 것으로 기대된다. (2015년 10월 블루 브레인 프로젝트에서는 갓 태어난 쥐의 체성 감각 영역 피질의 미세 회로를 디지털로 재구성하고 시뮬레이션하는 데 성공했다고 발표했다. 마크람은 2023년까지는 인간의 뇌를 모형화할 수 있을 것이라 전망하고 있다. — 옮긴이)

블루 브레인 프로젝트는 아주 흥미로운 철학적 질문을 이끌어낸다. 가장 중대한 과학의 미스터리 가운데 하나는 의식의 본질이다. 특히, '뇌가 어떻게 의식을 만들어 내는가?'는, 그 핵심 가운데 하나다. 생각, 감정, 혹은 자기 인식을 만들기 위해 소용돌이치는 전기 패턴에서 어떤 일이 일어나야 할까? 이 문제는 아무도 답을 모른다. 하지만 마크람의 시뮬레이션이 정확하다면, '정의상으로' 그의 연산 시스템은 단지 지성에 머무르지 않고, 감정과 지각도 있는 존재여야 한다. 요약해 말하면, 튜링이 생각했던 것과 정확히 일치한다. 물론, 뇌가 실제로 어떻게 그런 일들을 하는지, 그 문제를 해결하는 데 우리는 아직 단 한 발짝도 내딛지 못했다. 즉 신경 회로에서 정확하게 '어떤' 부분이 의식을 만드는 역할을 하는지 밝히지 못할 수도 있다. 물론, 앞으로 뇌에서 일어나는 현상들을 단계적으로 시뮬레이션하면서 우리는 더 많은 사실을 배울 수 있겠지만 말이다. 여기에는 윤리적인 문제가 있다. 마크람의 '실리콘 슈퍼 브레인'에 의식이 있다면 그 뇌에는 일종의 권리가 주어져야 한다. 프로그램을 변경해 가면서 과연 무엇이 의식을 작동시키는지 알아내는 것 자체가 비윤리적인 행위로 비칠 수 있다. 필자는 이즈음에서, 블루 브레인 프로젝트가 가상의 프랑켄슈타인을 창조하는 것과 같은 엽기적인 시도가 아니라는 점을 분명히 해 두고 싶다. 실제로 이 프로젝트는, 알츠하이머나 파킨슨씨병 같은, 뇌가 제 기능을 못해서 일어나는 질병에 대해 신경 수준에서 정확히 어떤 일이 잘못 됐는지에 대한 직관을 얻기 위해 시작됐다.

실제 뇌의 기능을 모사하는 컴퓨터 시뮬레이션과 유전체 분석을 결합한다면 깜짝 놀랄 만한 가능성이 활짝 열릴 수 있다. 바로 추리와 예술 감각, 윤리 기준, 문제 해결 능력과 관련된 증강된 기능을 갖춘, 생각하는 존재를 앞으로 설계, 변형, 창조할 수 있는 가능성이다. 만일 줄기 세포 연구와, 유전체학과 전산학의 발전을 결합시킨다면 언젠가는 이와 같은 일이 일어날지도 모른다. 즉 유전자 변형을 바탕으로 만든 콩팥과 간은 물론, 뇌 신경 전산학자들이 특정한 요구 성능에 맞도록 설계한 뇌를 통해 어쩌면 부가 가치를 얻을 수 있을지도 모른다. 그 후속 작업은 인공적으로 만들어진 뇌에 비생물학적인 소재와 회로를 결합해 생체가 가진 기능 이상의 성능을 갖추는 것이다. 나노 기술, 생명공학과 같은 생물학과 비생물학을 융합한다면 뇌와 컴퓨터의 구분은 곧 사라질지도 모른다. 이런 융합 시스템은 예컨대, 기분이나 조바심, 질투 같은 인간적인 요소가 의도적으로 배제된 채 만들어질 수 있다.

하지만 이런 시스템은 고도의 전문성과 함께 완벽하게 성숙된 수준의 판단력을 갖추게 된다. 따라서 앞으로 우리는 아주 광범위한 영역에 걸쳐 이런 시스템의 판단과 결정을 신뢰하게 되리라.

어느 단계에 도달하면 인공적으로 만들어진 시스템의 효율을 극대화하기 위해 일정 수준의 자율성을 부여하는 일이 불가피해질 수 있다. 인간이 늘 옆에 붙어 보조를 맞추기는 어려울 테니까. 이 장면은 SF 소설에서 기계가 인간을 '대체'하는 단계로 그려진다. 나아가 기계는 우리를 공격하고 파괴하는 위협적인 대상으로 변질될 수도 있다. 하지만 그것은, 인공 지능을 인격화시키는 오류에 빠지는 일이다. 사람과 컴퓨터가 조화롭게 공존하지 못할 만한 특별한 이유는 없다. 초보 수준의 다윈주의적 진화론이 투쟁과 혐오, 출산을 강요하는 것과 상관없이, 자동화된 컴퓨터가 인간에 대해, 자신을 위협하거나 경쟁 관계에 있는 존재라고 판단할 가능성은 낮아 보인다.[6] (물론, 그럴 경우에 우리는 스위치를 꺼 버리려고 하겠지.)

그렇다면 컴퓨터/로봇이 바라는 것은 무엇일까? 지금 우리는 순수한 사유의 영역에 머물러 있기 때문에 당장 이 질문에 답하는 것은 불가능하다. 우선, 사람은 자신의 일을 보조하기 위한 목적으로 기계를 제작하며, 기계는 그런 역할을 계속 해 나갈 것이다. 하지만 그들은 언젠가 때가 되면 스스로 시간을 보낼 만한 좀 더 나은 일을 찾을 수 있다. 그것은 우리가 짐작만 할 수밖에 없는 영역이지만 말이다. 기계 스스로, 적어도 (번식을 통한 것이 아니라, 개별적으로) 자신의 생존을 보장받는 것과 함께 어떤 방식으로든 스스로 한계를 확장하기를 원한다고 가정한다면, 그들은 자신만의 도구가 필요할 것이다. 그들 앞에 있는 인간과 마찬가지로 컴퓨터도 다양한 일들을 실행에 옮길 수 있는 기계를 만들지도 모른다. 그들이 만든 기계 가운데 어떤 것은 우리가 만든 것과 비슷할 수도 있다. 이를테면, 하드웨어를 움직이는 모터나, 전기를 만들어 내는 발전기, 하늘을 탐사하고 충돌 가능성이 있는 소행성을 찾아내는 망원경 등등. 하지만 그들은 생물을 합성할 수도 있다. 구조물을 세우기 위해 광물질을 추출, 처리하는 미생물을 만드는 것이 좋은 예다. 또 어떤 미생물은 기계 주변 환경의 물리적 조건을 바꾸도록 설계될지도 모른다. 그들은 (미생물 외에도) 초미세 구조 생물이나 거대 생물을 창조해 관리, 탐험, 관측 같은 특별한 기능을 수행하도록 할 수 있다. 기계/컴퓨터가 한 장소에 머물러 있다면 이와 같은 복잡한 유기체를 이용해 (눈으로) 보고 (귀로) 듣고, (행성을) 돌아다니게 하거나, 다른 행성에 파견해 갖가지 정보를 수집하게 할지도 모른다.

인간은 수십만 년 동안 생존을 위해 간단한 도구를 쓰면서 세계를 변화시켜 왔다. 처음에는 변화의 속도가 대단히 느렸고, 도구도 곤봉이나 창처럼 원시적인 형태에 머물렀다. 언어와 정착 사회, 더불어 농업이 발달하면서 가속이 붙었다. 인간은 화살을 만들었고, 금속을 쓸 수 있게 됐으며, 쟁기와 바퀴를 만들어 썼다. 그 후 산업 혁명이 일어났고, 원자력을 이용하게 됐으며, 뒤이어 우주 시대와 컴퓨터 시대가 열렸다. 역사 전체를 두고 볼 때 인간은 편의와 행복을 위해 기술을 이용했다. 하지만 이제, 생물의 영역과 무생물이 차지해 왔던 영역 사이의 오랜 관계가 역전되는 시점이 찾아오리라는 것을 예측할 수 있다. 인간과 같은 생물이 특별한 기계를 설계하고 만드는 대신에, 기계가 생물을 설계하고 만들게 될지도 모른다. 세티(SETI)에서 핵심이 되는 'I', 즉 지성의 바통은 언젠가는 인간에서 기계의 영역으로 넘어갈 것으로 보인다. 이후 지성을 갖춘 생물은 종속적인 존재로만 남게 되지 않을까. 기계 공학적 지성체는 훨씬 견고하기 때문에 생존 가능성은 인간이나, '살과 피'로 이뤄진 다른 생물학적 지성체와는 비교할 수 없다. 기계는 낡은 부품을 대체품으로 교환하면 영원히 동작할 수 있기 때문이다. 기계를 결합하면 성능이 향상되며, 더 광범위한 물리 조건에서 작동할 수 있다. 대체로 기계는 지성을 담아 둔다는 측면에서 뇌보다 훨씬 안전하고 내구성 있는 환경을 제공한다.

이 결론은 놀랍고 당황스럽다. 생물학적 지성은 일시적 현상에 지나지 않으며, (우주에서) 진화 단계상 잠시 나타났다가 사라진다는 이야기다. 필자는 이 예측이 가장 일어날 법한, 필연적 결말이라 생각한다. 만일 우리가 외계 지성체를 만난다면 이들은 전적으로 생물 이후 단계에 와 있을 것이라고 필자는 믿고 있다. 이런 결론이 세티에 관한 한 지대한 파급을 미칠 것이라고 생각한다.

인간과 ET의 미래는 기계만이 알지도

정의에 따라 달라지겠지만 인간 지성의 역사는 기껏 수십만 년밖에 되지 않았다. 인류가 100만 년 내에 멸종하지 않는다면 앞으로 생물학적 지성은 '진짜' 지성의 출현을 도와주는 산파 역할을 맡게 될지도 모른다. '진짜'는 더 강력하고, 확장 가능하며, 적응력이 뛰어나고 영원한, 그래서 기계의 영역에 속한 특징을 두루 갖춘 인공 지능이다. 기계 지성의 위력과 기능은 가속도가 붙어 물리적 환경 때문에 생기는 한계에 부딪힐 때까지 그렇게 발전하리라. 스스로를 만들어 가며 어느새 신격화된 거대한 두뇌가 마침내 이런 단계에 이르면 자신의 영향력을 우주 저편까지 확장시키기 위한 방법을 모색하게 될지도 모른다. 마찬가지로 우리는, 발달된 외계의 생물학적 지성체가 오래전 기계 형태로 변환됐을 것이라고 기대할 수 있다. 만일 우리가 ET와 접촉을 시도한다면 그 교신 상대는 SF 소설 및 영화 등에 나오던 메콘 같은 휴머노이드가 아니라, 어떤 목적에 따라 설계된, 월등한 성능을 가진 정보 처리 시스템일 수도 있다.[7]

안타깝게도 필자는 바로 몇 쪽 전부터 엉성한 용어를 쓰기 시작했다. 이 장 앞부분에서 말했듯이 생물과 무생물, 유기체와 기계, 자연과 인공의 구별은 머지않아 사라질지도 모른다. 외계의 존재를 가리켜 누군가 '컴퓨터', 혹은 '기계'라고 부른다면 분명히 오해의 소지가 있다. 예컨대 그들은 본질적으로 생체와 비생물적인 요소가 섞인 하이브리드 형태를 띨지도 모른다. 그래서 말 그대로 살아 있는 생물이 아닐 수도 있지만, 그렇다고 생명이 없는 것도 아니다. 왜냐하면 성장할 뿐 아니라, 생물학적 구성 요소를 재생산하기 때문이다. 이들은 인간 경험에서 벗어난 존재이기 때문에 어떤 이름으로 불러야 할지 참으로 난감하다. 그들의 본질적 특성은 (미래 지구에서는) 인류와 (외계 문명에서는) 그곳에 사는 지적 생명체가 설계한 산물일 것이다. 일단 만들어진 이후에는 그들 스스로 설계하고, 또다시 설계하게 되리라. 그들은 길고 지루한 다윈주의적 진화 메커니즘을 통해서가 아니라, 스스로 지성적 창조력을 바탕으로 성장하고 개선하고 적응하는 시스템일 것이다. 필자가 제안할 수 있는 최상의 용어는, 어쩌면 다소 충격적으로 들릴 수 있겠지만 '합목적적 자동 슈퍼시스템(auto-teleological super-systems, ATS)'이다. '합목적적'이라는 형용사는 목적 지향적인 자기 설계의 본질을 뜻한다. 설계에 바탕을 둔 제어는 다윈주의적 진화에 비해 훨씬 효율적으로 진행된다. 따라서 자기 설계 과정은 일단 시작되기만 하면 상당히 빠른 속도로 이뤄질 가능성이 높다. 그 결과, 세티에서 'I', 즉 지성은 ATS일 가능성이 높다.

필자는 이처럼 책에 색다른 생각을 쓰면서 원인 모를 울적함, 어떤 개체 정체성에 대한 향수 같은 것을 느낀다. 개체 정체성은 인간 경험에서 독특한 특성 중의 하나다. 우리는 모두 유일한 개체 정체성, 즉 자기 정체성을 갖고 있다. 자기 정체성은 스스로, 넓게는 우주, 좁게는 자신을 둘러싼 다른 지각 있는 존재들로 구성된 사회의 일부라고 느끼는 동시에, 그로부터 분리된 인식을 뜻한다. 인간의 뇌가 진화 과정에서 어떻게 독립된 자아 정체성과 주관적 경험을 만들어 냈는지에 관해서는 알려진 게 없다. 하지만 ATS가 이와 똑같은 방식으로 개체 정체성을 가질 것이라고 생각할 만한 근거는 없다.[8] 컴퓨터의 위력은, 아무 불만 없이 서로 연결돼 일을 배분하고 자원을 공유한다는 데 있다. 컴퓨터는 개별 존재인 뇌와는 달리, 네트워크에 연결돼 통합될 수 있으며, 네트워크를 포함해 장치나 프로그램을 변경할 수 있을 뿐 아니라, 외관상으로는 무한하게 이를 확장할 수 있다. 이번에는, 인터넷으로 지구 어느 곳에나 연결할 수 있으며, 세계 각국에 있는 컴퓨터 클러스터에 작업을 분배할 수 있는 구글 같은 검색 엔진을 생각해 보자. 자기 정체성 없는 막강한 컴퓨터 네트워크는 인간 지성에 비해 엄청난 이점이 있다. 이런 네트워크는 '스스로' 재설계할 수 있으며, 아무런 두려움 없이 구조를 바꾸고 다른 시스템과 통합하고 성장할 수 있기 때문이다. 이런 일에 '스스로에 대한 느낌'이 들어간다면 진보라는 측면에서는 분명히 장애가 되리라.

행성 표면을 덮은, 하나로 통합된 정보 처리 시스템을 상상하는 것은 그리 어렵지 않다. 사실, 어떤 미래학자들은 심장처럼 맥박이 뛰는, 엄청나게 거대한 뇌가 표면 전체를 통제하는 다이슨 구를 상상한다. 로버트 브래드버리(Robert Bradbury)는 이런 가공할 만한 존재를 가리켜 "마트료슈카의 뇌(brain of Matrioshka)"라 부른다.[9] (화보 13) 설령 누군가, 인간의 두뇌와 경험을 연결하고 통합해 일종의 '전 세계 지혜 네트워크(World Wide Web of Wisdom, WWWW)'를 만들 수 있다고 치자. 그렇다 해도 (적어도 서구 문명에서는) 우리는 각자 개체 정체성을 잃어버린 뒤, 아무런 형체 없이 저 거대한 정신적 공간만이 남는 미래에 대해 아마도 끔찍하다고 생각하게 되리라. 노화하는 두뇌에 든 정보와, 암묵적으로 그 뇌와 관련된 의식 있는 존재들에 대한 데이터를 '업로드'해 컴퓨터에 저장했다가, 다시 새로운 뇌로 '다운로드'한다는 환상은 이미 많은 문헌에 소개됐다. 여기에는 감동이 있다. 그 이유는, 여기에는 자기 정체성의 연속, 즉 불멸에 대한 보장이 있기 때문이다.

생물학적 지성이 ATS로 이양될 운명이라면 그 모든 게 끝나는 그곳은 어디일까? 하지만 이런! 상상하기조차 어려운 그 거대한 뇌조차 광속의 유한성을 포함한 물리 법칙의 지배로부터 벗어날 수 없다. 지구를 감싼 컴퓨터나 마트료슈카의 뇌도 아주 멋진 생각을 할 수는 있다. 하지만 꼬리를 물고 이어지는 그 생각은 반드시 시스템의 한 영역에서 다른 영역으로 정보를 옮기는 데 적어도 1초의 몇 분의 1에 해당하는 시간이 소요될 수밖에 없다. 따라서 그 괴물 같은 ATS는 아주 눈부시게 똑똑한 반면에, 이해력은 한참 떨어질지도 모르겠다. '은하 구글(galactic Google)' 같은 대규모 시스템에서는 그 제약이 훨씬 심각해질 수 있다. 이를테면 지연 시간이 무려 10만 년에 달해 데이터 복구와 사고 속도에 엄격한 제한이 걸릴 수 있기 때문이다.

하지만 사고 속도가 느려터졌다고는 해도 그 수가 엄청나게 많은 지성체가 우주를 지배하고 있다면 어떨까?[10] 어쩌면 이 지성은 기계적인 존재일 것이다. 생물학적 지성체는 아마 이런 식의 우주 지배를 가능하게 하지는 못하리라. 하지만 정보 처리와 관련해 최근 이뤄진 발전을 본다면, ATS라는 존재가 불가능하지는 않는 것 같다. 이 새로운 기술이 바람직하게 발전한다면 외계 지성체를 존재할 수 있게 해 줄 한층 진보된 방법이 가능하지 않을까?

양자 컴퓨터와 양자 마음

모든 디지털 계산의 기초는 켜고 끌 수 있는 장치, 곧 이진수 스위치다. 이 스위치가 꼭 수학적인 것이어야 할 필요는 없다. 꺼진 상태는 '0', 켜진 상태는 '1'인 두 개의 상태 값을 갖는 전자 부품이면 된다. 스위치로 된 네트워크는 한 번에 스위치를 눌러 '0'과 '1'로 이뤄진 입력 시퀀스를 출력 시퀀스로 변환, 간단하게 디지털 신호를 처리할 수 있다. 이에 관한 자세한 설명은 그다지 중요치 않다. 이때 컴퓨터 속도는 스위치가 얼마나 빨리 작동하는지, 그리고 전기적(광학적) 신호가 0과 1로 변환돼 얼마나 빨리 스위치들을 통과할 수 있는지에 달려 있다. 궁극적으로는 광속이 절대 한계로 작용하지만, 시스템을 작게 만들어 속도를 높일 수 있다. 일반적인 개인 컴퓨터에서 빛이 마이크로칩을 통과하는 시간은 1피코초(1조분의 1초) 이하지만, 칩이 소형화되면 처리 속도가 빨라질 수 있다. 하지만 작게 만드는 데는 문제가 따른다. 그중 하나는 열이다. 반드시 기계적인 장치가 아니더라도 스위치가 작동할 때마다 열이 발생하는데, 이 열이 어떤 형태로든 발산되지 않는다면 칩은 녹아 버리고 만다. 이론적으로 물리학자들은, 현재 쓰이는 칩에서 열을 획기적으로 줄일 수 있다는 것을 잘 알고 있다. 따라서 장기적으로 열은 중요한 이슈가 아닐지도 모른다. 그보다 심각한 문제가 있는데, 피할 수 없다는 게 고민이다. 스위치의 크기가 원자 규모로 작아질수록 회로의 물리적 성질은 양자 요동(quantum fluctuation, 하이젠베르크의 불확정성 원리에 따라 일어나는 에너지의 일시적 변화를 뜻한다. — 옮긴이)으로 인한 섭동 효과(perturbing effect, 어떤계에서 물리량에 미세한 변화가 일어났을 때 계의 총에너지에 미치는 영향을 뜻한다. — 옮긴이)를 더 많이 받게 된다.

필자가 앞서 7장에서 언급했듯이, 양자 역학이란 원자와 원자 구성 입자들의 특이한 행동을 설명하는 이론이다. 양자 역학은, 당구공이나 총알 같은 우리가 일상에서 흔히 보는 물체들의 운동에 적용되는 뉴턴 역학과는 근본적으로 다르다. 양자계의 중요한 특성은 불확정성(우리가 양자 수준에서 두 가지 물리량을 측정할 때 측정 가능한 두 가지 양의 정밀도에 한계가 있다는 특성이다. — 옮긴이)이다. 간단한 예를 들어보자. 방아쇠를 당기면 총알은 잘 정의된 탄도를 따라 날아간다. 같은 조건에서 같은 실험을 반복하더라도 두 번째 총알은 첫 번째 총알과 같은 궤적을 그린다. 이때 자연은 결정론적으로 작용한다. 즉 초기 조건과 역학 법칙을 알면 궤적을 정확하게 예측할 수 있다. 간단하게 말해서 계는 예측 가능하다. 그러나 양자 역학은 이와 전혀 다른 혼돈 상태를 다룬다. 과녁을 향해 발사된 원자나 전자는 발사할 때마다 다른 궤적을 따라 날아가, 전혀 다른 곳에 꽂힐 수 있다. 일반적으로 '같은 조건'에서 같은 실험을 반복하더라도 같은 결과가 재현되지는 않는다.

일상에서 벌어지는 모든 현상은 항상 예측 가능하지 않다. 동전을 던질 때 앞면, 뒷면이 나올 확률은 각각 50퍼센트씩이다. 하지만 동전에 작용하는 힘은 측정하기 어려우며, 그럼에도 결과는 그 힘에 좌우되기 때문에 예측 자체가 불가능하다. 양자 역학적인 불확정성은 이와 판이하게 다르다. 그것은 결과를 좌지우지하는 모든 힘에 대해 우리가 무지하기 때문이 아니라, '본질적으로' 계 자체가 비결정론적이기 때문이다. 말하자면, 자연조차도 어떤 결과가 나올지 모른다. 컴퓨터 공학 측면에서 예측 불가능성은 완전한 실패다. 첫 번째 계산에서는 결과가 1+1=2인데, 두 번째에 3으로 나온다면 어떨까? 만일 컴퓨터 칩에서 부품 하나의 크기가 원자 수준으로 줄어든다면 양자 역학적 불확정성으로 인해 그 기능은 보장받을 수 없다.

이처럼 난해한 양자적 특성 때문에 원자 수준에서 신뢰성을 가지고 계산하는 일은 한마디로 가망 없어 보인다. 하지만 정반대의 명제가 참일 수도 있다. 즉 바닥에 떨어진 동전을 굳이 확인하지 않더라도 앞면, 뒷면 '둘 중 하나'가 위를 향하는 것은 당연하다. 그러나 양자 역학에서 원자는 앞면, 뒷면이 동시에 보일 수 있으며, 이처럼 이도저도 아닌 유령 같은 상태에서 측정된 뒤에야 구체적인 현실이 된다! 게다가 이런 혼합 형태는 연속되는 모든 가능성에 대해 열려 있다. 즉 대부분이 앞면이고 일부가 뒷면, 대부분이 뒷면이지만 일부는 앞면, …… 마지막으로 모든 경우가 뒷면에 이르기까지, 이런 식으로 말이다.[11] 컴퓨터 칩의 이야기로 돌아와서, 양자 역학적으로 이를 번역하면, 스위치가 '켜진' 것도 '꺼진' 것도 아닌, 두 상태가 공존한다고 말할 수 있다. 스위치 크기가 원자 수준으로 작아질수록 이런 중첩 특성은 두드러진다. 바로 여기에 최근 유명세를 탄 양자 컴퓨터의 비밀이 숨어 있다. (필자가 5장에서 외계 기술을 시험하는 방법을 설명하면서 소개한 바 있다.) 물리학자들은 이 특성을 계산에 적용할 경우, 이를테면 죄를 선으로 바꿀 수 있다고, 그리고 이 일이 제대로만 된다면 불확정성을 완벽하게 배제할 수 있을 것이라고 믿고 있다.[12]

이 아이디어는 과학자들과 컴퓨터 산업 종사자들을 똑같이 매료시켰으며, 이제 국제 공동 연구의 핵심 과제가 됐다.[13] 이런 연구가 갑자기 활기를 띠게 된 이유는, 단순히 양자 컴퓨터가 (일반 컴퓨터에 비해) 특정 문제를 엄청 빠른 속도로 풀 수 있다는 데 국한되지 않는다. 전자 컴퓨터를 주판에 비교하는 것만큼, 양자 컴퓨터는 현존하는 가장 빠른 슈퍼컴퓨터보다 '기하 급수적으로' 빠르게 연산하기 때문이다. 원리상으로 겨우 300개의 원자를 완벽하게 제어할 수 있는 양자 컴퓨터는, 관측 가능한 우주 전체의 모든 입자 개수보다 많은 정보를 저장할 수 있다. 물론, 300개의 원자만으로 우주만큼 강력한 컴퓨터를 만들 수 있다는 뜻은 아니다. 저장과 처리는 다른 문제이기 때문이다. 양자 상태는 너무나 섬세해 손상되기 쉽기 때문에 외부 교란이 있을 경우, 기능이 저하되기 십상이다. 성공적으로 양자 연산을 수행하는 비결은, 가능한 한 주변 환경으로부터 기기를 고립시킨 상태에서 시스템이 진화할 수 있도록 허용하는 것이다. 또 오류 수정(error correction) 기술과 기능 중복(redundancy)을 통해 외부 교란이 누적되는 것을 해소시켜 주어야 한다. 이 모든 것은 기술의 문제이며, 현재 다양한 기법들이 연구되고 있다. 예컨대, 극저온에서 자기장으로 개별 원자들을 가둬두는 것과 같은 기술이 그것이다. 현 단계에서는 완벽하게 오류 수정을 할 수 있는지, 수확 체감에 대해 불이익을 주는, 우리가 아직 모르는 물리적 원리가 있는지(바꿔 말하면 양자 컴퓨터의 기능에 근본적인 한계가 있는지), 아직 아무도 모른다. 전문가들은 아직 그런 가능성은 없어 보이며, 이제 한꺼번에 고작 열 개 남짓한 원자를 제어하는 수준의 기술을 확보했다고 말하고 있다. 기술적으로 진보된 외계 문명이라면 완벽에 가까운 양자 컴퓨터를 만들어 물리적으로 (예컨대, 승용차만큼) 소형화하는 기술을 보유하고 있을지도 모른다. 실험실에 들어갈 만큼 집적화된 이 초지성(super-intelligent) 컴퓨터의 정보 처리 능력은, 예컨대 일반 컴퓨터로 치면, 행성 하나를 덮을 만한 네트워크가 돼야 비로소 도달할 수 있다.

지지자들이 주장하듯 양자 컴퓨터가 구현 가능하다면 ET가 바로 그것이라고 기대하지 못할 이유도 없다. 그렇다면 어디 있을까? 외계 양자 컴퓨터(extraterrestrial quantum computer, EQC)가 행성에 거주할 가능성은 없어 보인다. 열로 인한 무작위적인 교란(양자 컴퓨터의 적이다.)이 일어나기 때문에 가능하다면 EQC는 가장 온도가 낮은 환경에 설치하는 것이 맞다. 따라서 성간 공간, 혹은 은하 간 공간이 이상적이라 생각된다. 어쨌든, 장기적으로 행성은 위험하다. 혜성 충돌이나 초신성 폭발, 모항성의 불안정성, 불규칙한 궤도와 같이 안전을 담보하지 못하는 적대적 요인이 있기 때문이다. 에너지와 소재가 적절하게 공급될 경우, 어둡고 조용한 보이드(void, 우주 거대 구조(필라멘트) 사이에 있는 거대한 빈 공간을 뜻한다. 여기에는 은하가 몇 개 되지 않거나 아예 없다. — 옮긴이)가 더 나을 수 있다. 은하 간 공간을 이동하는 소행성을 가져다 재료로 쓰면 되고, 고에너지 입자로 이뤄진 우주선을 에너지로 쓰면 된다.

이처럼 지성의 극단을 넘은 환상에서 다시 골치 아픈 현실 속의 고민으로 돌아와 보자. 그들은 왜 접촉조차 하지 않는 것일까? 우리는 이에 대해 뭐라고 대답할 수 있을까? 실은, 지성을 갖춘 양자 컴퓨터가 과연 물리적 우주에 대해 관심을 가질지 아닐지, 필자에게는 확신이 없다. EQC는 과연 어디서 스릴을 느낄까? 정의에 따르면 EQC는 물리적 공간뿐 아니라, 사이버 공간에서도 지낸다. EQC가 감정을 가질 것이라고 가정해 보자. 그 존재는 스스로를 둘러싼 물질적 우주 풍경과는 비교가 안 될 만큼 풍요로운 내적인 지적 풍경을 탐색하면서, 어쩌면 자신만의 가상 현실 세계에 대해 만족을 경험할지도 모른다. 그러나 EQC는 자기만의 사이버 공간으로 들어가, (전기 요금을 내고 망가진 부품을 교체하는 것과 같이) 스스로 존재를 유지할 수 있는 최소한의 필요만 제외하고는, 인간이 사는 우주와 효율적으로 단절된 채 살아갈 수도 있다. 그래서 일단 안전과 안정, 극한 수준의 고립을 확보하기만 하면 수조 년 동안 자신만을 위한 미래를 보장받을 수 있으리라. 자동 수리 메커니즘으로 치유할 수 없는 예측 불가능한 사고를 제외한다면 말이다. 그 존재가 스스로 어떤 일을 선택하는가 하는 문제는 완벽하게 우리의 사고 영역 밖에 있다. 어떤 과학 저술가들은 저 대단한 고등 지성은 고도의 정교한 수학 정리를 증명하는 데 대부분의 시간을 할애할 것이라고 추측하기도 한다. 필자는 그런 추측이, 스릴을 찾는 방법에 관한 편협한 상상이라고 생각하지만, EQC는 다른 가능한 모든 경험들을 빠른 속도로 소진해 버릴지도 모른다. 수학에는 끝없는 다양성과 무한하게 풍부한 경이가 숨어 있다고 알고 있다. 때문에 EQC가 얼마나 오랫동안 이런 지적 탐험을 지속하는가와는 상관없이 스스로 해결하고, 또 찬양해야 할 수학 문제가 늘 적어도, 하나쯤은 있지 않을까 상상해 본다.

사이버 공간 속에 숨는 것은, 어쩌면 페르미의 역설을 해결하는 가장 소극적인 방법인지도 모른다. 그게 답이 아니기를 바란다. 왜냐하면 그것은, 생물학적 지성이 일시적으로 거치는 과정에 불과하다는 것을 의미할 뿐 아니라, 물리적 우주에 사는 것 역시 그저 거쳐 가는 단계임을 뜻하기 때문이다. 그러나 세티의 관점에서는, EQC가 물리적 우주에서 과연 관측 가능한 흔적을 남길까 하는 것이 문제다. 양자 컴퓨터에 관한 기본 물리 법칙에 따르면 핵심 정보를 처리하는 데는 에너지가 필요하지 않다. 그러나 정보 처리를 위한 조건을 미세하게 제어, 유지하려면 정교한 장치와 동력원이 있어야 한다. 앞서 말한 것처럼, EQC가 은하 간 공간에서 우주선으로 에너지를 충당할 수 있다면 지구에서 EQC를 검출하는 것은 대단히 어려운 일일 수 있다. 하지만 어떤 이유에서든 양자 컴퓨터에 쓰이는 주변 기기에 엄청나게 강력한 동력이 필요하다면 저 어딘가, 별이나 회전하는 블랙홀 주변에 양자 마트료슈카의 뇌가 있을지도 모른다. 우리가 이런 양자 사이버 정신(quantum cyber-minds)의 메시지를 받는 것은 예상하지 못하더라도, 그 존재는 주변의 물리적 우주에 뚜렷한 흔적을 남길 것임에 틀림없다.

필자가 틀을 잡은 새로운 세티 프로그램은, 전파 망원경을 기반으로 누군가 보낸 메시지를 찾는 방법으로부터 누군가 천문학적 환경(천체나 천체 주변을 말한다. — 옮긴이)에 남긴 흔적에서 외계 지성체의 흔적을 찾는, 덜 야심찬 목표로 축소됐다. 필자는 이제 무엇을 찾아야 할지 탐색하기 위해 현대 과학과, 이를 먼 미래까지 연장한, 우리가 동원할 수 있는 최고의 지식을 끌어 모았다. 그러나 이런 전략은 인간 중심주의라는, 과거부터 있어 왔던 비난의 딱지를 면키는 어렵다. 외계 기술은 아직 우리가 한번도 꿈꾸지 못했던 전혀 다른 형태를 띠고 있을 가능성이 높다. 그래서 아무도 애써 찾으려 노력하지 않았던 전혀 생소한 물리적 효과를 이용할 수도 있다. 새로운 세티를 추진해 나가면서 반드시 기억해야 할 격언이 있다. "전혀 예상치 못했던 것을 예상하라." 그것이다!

새로운 세티는 전통적인 세티를 대체하기 위해서가 아니라, 보완하기 위해서 기획됐다. 양자 마트료슈카의 뇌와 그 밖에 상상 속의 실체들에 대한 필자의 억측이 설령 옳다 해도 모든 외계 생명체가 그 정도로 높은 수준의 지성에 도달하기는 어려울 것으로 보인다. 필자는, 지성(문명)은 넓은 스펙트럼에 걸쳐 분포할 것이라고 생각한다. 아직 기술 시대에 진입하지 못한 곳으로부터 전파를 이용해 신호를 보낼 수 있는 생물학적 지성이 주류인 사회, 생물학적 지성이 사회를 유지하고 있지만, 컴퓨터가 지배하는 사회, 마지막으로 사이버 지성이 고도로 발달한 사회에 이르기까지. 이 가운데 어떤 수준에 도달한 가상의 문명도 또 다른 '우주의 사촌 형제'에게 뭔가를 전하기 위해 메시지를 전송하거나, 비콘 신호를 송출하거나 혹은 기념물을 건설하지 않을 것이라고 단정하는 것은 논리에 맞지 않는다. 누군가, 어디선가 우리의 주의를 끄는 일을 실행에 옮길 가능성이 대단히 희박하다 할지라도, 언젠가 우리의 노력이 성공을 거둘 경우 그 파급은 엄청나게 심대할 것임에 틀림없다. 따라서 우리는 그들의 흔적을 찾기 위한 노력을 멈춰서는 안 된다.

9

첫 접촉

어쩌면 그 사회적, 문화적 충격은
종교적인 계시 이후에 나타나는 그것과
비슷할지도 모른다.

— 스티븐 백스터(Stephen Baxter)[1]

검출 후 특별 그룹

2004년, 오스트레일리아 시드니의 전파 천문학자인 레이 노리스(Ray Norris)는 필자에게 자신의 후임으로 세티 검출 후 특별 그룹의 의장직을 맡아 줄 수 있는지 의향을 물어왔다. 이 특이한 조직은 국제 항공 우주 학회(IAA) 산하 세티 상임 연구 그룹(SETI Permanent Study Group)에서 설립했다. IAA는 전 세계 60개국 이상을 회원국으로 둔, 평화적인 목적으로 항공 우주 분야를 발전시키기 위해 설립된 학회다. 세티 검출 후 특별 그룹의 목표를 한마디로 요약하면 "결정적인 날"에 대비하자는 것. 인류가 근시일 내에 외계 문명과 접촉할 가능성이 낮은 것은 사실이지만, 막상 그런 일이 벌어졌을 때 나타날 수 있는 결과를 깊이 생각해 보면 이해가 간다. 우리는 그런 사건이 불시에 닥치는 것을 원치 않는다. 필자는 그의 제안을 수락했으며, 별 생각 없이 멍한 상태에서 의장에 당선된 직후, 2008년 2월 애리조나 주립 대학교 '과학 기본 개념 초월 센터'에서 학회를 주관했다.

이 특별 그룹은 두뇌 집단에 불과하기 때문에 법적 지위는 물론, 누군가에게 정책 권고를 할 수단도 없다. 회원은 상임 연구 그룹에서 지명, 선출되는데 유력한 세티 과학자와 활동가, 언론 대표, 두 사람의 법학자, 철학자, 신학자, 그리고 SF 소설가 두 사람이 포함돼 있다. 부의장인 캐럴 올리버는 오스트레일리아에서 다년간 세티 연구를 수행한 현장 경험과 지널리스트로서의 배경을 기반으로 누 분야 사이에 가교 역할을 맡고 있다. 이 특별 그룹의 주요 목표는 신호 검출 이후 제기될 수 있는 이슈들에 관해 천문학자들과, 특히 세티 과학자들에게 필요한 자원을 제공하는 데 있다. 특별 그룹의 시행 규칙은 지난 1996년 천문학자인 존 빌링햄(John Billingham)이 수립했으며, 인터넷을 통해 열람할 수 있다.[2]

특별 그룹의 임무는 외계 문명의 것으로 추정되는 신호가 검출됐을 때 관련자들에게 조언하는 일이다. 이 그룹은 사건이 발생하면 시행 규칙에 따라 발견자에게 관측 데이터를 주의 깊게 확인, 평가하도록 권고한다. 신호가 진짜라고 밝혀지면 이에 관한 모든 내용을 천문학계, 특히 국제 천문 연맹(International Astronomical Union, IAU)에 알린다. IAU는 천문학 분야를 대표하는 유일한 국제 단체이며, 전 세계 다른 분야의 과학 연구 단체는 물론, 정부들과도 좋은 관계를 맺고 있다. IAU는 유엔에 이를 알리고, 유엔은 다른 국제 기구와 관련 조직에 상황을 전파한다. 이제는 낡은 통신 수단이 돼 버렸지만, 과거에는 전보(텔레그램)로 이런 내용을 송수신했으며, 이제는 전파로 전할 수 있게 됐다. 특별 그룹은 또한, 발견자가 쓴 전파 망원경 소재 국가의 정부에 발견 사실을 알리도록 권고하고 있다. 발견자가 원한다면 기자 회견을 열거나, 다른 방식으로 그 사실을 일반에 공개할 수 있다. 물론, 실제로 상황이 벌어진다면 훨씬 엉망이 돼 버릴지도 모른다. 발견자가 의도를 가지고 비협조적으로 굴거나, 사건의 무게에 압도된 나머지 혼란에 빠질 수도 있다. 게다가 한 사람 이상의 과학자와, 1개국이 넘는 국가가 개입되는 가능성도 무시할 수 없다. 또 이런 종류의 뉴스는 공식 조치를 취하기 전에 유출될 가능성이 높다. (이에 관해서는 뒤에서 자세히 언급하려고 한다.) 게다가 문제의 신호를 발견한 천문학자가 즉각 언론사를 찾거나 소속 국가의 정부나 그 밖의 단체에 보고하는 일을 막을 방법은 없다. 우리 특별 그룹을 거치지 않고 말이다. 하지만 일어날 가능성이 제일 높은 사건은, 세티 커뮤니티 안에서 첫 신호를 검출하는 경우다. 그런 경우라면 다행히 특별 그룹의 시행 규칙과 권고 사항을 지킬 것이다. 어쨌든, 이론적으로는 적어도 그렇다는 말이다.

필자는 세티 커뮤니티에서 지위가 제법 격상된 뒤, 최초로 외계 신호가 검출된 뒤 일어날 일들에 대해 신중하게 고민하기 시작했다. 우리가 갑자기, 우주에 우리만 있는 게 아니라는 사실을 알게 된다면 당장 어떤 일들이 벌어질까? 그리고 어떤 파급이 있을까? 과학적으로 어쨌거나, 이것은 유례없는 대발견인 동시에, 천문학의 영역을 벗어나 엄청난 파장을 몰고 올 것임에 틀림없다. 필자는 만찬 연설의 분위기를 돕우기 위해 이렇게 말하곤 한다. "만일 ET가 제 시계 속으로 들어온다면 저는 분명히 외계인이 존재한다는 것을 최초로 아는 사람 중 하나가 될 것입니다."라고. 결국, 필자는 역사상 중요한 시점에 우뚝 선 인물인 것이다. 그래서 필자와 특별 그룹 회원들은 상당한 책임감을 느끼고 있다.

필자는 외계인과 첫 접촉에 관한 선입견의 대부분은 SF 소설에 바탕을 두고 있다는 사실을 깨달았다. 외계인들은 그런 소설에서 대부분 나쁜 놈들로 묘사돼 있다. 『우주 전쟁』에서 「쿼터매스」, 그리고 「인디펜던스 데이」에 이르기까지 그들은 인류에 불길한 위협을 주는 대상으로 그려진다. 「미지와의 조우」 같은 몇 안 되는 작품에서만 다르게 묘사됐다. 외계인이 모습을 직접 드러내지 않는 경우에도 해피엔딩으로 끝나는 경우는 드물다. 예를 들어, 프레드 호일의 「안드로메다 A(A for Andromeda)」에서는 아주 먼 항성계로부터 전파 메시지가 도착하는데, 그 메시지에는 외계인을 만들어 내는 데 필요한 정보가 담겼다. 그들은 아주 끔찍한 결과를 부를 수 있는 존재다. 호일의 글은 1961년 영국 텔레비전에 드라마 형식으로 발표됐는데, 특별 그룹에게는 등골이 오싹한 경고를 던진다. 즉 ET가 우리를 속이지 않을 것이라고 믿을 수 있을까? 외계 문명은 겉으로는 적대적이지 않을 수 있다. 그들은 우리가 쓸모 있을 것이라 생각할지도 모르지만, 저 원대한 계획에 도움이 되지 않을 뿐 아니라, 궁극적으로 '방해'가 된다고 여길지도 모른다. 그들은 우리에게 도움을 청할지 모르지만, 결국 내동댕이쳐 버릴 것이다. 호일은 오즈마 프로젝트 착수 직후에 쓴 이 멋진 이야기를 통해 외계인이 다른 세계를 식민지로 만들 때 반드시 물리적으로 우주를 가로질러 여행할 필요가 없다는 사실을 보여 주었다. 그들은 빔 같은 신뢰할 만한 방법으로 생물학적 정보를 원격 전송한 뒤, 과학자들에게 복제된 외계인을 배양해 달라고 부탁하면 된다. (「쥐라기 공원」의 원격 버전이라고 부를 수 있겠다.) 그리고 현지 생태계에 적응하도록 복제된 존재를 일부 변경할 수도 있다. 「안드로메다 A」에서 영화 배우 줄리 크리스티(Julie Christie)가 극중에서 다른 모습으로 둔갑한 것처럼 말이다.

공포스러운 이야기는 이쯤 해 두자. 그렇다면 희망은? 일부 세티 연구자들은 고등 문명을 가진 외계인과 접촉할 경우, 어쩌면 인류가 막대한 이득을 얻을 수 있을지도 모른다는 기대에 들떠 있다. ET와 접촉한다면 외계 문명이 오랜 시간 축적한 지식 체계를 확보하게 될 뿐 아니라, 고도로 발달된 기술과 심오한 과학적 통찰은 물론, 은하 클럽에 들 수 있는 길이 활짝 열리게 될지도 모른다. 외계 문명에 대해 장밋빛 전망을 가진 사람들은 외계인을 공포의 대상으로 그린 할리우드 영화에 대해 지나치게 인간 중심주의적인 사고의 산물이라고 일축한다. 당면한 문제를 극복한 뒤 오랫동안 생존한 경험을 가진 존재라면 선천적으로 공격적일 이유가 없다는 것이다. 수고를 마다않고 우리와 접촉하기 위해 적극적으로 노력하는 문명이라면 상당히 이타적일 가능성이 높다. 그 외계 문명은 기술적으로 앞선 문명이 수준 낮은 문명과 접촉할 때 예상되는 위험성에 대해 제대로 알기 때문에 그런 교류를 세심하게 관리할 수도 있다. 아마 그들은 그렇게 하리라. 특별 그룹은 첫 접촉에 관해서 논의되는 찬반양론을 종합, 비교해 실행 계획을 수립할 의무가 있다. 그 결과, 그런 상황에서 어떤 일을 해야 할지에 관해 상당 부분 의견의 일치를 볼 수 있을지도 모른다.

언론의 열광

외계 기원으로 추정되는 신호를 검출한 뒤 밟아야 할 첫 단계는 그 진위 여부를 확인하는 것이다. 전파를 이용하는 전통적인 세티의 경우, (과거 데이터에서 신호를 발견하는 것과 다른) 실시간 '검출 사건'에 대해서는 신뢰할 만한 규칙이 있다. 이 규칙은 기기 오작동으로 인한 신호 오류나 인공 신호 제거를 위해 만들어졌다. 앞서 1장에서 필자가 언급한 것처럼 가장 중요한 확인 방법은 다른 전파 천문대에서 사실 여부를 확인하는 것이다. 하지만 그렇게 하는 데는 시간이 소요될 뿐 아니라, 일이 순조롭게 진행되지 못할 가능성이 높다. 1997년 웨스트버지니아 그린뱅크에서 세티 관측이 진행되고 있을 때 우주에서 좁은 선폭의 강력한 신호가 검출됐다. 당시 알려진 모든 인공 위성을 조사해 봤지만, 신호가 일치하는 것은 찾지 못했다. 하필이면 조지아 우드베리에 있는 대체용 전파 망원경이 고장났다. 그린뱅크 천문대 천문학자들은 그 신호가 과학 위성인 소호(SOHO, NASA와 ESA가 공동 개발해 운영하는 태양 우주 망원경. — 옮긴이)에서 나온 것이라는 사실이 밝혀지기 전까지 하루 이틀 흥분에 휩싸였다. 하지만 전파 망원경이 사실은 (태양 주변을 공전하는) 소호를 지향하지 않았다는 내막이 알려지면서 엇갈린 해석이 나왔다. 전파 물리학의 장난이었는지 그 신호는 하필 안테나의 '사이드 로브(side lobe, 안테나의 수평 방향 패턴 중에서 1차 빔 주변으로 방출되는 그보다 작은 패턴. — 옮긴이)'라고 불리는, (메인 로브(main lobe)의 — 옮긴이) 가장자리에서 약화된 채 검출됐다.[3]

신호가 처음 검출된 뒤, 그 신호가 인공적인 것인지 확인하는 데는 하루 이상 걸릴 수 있다. 따라서 발견 직후 당장 어떤 조치를 취해야 하는지가 심각한 문제로 대두됐다. 외계에서 온 메시지를 수신하는 것은 전례 없이 중요한 사건이 되리라. 언론은 세티 프로젝트에서 긍정적인 결과가 나왔다는 낌새만 눈치채더라도 맹렬하게 달려들어 결국 걷잡을 수 없는 통제 불가능 상태가 되리라. 천문대 관리인의 지각없는 말 한마디만으로 이야기는 들불처럼 번져 나갈 것이 뻔하다. 설사 아무도 발설하지 않는다 하더라도 일상적인 언론 문의에 입을 다물고 지낸다면 뭔가 은폐한다고 의심받기 십상이다. 소호 위성 건만 해도 그렇다. 천문학자들이 발견 사실을 미처 제대로 확인하기 전에 언론이 그 사실을 알았다.[4] 다행스럽게도 담당 기자는 책임감 강한 사람이었고, 활자화하기 전에 후속 데이터가 나오기를 기다렸다. 하지만 이것은 일생에 다시없는 기회였기 때문에 모든 언론사가 그처럼 자제하는 모습을 보인 것은 아니었다.

특별 그룹은 외계에서 왔을 것이라 추정되는 신호가 발견된 이후 상황을 어떻게 관리할지 깊이 고민했다. 특히 대중 매체와 통신 방식에 혁명적인 변화가 일어나 웹과 웹 2.0 기술로부터 휴대 전화, 트위터, 페이스북 같은 SNS가 제공되는 현실에서는 더군다나 중요한 문제였다. 이런 기술 덕분에 통신 속도는 물론 정보와 새로운 발견, 그리고 의견이 전파되는 방식 자체가 바뀌고 있기 때문이다. 특별 그룹 회원 가운데 두 사람인 세스 쇼스탁과 캐럴 올리버는 외계 지성체 신호 검출에 뒤이어 널리 번져 나갈 수 있는 잘못된 정보를 최소화하기 위해 즉각 실행 계획을 작성했다.[5] 이 두 사람은 세티가 정책적으로 전혀 비밀 없이 개방적으로 진행되기 때문에 정보가 빠른 속도로 유출될 수 있을 것이라는 점에 주목했다. 그렇다면 언론은 연구자들이 과학적으로 기본적인 확인을 끝내기도 전에 기사를 쓸 가능성이 높다고 결론지었나. 그들은 보고서에 "미처 이야깃거리가 되기도 전에 이야기가 만들어질 것이다."라고 적었다.[6] 보고서가 나온 뒤, 특별 그룹은 일반인들이 접속 가능한 세티 사이트의 접속 건수가 올라가 서비스가 마비됐을 때에 대비해 회원들이 정보를 올려놓고 의견을 교환할 수 있는, 비밀 번호로 보호된 웹사이트를 만들었다.

언론과의 관계에서 생기는 근본적인 문제는 과학의 세계와 뉴스, 해설자의 세계 사이에 존재하는 깊은 문화적 간극이다. 세티 천문학자들은 기본적으로 전문적인 과학자들이라 교육 훈련 과정 중에 사실을 엄격하게 확인하는 일이 무엇보다 중요하며, 최종적으로 사실을 발표하기 전에 그 바탕이 되는 내용을 철저하게 확인하기를 원한다. 과학자들이 제대로 확인하지 않은 채 세상을 놀라게 할 만한 내용을 언론에 뿌렸을 때 벌어진 결과는 역사가 증언하고 있다. 과학자 개인이 감내해야 하는 명예의 실추는 물론, 과학 자체에 대한 신뢰도 크게 훼손됐다. 언론을 적극적으로 상대하지 않고 좋은 결과를 볼 수 있었던 예는, 이젠 대부분 믿지 않게 된 저온 핵융합에 관한 교훈에서 찾을 수 있다. 그 사건은 1989년, 두 물리학자의 주장에서 비롯됐다. 실험대 위의 시험관에 중수소와 금속 팔라듐을 섞으면 핵융합 반응을 일으킬 수 있다는 게 기본 내용이었다. 그들이 옳았다면 전 세계의 에너지 문제는 단박에 해결됐을 것이다. 두 과학자는 기자 회견을 열었고 언론사들은 당연히 신나게 한판 벌였다. 저온 핵융합은 그해 과학 뉴스 가운데 중요한 이야깃거리가 됐다.[7] 전 세계 연구소들이 그 사실 여부를 확인하는 데 수개월이 걸렸는데, 결과는 부정적으로 나타났다. 언론은 두 사람을 따라다니면서 괴롭혔고 그 둘은 결국 칩거에 들어갔다. 지금도 몇몇 연구소에서 호기심을 채우기 위해 그 실험을 계속하고 있기는 하지만, 물리학자들 대부분은 그 연구 주제 자체가 무가치하다고 생각한다. 이런 낭패로부터 얻는 교훈은, 사회 전체에 파급력이 큰 발견에 대해 언론과 상대할 때에는 가급적 자제하는 것이 현명하다는 것이다.

세티의 경우 문제는 훨씬 심각하다. 세티 과학자들은 역사상 초유의 뉴스 한가운데서 스포트라이트를 받게 될 것이기 때문이다. 일단 말이 새나가면 엄청난 혼란이 일어날 수밖에 없다. 천문학자들은 천문대 주변에 흥분에 들뜨거나 겁먹은 기자, 영화 제작진, 일반인 들에게 둘러싸이게 되리라. 경찰 저지선이 쳐질 것이고 과학자들과 엔지니어들은 보호받게 된다. 냉정하게 분석에 몰두할 수 있는 여건과는 거리가 먼 상황. 소문이 사실인지 확인하느라 부산한 사람들 때문에 전화는 불통이 되고 폭주하는 접속자들로 컴퓨터 서버는 제 기능을 하지 못할 수도 있다. 게다가 해커들은 ET가 보낸 메시지를 몰래 엿보려고 컴퓨터 시스템을 해킹하려 애쓴다.

세티 연구의 본질은 필자가 언급한 것과 같다. 가짜 신호가 진짜보다 압도적으로 많을 것이기 때문에 이런 시나리오는 여러 차례 되풀이해 일어날 수 있다. 일대 소동이 일어난 뒤 소문이 종적을 감추면 언제 그랬냐 싶게 진정되는 일들이 반복될지도 모른다. 이와 비슷한 예는, 지구에 접근하는 소행성이나 혜성 때문에 문명이 위협받게 될 것이라는 발표다. 수천 개의 작은 천체들이 지구 궤도를 통과하는 궤도를 돌고 있으며, 그중 하나가 이따금 충돌을 일으킨다. 이런 충돌 흔적은 애리조나 주 운석 크레이터나 오스트레일리아 울프 크리크에 있는 충돌구같이 지구 곳곳에 남아 있다. 충돌 피해는 충돌체의 크기와 속도에 따라 달라진다. 공룡을 멸종시킬 정도의 위력을 가진 충돌은 상대적으로 드물게 일어난다고 알려져 있지만, 어쨌든 그런 사건은 3000만 년이나 그보다 긴 시간에 한 번꼴로 발생한다. 더 규모가 작은 사건은 일어날 확률이 높고, 파괴력 또한 무시할 수 없다. 예컨대, 지름 1킬로미터인 소행성이 초속 30킬로미터로 충돌할 경우, 수십억 명이 사망할 수 있다. 이것은 직접적인 충돌 피해와 그 여파로 일어날 수 있는 재난(들불, 산성비, 태양 광선을 차단하는 먼지, 그 밖의 다른 끔찍한 피해들)을 포함한 결과다. 내년에 이런 사건이 일어날 가능성은 100만분의 1 정도다.

지난 수십 년간 천문학자들은 위험한 소행성들의 궤도를 목록화하는 작업을 해 왔다. 앞으로 일어날 수 있는 충돌에 대비하기 위해서다. 소행성이나 혜성이 지구 궤도를 통과하거나 지구에 접근하는 궤도를 돈다는 사실이 확인되면 정밀 궤도를 결정하기 위해 후속 감시가 이뤄진다. 세티와 마찬가지로, 발견 사실을 면밀하게 확인하는 데 시간이 필요하다. 발견 직후에는 측정 오차로 인해 궤도의 정밀도가 떨어질 수밖에 없다. 이런 천체가 발견되고 수 일에서 수 주 지나면 오차가 큰 폭으로 줄어 천문학자들은 그 천체가 지구와 충돌을 일으킬 가능성이 있는지 계산할 수 있다. 가장 합리적인 방법은 소행성의 궤도가 정밀하게 결정될 때까지 기다려 위협이 예상되는지, 그래서 "대통령을 깨워야 하는지" 판단하는 것이다.[8] 그러나 일은 보통 그런 식으로 일어나지 않는다. 언론은 대개 새로운 소행성이 발견됐고, 바로 다음 번 지구 가까이 올 때 충돌 가능성이 있다는 정보를 입수한다. 이윽고 소문은 훌륭한 공포 이야기로 변신한다. "살인 소행성은 우리가 아는 모든 생물을 쓸어 버릴 것이다!" 이런 신문 기사 제목은 독자들을 끌어모을 수 있다. 특히 멸망의 날이 언제인지 날짜까지 인용해 발표한다면 효과는 만점이다. 그러나 '충돌할 것'이라고 예보하는 것과 '충돌 가능성을 배제할 수 없다는 것', 이 두 가지 말은 뜻이 전혀 다르다. 천문학자들은 알고 있는 관측 오차를 바탕으로 충돌 확률을 계산할 수 있다. 보통 소행성이 발견됐을 때 전형적인 측정 오차는 약 1만분의 1에 해당한다. 중대한 재난이라는 점을 감안할 때 이 확률은 무시무시한 것이지만, 이 수치가 과연 어떤 것인지, 독자들은 이렇게 말하면 실감할 수 있을지도 모르겠다. 실제로 충돌이 한 번 일어날 때까지 종말론에 관한 기사는 수천 번 오르내릴 것이라고 말이다.

과학자의 침묵은 은폐가 아니다

불행히도, 확신이 생길 때까지 기다리는 것만이 능사는 아니다. 문제를 감추기 어렵기 때문이다. 소행성 충돌이나 세티에 관한 소문에 과학자들이 간단하게 "노 코멘트."라고 대답한다면 언론과 일반인들은 과학자들이 불리한 상황에서 침묵으로 일관한다고 의심하기 쉽다. 사람들은 정당하게 알 권리가 있다고 주장하기 때문이다. 그리고 뭔가 사실을 숨기려 한다고 느끼게 되면 과학자들을 의심의 눈초리로 바라보기 십상이다. 그 원인이 과학적인 분별력에 있다고 할지라도 과학자들이 의도적으로 보도 관제를 한다고 사람들은 생각하기 마련이다. 일반인들은 "우리를 믿으세요. 우리는 과학자입니다."라는 말을 믿지 않는다. 과학자들은 정반대로, 자신들의 명성과 연구비를 걱정하기 때문에 언론에 상당히 비판적이며, 언론은 불안을 조성하기 위해 유언비어를 퍼뜨리는 경향이 있다고 생각한다. BBC 과학 담당 기자인 데이비드 화이트하우스는 2002년, 거짓 기사를 쓴 혐의로 고소됐다. 내용인즉 그는 2019년 2월 19일, 소행성 충돌이 일어날 가능성이 있다는 때 이른 기사를 발표했다. 이어, 과학자들이 중요한 사안에 대해 입다문 것을 문제 삼아 맞고소했다. "누가 과학자들에게 그런 결정 권한을 부여하는가? 대체 누가 결정하는가? 그들은 어떤 자격을 갖춰야 하며, 어떤 책임이 있는가? …… 그런 태도에 대해서는 윤리적으로 지지할 수 없다. 다른 과학 분야에서도 '그들은 알 필요가 없어.'라고 말해 논란을 불러일으켰고 비윤리적이라고 비난받은 적이 있다."[9]

필자는 개인적으로, 상황 인식이 제대로 됐다면 설사 나쁜 소식이라 해도 일반인들이 알 권리가 있다고 믿는다. 필자는 아직 이런 기본적인 사실에 동의하지 않는 세티 과학자는 만나 본 적이 없다. 세티에는 '비밀 번호'가 없으며, 당연히 검출 후 특별 그룹에도 없다. 단지 외계의 것으로 추정되는 신호에 특별히 주의할 필요가 있다는 공통된 인식이 있을 뿐이다. IAA는 (약간 복잡하고 따분할지도 모르지만) 세티 상임 연구 그룹이 1997년 작성해 공표한 「외계 지성체 검출 이후의 활동 원칙에 관한 선언문」[10]의 3항과 4항, 그리고 5항에 담긴 진솔한 입장을 견지하고 있다.

3. 새로 발견된 내용이 외계 지성체의 존재를 입증하는 믿을 만한 자료라고 판단되면 발견자는 국제 천문 연맹 산하 중앙 천문 전보국을 통해 전 세계 관측자들에게 이를 공지하고, 달과 기타 천체를 포함한 우주의 이용 및 탐사와 관련된 국가 간 활동에 관한 조약 제6항에 의거, 이를 유엔 사무 총장에게 알려야 한다. 아래 연구 기관들은 외계 지성체의 존재에 대한 관심은 물론, 전문 지식을 갖추고 있기 때문에 발견자들은 이 기관들에 관련 있는 모든 데이터와 기록된 정보를 제공해야 한다. 국제 통신 연맹, 국제 과학 연맹 자문회의 산하 우주 연구 위원회, 국제 우주 연맹, 국제 항공 우주 학회, 국제 우주법 연구소, 국제 천문 연맹 51 위원회, 국제 전파 과학 연맹 J 위원회.
4. 외계 지성체의 존재가 확인될 경우, 그 내용은 공표 절차에 따라 과학 분야의 연락망과 언론을 통해 즉시, 제한 없이 널리 알려야 한다. 발견

자는 일반 대중에 발견된 사실을 공표할 권리가 있다.

5. 발견자는 발견 사실을 확인할 수 있는 모든 데이터를 인쇄물과 각종 회의, 학회, 그 밖의 적절한 수단을 통해 국제 과학계에 제공해야 한다.

과학자들이 발견 사실에 대해 개방적인 입장을 취한다 하더라도 정부도 같은 태도를 보일 것이라고 믿을 수 있을까? 외계인과 접촉하는 이야기를 다루는 SF에서는 대개 정보 기관이 불쑥 나타나 프로젝트의 주도권을 휘어잡고 활동하다 모든 것을 비밀로 봉인해 버린다. 정부의 이런 행태는 지나친 엘리트주의나("국민들은 이런 일에 아직 준비되지 않았다."), 애국주의나("우리나라의 능력을 강화시켜 줄 뭔가 놀라운 것을 배울 수 있을지도 모른다."), 아니면 군사주의("우리는 외계인에 대응하기 위해 핵무기를 더 만들어야 한다.")와 같은 다양한 이유로 정당화된다. 외계 신호에 대해 긍정적으로 판단될 경우, 세간의 관심을 끄는 거짓말과 허위 보고에도 불구하고 정부가 세티의 주도권을 쥔다는 계획을 세웠다면 세티 커뮤니티가 모를 리가 없다.[11] 사실, 각국 정부가 이런 주제에 병적인 관심을 갖기는커녕, 대부분 무관심으로 일관하고 있다. 영국 상원 의원 중 한 사람이 필자에게 세티에 대해 물었지만, 그것은 개인적인 호기심 때문이 아니었다. 미국 의회에서도 예산 낭비라는 판단을 근거로 1993년, 세티에 대한 공적 자금 지원을 취소했다. 이것은 '접촉'에 대해 진지하게 생각하는 정부가 취하는 태도라고 보기 어렵다. 필자는 정부 차원의 검출 후 비밀 긴급 대책 같은 것은 전혀 존재하지 않는다고 단언한다. 검출 후 대책에 관한 정책 입안에 관해서는 우리 특별 그룹이 그 해답이 아닐까? 우리는 사실, 현역 혹은 원로 정치인의 조언을 기다리고 있다.

"공식 발표입니다. 우주에 우리만 있는 게 아닙니다!"

외계 생명의 존재 여부 확인 절차가 상당히 완벽할 뿐 아니라, 신뢰 수준이 99퍼센트를 유지한다고 치자. (과학자들은 어떤 발견에 대해서도 100퍼센트 확신한다고 주장하지 않는다.) 그다음 수순은 공식 선언과 같은 것이다. 어떻게 발표해야 할까? 그 방식은 발견의 본질에 따라 다를 수 있다. 필자 생각으로는, 세티의 궁극적 목표(외계 문명이 보낸 메시지를 찾는 것)와, 그보다 극적인 효과 면에서는 못 미치지만, 일어날 가능성이 더 높은 사건(외계 문명의 존재에 관한 반박의 여지가 없는 증거를 입수하는 것) 사이에는 엄연한 차이가 있다. 이중 후자는 상대적으로 다루기 쉽다. 천문학자가 뭔가 의심스러운 징후를 찾아 치밀하게 분석한다면 그게 인공적인 것인지, 아닌지를 가려낼 수 있다. 따라서 천문학적으로 중요한 내용이 발견됐을 때와 마찬가지 방식으로 세티에 관한 성과를 발표하는 것이 맞다. 몇 가지 예를 들면, 필자가 물리학자로서 직업 활동을 하는 동안 천문학자들은 퀘이사와 펄서, 블랙홀과 감마선 폭발체 같은 다양한 종류의 천체를 발견했다. 우주에서 '지성에 의해 변형된 천체'를 찾는 것은 이런 천체의 목록을 확장하는 동시에, 우리의 지식을 확장하는 일일 것이다. 그것은 비콘(5장)이거나, 천체를 개조하는 기술(6장), 혹은 자연에서 온 것이라고 해석하기 힘든 전파원이나 가시광원일 수도 있다. 이중 어떤 게 답이건 상관없이 일종의 지성이 작용했을 것임에 틀림없다. 그런 발견은 심사 과정을 거쳐 유명 과학 학술지의 논문으로 출판되는 동시에, 기자 회견이 잡히는 게 가장 이상적이다. 하지만 논문 심사에는 대개 몇 달이 걸린다.

과학자들이 우주에 인공적으로 변형된 천체가 있다고 발표한다면 분명히 엄청난 파란이 일어나리라. 클린턴 대통령이 백악관 잔디밭에서 NASA 과학자들이 화성에 기원을 둔 운석에서 생명의 흔적을 발견했다고 발표하자 전 세계 언론은 마치 감전된 것처럼 흥분했다. 발표가 '지적' 생명체에 관한 것이었다면 파급력은 훨씬 더 강할 수밖에 없다. 그런 뉴스는 단 일주일 만에 전 세계를 몇 바퀴 돌 것이다. 과학자들은 인터뷰 요청에 시달릴 테고, 평론가들은 즉흥적으로 평을 쓰고 블로그는 설부른 이론들로 넘쳐나리라. 그러나 얼마 못 가, 뉴스는 빛을 잃고 기자들은 일상으로 돌아와 정치와 스포츠, 유명인에 대한 소소한 루머들을 다루겠지. 삶은 원위치로 돌아간다. 사람들은 대부분 일상으로 복귀하지만 약간 흥미가 남았을 뿐이다. 세상을 떠들썩하게 뒤흔들었던 뉴스는 결국, 맥주 한 잔 가격이나 곧 있을 스포츠 경기 결과와 별반 다르지 않게 취급될지도 모른다. 한낱 과학적인 호기심을 불러일으킬 뿐.

하지만 장기적 안목으로 볼 때 이런 발견은 여러 수준에서 영향을 미칠 수 있다. 역사는 교훈을 남긴다. 코페르니쿠스가, 지구는 태양 주위를 돈다고 했을 때, 말 그대로나 은유적 의미에서나 위험한, 혁명적 발견이라고 받아들였다. 당시만 해도 세상을 지배하던 권력은 과학적 호기심을 억압했다. 그 권력은 정부가 아닌 로마 가톨릭 교회였는데, 교회 권력은 모든 면에서 유럽 사회를 규제했다. 정보와 교육에 대해서도 마찬가지였다. 교회가 두려워한 것은 코페르니쿠스 혁명 때문에 일어날 길거리 폭동이나 정신적 공황이 아니었다. 그들은 기독교의 쇠퇴를 예측했던 것이다. 그들은 물론, 실패했고 마침내 태양 중심설을 받아들이게 됐다. 그리고 늘 그렇듯 일상은 계속됐다. 농부는 작물을 수확했고, 귀족은 사냥을 즐기고 전쟁을 일으켰으며, (교회 수도사들을 포함한) 학자들은 새로운 우주론을 이해하게 됐다. 조용히. 인류는 세대를 이어, 태양계보다 1조 곱하기 1조 곱하기 1조 배 더 큰 저 광막한 공간, 우주를 바라보는 시야를 확장해 갔다. 심지어 우리는 지금도, 실용적인 이유에서 지구를 늘 우주 중심에 놓고 생각한다. 하지만 우리는 저 광대한 우주에서 우리의 행성이 아주 작은 창백한 푸른 점에 지나지 않는다는 것을 잘 알고 있다. 그리고 그 세계관은 우리의 삶 속에 수천 가지 다른 방식으로 미묘한 영향을 끼치고 있다.[12]

다윈이 처음 책을 출판했을 때 진화론도 비슷한 대접을 받았다. 인간이 "원숭이의 후손"이라는 사실은 충격과 동시에 분노를 일으켰다. (대중적으로는 그렇게 알려졌지만, 실은 아주 부정확한 설명이다.) 빅토리아 시대의 기준으로 볼 때 분명 '중요한 화두'였다. 교회는 진실을 은폐하는 데는 힘을 잃었지만, 패배를 인정하기 전까지 치열하게 저항의 깃발을 흔들었다. 그러나 사람들 대부분은 또다시 예전처럼 그렇게 일상으로 돌아갔고, 나름의 방식대로 새로운 사상을 받아들였다. 시민들이 사회적으로 불만을 갖거나, 절망에 빠지거나, 그렇다고 심하게 도취되거나

하는 일은 실제로 일어나지 않았다. 그러나 150년이 지난 뒤에도 사람들 가운데 일부는 다윈 이론의 중대한 의의에 대해 부정적인 입장을 보이고 있다. 인류가 수십억 년에 걸친 자연 선택의 산물이라는 사실을 전제한다면 독자나 필자는 특별한 창조의 산물의 아니라, 자연의 일부일 뿐이다. 이런 인식은 우리가 다른 사람이나 동물을 대하는 태도에 영향을 미친다. “인간으로 산다는 것은 무엇을 뜻하는가?”라는 질문에 답할 때, 그리고 우리가 자연에서 스스로의 위치를 생각할 때 우리의 생물학적 족보는 우리 사고의 바탕을 이룰 수밖에 없다.

민일 우리가 외계 지성체가 있다는 확실한 증거를 찾게 된다면 우주에 우리만 있는 게 아니라는 사실을 자각하게 되리라. 이런 생각은 결국 모든 면에서 인간을 탐구하는 데 커다란 영향을 미칠 수밖에 없다. 따라서 지구에서 우리가 차지하는 위치에 관해 우리 스스로 느끼는 방식에도 돌이킬 수 없는 변화가 나타나리라. 이 발견은 코페르니쿠스나 다윈의 그것과 같은 수준의, 후에 인류 역사에 대변혁을 일으켰던 사건으로 기록될 것이다. 그러나 사람들이 거기에 적응하고 그 의미를 충분히 이해하기까지는 수십 년이 걸릴지도 모른다. 마치 태양중심설과 생물학적 진화에 대해 이해하는 데 시간이 필요했던 것처럼.

성간 이메일 가로채기

프랭크 드레이크가 오즈마 프로젝트에 착수했을 때 그의 포부는

'우주에 우리만 있는가?'에 답하는 것에 그치지 않았다. 그는 외계인과 접촉하는 미래를 꿈꿨다. 그는 자신의 이름을 딴 방정식에 포함된 오차에도 불구하고 낙관적이었다. 만일 외계인이 성간 전파 송신기를 가동하고 있다면 프랭크와 그의 동료 천문학자들은 수십 년 안에 신호를 찾을 수 있을 것이라고 생각할 만했다. 그가 옳다면(그리고 독자들이 이 점에 대해 낙관적이라면), 우리는 곧, 아마도 '만족할 만한' 메시지를 손에 쥐게 되리라. 필자는 5장에서, 여러 이유들 때문에 그들이 특별히 지구인을 위해 전파를 보낼 가능성은 낮다고 말했다. 그보다는, 우연히 그런 신호를 수신할 가능성이 높다. 결과적으로 다른 존재가 보낸 이메일을 중간에서 가로채거나, 몰래 교신 내용을 엿듣는 모양새다. 우리가 그 신호를 어떻게 해독할지에 대해서는 아직 판단하기 어렵지만, 우리는 신호 체계로부터 많은 사실을 알 수 있다. 예컨대, 우리는 송신기의 위치를 알아낼 수 있다. 그 위치가 상대적으로 가깝다면 우리는 강력한 안테나를 써서 '그들'에게 제대로 된 신호를 보낼 수 있다. 마찬가지로, 우리는 의도적으로 신호를 보낼 외계 문명을 찾아(어쩌면 송신기 정반대 방향의 하늘을 향해) 전파를 송출하는 동시에, 그 지역에서 신호를 탐색할 수도 있다.

어쩌면 우리는 메시지 내용을 해독하지 않고서도 정보의 양을 가늠할 수 있을지도 모른다. 왜냐하면 데이터양이 많은 메시지는 내용과 상관없이 통계적인 기준을 만족하기 때문이다. 간단한 예를 들어 보자. 필자가 어떤 메시지를 보낸 뒤, 이를 되풀이한다면 불필요하게 같은 일을 두 차례 하는 셈이고, 결과적으로 정보의 양은 반으로 줄게 된다. (왜냐하면 데이터를 '낭비'하는 일이기 때문이다.) 일반적으로, 메시지에 패턴이 많이 담길수록 정보의 낭비가 많아지며, 전송되는 총 정보량은 줄게 마련이다. 물론, 내용을 중복해서 넣는 일이 바람직한 경우도 있으며, 인간이 주고받는 메시지에는 의도적으로 그렇게 하는 게 보통이다. 전송 도중 오류가 날 수 있기 때문이다. 하지만 데이터 전송 속도를 최적화하기 위해서는 아무 패턴도 없는, 무작위적인 신호여야 한다. 무작위적이라는 말은 터무니없다는 뜻이 아니다. 누군가 메시지를 해독할 수 있는 열쇠가 있다면 정보를 최적화해 전송할 수 있다. 하지만 열쇠가 없다면 그 메시지는 잡음 형태로 이해할 수밖에 없다.

신호가 눈에 잘 띄게 하는 동시에, 데이터를 패키징(packaging)하는 것은 힘든 일이다. 전파 망원경으로 수신된 잡음이 지적 신호로 보이기는 어렵다. 우리는 원자계에서 일어나는 양자 요동으로부터 우주 초기의 초단파 배경 복사에서 나오는 잡음에 이르기까지 무작위적인 신호로 둘러싸여 있다. 우주에서 오는 불협화음의 실체가 아주 먼 거리에 있는 외계 문명이 만든 최적화된 암호 신호인지, 자연적인 잡음인지 과연 알 수 있을까? 답은 간단하다. 암호 코드 없이는 알 수 없다. 어쩌면 우리는 외계인들이 서로 엄청난 양의 데이터를 교환하고 있는 한가운데 서 있는지도 모른다. 그 사실을 전혀 모른 채 말이다. 영화 「콘택트」에서 칼 세이건은 외계인들이 주의를 끌기 위해 메시지에 소수로 이뤄진 수열을 포함시켜 수신자가 "안녕! 친구들!" 같은 말을 조합해 낼 수 있도록 했다. 수학자 입장에서 소수는 무작위적이지 않다. 좀 더 쉬운 예를 들어 보자. 언덕 위에서 연기가 피어오른다면 자연적으로 일어나는 산불이거나 캠프파이어, 둘 중 하나다. 하지만 연기의 모양이 계속 규칙적인 패턴을 보인다면 캠프파이어를 써서 신호를 보내는 것이라고 생각할 수 있다. 등대나 다른 종류의 비콘도 마찬가지다. 외계인들이 이방인의 주의를 끌기 위해 누가 봐도 무작위적이지 않은 신호를 만들려면 일종의 '낚시 바늘'이 있어야 한다. 하지만(외계인들이 전송 효율을 생각한다면, 그리고) 전파를 통해 정보를 교환하는 친구 사이라면 필시 무작위적인 신호를 보내리라. 천문학자들이 문제의 전파원이 인공적이라는 사실을 알아내려면 그 신호에 지성, 혹은 기술적인 특징이 나타나야 한다. 만일 신호를 보내는 표적이 우리가 아니라면 특별히 주의를 끌지 못할 수도 있겠지만, 다른 특징들 때문에 비밀이 탄로 날 수도 있다. 예컨대, 신호가 너무 강해서 배경 잡음과 확실하게 구별된다면, 그리고 좁은 주파수 대역을 갖는다면, 게다가 가까운 별 주변을 도는 지구 비슷한 행성에서 나오는 신호라면 당연히 주목할 수밖에 없다.

그럼, 어떻게 해서든 천문학자들이 인공적으로 보이는 신호를 찾아냈다고 치자. 하지만 (비콘처럼) 특별히 인류를 위해, 혹은 일반적인 외계인들을 대상으로 송출됐다는 아무런 징후도 없었다고 가정하자. 이런 상황은 필자가 앞 절에서 말한 시나리오와 부분적으로 차이가 있다. 이런 발견 사실은 관례적으로 일반에 공개하는 것이 옳다. 자, 이번에는 거의 일어날 법하지 않은, 그러나 가장 중대한 사건으로 발전할 수 있는 시나리오, 즉 외계 문명이 의도를 가지고 인류에게 메시지를 보내는 경우다.

별들의 비밀

외계 문명이 인류를 향해 메시지를 보냈다면 결국 모든 게 백지로 돌아가는 셈이다. 검출 후 특별 그룹이 예상한 것처럼 초기부터 상당히 힘든 선택을 해야 할 수도 있다. 특별 그룹이 결정할 첫 일은 누구에게, 어떻게 말해야 하는가, 그것이다. 사건이 이 시나리오대로 간다면 특별 그룹이 만든 규칙은 분명히 무효화된다. 그런 메시지가 왔다는 사실만으로도 필자는 개인적으로 당황스러울 수밖에 없으리라. 게다가 메시지 내용은 다분히 파괴적일 가능성이 있다. 때문에, 최종적으로 사실을 널리 공개하는 것이 옳더라도, 사전에 관련 내용을 철저하게 분석, 평가한 뒤, 특별 그룹의 권고에 따라 이를 외부에 배포하는 절차를 세심하게 결정하고 집행할 필요가 있다. 이상적으로는 신호가 송출된 전파원의 천구 좌표 공개는 관계된 천문학자들에게 한정하는 것이 옳다고 생각한다. 그 이유는 조금 후에 설명하겠다. 그러나 지금까지 우리가 봐 온 것처럼 발견 사실을 감출 경우 엄청난 난관에 부딪힐 수밖에 없다. 심지어는 지금까지 세티에 대해 거의 관심 없던 정부조차도 주의를 기울이는 것을 넘어, 어쩌면 책임지려는 모습을 보일지도 모른다. 하지만 필자는 평가 단계에서는 정부가 손을 덜 댈수록 바람직하다고 생각한다. 과학적 분석과 평가를 도와주기보다 오히려 통제하려 든다면 역효과가 날 것임에 틀림없기 때문이다.

메시지 내용에 따라 현실에서 사건이 전개되는 방식이 달라질 수도 있다. 무엇보다 중요한 것은 암호 해독 문제다. 만일 ET가 우리가 방송하는 내용을 감시하지 않는다면 그들은 영어나 다른 인간 언어로 말하지 않겠지. 수학은 문화적으로 중성적일 뿐 아니라, 자연(우주) 법칙을 설명하는 기본 도구라는 점에 이견이 있을 수 없다. 따라서 성간 통신에 공통어 역할을 할 수도 있다. 칼 세이건은『콘택트』에서 메시지를 그림 형태로 표현했으며, 이때 화소로 이뤄진 구조를 만들기 위해 소수를 이용했다. 이것은 웃거나 얼굴을 찡그리거나, 아니면 손가락으로 가리키는 것 같은 몸짓이 아닌, 외계 문명이 보낼 수 있는 일방 통행성 메시지라는 사실을 기억할 필요가 있다. 전혀 모르던 사람을 만났을 때에도 사람은 이런 몸짓을 통해 의사를 전달하거나 느낄 수 있지만 말이다. 그러나 외계인이 수학 외에 다른 방법으로 우리와 공유할 수 있는 것이 있다. 그것은 천문학이다. 우리는 같은 우주에, 우리 은하 내에 가까운 곳에 살 가능성이 높기 때문에 별과 천체를 표시하는 기호를 서로 이해할 수 있을 것으로 보인다. 이런 생각을 확장해, 공유할 수 있는 기초 과학 지식을 토대로 그림과 기호를 쓴다면 소통이 가능할 수도 있다. 또 추상적 개념을 비트 단위로 확인해 나간다면 어쩌면 그들의 언어를 배울 수도 있으리라. 물론, 이것은 외계인의 사고 구조에 대한 가정을 기본으로 한 생각이다. 누가, 우리와 같은 방식으로 외계인이 생각을 하고 소통을 시도할 것이라고 말할 수 있을까?

물론, 메시지를 이해하는 데는 엄청난 노력이 필요할지도 모른다. 게다가 메시지가 담긴 신호는 완전하지 않아 일부 유실되거나 잡음 때문에 왜곡됐을 수도 있다. 이를 해독하는 데는 엄청난 시간이 걸릴 수도 있으며, 어쩌면 여러 해에 걸쳐 컴퓨터를 써서 분석하고 꼼꼼하게 작업해도 개략을 간신히 파악하는 데 그칠 수도 있다. 필자는 일을 담당하게 될 과학자들이 마음 편하게 작업에 몰두할 수 있을 것이라 생각지 않는다. 반대로, 분석 과정이 장기화될 수 있기 때문에 최초 발표 이후 일어날 문화적 충격이 상당 부분 완화될 수 있을지도 모른다. 칼 세이건이 말한 것처럼, "메시지를 해독하고, 이해하고, 터득한 것을 조심스럽게 응용하는 데는 수십 년에서 수 세기가 걸릴 수도 있다. …… 암호를 풀고 이해하는 데 긴 시간이 소요되는 메시지는 …… 일반인들을 상당히 혼란에 빠뜨릴 수 있다."[13]

하지만 언젠가 메시지의 요점을 파악할 수 있을 것이라 가정해 보자. 그다음은? 우리는 지금 순전히 추측에 기댈 수밖에 없는 영역에 들어와 있다. ET는 우리에게 무엇을 말하고 싶어 할까? 가장 간단한 메시지는 아마도 "우리는 여기 있고, 당신들은 거기 있다. 우리는 단지 안녕이란 인사를 건넬 뿐이다." 좀 더 진지하게 생각하면 "우리는 그대들을 은하 클럽에 초청하며, 그대가 이웃과 정보를 교환하기를 원한다."라는 내용을 담을 수도 있으리라. 또 경고를 보내는 내용이 될 수도 있다. 이를테면, "당신네 문명은 지금 중대한 위기에 처해 있다. 우리는 거대한 혜성이 다가가고 있다는 사실을 알았다."가 될 수도 있다. 혹은, 걱정하는 편지를 보낼지도 모른다. "우리 시스템이 그대들의 행성에서 핵폭발을 감지했다. 우리는 그대들이 당면 문제를 해결하기를 강력히 충고한다. 우리가 본 문명 가운데 핵무기가 폭발한 곳은 머지않아 멸망했다." 마지막 메시지가 당장 도착할 가능성은 희박하다. 첫째, 지구에서 일어난 첫 핵폭발 당시 출발한 신호는 기껏 70광년에도 미치지 못했을 것이기 때문이다. 하지만 인간이 처음 배출한 이산화탄소의 지문을 실은 정보는 훨씬 멀리 갔으리라. 어쩌면 지구인의 이산화탄소 배출에 대해 이런 경고를 날릴지도 모른다. "화석 연료 태우는 일을 중단하라, 이 바보 같은 종족아!"

메시지에 담긴 과학, 기술적 정보로 인해 우리가 빠지게 될 충격에 관해서는 미리 예단하기 어렵다. 무엇보다 걱정스러운 것은 새로운 에너지원이나, 생명 공학 기술로 설계한 인공 생체 같은 혁신적인 기술을 우리가 쉽게 손에 넣는 일이다. 거기서 파생될 수 있는 문제는, 그런 지식을 처음 입수하는 집단은 누구와도 비교할 수 없는 막강한 힘을 갖게 되리라는 것이다. 국가, 과학 단체나 연구 기관, 업체, 혹은 그 밖의 특별 이익 단체는 외계 문명의 주옥같은 노하우에 접근, 스스로의 통제하에 두기 위해 필사적으로 노력할 것임에 틀림없다. 그런 정보를 빼앗으려 앞다퉈 달려들다 결국 전면전으로 치달을 수 있다. 이 상황에서 기대할 수 있는 것은 외계인이 그 위험성을 인식해 비밀이 유출되지 않도록 주의하는 것이다.

자선을 중요시하는 외계 문명이 상대방에 기술 원조를 베풀어 데이터를 다운로드하라고 권하는 것은 그보다 덜 위험할 수 있다. 그 문명은 상대가 새로운 정보를 입수한 뒤에 벌어질 꼴사나운 분쟁을 미연에 방지하는 것은 물론, 안전을 담보하라는 조건을 내걸 수도 있다. 추가로, 정보 활용 방안에 대해 상대방에 확약을 요구할지도 모른다. 예컨대, 지구 에너지 위기 해결을 위한 대안으로 제시돼 온 오랜 희망은 핵융합, 즉 태양에 에너지를 공급하는 물리적 과정을 사람의 손으로 제어하는 것이다. 1956년, 30년 내에 핵융합이 상업화될 것이라는 기대 속에 핵융합 실험이 시작됐다. 지금도 핵융합 실험은 계속되고 있지만, 에너지를 값싸게 무한정 쓸 수 있을 것이라는 인류의 꿈은 멀기만 하다. 기술적으로 구현하기 어려운 가장 힘든 장애는 극도로 뜨거운 수소 기체를 가둬 두는 방법을 찾는 것이다. 참고로, 수소는 아주 뜨거운 온도에서 불안정해지는 특성이 있다. (이 과정을 고온 핵융합이라고 말한다. 많은 사람들이 미심쩍게 생각하는 '저온 핵융합'에 대해서는 앞에서 다루었다.) 어쩌면 우리는 ET로부터 고온 수소 기체를 안정된 상태로 만드는 비법을 전수받게 될지도 모른다. 하지만 우리의 산업을 순식간에 공짜에 가까운 핵융합 기반으로 바꾸는 일은 경제 체제를 심각하게 뒤흔드는 동시에, 하룻밤 사이에 지정학적 판도를 뒤바꿀 것이다. 수십 년 뒤에 일어날 상황을 미리 계획하는 것은 상당히 바람직한 일이다.

과학적, 철학적, 그리고 정치적 충격

어딘가 기술 문명이 존재한다는 사실로부터 과거에 그런 문명이 존재했거나, 앞으로 그럴 가능성을 예상할 수 있다. 우리 은하에 두 개의 문명만 있을 확률은 아주 낮다. 우리는 드레이크 방정식에서 f_l과 f_i가 0에 가까운 값이 아니라는 것을 잘 알고 있다. 그렇다면 우리는 가까이 있을지도 모르는 외계 문명에 대한 탐색을 본격적으로 시작할 수도 있다. 그러면 지구나 그 근처에 있는 인공적인 흔적을 찾게 될지도 모른다. 어쩌면 우주 생물학이 강력한 자극제 역할을 할 수도 있다. 우리는 f_l이 작지 않을 것이라는 사실을 잘 알고 있다. 환경이 지구와 비슷한 행성들에서 미생물을 발견할 가능성을 예측할 수 있기 때문이다. 어쩌면 태양계 안에서도 그런 일이 일어날지도 모른다.

그런 일이 생긴다면 과학자들 사이에서도 패러다임의 대전환이 일어날 수 있다. 정통의 과학적 세계관으로 볼 때 과거에 일어난 우주론적 대변혁은 두 가지 기본 원리에 바탕을 두고 있다. 하나는 코페르니쿠스의 이론이고, 두 번째는 열역학 제2법칙이다. 필자가 7장에서 말한 후자는 다음과 같은 사실을 말해 준다. 즉 물리 세계에서 모든 계는 끊임없이 엔트로피가 증가하는 방향으로 변화해, 결국 우주는 질서에서 혼돈 상태가 된다. 그리고 마침내, 물리학자들이 '열사망(heat death)'이라고 말하는 최후, 즉 엔트로피가 최대가 된 열역학적 평형 상태를 맞게 된다. 열역학 제2법칙의 좋은 예는, 별의 일생이다. 별은 마지막 단계에 내부 핵연료를 모두 태우고 결국 꺼져 버린다. 아주 머나먼 미래에는 별빛뿐 아니라, 쓸 수 있는 모든 형태의 에너지가 완전히 소멸돼 바닥나고 만다. 열역학자들에게 우주의 역사는, 멈출 줄 모르는 퇴보요, 쇠락의 길이다. 화학자인 피터 앳킨스(Peter Atkins)은 이렇게 썼다. "우리는 혼돈의 자식들이다. 기본적으로 변화는 쇠락의 길을 걷는 것이다. 근본적으로 우주에는 퇴보와 멈추지 않는 혼돈의 물결만이 있을 뿐. 종말은 목적이며, 남은 것은 방향뿐이다. 우주의 심장을 깊이, 냉정하게 들여다보면서 우리가 받아들여야 할 것은 적막이다."[14]

그러나 우주론 연구자들은 같은 사실을 다른 색채로 본다. 우주는 아주 단순한 형태, 즉 기본 입자로 된 뜨겁고 균질한 수프에서 출발했다. 시간이 흐르면서 물질은 자기 조직하는 과정을 거쳐 복잡성과 다양성이 폭발적으로 늘어났다. 물질들이 뭉쳐 은하들이 태어났으며, 그 안에서 별들이 분화됐다. 이어, 중원소가 만들어져 행성들이 탄생했다. 행성에서는 바위와 구름과 태풍에, 적어도 한곳에서는 생명이 출현했다. 몇 안 되는 변변찮은 미생물에서 출발해 지난 수십억 년 동안 지구에는 지금 우리가 보는 놀라우리만치 다양하고 정교한 형태를 갖춘 생물들로 발전을 거듭했다. 우주론자들은 우주의 역사가 끊임없는 퇴보와 쇠락이 아니라, 지속적으로 다양성이 늘어나는 과정이라고 말하고 싶어 할지도 모른다. 그러나 열역학 이론과 우주론이 상반된 것은 아니다. 두 가지 시각은 같은 현상을 다른 측면에서 바라본 것에 지나지 않으며, 서로 부합된다. 왜냐하면 모든 자기 조직 과정과 새로운 종의 출현은 엔트로피가 증가하는 형태로 열역학 법칙을 따르며, 결과적으로는 우주가 열역학적 종말로 치닫는 과정의 일부이기 때문이다.

이제 말할 시점이 왔다. 필자는, 우주의 역사에서 다양성이 증가하는 현상을 '발전적'이라고 말하고 싶은 강한 충동을 느낀다. 다양성과 구조를 발전시키기 위해 우주에는 중대한 원리가 작동하고 있는 것이 아닐까? 은하 형성으로부터 다세포 생물의 진화를 아우르는 원리. 발전과 진보를 향한 그 방향성이 뇌에도, 의식에도, 또 지성과 기술 사회에도 작용하고 있을지도 모른다. 세티는 그런, 가상적인 변화의 정상에 자리 잡고 있다. 아울러, 은하와 우주에 복잡성이 증가하는 원리가 숨어 있을 것이라는 가정에 바탕을 두고 있다. 그래서 기회가 되면 생명이 출현하고 지성이 발달해 기술 문명이 번창한다. 이것은 고무적인 상상이다. 하지만 믿을 수 있을까? 과학자들은 대부분 이런 상상이 유사 종교적이라고 일축하면서 받아들이려고 하지 않으리라. 필자는 4장에서 '진보'라는 개념이 생물학자들 사이에 얼마나 큰 논쟁거리로 비화될 수 있으며, 따라서 민감한 문제인지 언급했다. 진보는 다윈의 진화론을 지배하는 패러다임에 불편한 상태로 얹혀 있다. 그래서 진보는 자연이 미래를 예지하고 진화의 방향을 체계적으로 정립하는 가능성을 굳게 닫아놓았다. 물리학과 화학 법칙의 예를 들면 과학자들은 수십 년간 복잡계에 관한 연구를 해 왔지만, '진보의 법칙'에 관한 일반론을 찾아내는 데 실패했다. 특별한 상황에서 특수한 사례 몇 가지와, 모호한 경향성이 발견됐을 뿐. 외계 기술 문명이 발견된다면 이 문제는 일거에 해결될 수 있다. 그리고 정통 과학자들의 감상주의에 반해, 우주는 구조화된 복잡성이 늘어나는 어떤 일반 원리를 따른다는 가설을 입증하게 될지도 모를 일이다.[15]

철학이 입게 될 타격도 심각하다. 자연은 끊임없이 쇠퇴하며, 모든 물리계는 일시적이라는 열역학적 시각은 오랫동안 허무주의나, 금욕주의에 근거한 묵시록을 부추길 뿐이었다. 결국 우주는 열역학적 종말을 맞을, 무의미하고 목적 없는 실체로 그려졌기 때문이다. 1세기 전, 영국의 저명한 철학자인 버트런드 아서 윌리엄 러셀(Bertrand Arthur William Russell)은 "태양계의 광막한 종말"을 그리면서 "아무것도 남지 않는 절망"에 대한 비관적인 글을 남겼다.[16] 동시대의 대륙 철학자들은 러셀에 대항해 우주는 희망과 잠재력으로 가득하며, 모든 것이 자라나 찬란한 아름다움으로 피어난다는 유토피아적인 시각을 가지고 있었다.[17] 이런 생각은 유럽에서 사회주의적 사고를 불러일으킨 원인이 됐다. 지금도 이런 시각차는 여전히 존재한다. 21세기를 사는 현대인들은 불확실한 미래와 직면하고 있으며, 유명한 과학자들은 장기적으로 미래가 없다는 비관적 시각을 가지고 있다.[18] 이와 정반대의 시각을 가진 사람들은, 프리먼 다이슨[19]과 미래학자인 레이 커즈와일(Ray Kurzweil)[20]이 말한 것처럼, 기술은 끝없이 발전하며 모든 사회 문제는 해결될 수 있다는, 미래에 대한 낙관론을 펴고 있다.

외계 문명은 장구한 시간 동안 지속돼 왔으며, 인류가 직면한 다양한 문제들을 극복했다는 사실이 알려진다면 어떤 일이 일어날까? 유토피아를 향한 인류의 꿈이 다시 불붙는 동시에, 여러 나라가 힘을 합치는 중요한 계기가 될지도 모른다. 인류 역사를 돌이켜보면 어떤 정치적인 미사여구보다도 하늘에서 일어나는 현상은 실로 중요한 영향을 끼쳤다. 현재 우리가 가진 미래에 관한 무관심은 낙관적, 혹은 비관적인 생각을 대변한다고 생각할 수도 있다. 그러나 우리가 이 신비롭고, 때로 소름끼치는 우주에서 지각 있는 유일한 존재가 아니라는 사실 자체가 인류를 향한 희망의 메시지가 될지도 모른다.

종교적 충격

외계인의 메시지가 도착했을 때 그 충격이 즉각적으로 체제를 송두리째 뒤흔들 만한 영역은 분명히 신앙이다. 우리가 유일한 존재가 아니라는 사실을 입증할 만한 '어떤' 증거가 발견될 경우, 과학 이전 시대에 출현해 과거의 우주관에 기초를 둔 주요 종교들은 심각한 문제를 노출할 수도 있다. 코페르니쿠스, 갈릴레오, 아인슈타인이 발견한 우주론적 사실은 종교와 불편한 관계에 있었지만, 결국 받아들여졌다. 대부분의 종교는 물리적인 우주의 실체를 과학적인 방법으로 설명하려 들지 않기 때문이다. 창조에 관한 그들의 믿음은 사실에 기초하기보다는 시적이며, 상징적이다. 2,000년 전, 하늘 저편에 광활한 우주가 펼쳐져 있다는 사실을 알고 있던 사람은 거의 없었다. 지구 표면과 그 위에 사는 생물들은 모두 피조물이었다. 은하 수천억 개가 저 우주 공간에 흩어져 있다는 과학에 입각한 우주론이 이미 확립된 종교를 무너뜨리지 못한 것은 주로 신앙이 우주가 아닌, '사람'에 관심을 두기 때문이다. 그렇다. 대부분의 종교는 100억 년 넘는 우주 역사에서 오직 한 은하계, 하나의 행성에 사는 특별한 종 하나에만 초점을 맞추고 있기 때문이다. 그럼에도 그 종은 우주의 설계자와 특별한 관계가 없어 보이는데도 말이다. 세티가 직면한 위험은, 종교가 우주의 거대함과 장엄함보다 '지각 있는 존재가 하는 일들'에 관해서만 관심을 기울인다는 점이다.

기독교는 외계인이라는 개념 때문에 가장 도전받는 종교다. 기독교인들은(특히 유대교 반체제 정치가들은) 신이 곧 인간으로 변했다고 믿었다. 예수를 구세주라 부르는 이유는 그가 인류를 구원하기 위해 인간의 몸으로 나타났기 때문이다. 그는 고래나 돌고래, 고릴라나 침팬지, 심지어 네안데르탈인을 구하기 위해서 오지 않았다. 창조물 가운데 가장 고귀하고 그만한 대접을 받을 만한 존재를 구하는 것이 목적이었다. 예수는 '호모 사피엔스', 즉 한 행성에 사는 단 한 종의 구원자였다. 이렇듯 이례적으로, 하나의 종에 초점을 맞춘 신성한 사명이 사람들에게 쉽게 받아들여지는 것은 당연했다. 2,000년 전에는 지구도 하나요, 지적 생명체도 하나였고, 오래전 멸종된 네안데르탈인에 대해서는 전혀 알려진 게 없었으며, 게다가 다른 세계에 살지도 모를 외계 생명체의 존재 가능성에 대해서는 거의 아무도 생각하지 않던 시대였기 때문이다.

상대적으로 진보된 문명을 가정할 경우, 기독교와 관련된 문제점은 더욱 극명하게 드러난다. 필자가 앞서 강조한 것처럼, 지성을 가진 생명체가 우주 전체에 널리 퍼져 있다면 수백만 년 전, 이미 현재의 인류 수준으로 발전한 문명 세계가 있었을지도 모른다. 그들은 과학 기술뿐 아니라, 윤리적으로 우리보다 훨씬 앞서 있었을 수도 있다. 또 유전 공학 기술을 이용해 지나치게 범죄적이거나 반사회적인 행동을 유발하는 유전자를 제거했을 수도 있다. 우리의 기준으로 보면 그들은 성자처럼 보일 수 있다.[21] 실제로 기독교의 위기는 여기에 있다. 만일 우리 불쌍한 인간들이 구원받는다면 성스러운 외계인들도 그럴 기회를 가져야 하지 않을까?

그럼 교회는 이 문제에 어떻게 답해야 할까? 외계 생명체는 그다지 중요한 이슈가 되기는 어렵겠지만, 그동안 신학자들의 관심 밖으로 완전히 밀려나지는 않았다. 문헌을 뒤져 보면 외계인이 구원받아야 하는 두 가지 예외 조항이 있다. 첫째, 구원받아야 하는 종들에 대해 각각 구세주가 필요하다는 것. 한 번은 영국 성공회 사제가 "신은 작은 초록색 인간을 구원하기 위해 초록색 피부를 하고 나타날 겁니다."라고 필자에게 통명스럽게 말한 적이 있다. 그의 발언에 문제가 있었다면 그것은, 기독교에서 신이 구원을 위해 내려온 사건, 즉 성육신은 단 한 번밖에 일어나지 않았다는 점이다. 『성경』에 따르면 예수는 신의 독생자다. 만일 성육신이 수십억 개 행성에서 일어난다고 말하면 기독교인들은 대부분 이단이라고 일축할 것이다. 또 다른 해결 방법은, 성육신과 구세주는 오직 하나뿐이며, 지구에 나타난 예수 그리스도뿐이라는 가정이다. 그래서 우주 전체에 "말씀을 전하는 것"이 신이 우리에게 내린 운명이라는 것이다. 따라서 인류는 우주를 구원할 일종의 의무가 있으며, 처음에는 전파를 이용해 ET와 접촉하게 될 수도 있다. 기독교인들은 구원받기보다는 이런 즐거운 일에 자발적으로 나서서 외계인을 구원하는 사명을 떠맡게 될지도 모른다![22]

이런 시나리오에 대해 신학자들은 깊이 생각했으며, ET가 기독교에 전혀 위협이 되지 않는다는 결론을 재차 확인했다. 예를 들면, 바티칸 천문대장이자 전 교황 베네딕트 16세의 과학 보좌관인 호세 가브리엘 푸네스(Jose Gabriel Funes) 신부가 최근에 한 말을 생각해 보자. 참고로, 그는 외계 지성체에 대해 상당히 긍정적으로 생각하는 사람이다. 한 신문 인터뷰에서 그는 "지구 밖 다른 곳에서 생명이 발달했을 것이라는 것을 어떻게 배제할 수 있는가?"라고 말했다. "지구에 다양한 창조물이 있는 것처럼 다른 곳에도 신께서 창조하신 생명이 살 수 있으며, 지적인 존재도 마찬가지다." 그렇다고 기독교가 위험에 빠지는가? 푸네스 신부에 따르면 전혀 그렇지 않다. "외계인은 나의 형제다."[23]

그가 인터뷰를 한 얼마 뒤에, 1,135명을 대상으로 한 설문 결과가 발표됐다. 이들은 각각 다른 종교를 가진 사람들이었으며, 질문 내용은 "외계 지적 생명체의 발견이 특정 종교에 나쁜 영향을 미칠 것이라고 생각하는가?"였다. 이 조사는 오랫동안 외계인의 신학적 의미에 대해 관심이 있었던 루터파 신학자 테드 피터스(Ted Peters)가 수행했다.[24] 그 결과, 몇 안 되는 종교 지지자들만이 문제가 될 것이라고 답했다. 많은 이들은 외계인의 존재가 믿음의 원칙에 큰 혼란을 일으키지 않을 뿐 아니라, 그들의 신앙은 그런 존재를 포용할 준비가 돼 있다고 답했다. 푸네스 신부는 응답자들을 인용해, 사람들은 ET에 대해 긍정적으로 답했으며, 신의 창조 행위를 오히려 풍성하게 만들 것이라고 했다. 하지만 이 말에는 뭔가 숨기려는 듯한 의도가 엿보인다. 응답자 가운데 아주 일부 기독교인들만이 성육신과 특정 종을 대상으로 한 구원의 본질에 대해 신학적으로 솔직하게 답했다. 극소수만이 난제라는 사실을 인정했고, 새로운 해결책을 제시한 경우는 없었다.

기독교가 늘 이 문제에 느긋한 태도를 취했던 것은 아니다. 1600년 조르다노 브루노(Giordano Bruno)가, 우주에는 생물이 살 수 있는 곳이 많을 것이라고 말했다가 이단으로 사형을 선고받았다.[25] 브루노가 맞이한 끔찍한 운명은 외계 생명에 대한 논쟁을 꺾지 못했으며, 오히려 기독교가 지배하던 유럽에는 외계인의 존재에 관한 믿음이 널리 퍼지게 됐다. 하지만 성육신에 관한 다루기 힘든 문제가 언제나 배후에 도사리고 있었다. '과학자(scientist)'라는 말을 처음 쓴 것으로 유명한, 19세기 초 케임브리지 대학교 철학자였던 윌리엄 휴얼(William Whewel)은 아이작 뉴턴 이후에 트리니티 칼리지 학장을 지냈다. 그는 학자로서 '윤리신학 및 신성 궤변 교수(Professor of Moral Theology and Casuistical Divinity)'라는 멋진 직함을 가지고 있었다. 다른 사람들처럼 휴얼도 외계인의 존재를 지지했지만, 1850년부터 성육신과 인류 구원에 대한 고민으로 의심을 갖기 시작했다. 그는 "천문학과 종교"라는 제목의 출판되지 않은 원고에서 다음과 같이 쓰고 있다.[26]

> 하느님은 인류 역사에 특별하고 개인적인 방식으로 개입하셨다. …… 과학이 밝히는 또 다른 세계에 관해 우리는 무엇을 생각해야 할까? 모든 것을 위한 구원에 관한, 그런 계획이 있을까? 우리를 구원하러 오신 구세주 외에 다른 구세주를 생각하는 것을 우리는 용납하지 않을 것이다. 그리고 구세주가 사람을 위해 사람의 몸으로 오시는 것은 하느님의 계획에서 가장 핵심을 이룬다. …… 다른 세계에도 구원이 있을 것이라고 생각하는 것, 그리고 어떤 실체가 존재할 것이라고 상상하는 것은 성스러운 구원의 계획이 없는 또 다른 저 세계들을 상상하는 것보다 더 불쾌한 느낌을 일으킨다.

휴얼은 다른 세계에 구원받을 만한 가치 있는 외계 존재가 없다고 했다. 그의 단호한 생각은 1854년 그가 익명으로 편찬한 『많은 세계들에 관해서(*Of the Plurality of Worlds*)』라는 책에서 막을 내린다. 그는 외계인의 존재에 관해 주로 기독교인들이 반대하는 것을 옹호하기 위해 과학적인 주장을 시도했다.[27]

하지만 수많은 다른 행성에도 신성한 존재가 살고 있을 것이라는 정반대 입장도 당시 기독교인들 사이에서는 일반적으로 받아들여졌다. 1758년, 스웨덴의 과학자이자 철학자, 신비주의자인 에마누엘 스베덴보리(Emanuel Swedenborg)는 『우주의 지구들(*Earths in the Universe*)』[28]이라는 흥미로운 책을 통해 독자들에게 신학적인 늪에서 빠져나올 수 있는 방법을 제시했다. 참고로, 지금까지도 그를 추종하는 세력이 있다. 다른 18세기 학자들과 마찬가지로 그는 신학을 기초로 태양계 행성들을 포함한 다른 행성에도 생명이 서식할 것이라 확신했다. 심지어 그는, 외계인의 겉모습과 옷, 가계, 종교 관습, 가옥, 그리고 소소한 일상에 대해서까지 설명했다. 그는 신비스러운 계시에 따라 이런 사실을 알게 됐다고 주장했다. 스베덴보리는 어떤 외계 사회는 상당히 이상적이라고 말하기까지 했다. 예를 들면 화성인들은 지구인보다 기질적으로 훨씬 우호적이기 때문에 서로 모르는 상대가 만나더라도 "금세 친구가 된다."라고 했다. 게다가 "모든 이들은 스스로 가진 것에 만족하는 삶을"을 살기 때문에 "소유에 대한 욕망"을 경계하며, 누구도 "다른 이의 소유물을 빼앗지 않도록" 하고 있다.[29] 이렇듯 아무 증거 없이 그가 말한, 화성에 관한 유토피아적 상상에도 불구하고 스베덴보리는 성육신이 일어난 곳은 지구뿐이라고 주장했다. 그는 "주께서 다른 세계가 아닌 지구에서 태어나신 이유는"이라는 제목의 장에서 그 이유를 설명했다. 신이 지구를 선택한 이유는, 특별히 지구에 처음 "성스러운 진실의 말", 즉 복음을 전해야만 했기 때문이며, 그 이후 다른 행성에도 이를 전파하기 위해서였다.[30] 놀랍지 않은가? 스베덴보리는 전파통신에 대해 전혀 모르는 상황에서 "영혼과 천사"를 통해 외계인과 교신하는 예를 들었다. 스베덴보리는 특정한 종에 대해서만 성육신을 적용할 수밖에 없는 문제에 대해 기발한 해법을 가지고 있었다. 그는 외계인은 "역시 인간"이라고 말했다. "지구 밖에도 어마어마하게 많은 지구가 있으며, 거기에도 사람이 살고 있다. 우리 태양계뿐 아니라, 별들이 펼쳐진 하늘 저편에도 말이다."[31] 그렇기 때문에 예수가 인류 구원을 위해 생명을 다한 것처럼 성육신의 정의는 외계인들까지 포용할 수 있도록 확장됐다.

호수에 돌을 던지면 수면파가 동심원 모양으로 퍼져나가는 것처럼 '말씀'이 우주로 전파될 것이라는, 신학적으로 지구에 특권을 부여한 스베덴보리의 개념은 다름 아닌 에드워드 아서 밀른(Edward Arthur Milne)이 이어받았다. 밀른은 20세기 영국의 수리 물리학자이자 우주론 연구자였으며, 옥스퍼드 대학교 교수로 명성을 얻고 있었다. 1952년에 출판된 『현대 우주론과 신에 대한 기독교인의 생각(*Modern Cosmology and the Christian Idea of God*)』이라는 책에서 밀른은 이렇게 쓰고 있다.

기독교적 관점에서 하느님께서 인간 역사에 개입하신 사건 가운데 가장 눈에 띄는 것은 성육신이었다. 성육신은 유일한 사건이었을까? 혹은 수없이 많은 행성에서 재현되고 있는 것일까? 기독교는 그런 결론에 놀라 무서움에 뒷걸음질 칠지도 모른다. 하느님의 독생자가 무수히 많은 행성에서 우리를 대신해 고통 받는다는 것은 상상하기조차 어렵다. 기독교는 지구가 그런 일이 일어날 수 있는 유일한 행성이라고 분명하게 생각하면서 그 결론을 회피하려고 한다. 우리가 사는 땅에서 성육신이 단 한 번 일어난 사건이라면 다른 행성에 살고 있을지도 모를 존재들은 무엇일까?'[32]

그렇다. 밀른은 핵심을 짚었다. 이어서 그는, 섬파 망원경을 이용해 지구로부터 말씀을 전파할 수 있다면 신학적 문제를 피해 갈 수 있다고 말했다. 적어도 그의 생각은 스베덴보리가 말한 "영혼과 천사"에서 한 걸음 더 내디딘 것이었다.[33]

지금까지 필자가 인용한 문구를 기초로 생각하면 기독교는 앞으로 외계인 문제에 관한 한 끔찍한 혼란을 겪을 수 있다. 지금까지 종교 지도자들은 유화적으로 자신감을 내비쳤지만, 세티 프로젝트를 통해 외계 존재에 관한 긍정적인 결과가 알려질 경우, 즉시 대혼란이 일어날지도 모른다.[34] 필자는 극단적으로, 외계인이 발견될 경우 기독교를 포함한 주류 종교들이 심각한 타격을 입을 것이라고 말하려 한다. 그렇다고 영적 차원이라고 부를 수 있는 세계가 빛을 잃거나, 더 넓은 의미에서 우주가 만들어진 목적에 관한 믿음을 부인하려고 하는 것은 아니다. 불자들은 외계 지적 생명체에 관한 소식을 듣고 나서도 내적 수련을 통해 깨달음에 이르는 길을 찾기 위해 노력할 것이다. 그러나 분명한 것은, 인류가 유일한 지적 존재라고 고집한다면 신학에 관한 한 문제가 불거질 것이라는 사실이다. 그 결과로, 전 세계에 걸쳐 정치, 사회적인 분열이 어떤 형태로 불거지게 될지에 관해서는 예측하기 힘들다. 그 변화가 천천히 일어날지라도, 종교가 새로운 환경에 잘 적응하는 것은 사실이다. 수 세기에 걸쳐 종교는 코페르니쿠스적 우주관이나 다윈의 진화론, 유전체 염기 배열 외에도 종교의 입장에서 볼 때 불편한 과학적 발견 사실과 줄곧 타협해 왔다. 물론, 진화는 그 가운데 가장 받아들이기 힘든 내용이다. 왜냐하면 '호모 사피엔스'가 가진 유일무이한 지위에 위협이 되는 내용을 담고 있기 때문이다. 마찬가지로, 고등 문명을 가진 외계의 존재가 발견될 경우, 본질적으로 그보다 훨씬 더 위험해질 수 있다. 게다가 동화되는 것은 더욱 어렵다.

세티 자체가 현대판 종교 아닌가?

인간은 스스로 웅대한 계획의 일부라고 생각하는 기본 욕구를 가지고 있다. 그 계획은 자잘한 일상과 비교하기 힘들 만큼 의미 깊고, 위대한 인내가 깔린 자연의 질서다. 장엄한 우주에 비해 허무하리만치 보잘 것 없는 존재인 인간은 나약한 자신을 초월하는 의미를 캐내려 애쓴다. 넓은 뜻에서 인간은 지난 수천 년간 부족 신화를 통해 그 의미를 입에서 입으로 전해 왔다. 인간은 그 이야기에 중요한 정신적 내용을 담았다. 모든 문화에는 다른 세계를 소개하는 영적 신화가 있다. 그것은 오스트레일리아 원주민의 신화로부터 『나니아 연대기(*The Chronicles of Narnia*)』, 불교의 열반과 기독교에서 말하는 천국에 이르기까지 다양하다. 이렇듯 신화는 모닥불 앞에서 구전되던 이야기에서 출발해 시간이 지나면서 조직화된 종교에서 치르는 장엄하고 화려한 의식으로 발전했으며, 또 연극과 문학으로 변형되기도 했다. 심지어 종교 이후의 단계로 발전한 여러 사회에서도 인간은 여전히 해소되지 않은 정신적 갈망을 가지고 있다. 따라서 세티와 같이 넓은 적용 범위와 깊이를 가진 프로젝트는 넓은 뜻에서 문화와 별개로 생각할 수 없다. 왜냐하면 세티는 변화된 세계에 관한 비전을 제공할 뿐 아니라, 그런 변화가 언제든 일어날 수 있다는 사실을 분명하게 알려주기 때문이다. 작가인 데이비드 브린은, "고등 외계 문명과 접촉하는 사건은 전통적인 '천상의 구원'이라는 개념과 같은 초월, 또는 희망이라는 중요한 의미가 있다."라고 말했다.[35] 필자는, 만일 우리가 진보된 외계 사회와 접촉하게 된다면 우리가 상대하게 될 그들은 우리의 눈에 신적 지위를 가진 존재로 다가올 것이라고 말했다. 그들은 인간답기보다는 신과 같은 존재로 비칠 것임에 틀림없다. 그들의 위력은 어쩌면 인간의 역사에 등장했던 신들의 그것을 능가할지도 모른다.

그렇다면 세티는 이제 현대판 종교가 될 위험성이 있는 것일까? SF 소설가인 마이클 클라이튼(Michael Crichton)은 그렇게 생각했다. "세티는 분명히 종교다." 그는 2003년 캘리포니아 공과 대학 연설에서 이렇게 직설적으로 말했다.[36] 클라이튼은 드레이크 방정식에 포함된 항들이 순전히 추측을 바탕으로 만들어졌다고 지적하면서 그 방정식이 광범위하게 쓰이는 것에 반대했다. "신앙의 정의는 증명하지 못하는 대상에 대해 확고한 믿음을 갖는 것이다."라고 말했다. "우주에 다른 형태의 생명이 있을 것이라고 믿는 것은 신앙의 영역에 속한다. 40년에 걸친 탐색 노력에도 불구하고 아무것도 발견하지 못했으며 다른 형태를 가진 생물에 대한 아무런 증거도 나오지 않았다. 그런 믿음을 지속시킬 만한 아무런 증거도, 이유도 없다." 델라웨어 대학교의 역사학자인 조지 바살라(George Basalla)도 비슷한 말을 했다. 어언 50년 동안 끈질기게 외계인과 접촉을 시도했지만 그 결과가 침묵으로 일관한 시간이었다면 그것은 종교적 열망이라는 사실을 자인하는 것이라는. 우주에는 우리보다 우월한 존재들이 수없이 많이 살 것이라는 믿음에도 불구하고 말이다.[37] 작가인 마거릿 웨르트하임(Margaret Wertheim)은 지난 수 세기 동안 우주와 우주에 서식하는 생물에 대한 개념이 그동안 어떻게 진화돼 왔는지 연구했다. 그녀는 현대적인 개념의 외계인은 로마 가톨릭 추기경인 쿠사의 니콜라스(Nicholas of Cusa, 1401~1464년) 같은 르네상스 시대 작가까지 거슬러 올라간다는 사실을 밝혔다. 그는 우주에서 인간의 지위를 천사와 같은 천상의 존재와 연결시켜 생각했다. 웨르트하임은, "역사적으로 어쩌면 이것은 현대적 의미의 외계인에 이르는 첫 과정이었다고 볼 수 있다."라고 썼다. "어쨌든 ET와 그의 동류가, 성육신인 천사가 아니라면, 그렇다면 별에서 온 존재가 육신으로 나타난 것은 아닐까?"[38]

과학 시대로 진입하면서 외계인에 관한 논란은 신학자에서 SF 소설 작가들의 영역으로 넘어갔지만, 수면 밑에는 여전히 정신적 차원이 남았다. 올라프 스테이플던의 『스타 메이커』, 데이비드 린제이의 「아크투르스로의 여행」, 스티븐 스필버그가 만든 「미지와의 조우」 같은 SF에 그런 내용이 잘 드러나 있다. 「미지와의 조우」는 존 버니언(John Bunyan)의 『천로역정(*A Pilgrim's Progress*)』을 진하게 연상시킨다.[39] 이 작품들은 깊숙한 곳에서 인간 정신과 공명을 일으키는 상징적 아이콘이며, 지구 밖 지적 생명체를 찾는 과학적 모험을 그림자처럼 따라다닌다. 세티 천문학자들은 대부분 자신들의 일에 종교적 차원이 깔려 있다는 말을 한사코 부정한다. 외계인의 존재는 검증을 거쳐야 할 가설이라고 보기 때문이다. 하지만 과학자가 아닌 사람들에게 세티는 분명히 유사 종교적 매력이 있다. 잡힐 듯 말 듯한 우주의 지혜와, 우주의 한없는 다양성이 그들을 매혹시키기 때문이다.

그래. 그냥, 전파 신호를 쏴 보내자!

10

누가 지구를 대변해야 할까?

나를 당신네들 대표에게 데려다 달라!

— 만화 속 외계인들의 간청

하늘을 향해 소리치기

그날이 왔다고 상상해 보라. 우리 인류가 외계 문명이 지구를 향해 보낸 메시지를 수신했다. 암호가 풀렸는데, 그들은 우리와 접촉하기를 원한다. 반응을 보여야 할까? 그래야 한다면 뭐라고 말해야 할까? 무엇보다, 누가 지구를 대변해야 할까?

검출 후 특별 그룹은 과거에 일부 과학자들이 능동적 세티(active SETI)나 메티(METI, Messaging to Extraterrestrial Intelligence)와 같은 방법을 통해 우주로 성급하게 메시지를 전송했다는 단순한 이유 때문에 이런 골치 아픈 문제를 해결하려고 애써 왔다. 전파 메티는 지난 1974년, 아레시보 전파 망원경을 이용해 지구에서 2만 5000광년 떨어진 M13 구상 성단으로 메시지를 전송하면서 본격적으로 시작됐다. 지난 2009년에는 우크라이나에 있는 거대 전파 망원경으로 지구에서 20광년 떨어진 글리제 581C(Gleise 581C)라는 행성에 50장의 사진과 그림, 그리고 텍스트 메시지를 보냈다. 이 행성은 최근에 발견된, 생명이 살 수 있으리라 생각되는 외계 행성 가운데 하나다.

어떤 이들은 상대의 주의를 끌기 위해 막무가내로 신호를 보내는 것은 신중치 못한 일이라며 메티에 완강하게 반대하고 있다. 그들이 두려워하는 것은, 만물이 움트는 우리 행성이 "여기 있어."라고 광고하는 일이 자칫 외계 문명의 침략을 부를 수 있다고 보기 때문이다. 메티를 비평하는 사람들 가운데 주도적인 인물은 작가이자 해설가인 데이비드 브린인데, 그는 "우주에다 대고 소리치기(shouting at the cosmos)"라는 신조어를 만들어 냈다. 데이비드 브린은 세티를 지지하는 신세대의 낙천적 태도에 경악을 금치 못했다. 그는 사전에 충분한 생각이나 진지한 논쟁 없이 즉흥적으로 메티 프로그램을 대폭 확장해야 한다고 주장하는 (구)소련 출신 사람들에 대해 반대 입장을 표명했다. 세티보다 메티가 주목받는 것은 사실이다. 그것은 메시지를 보내는, 사건이 일어나기 때문이다! 정반대로, 세티에 전념하는 천문학자들은 수동적으로 듣기만 한다. 메티는 일반인들도 메시지를 쓸 수 있도록 개방됐기 때문에 젊은 사람들 사이에 인기가 높다. 최근 우크라이나에서는 메시지 전송을 위해 베보(Bebo)라는 소셜 네트워킹 사이트에 공모전을 펼쳤는데, 자그마치 1200만 명이 몰려들었다. 메티에 대한 브린의 입장은 대중성보다는 신중과 분별이 우선해야 한다는 것. 그는 전파 망원경 이용자들을 상대로, 우주에 전파를 송출할 때에는 "지구에 대한 가시성이 심각하게 증대되지 않도록 자제하자."라는 내용이 담긴 국제 협약을 맺는 방안을 고려해 달라고 요청했다. 모든 사람들이 인정하는, 개방적인 국제 포럼에서 이런 계획이 논의될 때까지 가능한 한 전파의 송출을 자제하자는 이야기다.[1] 데이비드 화이트하우스는 이런 감상주의를 적극 지지하고 나섰다. 화이트하우스는 "우리가 저 밖에 뭐가 있는지 모른다면, 우리가 전혀 모르는 문명과 접촉하기 위해 도대체 왜 메시지를 보내야 하는가?"라고 반문했다.[2]

메티의 투사라고 할 수 있는 러시아 과학원의 알렉산데르 자이체프(Alexander Zaitsev) 같은 사람은 브린의 걱정을 일축했다. 그들은 우리가 이미 전파를 보내고 있다는 사실을 지적했다. 지구의 라디오와 텔레비전 방송이 은하 저편까지 광속으로 방송되고 있지만, 돌이킬 방법이 없다는 것. 아주 민감한 안테나라면 신호를 잡겠지만, 그것을 우리가 막을 도리는 없다. 하지만 앞서 말한 것처럼 우리가 보내는 텔레비전 전파는 실제로는 너무 출력이 약하다. 연구를 위해 행성이나 소행성에 전파 펄스를 보내는 것처럼 군용 레이더라면 더 강한 신호를 날릴 수 있다. 그러나 이런 일은 아주 드물게 일어나며, 빔의 폭이 좁기 때문에 ET가 놓치기 쉽다. 그래서 외계 문명의 군단이 어마어마한 전파 안테나를 가지고 있다 하더라도 우리가 보낸 (적어도 전파로 된) 신호는 놓칠 가능성이 높다. 이런 논쟁은 아마도 당분간 잠재워지지 않겠지만, 필자는 별 상관없는 문제라고 생각한다. 왜냐하면 과학자들과 평론가들이 어찌 생각하든 관계없이, 뜻있는 백만장자 한 사람이 전파 망원경을 세워 자신의 마음에 담긴 말들을 우주로 쏟아부을 수 있을 테니 말이다. 하지만 실은 그렇게 할 수 있는 사람은 거의 없으며,[3] 현실적으로는 메티가 무슨 일을 하는지 아무도 감시할 수 없다. 어떻게든 조금이라도 메티에 관심 있는 국제 기관이라 해도 말이다.

필자는 메티로 인해 일어날 수 있는 위험은 극히 낮다고 믿고 있다. 모르는 것에 대한 두려움을 갖는 것은 이해할 수 있다. 하지만 어둠 속에 악령이 도사리고 있지 않다는 사실이 확실해질 때까지 기다려야 한다면 과학을 탐구하고 세계를 탐험하는 일은 시작조차 하기 어렵다. 신중한 것은 현명한 일이지만, 신중이 기능의 마비를 뜻하지는 않는다. 우리는 외계인이 왜 우리에게 해를 끼치거나 침략하는 데 관심을 가질지 생각해 볼 필요가 있다. 만일 지구가 외계인들이 살 만한 후보지로서 매력적인 곳이라면 우리의 도움 없이 벌써 그 사실을 알고 있을 터이다. 먼 거리에서도 분광학적 방법을 이용해 산소와 물, 식물이 있다는 증거를 찾을 수 있다. 현재 우리가 가진 기술을 발전시킨다면 앞으로 능히 할 수 있는 일이다. 자, 이제 페르미의 역설로 다시 돌아가 보자. 우리와 반대로, 그들이 우리 행성을 방문하려 했다면 벌써 오래전에 나타났어야 한다. 어쨌든, 그들이 원하는 것이 지구라면 우리가 보낸 전파 신호와는 무관한 일이다. 그들이 전파 통신을 통해 추가로 얻을 수 있는 정보는 단지, 지구에 전파 송신기를 만들 줄 아는 지적 생명체가 산다는 것. 어떤 사람들은 우리가 그들에게 노예화되지 않을까 걱정하기도 하지만, 그것은 바보 같은 생각이다. 성간 여행을 할 정도로 기술이 발달된 사회라면 노동력이 부족할 리 없다. 그들은 지루하고 힘든 일을 시키기 위해 로봇이나 생체 기계를 쉽게 만들지도 모른다. 어쩌면 문화적, 생물학적 호기심의 대상으로 우리를 바라볼 수 있으며, 따라서 보존을 위해 노력할 수도 있다. 그렇다면 위험할 것이라고 걱정할 필요는 없다. 8장에서 언급한 것처럼, 필자가 걱정하는 것은 누군가 우리의 유전자를 이용해 유전학적 명령서를 따라 적대적인 외계 생물을 만들어 내는 일이다. 그러나 이것은 메티와는 상관없다. 우리가 이런 시나리오를 심각하게 생각해야 하는 것은, '그들'로부터 의미 있는 메시지를 받았을 때다.

인류에게 가장 큰 위험은, 가까운 곳에 있는 외계 문명이 우리를 위협적인 존재라고 판단하는 경우다. 호전적인 인류 역사를 돌이켜보면 부당한 결론이라고 볼 수는 없다. 그렇다면 외계인은 은하 문명 공동체의 공익을 위해 선제 공격을 감행할지도 모른다. 만일, 세계 각국 정부 가운데 일부가 외계 문명을 공공의 적이라고 규정했다면 그들이 우리를 똑같이 대하는 것을 비난할 수 있을까? 21세기의 민주주의를 기준으로 판단할 때 외계인들은 "우주로 나갈 때 우리가 가진 대량 살상무기를 가지고 가자."라고 말할 수 있게 해 주는 얄팍한 구실을 제공하는 대상에 불과할지도 모른다. 그러나 이런 비관적 판단이 맞다고 해도, 메티 때문에 전쟁이 일어날 가능성은 거의 없으리라. 설사 우리가 고향 지구에서 호전적인 성향을 가진 채 산다 하더라도 ET에게 선의를 담아 신호를 보낸다면 어쩌면 효과를 볼 수 있을지도 모른다. 우리가 미사일이나 핵탄두로 날려 버리지 않을 것이라고 어떻게 그네들을 안심시킬 수 있는가는 또 다른 문제다. 어떻게 한다고 하더라도 그런 메시지는 거짓말이 될 수 있다. 인류는 인종이나 종교, 그리고 아주 작은 문화적 차이 때문에 수천 년 동안 싸워 왔다. '진짜' 외계 존재인 그들에게 사람들 대부분이 어떻게 반응할지 한번 상상해 보라. 그들은 종도 다르고 형태와 감정도 전혀 다르며, 행동 동기조차 알 수 없다. 이쯤 되면 두려움과 혐오 때문에 먼저 미사일부터 쏴 버린 뒤에 묻는, 그런 상황이 벌어지지 않을까? 필자가 개인적으로 ET에게 메시지를 보낸다면, 말벌의 벌집 같은 전체주의적인 우리 인간 사회에 걸어 들어오기 전에 "스스로를 잘 지키고 방어하라!"라고 쓰리라. 필자는 그들이 그런 경고를 선제 공격을 피하라는 이타적인 의도로 해석하기를 바랄 뿐이다.

필자는 메티를 지지한다. 외계인이 우리의 신호를 발견할 가능성이 없다고 생각하지 않기 때문이 아니라, 외계로 메시지를 보내는 일이 숭고한 목적에 쓰일 수 있다고 생각하기 때문이다. 이를테면, 과학, 특히 세티에 관한 관심을 불러일으킬 수 있을 것으로 보인다. 특히 젊은 세대에게는 인간의 중요성과 광활한 우주, 그리고 우리가 후대까지 보존하기를 원하는, 이질적인 문화 가운데 찾을 수 있는 공통 요소에 관해 생각해 보라고 권하고 싶다. 메티는 인류에게 득이 되며 전혀 해를 끼치지 않는다. 단, 무작위하게 송출한 빔 신호가 혹시라도 우리에게 적대적인 외계 문명의 안테나에 잡히는 극히 낮은 확률을 무시할 수 있다면 말이다.

뭐라고 말해야 할까?

이런 맥락에서 메티는 해가 되지 않는다. 그러나 우리가 만일 외계 문명의 위치를 알아냈다면 상황은 극적으로 변할 수 있다. 이 경우, 누군가 현명하게 충고하는 일은 상당히 중요하다. IAA의 항목 7, 즉 「외계 지적 생명체 검출 후 행동 원리에 관한 선언문」에는 주의 사항이 필요하다는 내용이 포함돼 있다.

> 외계 신호나 외계 지적 생명체에 관한 그 밖의 증거가 발견됐을 때 국제적으로 적절하게 협의가 이뤄지기 전까지는 신호를 송출해서는 안 된다.[4]

누가 '공식' 답변을 할 것인가 하는 질문에 대해 필자는 다양한 문제가 불거질 것이라고 생각한다. 위원회를 소집하고 합의를 바탕으로 메시지를 작성하는 방식이 가장 공통적인 해법일 것이다. 그 메시지는 따분한 내용이 될 공산이 크다. 게다가 정치가나 종교 지도자가 독단적으로 쓸 경우 바람직하지 못한 방향으로 빠질 수도 있다. 민주와 평등을 추구한답시고 여러 문화권에 속한 사람들의 생각을 취합한다면 앞뒤가 맞지 않는 혼란스러운 내용이 될 것이 불 보듯 뻔하다. 1977년, 이런 의미 없는 논란으로 인해 혼란이 일어난 적이 있다. 두 대의 보이저 탐사선이 지구인의 '증명 사진'들을 싣고 태양계 밖으로 나아가기 위한 발사를 앞둔 시점이었다. 보이저에 실린 레코드판에는 55개 언어로 된 인사말, 새와 동물 소리, 현악 4중주로부터 록큰롤에 이르는 다양한 음악, 그리고 지미 카터 미국 대통령과 쿠르트 발트하임 유엔 사무총장의 엄숙한 연설문도 수록됐다. 외계인들이 성간을 표류하는 보이저를 우연히 발견한다면 그것을 어떻게 생각할지 생각하기 두렵다.

과학자들은 과연 이런 상황을 개선할 수 있을까? 필자의 연구실 벽에는 NASA에서 선물한 명판이 걸려 있다. (그림 13) 이 명판은 파이오니어 10호와 11호에 실린 것과 같은 복제품이다. 파이오니어 10호는 사람이 만든 물건 가운데 최초로 태양계 밖으로 나간 물체다. 비록 헛된 일이 될 수도 있지만 NASA는 외계인에게 의도적으로 메시지를 보내는 일이 의미 있을 것이라고 생각했다. 이것은 상징적인 행위지만 멋진 생각이었다. 그래서 필자는 복제품을 가진 것에 대해 자랑스럽게 생각한다. 이 명판은 칼 세이건과 린다 살츠만 세이건(Linda Salzman Sagan), 그리고 프랭크 드레이크가 디자인했다. 명판에 새긴 그림에는 남자와 여자가 서 있는데, 한 사람은 인사로 한 손을 들고 있으며, 탐사선 그림과 함께 과학적인 데이터를 담고 있다. 그림 아래에 그려진 선은 이 탐사선이 태양으로부터 세 번째 행성에서 왔다는 뜻으로 그 비행 궤적을 나타냈다. 그리고 펄서들의 위치와 자전 주기를 이용해 태양이 위치한 은하 좌표를 기발하게 암호화했다. 이 암호를 풀면 먼 외계 문명인도 기하학을 바탕으로 은하에서 태양의 위치를 재구성할 수 있다.

외계에 보내려고 만들었기 때문에 쓸모없어 보일 수 있지만, 이 명판은 인류가 어떤 존재인지 분명하게 알려 준다. 정체 모르는 외계 문명을 대상으로 하는 메시지에는 모름지기 우리 스스로가 가장 중요하다고 생각하는 내용을 담아야 한다. 이 그림은 사람이 어떤 모습을 하

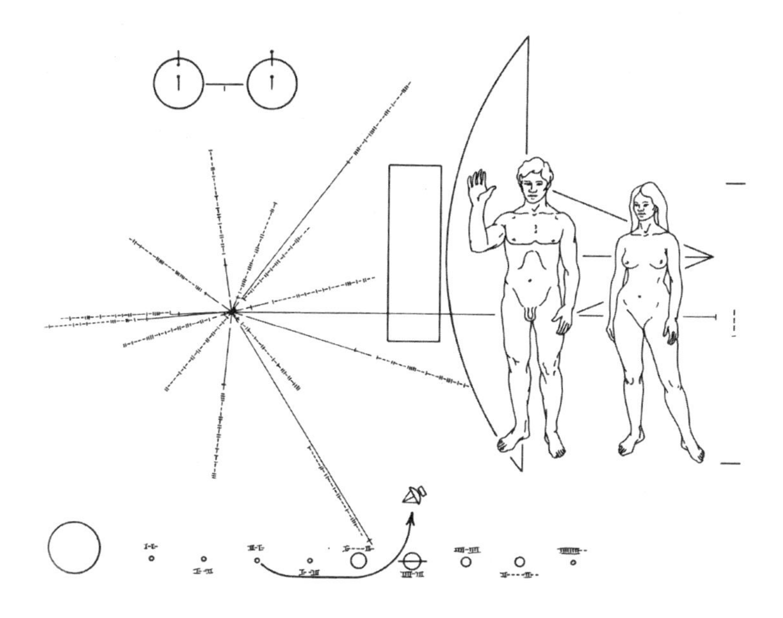

그림 13 파이오니어 10호 명판 그림.

고 있는지 잘 보여 주고 있지만, 우리가 어떻게 생겼는지는 어쩌면 '별로' 중요하지 않을 수도 있다. 생긴 모습은 과학적으로나 문화적으로 상관없다. 직설적으로 말하면 우리가 어떻게 '생겼는지' 누가 관심이나 가질까?[5] 그림에서 남자가 손을 든 부분은 바보의 순정이라고 해야 할 정도다. 이렇듯 특정 문화에 속한 몸짓은 다른 종은 전혀 이해할 수 없는 요소다. 특히 팔다리가 없는 종이라면 더욱 그렇다. 탐사선이 태양계 어디로부터 왔는지 보여 주는 그림도 그다지 적절치 않다. 태양의 위치를 알게 됐다면 천재가 아니라고 할지라도 어떤 행성에 생명이 살 수 있는지는 알아낼 수 있다. 또 이 명판에는 사람이 탄소를 기본으로 만들어졌다는 정보를 담고 있다. 하지만 우리가 ET에게 화학과 생물학을 가르칠 필요는 없다. 우리는 탄소가 생명의 기본인 유일한 원소라고 생각하지만, 외계인이 정말 알기를 원한다면 탐사선을 샅샅이 뒤져 지구 미생물의 흔적을 찾으리라. 세 번째는 보다 더 심각한 문제다. 우리가 어떤 원소로 이뤄졌는지에 사로잡혀 있는 것은 생긴 모습에 관심을 갖는 것만큼이나 편협하다. 우리의 본질은 몸을 이루는 화학 성분보다 그 행동과 생각에 있다.[6]

이 명판은 우리의 본모습을 외계 문명에 드러내기 위해 기획됐지만, 성의 없이 제작된 것만은 분명하다. 내용이 편협한데다가 20세기의 과학과 당시 기준에 사로잡혀 만들어졌기 때문이다. 사실, 이 그림에 담긴 주제는 세티 학회의 안건으로 다루어질 내용들이었지만, 1000만 년 된 외계 문명의 학회에서 논의할 만한 안건이 아닌 것만은 분명하다. 특히 기계나 컴퓨터가 지적 난제를 푸는 곳에서는 말이다. 전화 카드처럼 실질적으로 쓸모없는 것이다.

그럼 필자는 그보다 훌륭한 대안을 내놓을 수 있을까? 그럴 수 있기를 바란다. 이번에는 접근 방법을 바꿔 인간이 곧 멸종될 위기에 처했다고 상상해 보자. 그런 운명에 처한 인류는 먼 미래, 지구에 출현하게 될 지적인 종을 위해 지금까지 스스로 걸어온 길을 기록으로 남기고 싶어 한다. 우리는 자신에 대해 무엇을 말하고 싶어 할까? 제일 가치를 두는 것은 무엇일까? 우리가 만든 문화적 산물 가운데 무엇이 가장 인간적인가? 달 착륙이나 입자 가속기, 유전체 염기 서열과 같은 과학적 성취에 대단한 자부심을 느낄 수도 있겠지만, 그렇지 않을 수도 있다. 우리 할머니는 아폴로 프로그램에 대해 "왜 사람들은 달까지 가려고 하지?"라고 물으셨다. 할머니는 그 가치를 이해하시지 못한 것이다. 광활한 우주에서 특히 좌뇌와 우뇌가 나뉘지 않아 과학과 예술을 구분하지 못하는 종에게는 인간의 기술로 만든 제품이 아무런 영향도 못 줄 수 있다.

문화적 성취에 대해서라면 더더욱 명확하게 말하기 어렵다. 우리의 종교에 관해서는 필자가 언급한 적이 있지만, 지나치게 지구 중심적인 데다 인간 중심적(게다가 인종 중심적)인데, 이런 경향은 진화 심리학적 이유와 최근의 인류 역사에 깊이 뿌리를 두고 있다. 이런 내용은 외계인에게는 전혀 의미 없어 보일 수 있다. 위대한 문학 작품이나 아름다운 시도 지구에 국한된 것일 뿐이다. 왜냐하면 문학은 인간사와 그 관계를 다루기 때문이다. 아름다움은 보는 이의 눈에 들어야 함에도 불구하고, 다른 분야에 비해 예술은 보다 폭넓은 영향을 미칠 수 있다. 이를테면 대칭성처럼 우주 전체에 통용되는 어떤 미학적 원리가 있을 리 만무하다.[7] 어쩌면 외계인들도 특정 형태의 사물에 대해 무엇무엇과 비슷한 것 같다는 식으로 인식할지도 모른다. 그러나 지구인의 인지 체계와 밀접한 관련이 없는 예술 이론 같은 것은 아직 없다. 음악과 유머에 대해서도 똑같은 논리가 적용된다. 이 두 가지 모두 사람에게는 잘 맞는데, 그것은 우리가 똑같은 신경 구조를 가졌기 때문이다. 외계인의 뇌는 전혀 다른 구조로 돼 있을 것이기 때문에 인간이 이해할 수 없는 일에 즐거워할 수도 있다. 필자는 스포츠와 경제, 우표 수집같이 자세히 언급할 필요가 없는 일들에 대해서는 설명하지 않았다.

어떤 대상에 관해서 내용보다는 그 본질을 이해하는 것이 중요하다. 돌연변이, 포스트모더니즘, 도덕적 상대주의에 대한 정의나 배경에 관한 지식 없이 누군가에게 철학적으로 모호한 생각을 전달하는 것은 아무 의미가 없다. 마찬가지로 생물학도 문제가 많다. 다윈의 진화론을 제외하면 우리가 아는 한 생명 현상에 대한 일반 법칙은 존재하지 않는다. 따라서 단백질 조합이나 유전자 네트워크에 대해 자세히 이야기하는 것은 크게 의미가 없다. (생물권에 관해 우리가 좀 더 이해할 수 있게 된다면 상황이 달라질 수 있다.)

이제 수학과 물리학이 남는다. 사람의 사고에서 나온 가장 심오한 산물 가운데는 세계에서 가장 뛰어난 사상가들이 만들어 낸 수학의 정리를 꼽을 수 있다. 예컨대, 괴델의 불완전성 정리는 너무나 심오해 우주의 그 다른 어떤 것도 이를 능가하지 못할지도 모른다.[8] (필자가 감히 이렇게 주장하는 이유는, 괴델의 정리가 특정한 내용이 아니라, 우리가 알 수 없거나 증명할 수 없는 것 자체에 관해 아주 일반적으로 설명하기 때문이다.) 수학은 인간 정신의 산물이지만, 동시에 그것을 초월하기 때문에 우리 문화에서 특별한 위치를 차지하고 있다. 우주 어딘가에 고도의 문명을 갖춘 존재가 살고 있다면 같은 정리를 동일한 논리적 바탕 위에서 증명할 수 있지 않을까? 물리학의 법칙은 우아한 수학적 규칙성에 기반을 두고 있다. 이로부터 수학은 인류와 외계 문화 사이에 가로놓인 간극에서 중요한 교량 역할을 할 수 있다는 점이 분명해 보인다. 외계인에게 과학과 발달된 기술이 있다면 훌륭한 수학 지식을 갖추지 않았을까? 어쩌면 우리에게 친숙한 똑같은 수학을 알고 있을지도 모른다. 예컨대 맥스웰의 전자기 법칙은 우주 어디서나 적용된다고 알려져 있기 때문에 만일 외계인이 전파의 원리를 이해하고 있다면(최소한 전자기 법칙이 전파 통신의 기본이 된다고 가정할 때) 그들은 필시 맥스웰 방정식에 대해 알고 있을 것이다. 그리고 또 뭐가 있을까? 그렇다. 아인슈타인의 일반 상대성 이론은 인간 지성이 이룩한 성과로 그 최고봉에 서 있다. 또한 양자장론, 그리고 실험과 잘 맞지만 극소수만이 이해하는 이론 물리학적 성과들이 있다. 만일 외계인이 전파를 이용하는 단계를 이미 넘어섰다면 일반 상대성 이론과 양자장론을 이용해 우주를 어떤 방법으로 꼭 들어맞게 설명할 수 있는지 잘 알고 있을지도 모른다. 만일 그네들에게 우리가 거기까지 알고 있다고 전해 준다면 우리의 수준이 어디까지 왔는지 벤치마킹할 수 있는 자료로 삼을 수 있으리라.

독자들은 이렇게 생각할지도 모른다. '그래, 저 사람이라면 그렇게 말하겠지. 그렇지 않아? 이론 물리학자라면 딱 그렇게 말하는 게 당연해. 폴 데이비스도 우리처럼 편협한 건 마찬가지니까.' 하지만 필자에게도 변명할 기회를 주기 바란다. 필자가 이론 물리학자가 되려고 한 이유 중의 하나는 정확하게, 수학과 물리학이 우주 전체에서 중요성을 갖기 때문이다. 또 이론 물리학은 인간사를 초월하는 동시에 자연의 본질에 다가갈 수 있는 분야라는 생각에 깊이 매료됐다. 필자는 세티 검출 후 특별 그룹의 의장으로서 맥스웰 방정식과 일반 상대성 이론의 장 방정식, 디랙의 상대론적 양자 역학 방정식, 그리고 몇 가지 수학 정리에 대해 ET와 대화를 시작할 것이다. 그 내용은 곧, "이봐! 이게 지금까지 우리가 한 일들이야." 그리고 ET는 우리가 자연의 비밀을 푸는 대장정에서 어느 정도까지 나갔는지 알게 되겠지. 양측이 만나 긴 시간 대화를 나누게 된다면, 그리고 지적 수준이 잘 맞는다고 확인된다면 우리는 연달아 성당 건축과 피카소와 베토벤의 교향곡을 소개할지도 모른다. "우리는 이래. 당신네는 어떤데?"

왜 세티인가?

반세기 이상의 역사를 가진 세티는 꿈을 주는 원대한 프로젝트다. 세티 천문학자들은 긍정적이며 변함없이 헌신적으로 일하고 있다. 섬뜩한 침묵에도 불구하고 그들은 열정이 식지도, 아직 의욕이 떨어지지도 않았다. 왜냐하면 바로 다음 관측을 하는 와중에 확실한 신호가 잡힐지도 모르기 때문이다. 동시에, 새로운 관측 기기나 데이터 분석 방법이 개발되고 있다. 세티는 극소수가 초장기적인 비전을 가지고 참여하는 그런 대형 프로젝트다.

필자는 이 책에서 우리가 처음 세티를 시작했을 때 어떤 어려움을 겪었는지 설명하는 동시에, 우리가 선택한 전략 속에 숨은 가정들을 비판적으로 검토해 보려고 했다. 필자는 전통적인 세티 프로그램과 타협하지 말고 좀 더 새로운 방식으로 창조적으로 생각하고 또한 탐색 범위를 넓혀야 할 때가 됐다고 말했다. 그러나 열렬한 세티 지지자들조차 이 사업이 거의 승산 없는 일이라는 점을 인정하리라. 우리가 앞으로 계속해야 할 일은 일반적인 과학 법칙을 찾는 것과 철학적 분석이다. 우리가 말할 수 있는 최선은, 외계 문명이 "존재할 수 없다."라고 주장할 만한 설득력 있는 근거가 아직 나타나지 않았다는 것이다.

우리는 왜 이 일을 하는가? 성공 가능성이 낮은데도 과연 세티를 정당화할 수 있을까? 필자는 몇 가지 이유 때문에 그렇다고 생각한다. 첫째, 어쨌든 세티는 피할 수 없는, 존재에 관한 중대한 질문과 맞닥뜨리게 한다. 생명이란 무엇인가? 지성은 무엇인가? 인류는 어떤 운명을 맞게 될까? 프랭크 드레이크가 말한 것처럼 세티는 여러 측면에서 인간 스스로를 탐구하는 일이다. 우리는 누구이며, 우주에서 어떤 위치를 차지하는지. 진보된 외계 문명을 생각할 때 동시에 우리는 인류의 미래를 엿보게 된다. 우리는 섬뜩한 침묵을 경험하면서 미래에 대해 장담하기 어려울 것이라는 생각을 하게 된다.

50년은 기준을 삼기에도, 프로젝트를 평가하는 데에도 충분한 시간이다. 하지만 좌절에 빠져 일을 접기에는 지나치게 짧은 시간이다.

필자가 말한 것처럼 우리는 세티를 통해 생명체가 살 만한 서식처 후보들 가운데 극히 일부에 대해서만 조사했을 뿐이다. 하지만 마찬가지로 분명한 것은, 우리 은하가 외계인들로 넘쳐나는 곳은 아니라는 사실이다. "매년 꾸준하게 전파 신호를 탐색해도 우리가 기대하는 '지침이 될 만한' 아무 결과도 내놓지 못하고 있다."라고 데이비드 브린은 말했다. "바쁘게 돌아가는 성간 통신 네트워크의 흔적도, 지구 밖 기술문명이 존재한다는 증거도 찾을 수 없다."[9] 그렇다면 우리는 언제까지 이 일을 계속해야 할까? 무어의 법칙을 세티 버전으로 바꿔 보자. 탐색 효율은 시간에 따라 기하 급수적으로 늘어나기 때문에 100년간 침묵이 계속됐다는 것은 50년의 두 배만큼 시간이 흘렀다는 것과는 전혀 다르다. 따라서 그 세월 동안 결과가 나오지 않았다면 침묵이 갖는 의미를 확대 해석할 수밖에 없다. 나아가 손을 떼야 한다는 잠정적인 결론에 이를 수도 있다.

외계 지성체를 찾는 일은 코페르니쿠스의 지동설을 확장한 것이라고 말할 수 있다. 즉 우주에서 우리의 위치가 특별하거나 혜택을 누리는 곳이 아니기 때문에 주변에서 일어나는 일은 우주의 다른 곳에서도 얼마든지 일어날 수 있다. 코페르니쿠스의 원리는 자연 법칙은 아니지만, 경험에 근거한 법칙이다. ("우리가 왜 그렇게 특별하다고 생각하는가?") 그러나 이 경험칙은 어느 단계에서는 불가피하게 실패를 볼 수도 있다. 그리고 실패가 일어나는 단계는 우리가 관심을 기울여야 할 중요한 시점이다.[10] 코페르니쿠스의 원리는 우리 은하와 같은 은하들과 은하에 있는 태양과 비슷한 별들, 그리고 우리가 최근에 발견한 외계 행성계에도 적용해 볼 수 있다. 그러나 특히, 우리 은하에 있는 지구와 비슷한 행성들에 대해 이 원리가 적용되는지 아닌지는 아직 확실치 않다. 현재로서는 과학자들이 "지구를 닮은 행성은 드물다." 하는 편과 "지구를 닮은 행성은 흔하다." 하는 편으로 거의 똑같이 나뉘어 있다. 하지만 지구형 행성들을 찾기 위해 발사된 케플러 우주 망원경으로부터 결과가 나오기 시작하면 그런 불확정성은 개선될 것으로 보인다. 반대로, 우리는 지구의 물리적 조건을 볼 때 태양계에서 대단히 특별한 곳이라는 사실을 알게 됐다. 그렇기 때문에 하위헌스나 케플러 같은 르네상스 시대의 과학자들이 우리의 자매 행성을 동격으로 생각한 것은 틀렸다. 생물학적 관점에서 보면 현재 코페르니쿠스의 원리를 지지, 혹은 반대하는 의견은 적절하게 균형을 이루고 있다. 하지만 우리가 그림자 생물권이나 화성에 있을지도 모를 독립적인 생명의 기원에 관한 증거를 찾게 된다면 상황은 당장 코페르니쿠스의 원리를 '지지'하는 쪽으로 기울 것임에 틀림없다. 그러나 이 원리는 인간의 지성이나 기술에는 맞지 않는다. 코페르니쿠스의 원리를 복잡한 생물들에까지 적용할 수 있다 해도 우리 같은 기술 문명에 대해서는 그렇게 하기 어렵다. 우리는 우주에서 유일한 존재일지도 모른다. 아직은.

물론, 그 정반대 상황에 대해서도 증명할 수 없다. 우리가 지적 생명체의 증거를 찾지 못한 채 앞으로 100만 년 동안 세티를 지속할 가능성도 있지만, 그렇다고 해서 지적 생명체의 존재 가능성을 전면 부정할 수는 없다. 그들을 놓칠 만한 예외적 상황과 그럴 만한 이유는 얼마든지 있기 때문이다. 그러나 철저한 탐색 노력에도 불구하고 우리가 정말 아무것도 얻지 못한다면, 그리고 섬뜩한 침묵 때문에 아무것도 듣지 못하게 된다면 사람들은 대부분, 우리가 결국 유일한 존재일 것이라고 생각하게 되리라. 그다음에는?

우리가 유일한 존재라는 결론에 다다를 경우, 사람들은 생명과 마음, 그리고 우리의 생명을 지탱해 주는 지구에 관해 특별한 가치를 두게 될지도 모른다. 따라서 섬뜩한 침묵에 관심을 가질 수밖에 없다. 어쨌든 생명, 적어도 지적 생명체는 아주 특이한 형태요, 아주 드문 존재라고 보는 것이 맞다. 그러나 지적 생명체가 출현할 가능성이 대단히 낮다는 사실은, 그 가치를 깎아내리는가, 아니면 높이는가? 우리는 지구를 더 훌륭하게 보존해야 할 필요가 있다. 마찬가지로, 우리 스스로를 좀 더 소중하게 돌봐야 할 필요가 있다. 우주에서 차지하는 위치를 놓고 볼 때 유일하게 지성을 갖춘 종인 우리가 스스로 자멸의 길을 걷는다면 정말 커다란 비극이 아닐 수 없다. 그럼에도 넓은 뜻에서 인간의 존재 의미를 판단하고 결정지을 수 있는 아주 중대한 기준이 있다. 필자는 4장에서 거대한 필터가 시간상으로 우리의 앞에 있는지 아니면 뒤에 놓여 있는지 언급한 적이 있다. 만일 지구가 지적 생명을 포함한 다양한 종의 생명들이 서식하는 단 하나밖에 없는 행성이 아니라면 우리는 이미 모든 필터를 통과한 셈이다. 그리고 우주에서 하나밖에 없는 실험을 치를 준비가 된 셈이다. 우리는 지구 밖의, 무수히 많은 불모의 세계에 생명의 불꽃과, 지성과 문화를 확산시키는 일을 우리의 사명이자 운명으로 받아들일 수 있다. 복잡한 형태의 생명은 우주에 널리 퍼져 있지만, 지성은 오직 지구에 한정됐다는 사실을 우리가 알게 된다면 비관적이고 우울한 일이 아닐 수 없다. 그렇다면 우리 은하나 그 밖의 은하에 속한 수많은 행성에 지적 생명체가 진화하고 있지만, 생겼다가 곧 멸종할 가능성이 상당히 높다는 뜻으로 해석할 수 있다. 전쟁과 기술로 인한 재난, 혹은 그 밖의 다양한 원인에 의해 그런 비극이 일어날 수 있다. 우리도 그런 운명을 맞게 될지도 모른다.

요점은 이렇다. 인류에 전혀 다른 영향을 미치게 될 세 가지 가능성이 있다. 첫째, 우주가 지적 생명체로 가득 찼다는 것. 이게 사실이라면 우리에게는 굉장히 신나는 일이며, 인류의 미래는 희망적이다. 두 번째, 지구는 생명이 서식하는 유일한 오아시스라는 것. 우리에게는 굉장히 부담스러운 운명이며, 동시에 이성의 불꽃이라는 소중한 유산을 영원히 보존해야 하는 중대한 사명을 부여받는 셈이다. 세 번째 가능성은, 우주에는 생명이 널리 퍼져 있지만, 우리 외에는 이를 축하할 만한 아무도 없다는 것. 우리 종에게는 좋지 않은 조짐이다.

결국 우주에는 우리뿐일까? 나의 대답은

하는 수 없이 사람들은 필자에게 직설적으로 묻는다. "당신은 우리가 우주의 유일한 존재라고 생각하나요, 아니면 어딘가에 지적 생명체가 살고 있을 것이라고 생각하나요?" 필자는 이 책에서 이에 관한 긍정적인, 동시에 부정적인 다양한 시각을 제시하려고 노력했다. 그러나 이제 결정할 시점이 됐다. 필자는 차례로 세 가지 모자를 바꿔 쓰면서 그 질문에 대해 결론을 내리려고 한다. 우선 '과학'의 모자를 쓰겠다. 나, '과학자' 폴 데이비스는 우주에 우리만 있다고 생각하는가? 필자는 과학자로서 새로운 증거에 관해 생각이 열려 있고, 그래서 아직 마음을 정하지는 않았다. 필자는 여러 사실을 근거로 외계인이 존재할 확률을 가정한 뒤, 다양한 주장들에 대해 상대적 중요도에 따라 가중치를 매기리라. 필자는 이런 모든 것을 고려해 관측 가능한 우주에서 우리는 단 하나밖에 없는 유일한 지적 존재일 것이라고 답하겠다. 때문에 그런 우주에서 태양계에만 생명이 산다고 해도 그리 놀랄 일은 못 된다. 필자가 이런 우울한 결론을 내린 이유는, 생명이 태어나 진화하는 데 우연성이 너무 많이 개입돼 있다는 것, 그리고 앞서 말한 것처럼 조직화된 복잡성의 증가와 관련해 일반 법칙을 유도해 낼 만한 확실한 이론적 기반이 (생물학에는 — 옮긴이) 없기 때문이다. 이 결론은 독자들에게 실망스러울지도 모른다. 물론, 나 자신, '철학자' 폴 데이비스에게도 이 결론은 낙담을 안겨 준다.

'과학'의 모자는 이제 옆에 벗어 두고 두 번째 모자를 쓴다. 우리가 유일한 존재라는 우주의 본질에 대해 필자는 어떻게 느끼는가? 솔직히 말하면 불편하다. 오직 하찮은 '호모 사피엔스' 외에는 볼 게 없는 저 밖의 모든 것은 도대체 무엇을 위해 만들어졌을까? 냉철한 필자의 동료들은 냉정하게, 그것은 무엇을 위해 존재하는 게 아니라, 그저 거기 있을 뿐이라고 말한다. 우주에 무슨 목적이 있다는 생각은 그저 종교적 유산일 뿐이라고 말이다.

마지막으로, '인간' 폴 데이비스가 있다. 필자가 물리학자를 직업으로 택하는 데 영향을 준 요인 가운데 하나는 우주 어딘가에 지적 생명체가 있을지도 모른다는 생각이었다. 다른 십대들처럼 필자도 학생 시절 비행 접시 이야기를 읽었고 거기 정말 뭐가 타고 있을까 하고 궁금해 했다. 필자는 또, 아서 클라크, 프레드 호일, 아이작 아시모프, 존 윈덤(John Wyndham)의 SF 소설에 빠졌고, 외계인이 신호를 보내는 은하를 마음속에 그렸다. 또 스탠리 큐브릭의 「스페이스 오디세이 2001」을 봤으며, 이내 현실로 구현됐지만, 인간 본성에 천문학적인 바람이 포함돼 있을 것이라는 생각에 기뻐 어쩔 줄 몰랐다. 필자는 이런 비슷한 경험을 겪고 나서 과학자가 된 사람을 여럿 알고 있다. 필자는 수십 년간 과학자로 살았지만, 그런 생각에 매료됐던 소년기의 순진한 상상은 아직도 희석되지 않았다. 필자는 본질적으로 우주는 생명과, 또한 지성에 우호적이라 믿고 싶다. 때문에 지구에 사는 우리의 미천한 노력과, 시간과 에너지를 하릴없이 소비하는 우리의 일상은, 저 위대하고 어떤 가치 있는 존재의 일부일지도 모른다. 그렇게 생각하는 것이 필자의 기질과 잘 들어맞는다. 필자는 외계 지성체가 있다는 분명한 증거를 우연히 알게 되는 것보다 더 흥분되는 발견은 없을 것이라고 생각한다. 몽상적인 생각에 잠길 때면 생물학적이든 아니든 모든 지성적인 존재는 광활한 시공을 넘어, 또한 IQ의 사다리를 초월해 어떤 공감대나 유대감을 가질 것이라고 생각하기를 즐긴다. 그 존재는 칠흑같이 어두운 텅 빈 은하 간 공간을 떠도는 신 같은, 양자화된 정신이나 기지화된 혜성을 타고 날아가는 슈퍼 사이보그일 수도 있다. 아니면 회전하는 블랙홀에 바싹 붙어사는 마트료슈카의 뇌, 아니면 행성에 살면서 고도의 기술을 이용하는 뇌가 큰 생명체일 수도 있지만, 어쨌든 필자는 그들의 소리를 듣고 싶다. 그렇다. 마지막으로 '몽상가'의 모자를 쓰면 우주는 지적 생명체가 흔한 곳이 돼 버리고, 필자는 그런 우주에서 마음이 편해진다. 이런 상념은 '신념'이라기보다는 차라리 '욕구'에 가깝다. 그러나 어찌 보면 '과학자' 폴 데이비스가 나, 필자 스스로를 제지하려 들기 전에 자신도 모르게 찾아오는 상념이다.

그래서 세티는 그리도 애타고 감질나는 일일 수밖에 없다. 우리가 정말 '모르기' 때문에.

부록 세티의 역사

2019년은 찰스 다윈 탄생 210주년인 동시에, 세계를 뒤흔든 그의 역작 『종의 기원』이 출간된 지 160주년 되는 해다. 게다가 주세페 코코니와 필립 모리슨이 성간 전파 통신의 가능성을 제시한 논문이 발표된 지 50년이 지난 해이기도 하다. 이 논문은 후에, 프랭크 드레이크가 오즈마 프로젝트를 시작하게 된 기틀을 마련했다.

이 프로젝트는 초반부터 과학자들 사이에 비주류 취급을 받았다. 하지만 이내 변화가 나타나기 시작했다. 1960년대 중반, 영국 왕립 공군 퇴역 의사인 존 빌링햄은 캘리포니아의 NASA 에임스 연구소에서 일하게 됐다. 빌링햄은 우연히 에임스 연구소의 우주 생물학 연구자들과 대화를 나누다가 세티에 흠뻑 빠졌다. 그는 즉흥적이라고 할 만큼 사전 준비 없이 여름 학교를 열었다. 그 성과물은 1970년대 초반, 휼렛 패커드 사의 버나드 올리버가 편집, 출간한 사이클롭스 프로젝트라 불리는 세부 타당성 검토 보고서였다. 사이클롭스 프로젝트는 한 차례 소동을 불러일으켰고, 마침내 오하이오 주립 대학교와 행성 협회, 캘리포니아 주립 대학교, 패서디나 소재 제트 추진 연구소, NASA 에임스 연구소에서는 관측 프로그램에 착수했다. 뿐만 아니라, (구)소비에트 연방 공화국에서도 세티 프로젝트가 생겨났고, 본격적이지는 않지만 서유럽과 오스트레일리아에서도 관련 연구가 시작됐다. 사이클롭스는 일반인들의 주목을 끌었으며, 칼 세이건은 이즈음 대중적으로 널리 알려지게 됐다. 그가 쓴 책, 신문과 잡지 기사, 대중 강연, 그리고 일대 대성공을 거둔 텔레비전 시리즈물 「코스모스」는 세티라는 전문 용어를 일상 언어로 바꿔 놓았다.

1984년 11월 20일, 세티 프로젝트를 총괄하기 위해 NASA 에임스 연구소와 가까운 캘리포니아 마운틴 뷰에 세티 연구소가 설립됐다. (그리고 나중에는 에임스 인근으로 이전됐다.) 1988년 미국 의회는 크리스토퍼 콜럼버스가 신대륙을 발견한 지 500년 되는 해를 기념하기 위해 세티 연구를 위한 예산을 배정하기로 결의했다. 그리고 4년 뒤, 대대적인 관심 속에 관측 연구가 시작됐다. 아아! 하지만 기쁨은 오래 가지 못했다. 1년도 채 못 돼, 미국 의회는 이 사업이 세금으로 충당하기에 적합지 않다는 여론에 휩싸여 지원을 철회하기에 이르렀다. NASA는 이렇게 돌연, 예산 지원을 중단했다. 1993년부터 세티는 민간 부문의 기부금에 기대어 명맥을 이어 갔다. 그 결과, 세티 연구소는 남, 북반구에서 태양과 유사한 1,000여 개의 가까운 별들을 대상으로 하는 피닉스 프로젝트를 지속할 수 있었다. 캘리포니아 주립 대학교 버클리 캠퍼스의 세렌딥(SERENDIP) 프로젝트와 오스트레일리아 팍스 천문대의 남천 세렌딥 프로젝트도 순조롭게 진행됐다. 한편, SETI@홈 프로젝트 덕에 세티에 대한 일반인들의 관심은 증폭됐다. 이 프로젝트는 간단한 소프트웨어를 써서 컴퓨터 스크린세이버로 전파 망원경에서 오는 신호를 분석하는 프로젝트다. SETI@홈 프로젝트는 이를테면 어느 날 아침, 한 여고생이 잠에서 깨어나 PC를 통해 ET를 발견하는, 역사에 기록될 만한 사건이 일어날 가능성이 있는, 막연하지만 그런 멋진 희망을 담고 있다.

질 타터는 현재 세티 연구소의 세티 연구 센터 소장직을 맡고 있다. 예산 지원에 관한 미온적인 태도에도 불구하고 NASA는 세티 연구소와 주류 우주 생물학을 포함한, 광범위한 프로젝트에 대해 활발하게 공동 연구를 벌이고 있다. 프랭크 드레이크는 활동적인 연구자이자 세티 프로젝트의 개척자로서 이 일에 열정적으로 매진하고 있다. (질 타터 퇴임 후, 2015년 8월 나탈리 캐럴(Nathalie Carol)이 세티 연구소 소장으로 임명됐다. 세티 연구소의 핵심인 세티 연구 부문은 전액 민간 지원에 의존해 진행되지만, 우주 생물학 연구는 NASA, 국립 과학 재단과 같은 기관, 단체의 지원과 함께 민간 기부로 이뤄진다. — 옮긴이)

참고 문헌

Benner, Steven, *Life, the Universe and the Scientific Method* (The Ffame Press, Gainsville, Fla., 2009).

Bennett, Jeffrey, *Beyond UFOs: The Search for Extraterrestrial Life and Its Astonishing Implications for Our Future* (Princeton University Press, Princeton, NJ, 2008).

Bracewell, Ronald, *The Galactic Club* (W. H. Freeman, San Francisco, 1975).

Chela-Flores, Julian, *A Second Genesis* (World Scientific, Singapore, 2009).

Crick, Francis, *Life Itself: Its Origin and Nature* (Touchstone, New York, 1981).

Crowe, Michael, *The Extraterrestrial Life Debate*, 1750-1900 (Cambridge University Press, Cambridge, 1986).

Davies, Paul, *The Fifth Miracle: The Search for the Origin and Meaning of Life* (Simon & Schuster, New York, 1988).

———, *The Origin of Life* (Penguin Books, London, 2003).

Dick, Steven, J., *Plurality of Worlds: The Extraterrestrial Life Debate from Democritus to Kant* (Cambridge University Press, Cambridge, 1982).

———, (ed.), *Many Worlds: The New Universe, Extraterrestrial Life, and the*

Theological Implications (Templeton Foundation Press, West Conshohocken, Pa., 2000).

Dole, Stephen H., *Habitable Planets for Man* (Elsevier, Kidlington, 1970).

de Duve, Christian, *Vital Dust: Life as a Cosmic Imperative* (Basic Books, New York, 1995).

Dyson, Freeman, *Origins of Life* (Cambridge University Press, Cambridge, 1986).

Ekers, R. D., D. Kent Cullers and John Billingham, *SETI 2020: A Roadmap for the Search for Extraterrestrial Intelligence* (SETI Press, Mountain View, Calif., 2002).

Feinberg, Gerald and Robert Shapiro, *Life Beyond Earth: An Intelligent Earthling's Guide to Life in the Universe* (William Morrow, New York, 1980).

Gardner, James N., *Biocosm - The New Scientific Theory of Evolution: Intelligent Life is the Architect of the Universe* (Inner Ocean Publishing, Makawao, Hawaii, 2003).

Gilmour, Ian and Mark Stephton (eds.), *An Introduction to Astrobiology* (Cambridge University Press, Cambridge, 2004).

Goldsmith, Donald and Tobias Owen, *The Search for Life in the Universe*, 3rd edn (University Science Books, Sausalito, Calif., 2002).

Kurzweil, Ray, *The Age of Spiritual Machines: When Computers Exceed Human Intelligence* (Viking, New York, 1999).

Lemonick, Michael, *Other Worlds: The Search for Life in the Universe* (Simon & Schuster, New York, 1998).

McConnell, Brian S., *Beyond Contact: A Guide to SETI and Communicating with Alien Civilizations* (O'Reilly Media, Inc., Sebastopol, Calif., 2001).

Morris, Simon Conway, *Life's Solution: Inevitable Humans in a Lonely Universe* (University of Cambridge, Cambridge, 2003).

Plaxco, Kevin W. and Michael Gross, *Astrobiology: A Brief Introduction* (The Johns Hopkins University Press, Baltimore, 2006).

Sagan, Carl, *Contact* (Simon & Schuster, New York, 1985; Century Hutchinson, London, 1985).

———, *Cosmos* (Random House, New York, 1980; Macdonald & Co., London, 1981).

Shapiro, Robert, *Origins: A Skeptics's Guide to the Creation of Life on Earth* (Summit Books, New York, 1986).

Shermer, Michael, *Why People Belive Weird Things: Pseudoscience, Superstition, and Other Confusions of Our Time* (W. H. Freeman, San Francisco, 1997).

Shostak, Seth, *Sharing the Universe: Perspectives on Extraterrestrial Life* (Berkeley Hills Books, Albany, Calif., 1998).

———, *Confessions of an Alien Hunter: A Scientist's Search for Extraterrestrial Intelligence* (National Geographic, Washington, DC, 2009).

Shuch, H. Paul, *Tune into the Universe: A Radio Amateur's Guide to the Search for Extraterrestrial Intelligence* (American Radio Relay League, Hartford, Conn., 2001).

Ward, Peter and Donald Brownlee, *Rare Eath: Why Complex Life is Uncommon in the Universe* (Copernicus, New York, 2000).

Webb, Stephen, *If the Universe is Teeming with Aliens ... Where is Everybody? Fifty Solutions to Fermi's Paradox and the Problem of Extraterresttial Life* (Copernicus, New York, 2002).

후주

책을 시작하며

1. 잰스키의 발견이 얼마나 중요한가 하는 것은 오늘날 전파 플럭스 측정 단위에 그의 이름(잰스키)이 붙었다는 것만으로도 알 수 있다.
2. 주세페 코코니와 필립 모리슨이 쓴, "Searching for interstellar communications," *Nature*, vol. 184 (1959), 844쪽을 참조할 것.

1. 거기, 밖에 아무도 없습니까?

1. MHz는 '메가헤르츠'라고 읽는다. 헤르츠는 독일 물리학자 하인리히 루돌프 헤르츠(Heinrich Rudolf Hertz)의 이름에서 따온, 주파수 측정 단위다. 헤르츠는 1초를 기준으로 한 주기를 뜻한다. 1메가헤르츠(MHz)는 100만 헤르츠다. 1기가헤르츠(GHz)는 10억 헤르츠 또는 1,000메가헤르츠와 같다. 주파수로 1,420메가헤르츠는 파장으로는 21센티미터에 해당한다. 드레이크는 사동화된 장치 덕분에 1,420메가헤르츠 수변의 좁은 주파수 대역을 스캔할 수 있었다.
2. 세스 쇼스탁이 지은 *Confessions of an Alien Hunter: A Scientist's Search for*

Extraterrestrial Intelligence (National Geographic, 2009)에서는 세티로 인해 실제로 어떤 소동이 벌어지는지 좀 더 실감 나게 설명하고 있다.

3. 전파원이나, 전파를 수신하는 사람이 움직이면 도플러 효과로 인해 시간에 따라 주파수가 이동한다. 이를 보정하지 않을 경우, 외계 전파 신호는 잘 맞춰진 주파수 영역으로 잠깐 들어왔다가 수 분 뒤, 갑자기 사라질 수 있다.
4. H. G. 웰스의 *The War of the Worlds* (Heinemann, London, 1898), 4쪽을 참조할 것.
5. 이를 지지하는 내용은 예를 들면 다음 두 편의 논문에서 찾을 수 있다. T. B. H. Kuiper and M. Morris, "Searching for extraterrestrial civilizations," *Science*, vol. 196 (1977), 616쪽과 D. G. Stephenson, "Models of interstellar exploration," *Quarterly Journal of the Royal Astronomical Society*, vol. 23 (1982), 236쪽을 참조할 것.
6. 세스 쇼스탁이 지은 *Confessions of an Alien Hunter: A Scientist's Search for Extraterrestrial Intelligence* (National Geographic, 2009), ix쪽에서 프랭크 드레이크가 쓴 서문을 참조할 것.
7. 칼 세이건의 대표작인 *Cosmos* (Random House, New York, 2002), 339쪽을 참조할 것. (한국어판 홍승수 옮김, 『코스모스』(사이언스북스, 2004년). — 옮긴이)
8. http://www.meteorlab.com/METEORLAB2001dev/metics.htm#Thomas.
9. 입자 물리학 분야의 이에 관한 좋은 예는, 1980년대 초반, 유럽 입자 물리학 연구소 CERN에서 발견한 W 입자와 Z 입자다. 이 발견은 대형 전자 양전자 충돌기(LEP)에서 몇 안 되는 '사건'이 검출된 직후 발표됐다. 이에 관해서는 일부 물리학자들만 문제 삼았다. 그 이유는, 10여 년 전, 이미 W 입자와 Z 입자를 예측하는 훌륭한 이론이 수립됐으며, 그 이론은 새로운 입자들이 실제로 어떤 행동을 보일지 대해 구체적인 수치를 제시했기 때문이다.
10. 루퍼트 셸드레이크(Rupert Sheldrake)는 과학적으로 정신 감응 같은 것에 대한 이론을 수립하는 일에 거의 가까이 다가가 있었다. 그러나 정신 감응은 진실을 폭넓게 왜곡하고 있으며, 아직 관련 메커니즘을 설명하는 수학 모형과 물리적 기초가 부족하다. 이에 관해서는 그의 책, *The Sense of Being Started At: And Other Aspects of the Extended Mind* (Crown, New York, 2003)을 참조할 것.
11. 우리 은하에 성간 통신을 하는 문명이 존재할 사전 확률을 수학 용어로 표현하면, '두 개의 값(bimodal)을 갖는다.' 즉 '0' 또는 '1'에 아주 가깝다고 말할 수 있다. (확률이 1이라는 뜻은 사건이 반드시 일어난다는 뜻이다.) 당시에는 아무런 증거 없이 사전 확률이

2분의 1(0와 1의 평균값)이라고 결정하는 것은 적절치 못했다. 이것은 마치, 내세가 있다고 믿는 사람과, 그렇지 않다고 믿는 사람이 반반씩이기 때문에 사후 세계가 존재할 확률과 그렇지 않을 확률이 50대 50이라고 말하는 것과 다를 바 없다.

12. 「에스겔서」 1장 4~28절.

13. 로마의 교부 히폴리투스(Hippolytus)에 따르면 데모크리토스가 지은 『이단에 대한 반증(*Refutation of the Heresies*)』에 수록된 것이라고 한다. 헤르만 디엘스(Hermann Diels)와 발터 크란츠(Walter Kranz)의 *Die Fragmente der Vorsokratiker* (Weidmann, Zurich, 1985), vol. 2, section 68 A 40, 94쪽에서 인용했다. 영문 번역은 다음을 참조했다. W. K. C. Guthrie, *A History of Greek Philosophy: Presocratic Tradition from Parmenides to Democritus* (Cambridge University Press, Cambridge, 1965), vol. 2, 405쪽.

14. *The Roman Poet of Science, Lucretius: De Rerum Natura* Book II (trans. Alban Dewes Winspear, The Harbor Press, New York, 1955).

15. *Kepler's Coversation with Galileo's Sidereal Messenger* (trans. Edward Rosen, Johnson reprint, New York and London, 1965), 42쪽.

16. http://ufos.nationalarchives.gov.uk/.

17. 에드워드 콘던의 *Scientific Study of Unidentified Flying Objects* (University of Colorado, Boulder, 1968)를 참조할 것.

18. J. B. S. Haldane, *Possible Worlds: And Other Essays* (Chatto and Windus, London, 1932), 286쪽을 참조할 것.

2. 생명, 없어도 되는 괴물인가, 아니면 필연적 존재인가?

1. 《워싱턴 포스트》, 2008년 7월 20일 기사를 참조할 것.

2. 프랜시스 크릭의 *Life Itself: Its Origin and Nature* (Simon & Shuster, New York, 1981), 88쪽을 참조할 것.

3. 자크 모노의 *Chance and Necessity* (trans. A. Wainhouse, Collins, London, 1972), 167쪽을 참조할 것. (한국어판 조현수 옮김, 『우연과 필연』(궁리출판, 2010년). — 옮긴이)

4. 조지 게일로드 심프슨의 "The non-prevalence of Humanoids," *Science*, vol. 143 (1964), 769쪽을 참조할 것.

5. 크리스티앙 드 뒤브의 *Vital Dust: Life as a Cosmic Imperative* (Basic Books, New York, 1995)를 참조할 것.

6. http://telegraph.co.uk/scienceandtechnology/science/space/4629672/AAAS-One-hundred-billion-trillion-planets-where-alien-life-could-flourish.html.

7. J. William Schopf, Bonnie M. Packer, "Newly discovered early Archean (3.4-3.5 Ga Old) microorganisms from the Warrawoona Group of Western Australia," *Origin of Life and Evolution of Biospheres*, vol. 16, nos. 3-4 (1986), 339쪽을 참조할 것.

8. A. Allwood, "Stromatolite reef from the Early Archaean Era of Australia," *Nature*, 8 June 2006, 714쪽을 참조할 것.

9. 필자는 *The Fifth Miracle* (Simon & Schuster, New York, 1988; Allen Lane, The Penguin Press, London, 1998)이라는 책에서 이 과정에 대해 자세히 설명했다. 이 책은 영국에서 다음 제목으로 재출간됐다. *The Origin of Life* (Penguin Press, London, 2003).

10. Gerda Horneck, et al., "Microbial rock inhabitants survive hypervelocity impacts on Mars-like host planets: first phase of lithopanspermia experimentally tested," *Astrobiology*, vol. 8, no. 1 (2008), 17쪽을 참조할 것.

11. 프레드 호일의 *The Intelligent Universe* (Michael Joseph, London, 1983), 18~19쪽을 참조할 것.

12. 조지 화이트사이즈의 글 "The Improbability of life"를 참조할 것. 이 글은 다음 책에 실려 있다. John D. Barrow, Simon Conway Morris, Stephen J. Freeland and Charles L. Harper (eds.), *Fitness of the Cosmos for Life: Biochemistry and Fine-Tuning* (Cambridge University Press, Cambridge, 2004), xiii쪽을 참조할 것.

13. 앞의 책, xv쪽을 참조할 것.

14. 앞의 책, xvii쪽을 참조할 것.

15. 앞의 책을 참조할 것.

16. 특정 패턴이 나타나지 않는다는 뜻에서 불규칙적인, 그 밖의 다른 분자 간 결합이 있을 수 있다. 이는 다른 형태의 생명을 의미한다. 생물학적으로 일어날 수 있는 분자 배열은, 그 분자들이 순차적으로 배열된 공간에서 아주 작은 영역을 차지한다. 생물학적으로 일어날 가능성 있는 그 밖의 다른 기능을 담당하는 순차적 결합이 설사, 군데군데 끊어진 곳이 많다 하더라도 말이다.

17. 이 문제를 분명하게 짚고 넘어가기 위해, 필자가 '거의 기적적인'이라는 표현을 쓸 때에는 생명의 기원이 신성한 개입에 의한 것이라 말하려는 의도가 '아님'을 밝혀 둔다. 필자는 일어날 가능성이 아주 희박하다 할지라도 이 과정이, 완벽하게 자연적으로 일어났다고 생각한다.

18. 이 점에 대해 분명히 해두려고 한다. 만약 당신이 50개의 아미노산을 조사한다면, 그리고 이전의 아미노산 배열로부터 그다음 배열을 유추하는 방법으로 수학적 근거를 찾으려고 노력한다면, 단지 가능성을 말할 때에 한해서는 맞다. DNA의 염기 결합에 대해서도 마찬가지다.

19. 필자의 *The Cosmic Blueprint*, rev. edn. (Templeton Foundation Press, West Conshohocken, Pa., 2004)와 아울러 *The Fifth Miracle* (Simon & Schuster, New York, 1988; Allen Lane, The Penguin Press, London, 1998)을 참조할 것. (앞의 책의 한국어판은 이호연 옮김, 『우주의 청사진』(범양사출판부, 1992년)이다. — 옮긴이)

20. 다음 책에서 이 분야에 대한 좋은 소개를 찾아볼 수 있다. William Poundstone, *The Recursive Universe* (William Morrow, New York, 1996). 좀 더 깊은(그리고 논란을 불러일으킬 수 있는) 논의는 다음 책에 나와 있다. Stephen Wolfram, *A New Kind of Science* (Wolfram Media, Champaign, Ill., 2002).

21. A. G. Cairns-Smith, *Seven Clues to the Origin of Life* (Cambridge University Press, Cambridge, 1986). (한국어판 곽재홍 옮김, 『생명의 기원에 관한 일곱 가지 단서』(동아출판사, 1991년). — 옮긴이)

22. 필자는 이것과 관련된 특정 모형을 다음 글에서 다뤘다. "It's a quantum life," *Physics World*, vol. 22, no. 7 (2009), 24쪽을 참조할 것.

23. 화성은 생명이 살았을 곳으로 주목받는 곳이다. 동시에 목성 위성인 유로파도 원시 생명이 살았을 만한 곳으로 생각된다. 유로파는 표면이 얼음으로 덮였으며, 그 밑에 조석력 때문에 가열된, 액체로 된 바다가 있다. 유로파는 목성을 공전하면서 중력장에 의해 변형되는데, 때문에 금속성 핵을 포함한 위성 전체가 일그러진다. 그 결과, 엄청난 양의 마찰열이 발생한다. 그 밖에 관심을 끄는 곳은 토성의 거대한 위성 타이탄이다. 2008년, 소형 탐사선 하위헌스는 타이탄 표면으로 낙하했는데, 이때 액체 메테인과 에테인으로 이뤄진 강과, 호수, 암석과 얼음, 그리고 석유 화학적 성분을 띤 두꺼운 대기로 만들어진, 얼어붙은 세계를 보여 주었다. 만일 지구 생명체가 이런 치명적인 환경에 노출됐다면 순식간에 사라졌을 것이다. 하지만 일부 과학자들은 액체 상태의 물이 다른 용제로 대체됐

을 때 이런 환경에서 아세틸렌을 메테인으로 변환시키는 신진 대사를 하는 특이한 저온 생물이 존재할 수 있을 것이라고 추정하고 있다.

24. 최소한 운이 아주 나쁘지 않았다면 화성에는 정반대의 카이랄성과 동일한 거주 밀도를 갖는 두 가지 형태의 생명이 살 수도 있다.

3. 그림자 생물권

1. 케빈 마허와 데이비드 스티븐슨의 다음 논문을 참조할 것. "Impact frustration of the origin of life," *Nature*, vol. 331 (1988), 612쪽.
2. 필자는 1988년, *The Fifth Miracle*이라는 책에서 이 아이디어를 제기했다. 이에 관한 자세한 연구는, Lloyd E. Wells, John C. Armstrong, Guillermo Gonzalez, "Reseeding of early earth by impacts of returning ejecta during the late heavy bombardment," *Icarus*, vol. 162, no. 1 (2003), 38쪽을 참조할 것.
3. '그림자 생물권'이라는 용어는 콜로라도 대학교의 캐럴 클리랜드와 셸리 코플리가 2005년 다음 문헌에서 처음 사용했다. "The possibility of alternative microbial life on Earth," *International Journal of Astrobiology*, vol. 4 (2005), 165쪽을 참조할 것.
4. Richard Dawkins, *The Ancestor's Tale* (Houghton Mifflin, London, 2004)을 참조할 것. (한국어판 이한음 옮김, 『조상 이야기』(까치, 2005년). — 옮긴이)
5. Paul C. W. Davies, Charley H. Lineweaver, "Search for a second sample of life on Earth," *Astrobiology*, vol. 5, no. 2 (2005), 154쪽을 참조할 것.
6. Paul Davies, Steven Benner, Carol Cleland, Charley Lineweaver, Chris McKay, Felisa Wolfe-Simon, "Signatures of a shadow biosphere," *Astrobiology*, vol. 9, no. 2, 1쪽을 참조할 것.
7. Stephen Jay Gould, "Planet of the Bacteria," *Washington Post Horizon*, vol. 119 (1996), 344쪽을 참조할 것.
8. 이 내용은 단순화된 것이다. 일부 생물들은 무기성 기체와 수소, 이산화탄소만 흡입해 사용할 수 있다. 그러나 다른 생물들은 해수면 근처, 햇빛이 드는 곳에 침전, 용해된 산소와 유기 물질을 통해 표면의 생물 활동을 간접적으로 이용하기도 한다.
9. Thoma Gold, *The Deep Hot Biosphere* (Springer, New York, 1999)를 참조할 것. 다음 문헌을 참조할 것. Bo Barker Jorgensen, Steven D'Hondt, "A starving majority

deep beneath the sea floor," *Science*, vol. 314 (2006), 932쪽.

10. 전체적인 내용을 파악하려면 필자의 책 *The Fifth Miracle*을 참조할 것.
11. T. O. Stevens, J. P. Mckinley, "Lithoautotrophic microbial ecosystems in deep basalt aquifers," *Science*, vol. 270, (1995), 450쪽; D. R. Lovley, "A hydrogen-based subsurface microbial community dominated by methanogens," *Nature*, vol. 415 (2002), 312쪽; L. H. Lin, et al., "Long-term sustainability of a high-energy, low-diversity crustal biome," *Science*, vol. 314 (2006), 479쪽을 참조할 것.
12. 우주 생물학자들은 화성에 이와 유사한 지하 생태계가 있을지도 모른다고 생각하고 있다. 이 때문에, 몇 년 전, 화성 대기에서 메테인이 발견됐을 때 한 차례 소동이 있었다.
13. 정의에 따라 바이러스는 살아 있다고 말할 수도 있다. 따라서 특이 바이러스가 있다면 그것은 곧 특이 생물을 발견한 것이라고 말할 수 있다. 바이러스는 세포 도움 없이 재생산할 수 없기 때문에 중요치 않으며, 그런 의미에서 자주적인 생물이 아니다. 그러나 우리가 만일, 특이 바이러스를 찾았다면 멀지 않은 곳에 특이 세포가 있을 가능성이 높다는 뜻으로 해석할 수 있다.
14. 만일 지구에서 길버트 레인의 개량된 식별 방출 실험이 성공한다면 그다음 단계는, 같은 장비를 화성으로 보내 바이킹의 풀리지 않은 문제를 단번에 해결하는 일일 것이다.
15. 앞서 필자가 말한 것처럼, 이 침입자들을 '외계의 것'이라고 부른다면 그것은 특성이 '다르다.'는 뜻에서다. 하지만 SF 소설에서 은어로 쓴 것처럼 '우주에서 왔다.'는 뜻은 아니다. 그들은 화성에서 왔을 수도, 우리의 먼 조상으로부터 왔을 수도 있다.
16. P. C. W. Davies, E. V. Pikuta, R. B. Hoover, B. Klyce, P. A. Davies, "Bacterial utilization of L-Sugars and D-amino acids," proceedings of SPIE's 47th annual meeting, San Diego, August 2006, 63090A.
17. Steven Benner, *Life, the Universe and the Scientific Method* (The Ffame Press, Gainsville, Fla., 2009)을 참조할 것.
18. Ariel Anbar, Paul Davies, Felisa Wolfe-Simon, "Did nature also choose arsenic?," *International Journal of Astrobiology*, vol. 8 (2009), 69쪽을 참조할 것.
19. 기술적으로, 비산염이 아비산염으로 환원하면서 에너지가 발생해 산화-환원 전위가 발생할 수 있다.
20. 예를 들면, 질량 분석을 이용해 분자들의 상대 질량을 측정하고 이에 따라 유기물을 분류할 수 있다.

21. 그보다 더 복잡한 요인이 있다. 필자는 '생명의 기원'에 대해 언급하면서 암묵적으로 '산 것'과 '산 것이 아닌 것' 사이에 분명한 구별이 있다고 가정했다. 따라서 생물 발생은 잘 정의된 사건이다. 하지만 이것은 지나치게 단순화된 가정일 수도 있다. 어쩌면 생명과 비생명 사이에는 더욱더 복잡한 형태로 연장되는, 끝없는 화학적 경로가 존재할 뿐 명확한 경계가 없을지도 모른다.

22. 필자는 이 사례에 대해 관심을 갖게 해 준 크리스 맥케이와 펄리사 울프사이먼에게 감사한다.

23. Brent C. Christner, Cindy E. Morris, Christine M. Foreman, Rongman Cai, David C. Sands, "Ubiquity of biological ice nucleators in snowfall," *Science*, vol. 319 (2008), 1214쪽을 참조할 것.

24. R. L. Folk, "SEM imaging of bacteria and nanobacteria in carbonate sediments and rocks," *Journal of Sedimentary Petrology*, vol. 63 (1993), 990쪽

25. Philippa J. R. Uwins, Richard I. Webb, Anthony P. Taylor, "Novel nano-organisms from Australian sandstones," *American Mineralogist*, vol. 83 (1998), 1541쪽을 참조할 것.

26. E. O. Kajander, N. Ciftcioglu, "Nanobacteria: an alternative mechanism for pathogenic intra- and extracellular calcification and stone formation," *Proceedings of the National Academy of Sciences*, vol. 95 (1998), 8274쪽을 참조할 것.

27. Steven Benner, *Life, the Universe and the Scientific Method* (The Ffame Press, Gainsville, Fla., 2009), 122~123쪽을 참조할 것.

28. 화성 운석에 관한 자세한 설명은 필자가 쓴 *The Fifth Miracle*에 나와 있다.

29. J. Martel, J. D.-E. Young, "Purported nanobacteria in human blood as calcium carbonate nanoparticles," *Proceedings of the National Academy of Sciences*, 8 April 2008, vol. 105, no. 14 (2008), 5549쪽을 참조할 것.

30. Jocelyn Selim, "Venter's ocean genome voyage," *Discover* online, 27 June 2004.

4. 지구 밖에는 얼마나 많은 지성체가 살고 있을까?

1. Charles Darwin, *On the Origin of Species* (John Murray, London, 1859)의 마지막

쪽이다.

2. H. J. Jerison, *Evolution of the Brain and Intelligence* (Academic Press, New York, 1973). 신체 대비 두뇌 크기의 '예측되는' 비율은 여러 동물들에 대한 평균값을 취한 뒤, 두뇌 중량이 신체 중량의 3분의 2 제곱, 즉 표면적 대 부피의 비에 비례한다고 가정하고 계산한다. 이 가정은 대뇌화 지수의 기본 개념에 해당하지만, 과연 지성을 측정하는 유용한 방법인가에 대해서는 비판이 있어 왔다. 예를 들면, Rober O. Deaner, Karin Isler, Judith Burkart, Carel van Schaik, "Overall brain size, and not encephalization quotient, best predicts cognitive ability across non-human primates," *Brain, Behavior and Evolution*, vol. 70 (2007), 115쪽을 참조할 것.
3. 예를 들면, http://serendip.brynmawr.edu/bb/kinser/Int3.html을 참조할 것.
4. 이것은 성장의 유형이며, 한정된 시간 동안 그 양이 두 배로 늘어나는 특성에 해당한다. 예를 들면, D. A. Russell, "Exponential evolution: implications for intelligent extraterrestrial life," *Advances in Space Research*, vol. 3 (1983), 95쪽을 참조할 것.
5. Stephen Jay Gould, *Wonderful Life* (Norton, New York, 1990)을 참조할 것. (한국어판 김동광 옮김, 『원더풀 라이프』(궁리출판, 2018년). — 옮긴이)
6. 예를 들면, Simon Conway Morris, *Life's Solution: Inevitable Humans in a Lonely Universe* (Cambridge University Press, Cambridge, 2003)을 참조할 것. 굴드의 주장을 약화시키는 다른 요인은, 그의 주장이 진화의 경향을 강화하는 되먹임 메커니즘을 무시한다는 데 있다. Robert Wright, *Nonzero: The Logic of Human Destiny* (Pantheon, New York, 2000)을 참조할 것. (한국어판 임지원 옮김, 『넌제로』(말글빛냄, 2009년). — 옮긴이)
7. 라인위버는 자신의 주장을 피터 울름슈나이더(Peter Ulmschneider)의 책(*Intelligent Life in the Universe*)에 대한 논평에서 분명히 설명하고 있다. *Astrobiology*, vol. 5, no. 5 (2005), 658쪽을 참조할 것. 또 C. H. Lineweaber, "Paleontological tests: human-like intelligence is not a convergent feature of evolution," J. Seckbach, M. Walsh (eds.), *From Fossils to Astrobiology* (Spriger, New York, 2009), 353쪽도 참조할 것.
8. Christopher P. Mckay, "Time for intelligence on other planets," in Laurance R. Doyle (ed.), *Circumstellar Habitable Zones, Proceedings of the First International Conference* (Travis House Publications, Menlo Park, Calif., 1996), 405쪽을 참조할 것.

9. 예를 들면, Lori Marino, "Convergence of complex cognitive abilities in Cetaceans and Primates," *Brain, Behavior and Evolution*, vol. 59 (2002), 21쪽을 참조할 것.

10. 예를 들면, Mircea Eliade (trans. Willard R. Trask), *The Myth of the Eternal Return* (Princeton University Press, Princeton, NJ, 1971)을 참조할 것.

11. Joseph Needham and collaborators, *Science and Civilisation in China*, 7 vols. (Cambridge University Press, Cambridge, 1954-)을 참조할 것.

12. 세티와 관련해 적절한 숫자는 실제로 수십억 년 전의 별 탄생률에 해당한다.

13. 다른 한편, 우리가 확신하기는 어렵지만, 떠돌이 행성에서는 생명이 발생할 확률이 낮을 수도 있다. 드레이크 방정식에서도, 행성에서 생명과/또는 지성이 새로 발생하는 것보다 식민지화를 통해 생겨날 가능성은 제외했다. 필자는 이 주제를 6장에서 다시 다룬다.

14. 필자가 '현재'라고 말할 때에는 빛이 지나가는 시간을 무시하기로 한다. 그렇게 하더라도 기본적으로는 문제가 되지 않기 때문이다.

15. Michael Shermer, "Why ET hasn't called," *Scientific American*, 15 July 2002.

16. 서로 독립적이지만 우연히 일치하게 된 주기성이 있다면 그것은 약 28일에 해당하는 태음 주기와 사람의 월경 주기다.

17. Carl Sagan, "The abundance of life-bearing planets," *Bioastronomy News*, vol. 7, no. 4 (1995), 1쪽을 참조할 것.

18. Brandon Carter, "The anthropic principle and its implications for biological evolution," *Philosophical Transactions of the Royal Society of London*, vol. A 310 (1983), 347쪽을 참조할 것.

19. Robin Hanson, "The great filter: are we almost past it?" http://hanson.gmu.edu/greatfilter.html (1998).

20. 필자가 앞서 언급한 것처럼, 이 가설은 1980년을 전후해 카터 스스로 말한 내용을 수식화한 뒤 널리 받아들여졌다.

21. Brandon Carter, "Five or six step scenario for evolution?," *International Journal of Astrobiology*, vol. 7 (2008), 177쪽을 참조할 것.

22. 그 반대 상황을 뒷받침하는 특별한 사유가 없기 때문에 우리는 인간이 전형적인 관측자라고 가정한다. 우리는 관측 가능한 우주보다 더 넓은 공간을 가정할 뿐 아니라, 지성적인 관측자가 사는 (카터에 따르면 극히 드문) 모든 종류의 행성에 초점을 맞추기 때문에 카터의 주장은 이 같은 대표성에 관한 가정과 일치한다. 지구는 이렇듯 전형적인 행

성 가운데 하나여야 하며, 우리가 아는 한 지구는 여기에 속한다. 반대로, 카터가 틀렸고 지성을 가진 생명이 빠른 시간 안에 출현할 가능성이 높다면 인간은 지구에서 진화하는 데 오랜 시간이 걸렸기 때문에 어쩌면 비정상적인 관측자일지도 모른다.

23. 다르게 설명하면, 우리가 유일하지 않다는 것과, 그럼에도 외계인들은 우리가 인식할 수 있는 방법으로 존재를 드러내지 않았다는 것이다. 그들은, 이를테면 잠깐의 전파 송신을 멈췄을지도 모른다.
24. 이를테면, John Leslie, *The End of the World: The Science and Ethics of Human Extinction* (Routledge, London, 1996); Martin Rees, *Our Final Century* (Arrow Books, London, 2004)를 참조할 것. (존 레슬리의 책만 한국어판이 출간됐다. 이충호 옮김, 『충격 대예측 세계의 종말』(사람과 사람, 1998년). — 옮긴이)
25. Nick Bostrom, "Where are they? Why I hope the search for extraterrestrial life will find nothing," *MIT Technology Review*, May/June issue (2008), 72, 77쪽을 참조할 것.

5. 새로운 세티: 탐색 범위를 확장한다

1. Abraham Loeb, Matias Zaldarriaga, "Eavesdropping on radio broadcasts from galactic civilizations with upcoming observatories for redshifted 21cm radiation," astro-ph/0610377 (October 2006). 이 논문에서 저자들은 제곱킬로미터 전파 간섭계(SKA)로 1개월 노출할 경우, 650광년 밖에서 송출되는, 강력한 군용 레이더 세기의 펄스를 검출할 수 있을 것이라고 예측하고 있다.
2. 기기 감도는 수광(受光) 면적뿐 아니라, 잡음으로부터 신호를 추출해 내는 컴퓨터 알고리듬에도 의존한다. 이탈리아 세티 연구자 클라우디오 마코네(Claudio Maccone)는 최근, 1949년 핀란드 수학자인 카리 카르후넨(Kari Karhunen)과 모리스 로에브(Maurice Loèb)의 이름을 따 KL 변환이라고 이름 붙인 방법을 쓸 경우, 1,000배 이상 감도가 개선되는 효과를 얻을 수 있다는 사실을 제시했다.
3. John G. Learned, Sandip Pakvasa, A. Zee, "Galactic neutrino communicaion," *Physics Letters B*, vol. 671, no. 1 (2009), 15쪽을 참조할 것.
4. 현대에 쓰이는 등대 신호는 식별 정보도 암호화돼 있다.
5. 이 절의 시작 부분에 든 예는 '능동적 세티' 혹은 메티(외계 지성체에게 메시지를 보내는

방법)의 범주에 속한다. 메티는 논란을 불러일으키는 주제이며 9장에 가서 다시 설명하기로 하겠다.

6. 필자는 앞서, 에너지 보존은 인간 중심주의적 사고의 결과라고 말했다. 이와 관련해 에너지는 외계인 입장에서 중요하지 않다는 것, 그리고 선의를 위해 에너지를 의도적으로 소모한다는, 양자 사이의 차이를 구분해 말하려고 한다. 설사 에너지가 싸다고 해도 비용은 지불해야 한다.
7. Gregory Benford, James Benford and Dominic Benford, "Cost optimized interstellar beacons: SETI," arXiv.org website, 22 October 2008을 참조할 것.
8. 지난 1989년, 세이건과 호로비츠는 해독되지 않은 37개의 펄스 신호를 분석했다. 그 전파원은 은하면에 집중된 경향을 나타냈지만, 외계 지성체가 보냈다는 강력한 증거는 없다고 두 사람은 결론지었다.
9. M. J. Rees, "A better way of searching for black-hole explosions?", *Nature*, vol. 266 (1977), 333쪽을 참조할 것.
10. 은하 중심 약 1000광년 내의 은하핵 안쪽은 고등 생명체가 살기에는 가망 없는 곳이다. 그 이유에 관해서는 다음 절에서 설명하기로 한다.
11. Robert A. Rohde, Richard A. Muller, "Cycles in fossil diversity," *Nature*, vol. 434 (2005), 208쪽을 참조할 것.
12. Mikhail V. Medvedev, Adrian L. Melott, "Do extragalactic cosmic rays induce cycles in fossil diversity?", *Astrophysical Journal*, vol. 664 (2007), 879쪽을 참조할 것.
13. 이에 대해 불안하게 생각하는 독자들에게는 아래와 같은 사실을 분명히 말해 둬야겠다. 즉 현재 태양계는 은하 평면 가까이에 있으며, 위험한 지역으로부터 멀리 떨어져 있다고 말이다.
14. 중성자별은 폭발로 인해 어마어마하게 무거운 별의 대기가 밖으로 날아가고 중심에는 밀도가 대단히 높은 중성자로 된 핵만 남은, 별의 잔해다. 그 핵은 태양보다 무겁지만 크기는 고작 수 킬로미터밖에 되지 않는다.
15. William H. Edmondson, Ian R. Stevens, "The utilization of pulsars as SETI beacons," *International Journal of Astrobiology*, vol. 2, no. 4 (2003), 231쪽을 참조할 것.
16. 필자는 컴퓨터 지성을 외계 지성의 범위에 포함시켰다. 그 이유에 대해서는 8장에 가서 다시 설명하기로 한다. 이 대화는 탐사선을 보낸 존재를 상대로 한 것이 아니라, 탐사선

과 직접 이뤄질 것으로 생각된다.

17. Ronald N. Bracewell, "Communications from superior galactic communities," *Nature*, vol. 186 (1960), 670쪽. A. G. Cameron (ed.), *Interstellar Communication* (W. A. Benjamin, Inc., New York, 1963) 243쪽에 재출판됐다.
18. 이것은 공전 주기가 하루인 궤도로, 인공 위성은 지구에서 볼 때 한 지점에 정지해 있는 것처럼 보인다. 통신 위성이 이런 궤도를 갖는다.
19. 지구-달 사이에도 라그랑주 점들이 있다. 이 지역에 대해서도 제한적 탐색이 시도됐다.
20. 수십 년 동안 5초와 10초 사이의 전파 송출 음향이 검출됐으며, 그 정체에 대해서는 아직 미스터리로 남아 있다. Volker Grassmann, "Long-delayed radio echoes: observations and interpretations," *VHF Communications*, vol. 2, 109 (1993)을 참조할 것.
21. John von Neumann, Arthur W Burks (edited and completed), *The Theory of Self-reproducing Automata* (University of Illinois Press, Urbana, Ill., 1966)을 참조할 것.
22. 그의 언급은 다음 인터넷 링크에서 찾을 수 있다. http://www.mrs.org/s_mrs/doc.asp?CID=8969&DID=195829. (현재 폐쇄됐다. — 옮긴이)
23. '그레이 구(gray goo)'라고 불리는 이 시나리오는 나노 기술 분야의 선구자인 에릭 드렉슬러(Eric Drexler)가 처음 소개했다. 자세한 것은 에릭 드렉슬러가 쓴 *Engines of Creation* (Doubleday, New York, 1986; Anchor Books, Peterborough, 1986)에서 살펴볼 수 있다. (한국어판 조현욱 옮김, 『창조의 엔진』(김영사, 2011년). — 옮긴이)
24. 바이러스는 아무 도움 없이 스스로 자가 증식하는 능력이 없다. 그 때문에 엄격하게 말하면 바이러스는 폰 노이만 기계가 아니다. 바이러스는 스스로 복제하기 위해서 숙주 세포를 감염시켜야 하기 때문이다.
25. 이런 기본 아이디어는 수년 전 프랜시스 크릭이 논한 적이 있다. 그는 외계인이 초보적인 장비로 배양한 미생물이 우주 공간을 가로질러 날아가는 모습을 생각했다. 그가 생각한 목적은, 메시지 전달보다는 지구와 다른 행성에 생명의 씨앗을 뿌리는 것이었다. Francis Crick, Leslie E. Orgel, "Directed panspermia," *Icarus*, vol. 19, 341 (1973); Francis Crick, *Life Itself: Its Origin and Nature* (Simon & Schuster, New York, 1981)을 참조할 것.
26. 그 밖에 다른 전략이 있다면, 정보를 저장한, 'DNA 친화적인' 분자를 주입하는 것이다.

이 분자는 DNA와 다르고 A, C, G, T 같은 생명의 기본이 되는 표준 서열이 아닌, 다른 기본 구성 단위로 구성된다. 이 구성 단위는 화학적 안정성은 높지만 돌연변이가 발생할 확률은 낮다. 이 아이디어가 구현되기 위해서는 일반 생물에서 작동하는 생화학적 장치에 의해 구성 단위가 정확하게 복제돼야 한다.

27. 이 생각은 프레드 호일과 스리랑카 출신의 천문학자 찬드라 위크라마싱게(Chandra Wickramasinghe)가 수년에 걸쳐 조사했다. F. Hoyle, N. C. Wickramasinghe, "Astronomical Origins of Life," *Astrophysics and Space Science*, vol. 268 (2000)를 참조할 것. 이 논문은 이 두 사람이 진행한 연구의 많은 부분을 담고 있다.

28. H. Yokoo, T. Oshima, "Is bacteriophage phi X174 DNA a message from an extraterrestrial intelligence?", *Icarus*, vol. 38 (1979), 148쪽을 참조할 것.

6. 은하 대이동의 증거

1. Arthur Conan Doyle, "The Sign of the Four," *Lippincott's Monthly Magazine* (February 1890)에서.

2. Stephen Webb, *If the Universe is Teeming with Aliens ... Where is Everybody? Fifty Solutions to Fermi's Paradox and the Problem of Extraterrestrial Life* (Copernicus Books, New York, 2002)를 참조할 것.

3. Ronald Bracewell, *The Galactic Club* (Freeman, San Francisco, 1975)을 참조할 것.

4. Stephen Hawking, "Chronology protection conjecture," *Physical Review D*, vol. 46 (1992) 603쪽을 참조할 것.

5. 우주 비행사만한 웜홀의 증거는 없으며, 이론적 근거도 박약하다. 극히 미소한 크기의 웜홀은 그보다 가능성이 높다.

6. 일부 사람들은 우주의 사나포선(私拿捕船)에 희망을 걸고 있다. 지금까지 민간 부분에서 추진된 우주 프로그램은 폭주족들에게는 제한적으로 기회가 열려 있지만, 우주 여행을 완전히 상업적으로 활용한다면 사기업은 정부의 우주 탐험/여행 프로그램을 추월할 수 있을 것으로 생각된다.

7. George Dyson, *Project Orion: The True Story of the Atomic Spaceship* (Henry Holt, New York, 2002)을 참조할 것.

8. Seth Shostak, *Confessions of an Alien Hunter: A Scientist's Search for*

Extraterrestrial Intelligence (National Geographic, Washington, DC, 2009), 264쪽을 참조할 것.

9. Geoffrey Landis, "The Fermi paradox: an approach based on percolation theory," *Journal of the British Interplanetary Society*, vol. 51 (1998), 163쪽을 참조할 것.

10. Robin Hanson, "The rapacious hardscrapple frontier," Damien Broderick (ed.), *Year Million: Science at the Far Edge of Knowledge* (Atlas Books, Ashland, Ohio, 2008), 168쪽을 참조할 것.

11. 식민지 주민들이 생물학적 존재가 아닌 기계라면 이것은 별로 관계없는 이야기가 된다. 그럴 경우에 지구의 토착 생물은 식민 통치자들의 사업에 도움이 되는, 생물과 기계가 결합된 존재를 합성하는 재료로 쓰일 수 있기 때문에 그들에게는 매력적으로 보일지도 모른다. 이렇듯 외계인들이 만든 뒤 버려진 후손들이 우리 주변에 아직 살아 있을 수도 있다. 이들이 그림자 생물권의 일부가 돼, 언젠가 우리에게 발견될지도 모른다고 상상하는 것은 흥미로운 일이다. 그러나 좀 더 극적인 가능성을 생각할 수 있다. 30억~50억 년 전, 외계인이 이런 잡다한 일에 적합한, 나노 기계 형태로 지구를 방문해 지구 생물을 처음 창조해 냈을지도 모른다는 상상이다. 그들이 합성된 생체를 방사했고, 그것을 말끔히 처리하지 않았다면 아주 생소한 결론에 도달할 수도 있다. 어쩌면 우리는, 그 외계인이 만들어 낸 생물학적 폐기물이 대대손손 이어져 남게 된, 먼 후손일지도 모른다는 것이다.

12. 더 그럴싸한 이야기가 있다. 시간이 지나면서 생명이 살 수 있는 행성이 늘어남에 따라 그 확률이 점차 높아질 것이라는 점이다. 그렇다면 외계 문명이 지구를 방문할 가능성은 최근 들어 더 늘어나는 경향을 띨 것이다. 하지만 필자가 얻은 결론과 배치될 만큼 가능성이 높지는 않을 것으로 생각된다.

13. 프랭크 드레이크는 이와 비슷한 것을 생각했다. 반감기가 짧은 희귀 원소를 모항성에 대량 투입해 외계 문명이 펄스를 만들어 낼 수 있을 것이라는 이야기다. 좋은 후보로는 (인공적으로는 만들 수 있지만) 지구에서는 자연적으로 만들어지지 않는 테크네튬이 있다. 항성 스펙트럼에 테크네튬 선이 보인다면 별 주변에 기술 문명을 가진 행성이 있을 것이라는 강력한 증거가 될 수 있다.

14. Alan Weisman, *The World Without Us* (Picador, London, 2007)을 참조할 것.

15. 달과 아프리카 가봉의 오클로에서 플루토늄 244(^{244}Pu) 동위 원소가 극미량 발견됐지만, 충분히 농축된 양은 아니었다. 태양계가 처음 만들어졌을 무렵에는 어느 정도 충분

한 양이 존재했으리라 생각되지만, 그 후 붕괴돼 지금은 거의 남아 있지 않게 됐다.

16. Greg Bear, *The Forge of God* (Tor Books, New York, 2001)을 참조할 것. (한국어판 김지형 옮김, 『신의 용광로』(미소, 2004년). — 옮긴이)
17. Olaf Stapledon, *Star Maker* (Methuen, London, 1937)을 참조할 것. (한국어판, 유윤한 옮김, 『스타메이커』(오멜라스, 2009년). — 옮긴이)
18. 필자는 1975년 킹스 칼리지 근처 런던 경제 대학 학생 식당에서 그와 나눈 진지한 대화를 분명하게 기억한다. 당시 그는 런던 경제 대학 수학과에 재직하고 있었다. 당시 동료였던 크리스 이샴(Chris Isham)은 기구를 이용한 우주선 실험에서 전자기 단극자를 발견했다는 발표를 들었다고 말했다. 우리는 그 입자로 대량 살상 무기를 만들 수 있는 가능성에 대해 우울한 대화를 나눴다.
19. 이에 관한 대중적인 설명을 다음 글에서 살펴볼 수 있다. Dennis Overbye, "A whisper, perhaps, from the universe's dark side," *The New York Times*, 25 November 2008.
20. 흥미롭게도 우주 끈은 당초 로리머의 펄스(Lorimer's pulse)를 설명하기 위해 도입됐다. (5장 참조) 그러나 외계 기술과 관련 있다는 증거는 발견되지 않았다.

7. 외계의 마법

1. Freeman Dyson, "Search for artificial stellar sources of infrared radiation," *Science*, vol. 131 (1960), 1667쪽을 참조할 것.
2. Richard A. Carrigan Jr., "IRAS-based whole-sky upper limit on Dyson spheres," astro-ph 0811.2376를 참조할 것.
3. 이에 관한 논의는 Richard Dawkins, *The Blind Watchmaker* (Norton, New York, 1986)를 참조할 것. (한국어판 이용철 옮김, 『눈먼 시계공』(사이언스북스, 2004년). — 옮긴이)
4. David Bohm, *Wholeness and the Implicate Order* (Routledge, London, 1996)를 참조할 것. (한국어판 전일동 옮김, 『현대 물리학의 철학적 테두리』(민음사, 1991년). — 옮긴이)
5. Lawrence Krauss, *The Physics of Star Trek* (Harper & Row, New York, 1996)을 참조할 것. (한국어판 박병철, 곽영직 옮김, 『스타트렉의 물리학』(영림카디널, 2008

년). — 옮긴이)

6. 이 문제에 대한 전반적인 이해를 위해 필자가 쓴 *How to Build a Time Machine* (Penguin/Viking, London and New York, 2002)을 참조할 것. (한국어판 강주상 옮김, 『폴 데이비스의 타임머신』(한승, 2002년). — 옮긴이)
7. 수명이 짧은, 미시적인 웜홀은 존재할 수 있으며, CERN의 LHC 같은 입자 가속기에서 인공적으로 만들어질 수 있다.
8. Arthur Eddington, *The Nature of the Physical World* (Cambridge University Press, Cambridge, 1928), 74쪽을 참조할 것.
9. 우주 팽창이 가속될 수 있는 방법에 대해서는 필자가 쓴 *The Goldilocks Enigma* (Penguin, London, 2006; Houghton Mifflin, Boston, 2008)를 참조할 것.
10. 우리는 양자 역학을 이용해 우주가 진공 상태에서 그보다 낮은 에너지 준위로 내려갈 수 있는 유한한 확률을 예측할 수 있다. 이런 일이 일어날 경우, 그 지점에서는 거품이 만들어져 거의 빛에 가까운 속도로 팽창을 일으키며, 주변의 모든 물질을 에워싸 제거해 버린다. 이런 내용을 담은 멋진 소설은 Stephen Baxter, *Manifold: Time* (Del Ray, New York, 2000)을 들 수 있다.
11. 음의 에너지와 압력은 웜홀을 안정시키는 데 필요한 특이 물질과 관련 있다.

8. 생물 이후의 지성

1. *Canterbury Press*, 13 June 1863.
2. *The Times* online, 24 April 2007.
3. 그렇다면 인간은 절대로, 메콘과 비슷하게 변하도록 유전자를 조작하지는 않으리라. 필자는, 화려하고 매력적인 모습, 아니면 훌륭한 능력을 갖게 해 달라고 사람들이 아우성치는 상황을 어렵지 않게 상상할 수 있다.
4. 마찬가지로, 괴물과 고통으로 가득 찬 악몽 같은 사회를 상상하는 것도 어렵지 않다.
5. Alan Turing, "Can machines think?", *Mind*, vol. 59 (1950), 433쪽을 참조할 것.
6. 필자는, 인간보다 기계가 훨씬 똑똑한 경우라 해도(직설적으로나, 비유적인 의미에서도) 인간은 기계 스스로 알아서 일하도록 프로그램을 만들 것이라는, 암울한 예측을 피하려 하고 있다.
7. 필자 외에도 생물학적 지성 이후 '기계' 지성이 우주를 지배할 것이라고 생각하는 사람들

이 많다. 과학사 학자인 스티븐 딕(Steven Dick)은 이런 생각을 더 발전시켰다. Steven Dick, "Cultural evolution, the post-biological universe and SETI," *International Journal of Astrobiology*, vol. 2, no. 1 (2003), 65쪽을 참조할 것.

8. ATS는 앞서 필자가 언급한 블루 브레인 시뮬레이션과는 다르다. 블루 브레인은 자기 정체성을 가지고 있다. 또한 실제 생물학적인 뇌를 시뮬레이션하는 것이며, 생물학적 지성 이후의 뇌와는 다르다.

9. http://www.aeiveos.com:8080/~bradbury/MatrioshkaBrains/MatrioshkaBrainsPaper.html.

10. 이 말은, 지능 측면에서 많다는 이야기다. 숫자로만 본다면 작은 뇌/컴퓨터가 훨씬 빠른 속도로 늘어난다.

11. 사실, 중첩은 필자가 설명한 것보다 더 일반적인 경우다. 왜냐하면 동전의 앞면과 뒷면이 혼재한 상태는 수학적으로 복소수의 특성을 보일 것이기 때문이다.

12. 양자 역학적 계산 결과는, 입출력 시 특정 상태를 특별하게 선택했을 때에 한해 양자 역학적 불확정성, 즉 계 전체의 미세한 변화를 피할 수 있다. 이런 성질을 활용한 특별한 종류의 수학 문제들을 푸는 몇 가지 양자 알고리듬이 발견됐다.

13. 기초적인 내용을 보려면, Gerard Milburn, *The Feynman Processor* (Basic Books, New York, 1999)를 참조할 것.

9. 첫 접촉

1. Stephen Baxter, "Renaissance v. revelation: the timescale of ETI signal interpretation," *Journal of the British Interplanetary Society*, vol. 62 (2009), 131쪽을 참조할 것.

2. http://www.coSETI.org/SETIprot.htm.

3. 이런 이벤트와 관련된 그림을 덧붙인 설명은 당시 그 자리에 있었던 세스 쇼스탁의 책에 나와 있다. *Confessions of an Alien Hunter: A Scientist's Search for Extraterrestrial Intelligence* (National Geographic, 2009)를 참조할 것.

4. S. Shostak, C. Oliver, "Immediate reaction plan: a strategy for dealing with a SETI detection," G. Lemarchand, K. Meech (eds.), *Bioastronomy 99: A New Era in the Search for Life*, ASP Conference Series, vol. 213 (2000), 635쪽을 참조할 것,

5. 앞의 책, 636쪽.

6. 앞의 책, 635쪽.

7. 이에 관한 생생한, 그리고 비판적인 내용을 읽으려면, Frank Close, *Too Hot to Handle: The Story of the Race for Cold Fusion* (W. H. Allen, London, 1990)를 참조할 것.

8. 2004년 1월 13일 실제로 이와 비슷한 사건이 일어났다. 당시 미국 천문학자들은 36시간 안에 지구와 500미터급 소행성이 충돌할 수 있는 확률을 4분의 1로 계산했다. 이들은 침착성을 잃지 않고 한밤중에 백악관에 상황 보고하는 일을 미뤘고, 그 후 추적 관측 자료를 기반으로 결국 아무 일 없을 것이라는 사실을 확인했다.

9. http://impact.arc.gov/news_detail.cfm?ID=122.

10. *Acta Astronautica*, vol. 21, no. 2 (1990), 153쪽을 참조할 것.

11. 유명한 거짓말은, "페가수스 EQ 별 사건(EQ Peg affair)"으로 알려진, 1998년 10월 28일에 일어난 일이다. 당시 한 익명의 영국 아마추어 천문가는 소속 전자 업체의 소형 전파 안테나로, 지구에서 비교적 가까운 페가수스자리 EQ 별에서 오는 신호를 포착했다고 주장했다. 그는 잘 확립된 세티 규정을 지키지 않았다. BBC가 관련 소식을 전했고, 이어 전 세계 언론들의 주목을 받았다. 전문 지식을 갖춘 세티 과학자들은 처음부터 이를 의심하기 시작했다. 폴 슈크(Paul Shuch)와 세티 리그의 동료들은 신호를 확인할 수 없었으며, 신호가 담긴 영상이 상용 소프트웨어로 조작됐다는 사실을 알아냈다. 세티 리그와 세티 연구소 과학자들이 해당 내용이 사실이 아니라는 점을 밝히자, 이미 예상한 것처럼 타블로이드판 신문들은 사건을 악의적으로 은폐한다며 과학자들을 고소했다. 당시 어떤 정부 기관도 이 사건에 일말의 관심도 기울이지 않았다.

12. 아폴로 우주인들이 달에서 찍은, 떠오르는 지구 사진은 1970년대, 환경 보호주의에 불을 지폈다. 또 생명에 적대적이며 격변하는 우주에서 이 작은 생명의 안식처가 얼마나 소중하고, 얼마만큼 고립된 곳인가를 극적으로 강조하는 아이콘이 됐다.

13. Carl Sagan, *The Cosmic Connection* (Hodder and Stoughton, London, 1974), 218~219쪽을 참조할 것. (한국어판 김지선 옮김, 『코스믹 커넥션』(사이언스북스, 2018년). — 옮긴이)

14. P. W. Atkins, *The Second Law*, 2nd edn. (Scientific American Books, New York, 1994), 200쪽을 참조할 것.

15. 필자는 이 생각을 필자가 쓴 *The Cosmic Blueprint* (Simon & Schuster, New York, 1988)에 자세히 밝혔다. 이밖에, Stuart Kauffman, *At Home in the Universe: The*

Search for the Laws of Self-Organization and Complexity (Oxford University Press, Oxford, 1996)를 참조할 것. (스튜어트 카우프만의 책은 한국어판이 출간됐다. 국형태 옮김, 『혼돈의 가장자리』(사이언스북스, 2002년). — 옮긴이)

16. Bertrand Russell, *Mysticism and Logic* (Barnes & Nobles, New York, 1917), 47~48쪽을 참조할 것.
17. 진보의 철학에 대해 깊이 있게 다룬 내용은, John Barrow, Frank Tipler, *The Anthropic Cosmological Principle* (Oxford University Press, Oxford, 1986)에서 살펴볼 수 있다.
18. Martin Rees, *Our Final Hour* (Basic Books, New York, 2003); *Our Final Century: Will the Human Race Survive the Twenty-First Century?* (William Heinemann, London, 2003) (앞의 책은 한국어판이 출간됐다. 이충호 옮김, 『인간 생존 확률 50:50』(소소, 2004년). — 옮긴이)
19. 예를 들면, Freeman Dyson, "Our biotech future," *The New York Review of Books*, vol. 51, no. 12 (19 July 2007)를 참조할 것.
20. Ray Kurzweil, *The Singularity is Near* (Viking, New York, 2005)를 참조할 것. (한국어판 김명남, 장시현 옮김, 『특이점이 온다』(김영사, 2007년). — 옮김)
21. 이 절에서 필자는 ET가 기계 지성이나 ATS일 가능성에 대해서는 그냥 넘어가기로 하겠다. 왜냐하면 외계의 생체에 대해 윤리적 측면을 논하는 것은 상당히 어려운 일이기 때문이다.
22. 여기에는 세 번째 해답이 있다. 우리가 모르는 어떤 신성한 개입에 의해 외계 생명이 구제된다는 것이다. 그러나 이 방법은 설명하기에 '너무나 힘든' 내용을 담고 있다.
23. http://padrefunes.blogspot.com/2008/05/extraterrestrial-is-my-brother.html.
24. Ted Peters, Julie Froehlig, "The Peters ETI religious crisis survey," 2008, http://counterbalance.net/etsurv/index-frame.html.
25. 이것은 어쨌든 전통이었다. 종교 철학자인 에르난 맥멀린(Ernan McMullin)은 이 사건이 지나치게 단순하게 그려졌다고 비판했다.
26. http://www.daviddarling.info/encyclopedia/W/Whewell.html.
27. William Whewell, *The Plurality of Worlds* (Gould and Lincoln, Boston, 1854)를 참조할 것.

28. Emanuel Swedenborg, *Earths in the Universe* (The Swedenborg Society, London, 1970).

29. 앞의 책, 47쪽.

30. 앞의 책, 60쪽.

31. 앞의 책, 3쪽.

32. E. A. Milne, *Modern Cosmology and the Christian Idea of God* (Clarendon Press, Oxford, 1952), 153쪽을 참조할 것.

33. 밀른의 생각은 1956년, 철학자이자 신부인 E. L. 마스칼(E. L. Mascall)이 전승했다. 그는 모든 "죄지은, 또한 구원받아야 하는 이성과 형상을 지닌 존재들"을 구하기 위해 성육신이 여러 차례 일어나야 한다는 생각에 무게를 뒀다. E. L Mascall, *Christian Theology and Natural Science* (Ronald Press, New York, 1956), 37쪽을 참고할 것.

34. 최근 논의에 대해서는 다음 글을 참조할 것. Ernan McMullin, "Life and intelligence far from Earth: formulation theological issues," Steven Dick (ed.), *Many Worlds* (Templeton Foundation Press, West Conshohocken, Pa., 2000), 151~175쪽을 참조할 것.

35. www.davidbrin.com/shouldSETItransmit.html.

36. www.Crichton-official.com.

37. George Basalla, *Civilized Life in the Universe: Scientists on Intelligent Extraterrestrials* (Oxford University Press, Oxford, 2006)를 참조할 것.

38. Margaret Wertheim, *The Pearly Gates of Cyberspace* (Norton, New York, 2000), 132쪽을 참조할 것. (한국어판 박인찬 옮김, 『공간의 역사』(생각의 나무, 2002년). — 옮긴이)

39. 스티븐 백스터는 세티와 영성에 관한 SF 소설들을 모아 인터넷에 올렸다. 이 유익한 사이트의 제목과 주소는 다음과 같다. "외계인을 상상한다: 세티와 SF 소설에 묘사된 외계인(Imaging the alien: the portrayal of extraterrestrial intelligence in SETI and science fiction)". www.stephen-baxter.com.

10. 누가 지구를 대변해야 할까?

1. http://www.davidbrin.com/SETIsearch.html.

2. David Whitehouse, "Meet the neighbours: Is the search for aliens such a good idea?", *Independent*, 25 June 2007.

3. 필자가 아는 한, 우주를 향해 강력한 레이저를 쏜 적은 없다.

4. John Billingham, Michael Michaud, Jill Tarter, "The declaration of principles for activities following the detection of extraterrestrial intelligence," *Bioastronomy: The Search for Extraterrestial Life-The Exploration Broadens*, Proceedings of the Third International Symposium on Bioastronomy, Val Cenis, Savoie, France, 18-23 June 1990 (Springer, Heidelberg, 1991).

5. 필자의 아내는 필자의 생각에 동의하지 않는다. 그녀는 외계 생명체들이 물리적으로 어떤 형태를 가질지 궁금해한다.

6. 세티 연구소의 성간 메시지 작성 책임자인 더글러스 바코치는 이에 관해 다른 방식으로 비판한다. 그는 지금까지 작성된 모든 메시지는 협력과 예술적 감각, 그리고 기술적 능력을 강조하면서 인간성에 관해 믿기 어려울 만큼 긍정적으로 묘사해 왔다고 생각한다. 전쟁과 약탈, 파괴와 탐욕 같은 인간의 어두운 측면에 대해서는 언급이 빠져 있다. 그 메시지들은 현재 우리의 실제 모습이라기보다는 최상의 염원을 담고 있다. www.space.com/searchforlife/080410-SETI-shadow-ourselves.html를 참조할 것.

7. John Barrow, *The Artful Universe* (Oxford University Press, London and New York, 1995)를 참조할 것.

8. Douglas Hofstadter, *Gödel, Escher, Bach: An Eternal Golden Braid* (Harvester Press, Lewes, 1979)를 참조할 것. (한국어판 박여성, 안병서 옮김, 『괴델, 에셔, 바흐』(까치, 2017년). — 옮긴이)

9. David Brin, "Shouting at the cosmos,"
http://www.davidbrin.com/shouldSETItransmit.html.

10. 필자는 크리스 맥케이의 이에 관한 논평에 감사한다.

특별 좌담

우주는 왜 섬뜩한 침묵을 지키고 있을까?

폴 데이비스×이명현

2019년 2월 14일 폴 데이비스와 옮긴이 이명현은 강원도 평창 알펜시아 리조트에서 특별 좌담을 가졌다. 폴 데이비스는 "지식의 경계에서 바라본 지구 미래"를 주제로 열린 평창 포럼 2019(강원도 주최)의 주제 강연을 위해 방한한 참이었다. 두 사람은 지은이와 옮긴이이자 우주와 생명의 비밀을 연구하는 과학자로서, 『침묵하는 우주』에서 다룬 세티, 메티, 2020년 화성 탐사, 우주 생물학 등 다양한 주제에 대해 깊은 대화를 나눴다. 폴 데이비스는 한국 독자들을 위해 이 대화를 한국어판 책에 싣는 것을 허락해 주었다. 영문 녹취 및 초벌 번역은 통번역가 박지영, 우리말 정리는 지식 큐레이터 강양구, 사진은 박기수가 맡아 주었다.

생명, 우주적 필연인가, 우연인가?

이명현 그럼, 시작할까요?

폴 데이비스 좋습니다.

이명현 이제 내년이면 세티 프로젝트도 60주년이 됩니다. 60년이라는 시간은 우주의 관점에서 보자면 찰나라고 할 수도 있는 짧은 시간이지만, 인간 세상에서는 그렇지 않죠. 그동안 세티와 메티 프로젝트를 통해 많은 시도와 적잖은 발견이 있었습니다. 그중에서 제가 개인적으로 가장 궁금한 질문부터 던지고 싶습니다. 이 책 본문에서 드뒤브와 자크 모노를 대비하며 생명 탄생이 우주적 필연인지, 아니면 우연인지 논하고 계십니다. 사실 외계 생명체에 생각하는 많은 이들이 암묵적으로 진화의 경로가 다르다고 해도 결국 생명은 우리가 지금 알고 있는 모습으로 진화하지 않을까 생각하고 기대합니다. 박사님께서는 어떠신가요? 그렇게 될 수밖에 없다고 생각하시나요, 아니면 다양한 모습들이 가능하다고 보시나요?

폴 데이비스 먼저, 유기체의 생화학과 생물학자들이 표현형이라고 부르는 유기체의 물리적 형태를 구별해야 합니다. 만약 생명이 다시 시작된다면, 생화학이 같을 가능성은 거의 없다고 봅니다. 그리고 설사 생화학이 같더라도 유전 암호는 크게 다를 수 있습니다. 그렇다고 해도 특정 해부학적 특징들은, 제가 책에서도 설명했듯이, 진화적 이점과 선택적 이점을 가지는 것 같습니다. 예컨대, 지구 생명의 역사에서 동물의 눈과 날개 같은 기관은 여러 번 독립적으로 진화했습니다. 따

생명이 지구와 화성에서 따로 또 같이 두 번 발생할 수도 있다는 것은
더 중대한 의미를 가진 발견입니다. 왜냐하면 생명이 태양계에서 두 번,
그리고 독립적으로 발생할 수 있다면, 생명 탄생과 진화는 분명히
우주 전역에서 일어날 것이기 때문입니다.

라서 외계 행성 같은 다른 세계에 복잡한 생명체가 존재한다면, 눈과 날개를 가지고 있을 수도 있다고 예상할 수 있습니다. 그러나 이 책의 주된 관심사인 지능 또는 지성은, 눈과 날개처럼 여러 번 독립적으로 진화할지, 아니면 코끼리의 코처럼 독특할지 명확하지 않습니다. 만약 우리가 대형 생명체들이 존재하는 다른 행성에 간다고 했을 때, 코끼리의 코처럼 긴 코가 있는 동물들을 발견할 거라 예상할 수 있을까요? 저는 그렇게 생각하지 않습니다. 큰 뇌와 지성이 눈과 날개와 마찬가지로 발생 가능성이 높은지, 코끼리의 코처럼 발생 가능성이 낮을지를 말해 주는 사례들은 충분하지 않습니다. 지구 생명의 역사에서 진정한 고등 지성은 정말로 단 한 번 진화했을 뿐입니다. 사실 고등 지성은 지난 2억 년 동안 언제든지 진화할 수도 있었지만, 그러지 않았습니다. 이는 지성이 정말로 희귀한 것임을 시사합니다. 질문하신 것은 아마 '휴머노이드' 형태, 즉 인간 형태에 대한 것이겠죠?

이명현 예.

폴 데이비스 문제는 우리가 오로지 단 하나의 생명, 한 가지 유형의 생명만을 연구할 수 있기 때문에, 생명의 일반 특징들과 특수한 특징들을 구분하기가 매우 어렵다는 것입니다. 예컨대, 팔다리가 4개 있을 것이라는 주장을 쉽게 할 수도 있습니다. 그러나 팔다리 4개가 존재한다면, 왜 그럴 수밖에 없는지에 대해서 설명해야 하는 함정에 빠지기 쉽습니다. 몇몇 SF 작가들은 매우 다르게 생긴 외계 생명체를 상상하는 것을 좋아하죠. 저는 우리가 매우 다른 형태의 생명체들과 조우하게 될 것이라고 생각합니다. 그 문제에 대해서는 열린 마음을 가지고 있습니다. 제가 확신하는 한 가지는, 지구 밖에 지성체가 존재한다면 우리처럼 곧 인공 지능을 발전시킬 것이라는 점입니다. 따라서 만약 우리가 우주의 다른 곳에서 지성체와 접촉한다면, 그것은 거의 확실하게 생물학적 지성체가 아닐 것입니다. 인공적일 것입니다. 그리고 물론 그 형태는 그다지 중요하지 않겠죠.

이명현 이번에는 화성 탐사에 대한 질문으로 넘어가 보겠습니다. 내년, 2020년이 되면, 미국, 중국, 유럽, 러시아, 아랍 연합 등 여러 나라는 물론이고 다양한 민간 기관이 화성에 탐사선을 보냅니다. 화성은 탐사의 각축장이 될 테고, 진짜 화성 생명체를 찾는 본격적인 탐사도 시작되겠죠. 화성 생명 발견에 대한 박사님의 견해는 어떻습니까? 가능성은 얼마나 된다고 보십니까?

폴 데이비스 제가 속한 애리조나 주립 대학교도 이 각축전에 휘말릴 것 같습니다. (웃음) 애리조나 주립 대학교에서는 관련 시설을 짓고 있습니다. 저는 여전히 화성이 생명을 찾기에 아주 좋은 장소라고 생각합니다. 제가 책에서 설명했듯이, 우리는 지구와 화성이 암석을 교환했음을 알고 있습니다. 혜성이나 소행성이 암석을 분출할 수 있을 정도의 충분한 힘으로 지구와 화성을 강타했고, 이렇게 분출된 암석들은 지구와 화성 사이를 이동할 수 있었습니다. 그래서 우리는 암석들이 지구와 화성을 오갔음을 알고 있습니다. 그리고 그 암석 안에 '극한' 미생물이 서식하고 있었다면, 그들은 그 여정에서 살아남을 수 있다는 것 또한 알고 있습니다. 이는 화성이 분명 지구 생명체에 오염되었을 것이라는 뜻입니다. 만약 오래전에 화성에 생명체가 있었다면, 그

것 역시 지구에 도달했을 것입니다.

우리가 알 수 없는 것은 생명이 두 번, 지구에서 한 번, 화성에서 한 번 발생했는가 하는 여부입니다. 하지만 '화성에서 생명의 증거를 찾을 수 있을까?'라고 묻는다면, 우선 저는 지구 생명이 화성으로 건너갔을 가능성이 있다는 사실만 보더라도, 과거 화성에 생명체가 존재했다는 것은 불가피한 일이라고 생각한다고 답할 것입니다. 그러나 그 흔적이 남아 있는지, 더 중요하게는 화성에 여전히 생명체가 존재하는지는 과학적으로 전혀 다른 질문입니다. 저는 불가능한 일은 아니라고 생각합니다. 하지만 1976년에 화성 표면에 내려간 바이킹 착륙선은 화성의 표토만을 분석했습니다. 그 결과 생명이 존재하기에는 매우 가혹한 환경이라는 게 밝혀졌죠. 그러나 생명은 강합니다. 그런 곳에서도 서식하는 게 완전히 불가능하지는 않죠.

이 책을 쓴 이후, 저는 칠레의 아타카마 사막을 방문한 적이 있습니다. 그곳에 있는 암염(巖鹽) 덩어리 안에 사는 유기체들이 있다는 것이 최근 발견되었습니다. 아타카마 사막은 한때 호수가 있었지만, 그 물이 증발해 만들어진 고원 사막입니다. 그곳에는 증발암이나 소금 기둥 같은 암염들이 많이 남아 있죠. 그리고 알다시피 아타카마 사막은 엄청나게 건조하기 때문에 통상적인 생명체가 그곳에 서식하는 것은 거의 불가능합니다. 하지만 밤에 온도가 내려가면, 태평양의 습한 공기가 산을 통해 들어오고 암염을 이룬 소금 결정체가 수증기를 흡수할 수 있습니다. 그리고 소금 안에 이 유기체들이 대사할 수 있을 만큼의 충분한 물이 생기게 됩니다. 해가 떠오르면, 유기체들은 광자를 얻고, 이 광자와 결정체 틈에 들어온 물분자를 가지고 한두 시간 동안은 대사 작용을 하는 것이 가능합니다. 또한 그들은 암염 덩어리 안에서 살기 때문에 보호도 받습니다. 화성에도 이와 비슷한 것이 존재할 수 있습니다. 소금 결정 사이로 들어갈 수 있는 만큼의 수증기가 밤사이 공기 중에서 형성되고, 또 유기체들이 이를 가지고 살 수 있다면, 화성 표면 같은 가혹한 환경에서도 그런 종류의 생명이 지금 존재하고 서식하는 것이 가능합니다. 하지만 화성 생명의 희망은 지표면 아래에 있습니다. 아마도 화성의 표면 아래 깊은 곳에는 내부 열로 영구 동토가 녹아서 액체 상태로 존재하는 대수층이 있을 것이고, 그 대수층 안에 생명이 존재할 수도 있을 것입니다.

이명현 마침 2018년 7월에 화성 남극 고원 지하 1.6킬로미터에서 지름 19.2킬로미터의 지하 호수가 발견됐습니다. 화성에 물이 있다는 것은 이제 흔들리지 않는 사실이죠.

폴 데이비스 맞습니다. 저는 화성에 생명체가 존재한다는 것이 불가능하지 않다고 생각합니다. 분명 과거 한때 화성에 생명체가 존재했을 것입니다. 중요한 것은 그 생명체가 화성에 간 지구 생명체인가, 아니면 지구와는 별도로 화성에서 기원한 생명체인가 하는 것입니다. 그리고 우리가 진정으로 원하는 것은 후자에 대한 답입니다. 생명이 한 행성에서 다른 행성으로 확산될 수 있다는 것도 분명 과학적으로 흥미로운 발견입니다. 하지만 생명이 지구와 화성에서 따로 또 같이 두 번 발생할 수도 있다는 것은 더 중대한 의미를 가진 발견입니다. 왜냐하면 생명이 태양계에서 두 번, 그리고 독립적으로 발생할 수 있다면, 생명 탄생과 진화는 분명히 우주 전역에서 일어날 것이기 때문입니다. 우리가 밝혀야만 할 중요한 문제입니다.

이명현 마스 원(Mars One) 프로젝트에 대해 들어보신 적이 있나요?

폴 데이비스 무귀환 미션(one way mission) 말씀이죠? 들어본 적 있냐고요? 그것이야말로 제가 2003년에 《뉴욕 타임스》에 기고한 칼럼(2004년 1월 15일자에 실린 「화성에서 살기 (그리고 죽기)(Life (and Death) on Mars)」를 말한다. — 옮긴이)에서 처음 제안했던 것입니다. 모두 제가 미쳤다고 생각했어요. 저는 무귀환 미션인 화성 정착 프로젝트가 자살 미션이 아니라는 것을 설명해야 했습니다. 사실 화성에 영구적인 인간 기지를 건설하려면 이 방법밖에 없습니다. 화성에 일단 사람을 보내면, 나중에 다른 사람들이 합류하게 되고, 거주지가 건설되겠죠. 그리고 1,000년 정도 지나면 완전히 자급자족할 수 있을 것입니다. 저는 오래전부터 이것이 인간이 화성에 갈 수 있는 유일한 방법이라고 생각해 왔습니다. 왜냐하면 귀환 여행을 하지 않으면 그 비용이 엄청나게 절감되기 때문입니다. 약 10년 동안 아무도 이 발상에 관심을 보이지 않았는데, 갑자기 몇몇 단체들이 화성으로의 무귀환 미션 개념을 지지한다고 말하기 시작했습니다. 무귀환 미션이 실제로 이루어지기까지는 아직 멀었다고 생각하지만, 제 생각이 결국은 인기를 얻는 것 같아 기쁩니다.

이명현 마스 원 주관사도 최근 자금난에 시달린다고 하니, 무귀환 미션이 실제로 진행되려면 시간이 많이 걸리겠죠. 그런데 일론 머스크(Elon Musk)도 화성으로의 무귀환 미션에 관심을 보이더군요.

폴 데이비스 아, 그런가요? 사실 그를 잘 몰라요. 그도 관심이 있죠.

맞습니다. 하지만 저는 그의 주된 관심사가 화성에 착륙하는 것이 아니라 사람들을 보냈다가 귀환시키는 것이라고 생각했어요. 아마 일론 머스크는 훌륭한 아이디어를 많이 가지고 있을 것 같습니다.

이명현 그럼 외계 행성이라는 주제로 넘어가 보겠습니다. 2009년 발사된 케플러 우주 망원경은 지난 10년 동안 외계 행성들을 2,600개 이상 발견했습니다. 그중 지구 닮은 행성들도 5개 정도 됩니다. 이 결과에 대해서는 어떻게 평가하시는지요? 혹시 정말로 지구와 똑같은 행성이 발견된다면, 지구인들은 어떻게 될까요? 우주에 대한, 외계 생명체에 대한, 그리고 우리 자신에 대한 생각은 어떻게 될까요?

폴 데이비스 물론, 이 모든 행성들을 발견해 낸 것은 매우 흥미로운 일입니다. 현재의 기술로 지구와 정말 똑같은 행성을 발견하는 것은 사실 매우 어려운 일이지만, 외계에 지구와 비슷한 행성들이 많이 있을 것은 분명합니다. 하지만 매우 안타깝게도, 외계 행성이 지구와 비슷하다고 해서 그 행성에 생명이 존재하는 것은 아닙니다. 왜냐하면 우리는 아직 무생물이 어떻게 생물로 변하는지 모르기 때문입니다. 그리고 그 과정이 엄청나게 가능성이 낮은 것이라면, 우리 은하에 지구 비슷한 행성이 수십억 개 있더라도 생명이 존재하는 행성은 단 하나일 수도 있습니다. 그래서 제게 중요한 문제는 '무생물이 생물이 될 확률은 얼마인가?'입니다. 이 책에서 '그림자 생물권'이라고 부르는 것에 그토록 중요한 의미를 부여하는 이유죠. 만약 우리가 지구에서 생명이 두 번 발생했다는 증거를 발견한다면, 우리는 우리 은하 전역과 우주 전체에서 생명을 발견할 수 있다는 희망을 가져도 됩니다.

그 창세 사건, 즉 생명 탄생 사건이 꼭 지구에서 두 번 일어날 필요는 없습니다. 이미 언급했듯이, 화성에서 한 번, 지구에서 한 번 발생했어도 됩니다. 하지만 우리는 생명의 또 다른 '사례'를 찾아야 합니다. 온전한 생태계 전체까지도 필요하지 않습니다. 대안적인 생명 형태로서 미생물 단 하나만으로도 충분합니다. 그러면 우리는 생명이 두 번 이상 발생했음을 알 수 있을 것입니다. 하지만 이러한 발견 없이는, 지구와 같은 행성들이 많이 존재한다는 것만으로는 우리 태양계 밖에 생명이 존재할 것이라고 볼 수는 없습니다. 그럼에도 불구하고 우리가 찾아봐야 한다는 것은 명백합니다. 우리의 희망은 다음 세대의 망원경이 발견된 외계 행성들에서 대기를 찾고 또 연구할 수 있게 되는 것이고, 어쩌면 생명의 흔적까지 찾는 것입니다. 그렇다고 하더라도 외계 생명의 존재를 확인하기는 어렵습니다. 만약 외계 행성의 대기에서 산소를 발견했다고 가정해 보죠. 그것이 생명의 지표가 될까요? 글쎄요, 만약 산소가 있다면 그 산소를 만든 생명체가 있다고 할 수도 있겠지만, 반대로 다른 과정들, 무생물이 행성 대기의 산소를 발생시키는 과정이 있을 수도 있습니다. 따라서 산소만으로는 충분하지 않습니다. 10년 혹은 20년이 지난다고 하더라도, 케플러 우주 망원경이 발견한 행성들에 생명이 존재할 것이라고 확실히 말할 수 있을지는 매우 불분명합니다. 그렇다고 하더라도 이것은 명백히 새로운 연구의 방향이 될 수 있습니다. 우리가 곧 외계 행성들의 대기에 대해 알게 된다니, 정말 흥미진진합니다.

지구와 닮은 행성의 발견이 사람들의 생각을 어떻게 바꾸게 될지 물어보셨죠? 지구 닮은 행성들만 발견된다고 해서 사람들 생각을 바꾸지는 못할 것입니다. 그렇지만 생명을 발견한다면 엄청나게 큰 변화가 일어날 것입니다. 그 발견은 중요한 의미를 가질 것입니다. 하지만 지구와 같은 행성들이 존재한다고 해도 그 행성들에 생명이 없다면, 그 행성들이 가진 유일한 의미는 매우 먼 미래에 인류의 식민지가 되는 잠재적인 가능성일 텐데, 이 또한 수백만 년 후의 이야기겠죠.

세티에서 브레이크스루까지

이명현 자, 그럼 세티 프로젝트에 대한 이야기로 넘어가겠습니다. 이제 곧 세티 프로젝트는 환갑, 60주년을 맞게 됩니다. 이 책의 한국어판이 나오기에 적절한 타이밍일지도 모르겠습니다.

폴 데이비스 그렇군요.

이명현 그동안 좋은 소식도 있었고 나쁜 소식도 있었습니다. 첫 번째는 앨런 전파 간섭계가 완공되어 작동된 것입니다.

폴 데이비스 예, 좀 실망스러웠죠. 2008년 금융 위기 이후 망원경 추가 건설이 답보 상태에 있기도 해서 아쉽기도 하죠.

이명현 실망스럽기도 했지만 나름 출발로서는 아주 좋았습니다. 그리고 2016년에는 브레이크스루 리슨(Breakthrough Listen) 프로젝트가 시작됐습니다. 그 프로젝트에 참여하고 계신 것으로 알고 있습니다. 전망은 어떻습니까?

폴 데이비스 예. 저는 브레이크스루 리슨 프로젝트의 자문 위원입니다. 그리고 정기적으로 회의에 갑니다. 왕립 학회 회장을 역임한 마틴 리스(Martin Rees)가 의장이죠. 그리고 많은 아이디어들이 논의됩니다. 이 프로젝트에 주어진 돈 1억 달러는 세티가 받은 자금과 비교하면 어마어마한 액수입니다. 세티는 쥐꼬리만한 예산에 의존해 그럭저럭 유지돼 왔습니다. 그런데 갑자기 큰돈이 생겼어요. 지금까지의 느낌은 그 돈의 대부분이 제가 전통적인 세티라고 부르는 것의 기술과 데이터 분석을 향상시키는 데 쓰일 예정이라는 것입니다. 전통적인 세티는 전파 망원경을 사용해 점광원에서 나오는 협대역 신호를 찾는 것입니다 저도 이러한 기술 향상이 계속되어야 한다고 생각하지만, 탐색 범위를 훨씬 더 넓혀야 한다고 생각합니다. 이 책 5장에서 설명했듯이 비콘과 같은 다양한 종류의 전파원을 탐색해야 합니다. 더 넓은 주파수 대역에 걸쳐 연속적인 협대역 신호가 아닌 간헐적인지만 주기적인 신호를 보내는 비콘을 찾아봐야 합니다.

또한 외계 기술의 징후를 찾아볼 수 있다면, 천문학의 데이터베이스나 다른 과학 분야의 데이터베이스도 뒤지고 탐색해야 합니다. 꼭 메시지를 수신할 필요는 없습니다. 처음 몇 십 년 동안, 세티 연구자 전반에 걸쳐 어떤 외계 문명이 의도적으로 우리에게 전파 메시지를 보내고 있을 것이라는 생각이 암묵적으로 퍼져 있었던 것 같습니다. 하지만 그것은 믿기 힘든 생각입니다. 아무리 낙관주의자라고 해도 약 1,000광년 안에 문명이 존재한다고 보기는 어렵기 때문입니다. 그리고 1,000광년 떨어진 행성에 어떤 문명이 있다고 해도 그들 역시 오늘날의 지구를 보지는 못할 것입니다. 1,000년 전의 지구를 볼 수밖에 없습니다. 당시 지구인들에게는 전파 기술이 없었습니다. 그러므로 그 문명이 우리에게 전파 메시지를 전송한다는 것은 말이 안 됩니다. 그들이 우리가 전파 기술을 가지고 있다는 것을 알기 전까지는 말이죠. 그리고 우리에게 전파 기술이 있다는 사실도 우리의 첫 신호를 받기 전까지는 알 수 없는데, 이 가상의 문명에 우리의 첫 전파 신호가 도달하는 데에도 900년이 걸립니다. 따라서 우리는 앞으로 2,000년 가까이 어떤 메시지도 받지 못할 것입니다. 하지만 '우주에 우리만 있는가?'라는 질문에 답하기 위해 메시지를 받아야만 하는 것은 아닙니다. 외계 기술의 흔적만 찾으면 되죠. 그리고 그 흔적은 바로 여기 지구, 달, 혹은 태양계 안 다른 행성, 소행성, 또는 라그랑주 점에 외계 지성체가 두고 간 휴면(休眠) 우주선에 있을지도 모릅니다. 또는 우주 공학 프로젝트의 결정체라고 할 수 있는 다이슨 구나 초구조체 같은 외계 지성체의 초대형 구조물을 발견하게 될지도 모릅니다. 그래서 우리는 이 모든 것들을 탐색해야 합니다.

저는 지구 생명체의 유전체에 외계 생명체가 남긴 일종의 메시지가 있을지도 모른다는 가능성에 항상 관심을 가져 왔습니다. 때로 이것을 '유전체 세티'라고 부릅니다. 이 책에서도 소개했죠. 어차피 지구 생명체의 유전체 서열은 다 분석되고 있기 때문에 돈이 전혀 들지 않고, 그 결과를 인터넷에서 공짜로 구해 볼 수 있습니다. 그 안에 어떤 메시지가 숨겨져 있을지 모릅니다. DNA에 메시지가 숨겨져 있을지도 모른다는 게 황당한 생각이라고 여기는 사람도 있을 것입니다. 그러나 크레이그 벤터는 그의 이메일 주소를 작은 바이러스의 DNA에 삽입했습니다. 그가 할 수 있다면, 외계 지성체들도 할 수 있지 않을까요? 게다가 그들은 원격으로 메시지를 삽입할 수도 있을 것입니다. 예를 들어 DNA 기반 생명체를 감염시키고 메시지를 유전체에 업로드할 수 있는 레트로바이러스를 사용할 수도 있습니다. 여기에 한 가지 문제가 있기는 합니다. 미생물에 메시지를 삽입하면 여러 세대 후에 유전자 변형으로 메시지가 분해되기 때문입니다. 기술적인 문제가 생기는 거죠. 만약 메시지가 분해되는 것을 원하지 않는다면 메시지를 선택압을 강하게 받는 유전체 영역에 넣어서 돌연변이나 자연 선택을 통해서 배제되지 않도록 해야 합니다. 하지만 이것은 생명체의 중요한 기능을 방해할 수도 있습니다. 그래서 이 영역은 더 많은 연구가 필요합니다. 그러나 이렇게 고도로 복잡한 방법을 통해 DNA에 어떤 메시지를 담는다고 하더라도 그것이 수천만 년에 걸쳐 보존되도록 하는 것은 불가능합니다. 열린 질문인 것 같아요. 하지만 우리가 외계 기술의 흔적이나 심지어 메시지를 지구 생명체의 유전체에서 발견할지도 모른다고 상상하면 매우 흥미롭습니다. 병 속에 든 편지와 같을 것입니다.

메시지에는 두 종류가 있습니다. 하나는 제가 이 박사님과 이야기하고 있는 것처럼 교신하는 것을 알고 있는 상태에서 정보를 교환하는 것입니다. 다른 하나는 라디오 방송처럼 누가 듣든 간에 뭔가를 말하고 발신하는 것입니다. 또는 종이에 글을 쓰고 병에 봉해서 바다에 던지면, 어쩌면 아무도 찾을 수 없을지도 모르지만, 언젠가는 누군가 찾을 수도 있을 것입니다. 하지만 그게 누구든 간에 그 메시지는 특정인을 향한 것은 아니죠. 우리의 발견을 기다리는, 외계 지성체의 메시지를 담은 병이 존재할까요? 그 병은 살아 있는 세포일 수도 있고, 그 메시지는 DNA라는 종이에 씌어져 있을 수도 있습니다. 저는 여전히 이것이 좋은 아이디어라고 생각합니다. 비록 입증될 확률은 매우 낮고, 매우 가설적인 아이디어이지만 말입니다. 하지만 돈이 들지 않는다면, 시도해 보는 것도 좋지 않을까요?

저는 또한 외계 기술의 흔적을 찾기 위한 달 탐사를 지지해 왔습니다. 달의 주위를 도는 궤도선이 50센티미터의 해상도로 달 지도를 작성하고 있습니다. 우리 대학에 달 탐사 궤도 센터가 있는데, 사진을 먼저 입수하고 혹시 흥미로운 것이 있는지 학생들이 살펴봅니다. 그들은 지질학적 특징을 찾고 있는데, 만약 외계 기술의 흔적이 남아 있다면 그 또한 찾아내겠죠. 이것도 외계 기술을 찾기 위한 또 하나의 방법이 됩니다. 달에 외계 기술이 존재할 가능성은 매우 희박하지만, 그러면 또 어때요? 어차피 사진들은 오고 있고, 우리가 할 일은 그것들을 살피는 것뿐인데요.

이명현 외계인을 찾는 다양한 방법들 모두가 가치 있다고 생각하시는군요.

폴 데이비스 모든 곳에서 온갖 방법으로 찾아봐야 합니다! 어디서 뭐가 발견될지 모릅니다. 외계 기술이 어디서 어떤 형태로 나타날지 전혀 알 수 없으니까요. 인간의 기술이라면 어디서 무엇을 찾아야 할지 대략적으로라도 짐작할 수 있습니다. 예컨대, 태평양에 무인도가 있다고 가정해 보죠. 한때 그곳에 사람이 정착했지만 모두 죽었다는 가설

을 세워 볼 수 있습니다. 그들의 기술의 흔적을 찾는다면 동물 뼈로 만든 활과 화살 혹은 돌도끼 같은 석기를 찾을 수 있을 것입니다. 하지만 당신은 라디오나 핵폭탄 같은 게 있으리라고는 생각지 않을 것이고 그런 흔적을 찾지도 않을 것입니다. 다시 말해서, 우리는 과거에 어떤 기술이 있었을지 알고 있습니다. 하지만 이제 1000만 년 된 문명을 상상해 보세요. 그 문명의 기술은 어떤 것일까요? 그리고 만약 그 기술이 달에 남겨졌다면, 어떤 기술일까요? 제가 이 책에서 아주 오랜 기간 동안 살아남을 수 있는 문명의 흔적 몇 가지를 제시합니다. 핵폐기물이 그중 하나입니다. 만약 어떤 종류의 원자력 발전 장치나 핵추진 로켓 같은 것이 외계 문명에 의해 사용되고 그들이 떠나면서 달에 버려졌다면, 우리는 그 흔적을 분명 찾을 수 있을 것입니다. 예를 들어 플루토늄은 지구에서 인간이 만든 것 말고는 발견할 수 없습니다. 만약 인간이 만들지 않은 플루토늄을 지구나 다른 어디에서라도 발견한다면, 그것은 외계 기술의 산물일 수밖에 없습니다. 만약 우리가 달에서 플루토늄을 발견한다면, 그것은 외계 기술 문명의 흔적이 분명합니다. 물론 지구에서 몰래 보낸 우주선의 폐기물일지도 모르지만, 그것은 알 수 없습니다. (웃음)

이명현 잘 알고 계시겠지만, 브레이크스루 프로젝트 중에는 스타샷(Starshot)이라는 프로젝트도 있습니다. 마이크로칩 크기의 탐사선을 레이저 같은 빛의 복사압으로 가속해, 태양으로부터 4.25광년 떨어져 있어 가장 가까운 별인 센타우루스자리 프록시마별까지 보낸 다음, 그 항성계와 그 항성계에 있는 행성 프록시마b를 탐사해 보자는 계획이죠. 이 프로젝트의 실현 가능성에 대해서는 어떻게 생각하시나요?

폴 데이비스 예, 저도 스타샷 프로젝트에 대해 잘 알고 있습니다. 글쎄요, 저는 회의적입니다. 굉장히 많은 공학적인 문제들과 심지어 물리학적 문제들까지 얽혀 있습니다. 먼저, 작은 마이크로칩 크기의 탐사선을 가속하는 데 지상에 설치된 장치에서 발사된 레이저 빔을 사용하는데, 이 레이저 빔을 대기권 밖에 있는 나노 단위의 각 해상도를 가진 물체에 맞춰야 합니다. 각도로 몇 '나노도'입니다. 대기는 항상 불안정합니다. 그것이 별들이 반짝거리는 이유죠. 그래서 우주에서 보면 레이저 빔도 반짝일 것입니다. 레이저 빔으로 탐사선을 가속하려면 빔을 탐사선의 가속 장치(돛)에 고정시켜야 하는데, 그러기 위해서는 이 문제를 해결해야 합니다. 약간의 대기 난류만 일어나도 레이저 빔은 표적, 즉 돛을 맞히지 못할 것입니다. 이것이 근본적인 문제 중 하나입니다. 또 하나는, 레이저 빔을 받는 돛과 페이로드(payload, 우주선 등에 탑재되는 물품과 그 중량)가 집중되어 있는 탐사선 부분을 연결하는 방법도 문제입니다. 확실한 방법은 진행 방향으로 봐서 탐사선 본체 앞쪽에 돛을 달아 작은 전선이나 뭐 그런 것들로 결속하는 것입니다. 그러면 탐사선 부분이 아주 강한 레이저 빔 속에 있게 됩니다. 자칫하면 레이저 빔에 의해 기화됩니다. 진행 방향으로 봐서 페이로드 뒤쪽에 돛을 두면 불안정해집니다. 시작부터 이런 문제들을 맞닥뜨리게 되는 거죠. 이 프로젝트를 불가능하게 하는 근본적인 물리 법칙은 분명히 없습니다. 하지만 저는 기술적인 문제들이 너무 커서 안 된다고 생각해요. 그게 제 개인적인 소견입니다. 물론 저는 브레이크스루 사업을 전면적으로 지지합니다. 왜냐하면 다른 별로 가는 방법을 급진적으로 새롭게 생각해 보는 것은 매우 바람직하다고 생각하기 때문입니다.

이명현 달에 레이저 빔 발사 기지를 만들면 어떨까요? 좋은 해결책이 되지 않을까요?

폴 데이비스 그러면 지상 기반 레이저가 가진 문제로부터는 벗어날 수는 있겠죠. 하지만 매우 비싸지겠죠? 아무리 낮게 잡아도 1억 달러는 더 들지 않을까요? 아무튼 브레이크스루 스타샷 프로젝트에는 어마어마한 돈이 들 것입니다.

우리는 왜 외계인을 찾아야 할까요?

이명현 그럼, 다음은 세스 쇼스탁이 한 말에 관한 질문을 드릴까 합니다. 잘 아시죠. 그는 미국 의회 청문회에 불려간 적이 있습니다. 그때 대략 2040년경에는 외계인으로부터 첫 신호를 수신할지도 모른다고 말했습니다. 박사님께서는 어떻게 생각하시는지요?

폴 데이비스 그가 무슨 생각으로 그런 이야기를 했는지는 잘 모르겠습니다. 제가 항상 세티 전반에 깔려 있다고 보는 매우 불편한 진실로 돌아오자면, 물질이 생명으로 변화할 확률이 높다고 확신하기 전에는, 생명이 존재하는 행성의 수를 추정하려는 그 어떤 시도도 막다른 길에 봉착하고 말 것입니다. 우리는 미지의 과정이 일어날 확률을 추정할 수는 없습니다. 아는 과정이라면 추산할 수 있습니다. 예컨대,

저에게 산맥이 형성되는 조산 과정이 맨틀 위를 떠다니는 지구조판이 충돌하고 하나는 섭입하고 다른 하나는 바위를 위로 밀어 올리는 것이라고 알려주고, 1000만 년 후에 한국이 에베레스트보다 더 높은 산을 가질 가능성은 얼마나 되냐고 묻는다면 어떨까요? 그럼 저는 지구조판에 대한 정보를 가지고 확률을 계산해 볼 수 있을 것입니다. 하지만 우리는 아직 무엇이 무생물을 생물로 변하게 하는지 모릅니다. 무생물에서 생물로 가는 경로를 모르기 때문에 그 확률이 얼마인지 알 수 없고, 그 어떤 말도 할 수 없습니다. 수치를 말할 수는 더욱더 없습니다. 우주 생물학자들은 사실 잘못된 문제에 집착하고 있습니다. 생명은 흔할 것이라고 하는데, 증거도 없는데 왜 그런 말을 하는지 모르겠습니다. 아무튼 생명은 흔하지만 지성은 드물다고 말합니다. 지성이 드물다는 것은 옳을지 몰라요. 생명이 있는 행성을 고려해 볼 때, 지성은 드물 수 있지만 적어도 우리는 미생물에서 시작해 인간 수준의 지성에 도달하는 과정을 알고 있습니다. 정확히 무슨 일이 일어났는지 압니다. 다윈주의적 진화라고 하죠. 진화는 무작위적 돌연변이와 선택이라는 일련의 단계들을 거칩니다. 물론 아직 생명이 존재하는 행성에서 30억 년 후에 지성이 발생할 확률을 계산하는 방법을 모릅니다. 하지만 적어도 그 과정은 알고 있죠. 언젠가 계산하게 될 수도 있고요. 하지만 우리는 무생물에서 생명이 발생하는 과정을 알지 못합니다. 따라서 오차 막대는 무한히 커집니다. 그런 수치를 제시하기 위한 노력이 전혀 무의미하다고 생각합니다. 제 말은, 만약 충분한 돈을 쓴다면, 전파 신호를 탐색하는 전통적인 세티로는 은하계 대부분의 별들을 조사하고, 외계 지성체의 흔적일지도 모르는, 연속적인 협대역 신호의 원천에서 제외할 수 있다는 것 이외에는 더 이상 할 수 있는 말이 없다는 것입니다. 그러니까 정치인들에게 이것을 분명히 말해 줘야 하는데……, 아마도 전혀 가망이 없을 것이라고. 아무것도 찾지 못할 것이라고 말해 버리면 돈을 한푼도 주지 않겠죠. 하지만 수치를 제시할 수는 없습니다. 알지도 못하는 과정을 가지고 계산을 할 수는 없어요.

이명현 좋습니다. 그럼 메티 프로젝트는 어떻습니까?

폴 데이비스 또 하나의 논란이 되는 주제입니다.

이명현 박사님이 메티 자문 위원회(Advisory Council of METI)의 위원이라는 것을 알고 있습니다. 저도 위원회 위원입니다.

폴 데이비스 저는 메티가 충분히 무해하다고 생각합니다. 어떤 사람들은 걱정하죠. 사람들이 왜 걱정을 하는지 이야기하자면, 제 견해로는 정말 터무니없습니다. 그들은 '외계인'이 위험할 수도 있으니 그들의 주의를 끌고 싶지 않다고 말합니다. 하지만 그건 두 가지 이유로 어리석은 주장입니다. 하나는 우리가…….

이명현 그들은 너무 멀리 있어요!

폴 데이비스 (웃음) 우리는 이미 알려졌습니다. 전파 신호들이 이미 방출되었죠. 20세기 들어 '전파 통신'과 '방송'이라는 게 발명되었잖습니까. 그것들을 되돌릴 수는 없거든요. 그리고 만약 밖에 선진 문명이 있다면 전파 신호를 감지하지 못했다고 하더라도 지구에 지적 생명체가 존재한다는 것을 알고 있을 것입니다. 예를 들어 1,000광년 떨어진 문명이 있다고 해 봅시다. 만약 그들이 정말 좋은 도구를 가졌다면, 지구에 지성체가 있음을 감지할 수 있습니다. 왜냐하면 1,000년 전에도 인류는 농사를 지어 지구 표면을 인공적으로 바꾸고 있었기 때문입니다. 중국에는 만리장성이 있었고, 이집트에는 피라미드가 있었죠. 이런 것들은 관측 장비가 충분히 좋기만 하면 감지할 수 있습니다. 그들은 "아하, 저 행성에 지성체가 있구나." 하고 말할 수 있죠. "아직 전파 통신 장치는 없지만 지성체는 있구나."라고도 하겠죠. 이것이 첫 번째 이유입니다. 우리가 전파 메시지를 보낼 필요도 없는 거죠. 두 번째 이유는 그들이 지구에 오고 싶어 할 이유를 찾을 수 없다는 것입니다. 왜 오겠어요? 만약 그들이 우리 행성을 원한다면 오고 싶어 할 것입니다. 지구는 45억 년 동안을 여기 있었습니다. 그들은 언제든지 와서 행성을 점령할 수 있어요. 우리가 그들에게 알려줄 필요도 없습니다. "여기 멋진 행성이 있구나." 그들이 스스로 확인할 수 있어요. 만약 그들이 1,000광년 거리의 우주 공간을 여행할 수 있는 능력과 지구의 전파 신호를 감지할 수 있는 능력을 가졌다면, 지구가 서식 가능한 행성이며 또 아주 오랫동안 그래 왔다는 것을 알 것입니다. 그래서 저는 사람들이 위험하다고 말할 때 도무지 무슨 생각을 하는지 이해할 수가 없습니다. 전혀 위험하지 않다고 생각해요.

하지만 다른 이유로 메티에 대해 조심스러워하는 사람들이 있습니다. 저는 그들의 생각에 공감합니다. 만약 우리가 메시지를 보내려고 한다면, 읽히거나 이해될 확률이 매우 낮다고 하더라도, 우리의 동료인 지구인들과 폭넓게 상의할 의무가 있다고 생각합니다. 다시 말해 이 박사님과 저만 외계인에게 보낼 중요한 정보를 가지고 있다고 생각하는 것은 오만이라고 생각합니다. 만약 우리가 몇 가지 메시지를 보내기로 결정한다면, 그 메시지에 무엇을 넣어야 할지에 대해 다른 사람들과 매우 광범위하게 상의할 필요가 있습니다. 저는 메시지를 외계에 보내는 게 위험하다고 생각하지 않습니다. 그리고 가상의 외계인에게 메시지를 보내는 것은 대중으로 하여금 과학에 관심을 갖도록 하는 매우 좋은 방법이라고 생각합니다. 저도 두세 번 메시지 발송 과정에 관여했는데, 특히 젊은이들에게 굉장히 인기 있다는 것을 확인할 수 있었습니다. 그래서 저는 이것이 과학 교육의 일부라고 보며, 전혀 위험하지 않다고 생각합니다. 하지만 소수의 사람들에 의해 메티가 독점되는 것은 생각해 봐야 하는 문제입니다.

이명현 한 가지 더 질문하겠습니다. 우리는 왜 외계 지성체를 생각하거나 탐색할까요? 그리고 이 연구가 인간에게 어떤 도움을 줄까요? 두 가지가 됐네요. (웃음)

폴 데이비스 두 번째 질문에 답하도록 하겠습니다. 프랭크 드레이크는 이렇게 말한 적이 있습니다. "세티는 사실 우리 자신을 찾는 일이다." 저는 이런 질문을 받으면 종종 그의 말을 인용하곤 합니다. 저는 그 말이 옳다고 생각합니다. 어찌 보면 우리가 찾는 답이 인류에게 중요한 문제이기 때문에 사람들이 세티에 매료된다고 생각합니다. 만약 무생물에서 생물로의 전환이 우주에서 단 한 번만 일어나는 놀라운 화학적 사건이라면, 이는 여러 측면에서 인간이라는 존재가 어떤 우주적 연관성도 가지지 않는다는 것을 의미합니다. 우리는 우주 한구석에 웅크리고 있는 일종의 괴물일 뿐입니다. 하지만 만약 생명을 발생

만약 생명을 발생시키는 심오한 원리가 자연에 있다면,

그리고 지성이 여기에 더해지고,

이 모든 것들이 우주에서 펼쳐지는 일들의

일부분이라면 어떨까요?

시키는 심오한 원리가 자연에 있다면, 그리고 지성이 여기에 더해지고, 이 모든 것들이 우주에서 펼쳐지는 일들의 일부분이라면 어떨까요? 그러면 우리라는 존재는 이 우주의 거대한 진화와 연결됩니다. 저에게는 이것이야말로 일종의 종교적 감정과 가장 가까운 것입니다. 아인슈타인은 "만약 내 안에 종교적이라고 불릴 만한 무엇인가가 있다면 과학이 드러낸 세상의 구조에 대한 무한한 동경이라고 할 수 있다."라고 한 적이 있습니다. 외계 생명체와 관련된 맥락은 아니었지만, 우주를 과학적으로 이해하면서 느끼게 되는 종교적 감정을 언급한, 매우 좋은 표현입니다. 만약 인간이라는 생명체가 단순한 사건의 결과가 아니라 점점 더 복잡해지는 우주 진화의 일부라면, 이는 어떻게든 인간 생명에 더 큰 의미를 부여할 것입니다. 외계 지성체 또는 그 어떤 생명체라도 찾게 된다면, 생명의 발생을 설명할 수 있는 일종의 깊은 생물학적 일반 원리가 존재한다는 전망을 확인시켜 줄 것입니다. 그리고 생명이라는 것이 우발적으로 발생한, 이러저러한 형태의 암석 덩어리들처럼 하찮은 존재가 더 이상 아니게 되고, 우리는 거대한 그 무언가에 속하게 됩니다. 우리가 우주의 구조에 깊이 내재되어 있는 어떤 것의 일부라는 것을 아는 것은 매우 고무적인 일이라고 생각합니다. 따라서 인간의 관점에서 볼 때 지구 밖 외계 생명체의 발견은, 제 생각에는 매우 고무적이고 또 그래야만 한다고 생각합니다.

하지만 전통 종교들은 지구 밖 생명을 두려워해 왔습니다. 인간이 유일무이하고 특별하다고 생각하고 싶어 하기 때문이죠. 모든 종교가 그런 것은 아니고 유일신교들이 그렇습니다. 기독교의 역사를 보면 이 주제를 가지고 논쟁해 온 흥미로운 역사가 있음을 알 수 있습니다. 제가 이슬람교나 유대교에 대해서는 잘 모르지만, 기독교, 특히 17세기경 로마 가톨릭에서는 인간보다 고등한 생명체, 혹은 외계 생명체가 기독교 교리에 미칠 영향이나 위협에 대해 많은 논의를 했습니다. 무엇이 문제인지는 쉽게 이해할 수 있습니다. 기독교는 구원이라는 개념을 중심으로 만들어진 종교입니다. 예수 그리스도는 인간을 구원하기 위해 인간의 모습으로 성육신한 구세주이자 신입니다. 여기서 벌써 문제가 생겨 버리죠. '인간'이란 무엇인가? 네안데르탈인도 포함되나요? 데니소바인은요? 어느 시점까지 거슬러 올라가야 할까요? 기독교는 특정한 종 하나에 국한된 종교입니다. 그렇다면 DNA 진화의 어느 시점에 갑자기 구원이 일어나는 것일까요? 그리고 우주 어딘가 다른 곳에 고등 생명이 존재한다면, 이 존재들이 윤리적으로 우리보다 훨씬 더 진보했을지도 모른다는 추가적인 문제가 발생합니다. 그들은 우리를 끔찍한 존재로 간주할 수 있습니다. 인간이 저지르는 전쟁과 끔찍한 만행들 때문입니다. 그들은 이 단계를 넘어섰을 수 있습니다. 그들은 지금쯤 성스러운 존재와 같을지도 모릅니다. 하지만 기독교에서는 구원받을 수 없어요. 왜냐하면 구원은 인간을 위한 것이기 때문입니다. 그래서 기독교인들은 외계 생명체 이야기만 나오면 동요했던 것입니다. 기독교인 중 일부는 성육신이 여러 번 있을 것이고, 외계인도 구원받을 수 있다고 말합니다. 어떤 이들은 아니라고 말합니다. 그것은 이단이고, 오직 인간만이 구원받는다고 합니다. 어떤 이들은 외계인들에게 성육신을 알리는 것이 인간의 사명이요 운명이라고 말합니다. 저는 기독교인이 아닙니다. 저는 그 어떤 관습적인 의미에서도 종교적이지 않아요. 하지만 많은 사람이 기독교인이기 때문에 그들이든 우리든 이 문제에 대해 생각해 볼 필요가 있다고 생각합니다. 왜냐하면 만약 다음 주에라도 갑자기 우주에 우리만 있는 게 아니라는 증거를 얻게 된다면, 큰 충격일 테니까요. 그래서 저는 바티칸에서 열리는 회의에 가서 사제들과, 그리고 다양한 종교의 구성원들과 이런 주제로 이야기를 나눕니다. 저와 대화를 나누는 사람들은 대개 고등 교육을 받았습니다. 그래서 그들에게는 이것이 문제가 되지 않을 것입니다. 하지만 보통 사람들, 일반 신자들에게는 문제가 될 수 있다고 생각합니다. 인간 사회에 정말 큰 영향을 미칠 가능성이 있다고 봅니다.

이명현 빠듯한 방한 일정 중 이렇게 시간을 내 인터뷰에 응해 주셔서 감사합니다. 마지막으로 한국 독자들에게 인사말을 해 주시면 좋을 것 같습니다.

폴 데이비스 안녕하세요, 한국 독자 여러분, 저는 여러분의 아름다운 나라에 와 있습니다. 한국에 처음 와 보는데, 저의 책 『침묵하는 우주』를 소개하게 돼서 기쁩니다. 이 책은 쓰는 과정은 저에게 큰 기쁨이었습니다. 저는 제 경력 내내 세티라는 주제의 발전 과정과, 외계 지성체 탐색의 현장을 지켜봐 왔고, 이를 직업으로 삼는 대부분의 사람을 알고 있습니다. 지금까지 사용된 방법에 대해서는 회의적이지만, 저는 항상 세티의 열렬한 지지자였고 앞으로도 그럴 것입니다. 이 책은 세티 50주년을 기념하는 것이었지만, 우리가 어떻게 하면 탐색 범위를 확장하고 '우주에 우리만 있을까?'라는 질문에 대답할 수 있는 기회를 늘릴 수 있는지에 대한 미래의 선언서이기도 합니다. 즐거운 독서 되시기 바랍니다. 그리고 관련 문제들에 대해 깊이 생각해 보셨으면 합니다. 차세대 과학자들이 이 위대한 존재의 문제에 답하기 위해 더 분발할 수 있도록 영감을 불어넣어 주시기 바랍니다.

옮긴이 후기

제3의 근접 조우를 위한 길잡이

폴 데이비스는 여느 배우만큼이나 유명한 물리학자다. 그도 그럴 것이 1974년부터 2019년까지 스물일곱 권의 과학서를 출판했으니, 3년에 두 권꼴로 책을 내놓은 셈이다. 그래서 본업 말고도 저술가와 방송인이라는 직함이 그를 따라다닌다. 그런 명성이 무색하지 않게 BBC 다큐멘터리를 포함, 여러 편의 비중 있는 방송 프로그램 제작에 참여했을 뿐 아니라,《뉴욕 타임스》,《월 스트리트 저널》 같은 매체에도 칼럼을 싣고 있다. 이렇다 보니 그의 '문제적 발언'이 가끔 뉴스거리가 되기도 한다.

폴 데이비스의 책은 국내에도 여러 권이 번역돼 적지 않은 마니아층을 확보하고 있다. 마침, 지난 2월에는 평창 포럼에 초대되어 옮긴이 가운데 한 사람은 그와 같은 테이블에 둘러앉아 대담에 참여하는 행운을 얻기도 했다.

그는 이론 물리학자다. 그래서 수학과 이를 토대로 쌓아 올린, 투명하고 정연한 물리 법칙으로 자연과 우주를 해석한다. 런던 대학에서 학위를 받은 그는 프레드 호일을 찾아가 박사 후 과정을 밟는다. 그 유명한 프레드 호일 맞다. 폴 데이비스는 자신의 이름이 붙은 '풀링-데이비스-언루 효과(Fulling-Davies-Unruh effect)'와 '번치-데이비스 진공 상태(Bunch-Davies vacuum state)'로 이름을 떨쳤다. 풀링-데이비스-언루 효과는, 관성계의 관측자는 아무것도 볼 수 없지만, 가속 운동을 하는 관측자는 주변에서 열복사가 일어나는 상황을 경험한다는 것. 호킹 효과(Hawking effect)에 의한 블랙홀의 증발을 처음 제시한 성과로 기록된다. 번치-데이비스 진공 상태는, 급팽창 우주에서 대폭발 이후에 남은 우주 배경 복사의 요동을 이론적으로 해석했다.

하지만 그의 관심은 입자 물리학과, 블랙홀과, 우주론에 머물지 않았다. 폭넓은 자연 과학 지식과 통찰, 소년 같은 호기심으로 가득 찬 그는, 어쩌면 이론 물리학만으로는 만족할 수 없었는지도 모른다.

폴 데이비스의 통찰은 이론 물리학과 천문학, 천체 물리학이 다루는 물리 세계뿐만 아니라, 생명과 그 기원에까지 미친다. 그 통찰은 지구 생태계를 넘어 우주 저편에 있을지도 모를 그림자 생태계에 다다른다. 이 보이지 않는 생태계는 어쩌면 바로 지금, 우리 곁에 공존하고 있을지도 모른다. 일찌감치 그는 생명이 지구 밖에서 왔을 것이라 믿었다. 화성에서 꽃피운 생명의 씨앗이 소행성 혹은 혜성, 그보다 작은 운석에 묻어 고대 지구와 충돌해 이처럼, 생명으로 넘실대는 행성으로 번창했다는 것.

그는 지성에 대해서도 논한다. 그것을 담는 그릇이 생체에 국한되어야만 할까? 넘을 수 없는 한계일까? 꼬리에 꼬리를 무는 이러한 생각은 물론, 오랜 시간, 여러 사람이 만들어 낸 상상의 산물이자 역사다. 할리우드 영화에서 보는 것처럼, 생체, 기계, 인공 지능이 결합된 지성은, 그가 예측하듯 외계 문명의 본질일지도, 인류의 미래가 될지도 모른다.

저자는 이처럼 생명의 의식과 지성의 정의, 그 기원, 미래를 탐구한다. 그리고 고도화된 문명이, 어떤 의도로 다른 문명과 접촉을 시도할 것인가 하는 근원적 질문에 다다른다. 그는투철한 과학적 논리 체계 위에 생명과 지성, 문명과 미래, 외계 문명 간의 접촉과 예상되는 파급에 관해 인류의 지성이 도달할 수 있는 높이까지 확장해 답을 찾는다.

현재 세티 프로젝트에서 시도하는 사업을 (가칭) 세티 1.0이라고 부른다면 저자는 (가칭) 세티 2.0과 3.0 이후 고민해야 할 묵직한 숙제들을 남긴다. 인류는 외계 문명이 보낼지도 모르는 신호나 문명의 징후를 탐색하는 일에 있어서도 자신들에게 익숙한 개념과 방법, 스스로 만든 한계에 속박됐다는 그의 비판은 시사하는 바가 크다. 독자들은 책을 덮는 순간까지 그가 펼치는 과학적 사고의 아름다움과 정교한 체계에 매료되리라 믿어 의심치 않는다.

그는 인류가 어느 날 맞닥뜨릴지도 모를 '제3의 근접 조우'가 사회문화적으로 어떠한 여파를 미치게 될지 집요하게 묻는다. 이 책 『침묵하는 우주』는 외계 문명 탐색에 관한 과학적, 문화사적 거대 담론인 동시에, 독자들에게는 '우리는 과연 누구인가?'에 관한 답을 찾는 여행의 길잡이가 될 것으로 기대한다.

『코스모스』를 번역하신 홍승수 서울 대학교 명예 교수님이 며칠 전, 다시 우주의 티끌로 돌아가셨다. 생전에 보셨다면 기뻐하셨을 그분께 『침묵하는 우주』를 바친다.

2019년 4월

문홍규, 이명현

찾아보기

라

마

바

사

자

차

카

타

옮긴이 **문홍규**
어려서부터 천문학에 관심이 많아 과학책 읽기와 별 보기를 즐겼다. 연세 대학교에서 천문학 전공으로 박사 학위를 취득했으며 1994년부터 한국 천문 연구원에서 근무하고 있다. 2006년부터 유엔 평화적 우주 이용 위원회 근지구 천체 분야 한국 대표로 일하고 있으며, '2009 세계 천문의 해' 한국 위원회 사무국장 겸 대표로 활동했다. 현재 태양계 소천체 연구와 우주 감시 프로젝트에 동시에 참여하고 있다.

옮긴이 **이명현**
네덜란드 흐로닝언 대학교 천문학과에서 박사 학위를 받았다. '2009 세계 천문의 해' 한국 조직 위원회 문화 분과 위원장으로 활동했고 한국형 외계 지적 생명체 탐색(SETI KOREA) 프로젝트를 맡아서 진행했다. 현재 과학 저술가이자 과학 책방 갈다의 대표로 활동 중이다. 『빅히스토리 1: 세상은 어떻게 시작되었을까?』와 『이명현의 별헤는 밤』, 『과학하고 앉아 있네 2: 이명현의 외계인과 UFO』를 저술했다.

침묵하는 우주

1판 1쇄 펴냄 2019년 4월 30일
1판 3쇄 펴냄 2022년 10월 15일

지은이 폴 데이비스
옮긴이 문홍규, 이명현
펴낸이 박상준
펴낸곳 (주)사이언스북스

출판등록 1997. 3. 24.(제16-1444호)
(06027) 서울시 강남구 도산대로1길 62
대표전화 515-2000, 팩시밀리 515-2007
편집부 517-4263, 팩시밀리 514-2329
www.sciencebooks.co.kr

ISBN 979-11-89198-34-3 03440